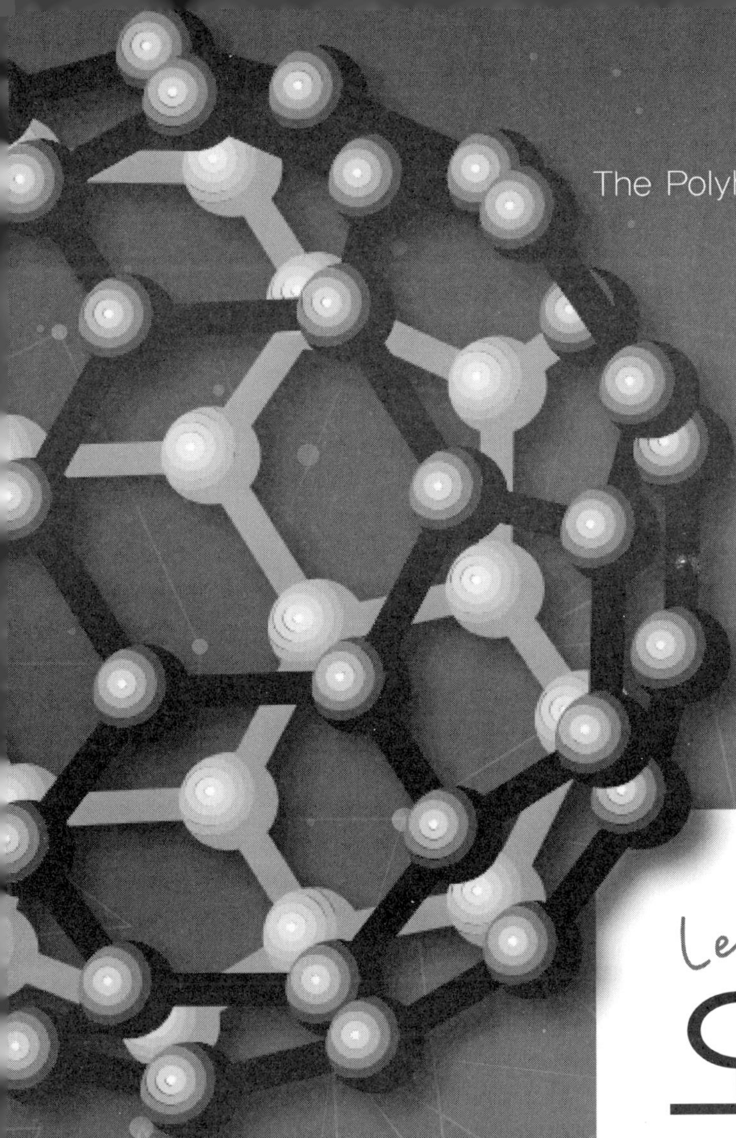

Euler's Gem

The Polyhedron Formula and the Birth of Topology

Leonhard Euler

오일러의 보석

David S. Richeson 지음
최수영 · 고호경 옮김

KYOWOO

역자서문

오일러의 공식은 학교 다닐 때 누구나 한 번쯤은 들어보았을 것이다.

$$V - E + F = 2$$

정다면체의 꼭짓점, 변, 면의 개수를 헤아려서 확인할 수 있는 간단한 공식. 도대체 이 내용으로 어떻게 책 한권 분량의 이야기가 있을 수 있을까?

반신반의로 펼쳐본 도서 '유클리드의 보석' 속엔 유클리드 이전 시대부터 현대 수학의 핵심인 위상수학에 도달하기까지의 수학의 발전 과정이 담겨져 있다. 재미있는 것은 그동안 수학의 역사 속에서 들어봤던 기라성 같은 수학자들이 이 작은 소재 안에 모두 등장하는 것이다. 피타고라스, 유클리드, 데카르트, 코시, 르장드르, 가우스, 리만, 푸앵카레 등 대중적으로 유명한 수학자 뿐 아니라, 케플러, 뫼비우스, 해리엇 등 비교적 대중에게 잘 알려져 있지 않지만 결코 무시할 수 없는 수학자, 그리고 리스팅과 같이 이름은 전혀 알려져 있지 않았지만 위상수학 탄생에 결정적 역할을 한 수학자까지 수많은 인물의 업적이 이 소재와 연관되어 나타나면서 조각 퍼즐이 맞추어 진다. 뿐만 아니라 영화의 주인공에 몰입해 있다가 신스틸러로 등장하는 카메오의 출연에 재미를 더하듯이 수학교육계의 반향을 일으킨 라카토스와 프로이덴탈의 출연 역시 흥미로운 일이다.

일반 대중에게 수학에 대해 소개할 때면, 같은 수학이라도 대수학이나 기하학 등은 쉽게 받아들여진다. 근의 공식, 피타고라스 정리 등은 학교 수학을 넘어 일종의 교양처럼 인식되고 있다. 그에 반해 위상수학은 1900년대 수학에서 가장 중요한 분야라는 명성에 비해 대중들에게는 매우 낯선 분야로 느껴지게끔 한다. 심지어 위상이라는 단어를 듣자마자 자신과 관련 없는 이야기로 치부해 버리기 일쑤이다.

하지만 이 책에서의 위상수학은 그렇지 않다. 위상수학이 오일러의 공식이라는 옷을 입는 순간 더 이상 어려운 것이 아니게 된다. 오일러의 공식은 우리 주변에서 쉽게 찾을 수 있는 소재에 보석처럼 숨어 있는 흥미진진한 위상수학 적 개념과 원리를 어렵지 않게 볼 수 있게 해준다. 이는 현대 수학교육계에서는 수학을 형식화된 내용으로만 학습하는 것에서 탈피하고 융합된 형태, 예를 들면, 다양한 자연현상이나 사회현상과 융합된 내용에서 해결해야 할 문제 상황이 등장하고 이를 수학적으로 해결하고 처음 제기된 상황을 해석해 나가는 일련의 과정을 경험시키는 것을 추구하고 있는 경향에 부합하는 것이라 할 수 있다.

여기에 보태서 이를 해결하려는 많은 수학자들의 고뇌와 실수 그리고 끊임없는 집념과 마침내 얻은 통찰력의 순간과 같은 모든 상황이 시대적으로 연결되어, 수학이라는 수레바퀴가 굴러가며 거대한 등치로 발전되어 가는 것을 보여준다. 그야말로 이 책을 한 마디도 표현하자면 '수학으로 쓰인 역사 장편 소설'이라 할 수 있다.

독자들은 이 책을 읽으면서 그 동안 다른 수학 관련 책에서 느끼지 못했던 신선함을 느낄 수 있으리라 생각한다. 이는 그 동안 위상수학을 본격적으로 다룬 도서가 많이 없었을 뿐 더러, 그나마도 이렇게 대중들이 쉽게 이해할 수 있게 쓰이지 않았기 때문이다. 이런 신선함과는 별개로 굉장히 깊이 있는 역사와 학문의 두터움, 그리고 친숙한 주변의 관련 소재들은 우리의 수학적 소양을 한 단계 높여 주는데 부족함이 없다. 그리고 우리는 사물의 본질을 이해할 수 있는 위상수학이라는 새로운 시각을 갖추게 된다. 그것은 우리에게 보석처럼 소중한 자산이 될 수 있을 것이다.

최수영, 고호경

저자서문

수학자는 커피를 이론으로 전환하는 고안가이다.
– 알프레드 레니(Alfréd Rényi), 폴 에어디쉬(Paul Erdős)가 종종 인용한 말[1]

대학 2학년 봄, 나는 지인에게 그 해 가을부터 수학 박사 과정에 들어갈 것이라고 말하였다. 그때 그는 "대학원에서 하는 일이 뭐야? 엄청나게 큰 수를 공부하거나 파이(π)의 자리수를 더 많이 계산해내는 건가?"라고 물었다.

나는 이 경험을 통해 일반 대중은 수학이 무엇인지 거의 모르고 있을 뿐만 아니라 수학자들이 하는 연구에 대한 개념조차 정립되어 있지 않다는 것을 알게 되었다. 많은 사람들은 수학이 단지 수에 관한 연구를 하거나 미적분학에서 종결되는 일련의 과정이라고 생각하고 있었기 때문에 끊임없이 새로운 수학이론이 만들어지고 있다는 사실을 모르고 있는 듯 보였다.

사실, 나는 단 한 번도 수에 관심을 가져 본 적이 없었다. 암산을 잘 하는 사람도 아니었다. 나는 레스토랑에서 저녁 식사를 마친 후, 계산기 없이 영수증에 팁을 계산해서 써 넣는 것 정도는 할 수 있지만, 사실 이것은 누구나 할 수 있는 일이다. 그리고 미적분은 대학에서 내가 가장 기피하던 수학 과목이었다.

나는 패턴을 찾는 것을 즐기고 시각적인 것을 선호하며, 복잡한 논리를 가진 문제를 해결하는 것을 좋아한다. 연구실 책장 모서리에는 어린 시절의 연필 자국이 새겨있는 퍼즐과 두뇌 티저가 가득하다. 예를 들어 3개의 성냥개비를 움직여 다른 패턴을 완성한 후 이 규칙을 만족하는 격자 경로를 찾아, 이 모양을 잘라내어 사각형으로 재배열하고, 이 그림에 세 개의 선을 추가하여 아홉 개의 삼각형과 다른 마인드 벤더(mind-benders)를 만든다. 나에게는 이것이 수학이다.

나는 공간적, 시각적, 논리적 퍼즐을 사랑하기 때문에, 꽤 오랜시간 기하학에 매료되어 있었다. 그러나 대학 2학년 때 일반적으로 비열 모양의 연구로 알려진 위상수학이라는 매력적인 영역을 발견하였다. 아름다운 추상적 이론과 구체적인 공간 조작의 결합이 나의 수학적 성향과 완벽하게 맞아 떨어진 것이다. 나는 느슨하고 유연한 세계의 위상적인 관점에 매우 편안함을 느꼈다. 반면, 기하학은 팽팽한 끈으로 묶여 있는 보수적인 것으로 비유될 수 있다. 옷에 비유하자면 기하학이 정장에 코트까지 갖춰 입은 것인데 반해, 위상수학은 청바지에 T-셔츠를 착용한 것이라고 볼 수 있다.

이 책은 위상수학의 역사와 특징에 관하여 논한다. 이 이야기는 위상수학이라는 학문이 시작되기 전의 역사인 그리스와 르네상스 수학자들의 기하학과 다면체에 대한 연구에서부터 시작한다. 18 세기와 19 세기를 거쳐 학자들은 모양(Shape)에 대한 아이디어를 다루어왔고 엄격한 조건 없이 대상을 분류하는 방법을 연구해왔다. 이 이야기는 20 세기 초반에 발전된 현대적인 위상수학에 이르러 정점에 이른다.

학생으로서의 우리는 교과서를 통해 수학을 배운다. 교과서에서의 수학은 정의, 정리, 증명, 예제들이 차례대로 나오는 엄격하고 논리적인 방식으로 기술된다. 그러나 사실 수학은 이러한 방법으로 '발견'되지 않는다. 어떤 수학적 주제가 충분히 잘 이해가 될만큼 체계를 갖추기 위해서는 오랜 시간이 걸리는데, 이것을 응축하여 글로 표현한 것이 교과서이다. 수학은 느리고 점진적인 진행, 큰 도약, 실수, 연관성 및 연결을 통해 창조된다. 이 책은 선임자의 연구에 대한 기발한 생각과, 질문, 정제, 도전을 통해 발전하는 수학 탐구의 흥미진진한 과정을 보여준다.

나는 위상수학을 소개하기 위해 단순히 역사적 사실을 나열하기 보다는 오일러의 다면체 공식을 사용하여 이와 관련된 기나긴 여행을 안내하기로 했다. 1750년에 발견된 오일러의 공식은 기하학에서 위상수학으로의 전환의 기점이 된다. 이 책은 오일러의 공식에 대한 호기심으로 시작해서 깊고 유용한 정리로 진화해 나간다.

오일러의 공식은 다른 방법으로 수학을 탐구하는 여행자들이 거의 볼 수 없는 멋진 객실을 제공한다. 오일러의 공식을 이용함으로써 수학의 가장 매력적인 영역인 기하, 조합론, 그래프 이론, 매듭 이론, 미분 기하학, 동역학계 및 위상수학을 모두 만날 수 있기 때문이다. 이것은 일반 학생에게나, 학부 수학과 전공 학생들도 쉽게 만날 수 없는 아름다운 주제이다.

또한, 이 여행에서 역사의 가장 위대한 수학자들을 독자에게 소개할 수 있는 것에 기쁨을 느낀다. 그들은 피타고라스(Pythagoras), 유클리드(Euclid), 케플러(Kepler), 데카르트(Descartes), 오일러(Euler), 코시(Cauchy), 가우스(Gauss), 리만(Riemann), 푸앵카레(Poincaré), 그 외 다수로서, 이들 모두는 이 주제 및 일반적인 수학에 중요한 공헌을 한 바 있다.

이 책을 이해하기 위하여 사전에 학습해 두어야 하는 공식적인 내용이 따로 있는 것은 아니다. 학생들이 고등학교 배우는 일반적인 과정－대수학, 삼각법, 기하학이면 충분하나 이 책에서 다루는 내용에 딱히 부합되는 것은 아니다. 이 책은 자체적인 내용으로 구성되어 있기 때문에 학교에서 배운 수학 내용을 필요로 하는 경우는 드물며, 이러한 수학적 과정을 통해 독자들에게 수학적 사실을 상기시켜줄 것이다.

그렇다고 해서 이 책에서 수학 내용은 다루지 않는다는 오해를 하지 않기를 바란다. 이 책에서는 매우 정교하고 추상적이며 시각화하기가 어려운 내용들이 등장한다. 독자는 논리적인 논증을 읽고 추상적으로 생각할 필요가 있다. 수학을 읽는 것은 소설을 읽는 것과는 같지 않다. 따라서 독자들 스스로가 각 문장을 읽다가 멈추어 숙고하고, 논점을 다시 읽으며 다른 예를 생각해보기도 하면서 주어진 내용의 그림을 신중히 검토 검색하고, 색인을 사용하여 기술된 용어들의 정확한 의미를 이해하려는 노력이 필요하다.

물론 책 마지막에는 숙제도 없고 최종 시험도 없다. 어려운 부분을 건너뛰고 읽는다 해도 부끄러울 것은 하나도 없다. 특히 이해하기 어려운 까다로운 부분이 있다면 그냥 다음 주제로 넘어가도 좋다. 그렇게 한다 할지라도 나머지 내용을 읽어 가는데 지장을 주지 않을 것이다. 혹시 도전적인 페이지를 만나면 모서리를 접어놓고 나중에 다시 봐도 좋을 것이다. 이 책의 독자는 스스로 선택할 수 있어야 한다는 것이 나의 믿음이다. 누구든 이 책의 내용을 읽고 싶어하는 사람은 그것을 읽을 수 있어야 한다. 이 책은 모든 이들에게 적합한 것은 아니지만, 수학의 가치를 이해하지 못한 사람은 애초에 이 책을 집어 들지 않을 사람임이 틀림없다.

이 책을 교과서처럼 쓰지 않은 것에는 장점이 있다. 이 책에서 나는 수학에 대한 설명을 정확하고 엄격하게 제시하기 위한 노력을 기울이는 반면, 혼란스럽거나 성가시게 보이는 부분은 과감하게 생략하며 표현할 수 있는 자유가 생긴다. 이렇게 하면 높은 수준의 글을 쓰면서도 아이디어, 직감이나 큰 그림에 집중할 수 있다. 이러한 방식으로 인해 이 책은 매력적인 아이디어에 집중할 수 있게 되었다. 하나의 주제에 대해 더 많은 내용을 읽고 싶거나 세부 사항이 어떻게 완성되는지 보려면 부록 B를 참조하라.

이처럼 이 책은 다양한 독자가 이용할 수 있지만 특히 수학자들에게도 유용할 것이다. 이 책의 일부가 다른 책과 겹치기는 하지만 이 책과 같이 모든 정보가 하나의 책에 정리되어 있는 자료는 없다. 이 책의 끝 부분에는 논문들을 포함하여 광범위한 참고문헌이 제시되어 있다. 해당 주제에 대해 더 깊이 연구하고자 하는 수학자에게 도움이 될 것이다.

이 책은 다음과 같이 구성된다. 먼저 2, 3, 4, 5, 6장은 유클리드 이전시대(pre-Eulerian) 관점에서의 다각형에 대한 이야기로 시작된다. 이 장에서는 가장 유명한 다면체인 정다면체에 초점을 맞추고 있다. 이후 7, 9, 10, 12, 15장에서는 오일러의 다면체 공식과 또 다른 견고한 다면체 모양에 대한 일반화를 제시한다. 이 논의는 19세기 중반까지 우리를 끌어들인다. 16장과, 17, 22, 23장은 세기 말에 떠오른 오일러 공식의 위상학적 관점에 초점을 맞추고 있다. 여기서는 곡면과 더 높은 차원의 위상수학적 객체를 다룬다.

그리고 이 책에는 오일러 공식의 수많은 응용 사례가 포함되어 있다. 8장에서는 오일러의 다면체 공식의 기본 내용을 설명한다. 11, 13, 14 장은 그래프 이론에 초점을 맞추고 있다. 18, 19, 20, 21 장은 곡면, 오일러의 공식과의 관계, 매듭 이론, 동역학계 및 기하학에의 적용에 중점을 둔다.

나는 이 책을 읽는 사람들이 내가 이 책을 쓸 때 느꼈던 기쁨만큼 즐겁게 읽기를 희망한다. 내게 있어서 이 프로젝트는 거대한 퍼즐이었다. 조각들을 찾아내서 응집력 있는 이야기로 모으는 것은 나에게 큰 도전이자 기쁨이었다. 나는 내 일을 사랑한다.

데이브 리치슨(Dave Richeson)

디킨슨 대학교(Dickinson College)

2007년 7월 6일

차례

역자서문 _3
저자서문 _5
들어가는 말 _10

Chapter 01	레온하르트 오일러와 그의 친구인 세 황제	21
Chapter 02	다면체란 무엇일까?	40
Chapter 03	다섯 개의 완벽한 입체	44
Chapter 04	피타고라스학파의 사상과 플라톤의 원자론	49
Chapter 05	유클리드와 원론	57
Chapter 06	케플러의 다면체 우주	64
Chapter 07	오일러의 보석	76
Chapter 08	플라톤 입체, 골프공, 풀러렌, 그리고 지오데식 돔	89
Chapter 09	앞서간 데카르트	95
Chapter 10	제대로 해낸 르장드르	101
Chapter 11	쾨니히스베르크 산책	115
Chapter 12	코시의 평평한 다면체	129
Chapter 13	평면그래프, 기하판, 브뤼셀 새싹 게임	137
Chapter 14	알록달록한 세상입니다	151
Chapter 15	새로운 문제, 새로운 증명	169
Chapter 16	고무판, 속이 빈 도넛, 그리고 괴상한 병	182
Chapter 17	서로 같을까? 아니면 서로 다를까?	202
Chapter 18	매듭 문제	217
Chapter 19	코코넛의 털을 빗질하기	236
Chapter 20	위상이 기하를 조종할 때	256
Chapter 21	굽은 곡면의 위상	270
Chapter 22	차원으로의 탐험	281
Chapter 23	헨리 푸앵카레와 위상의 지배	295

에필로그 : 백만 달러 문제 _308
Notes _316
참고문헌 _322

철학은 이 위대한 책에 담겨있다. 나는 이것을 우주라 여긴다. 이 책은 끊임없이 우리의 시선 앞에 열려 있지만, 언어를 이해하고 문자를 해석하는 것을 배우지 않는 한 이해할 수 없는 것이다. 이 책은 수학이라는 언어로 쓰여 졌고, 문자는 삼각형, 원, 그리고 다른 기하학적 도형이다. 이러한 것에 대한 이해가 없는 사람은 단 한 마디의 말도 이해할 수 없을 것이며 그저 어두운 미로에서 방황하게 될 것이다.

– 갈릴레오 갈릴레이(Galileo Galilei)[1]

모두 '그것'을 간과했다. 고대 그리스의 위대한 수학자들, 가령 피타고라스(Pythagoras), 테아에테투스(Theaetetus), 플라톤(Plato), 유클리드(Euclid), 아르키메데스(Archimedes) 등은 모두 다면체에 빠져 있었지만 '그것'을 간과해 버렸다. 다면체의 아름다움에 경외하여 다면체를 기반으로 태양계의 초기 모델을 구안했던 위대한 천문학자인 요하네스 케플러(Johannes Kepler)도 마찬가지였다. 수학자이자 철학자인 르네 데카르트(René Descartes)는 다면체에 대한 그의 연구에서 그것을 발견하는 과정에서 몇 가지 논리적인 단계를 밟았지만 그 역시 그것을 미처 인식하지 못하였다. 많은 수학자들은 너무 단순해서 모든 학생에게 설명할 수 있는 '그것'을 놓치고 말았지만 '그것'은 너무나 기본적인 것이며 현대 수학 구조의 일부이다.

하지만 스위스의 수학자인 레온하르트 오일러(Leonhard Euler, 1707~1783)는 간과하지 않았다. 1750년 11월 14일 그의 친구이자 수리학자인 크리스티안 골드바흐(Christian Goldbach, 1690~1764)에게 보낸 편지에는 "입체측정법의 일반적인 성질[입체 기하학]을 내가 아는 한 그동안 알아차린 사람이 단 한 사람도 없었다는 사실이 그저 놀라울 뿐이다."라고 쓰여 있다.[2] 이 편지에서 오일러는 그가 관찰한 내용을 기술했고, 1년 후 그에 대한 증거를 제시했다. 이 관찰은 매우 기본적이고 중요한 것으로서 우리는 이것을 **오일러 다면체 공식**(Euler's polyhedron formula)라 한다.

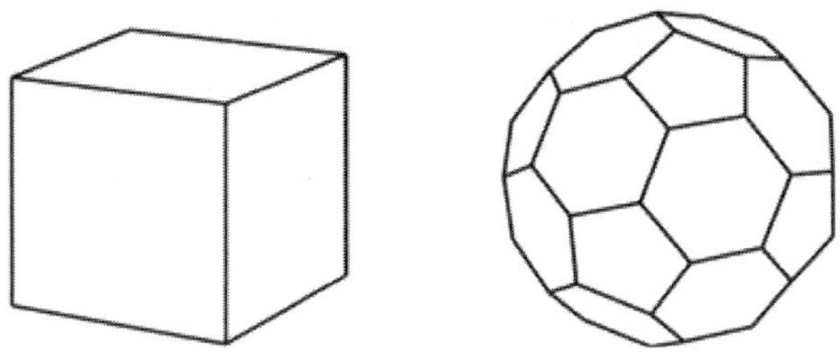

그림 I.1 정육면체와 축구공(깍은 정이십면체)은 모두 오일러의 공식이 성립한다.

다면체는 그림 I.1과 같이 평면 다각형 **면**(face)으로 이루어진 3차원 도형이다. 인접한 각 쌍의 면은 **변**(edge)이라 부르는 선분에서 만나고 인접한 변들은 **꼭짓점**(vertex)에서 만난다. 오일러는 꼭짓점, 변, 면의 개수(V, E, F)가 다음과 같이 간단하고 우아한 산술 관계를 항상 만족한다는 것을 관찰했다.

$$V-E+F=2$$

정육면체는 아마 가장 잘 알려진 다면체일 것이다. 각 면을 세어 보면, 여섯 개의 면으로 이루어져 있고 윗면은 사각형, 밑면도 사각형, 옆면 역시 네 개의 사각형으로 이루어져 있다. 이 사각형의 경계는 변으로 이루어져 있다. 이 변들을 세어보면 총 12개임을 알 수 있다. 상단에 네 개, 하단에 네 개, 측면에도 수직 모서리 네 개가 있다. 네 개의 상단 모서리와 네 개의 하단 모서리들이 각각 만나는 점은 육면체의 여덟 개 꼭짓점이다. 따라서 직육면체 $V=8$, $E=12$, $F=6$으로 적용해보면

$$8-12+6=2$$

가 성립함을 알 수 있다. 좀 더 복잡한 예를 들어 보면, 그림 I.1에 나온 축구 공 모양의 다면체는 총 32개의 면(12개의 오각형과 20개의 육각형)으로 이루어져 있고, 90개의 변과 60개의 꼭짓점이 있다. 위의 식에 다시 한 번 넣어보면 역시 다음식이 성립한다.

$$60-90+32=2$$

오일러의 발견은 단지 이 이야기의 시작일 뿐이다. 오일러는 다면체 연구 외에도 오늘날 '**위상수학**(topology)'이라 불리는 '**위치의 해석**(analysis situs)'분야를 개척하였다. 기하학은 단단한 대상물을 연구한다. 기하는 면적, 각도, 부피, 길이 등의 양을 측정하는데 관심이 있다. 위상수학은 소위 말하는 "고무 시트 형상(rubber-sheet geometry)"과 같은

개념으로서 펴서 늘릴 수 있는 모양을 연구한다. 위상수학 연구 대상들은 딱딱하거나 기하학적일 필요는 없다. 위상학자들은 연결성을 결정하고, 구멍을 탐지하고, 뒤틀림을 조사하는 데 관심이 있다. 카니발 광대가 풍선 하나를 구부려 하나의 강아지 모양으로 만든다면 풍선은 여전히 똑같은 위상 실체(topological entity)이지만 기하학적으로는 아주 다른 것이다. 그러나 아이가 연필로 풍선을 터뜨렸을 때 고무에 틈새가 있는 구멍을 남기게 되고 이것은 더 이상 위상적으로 동일하지 않다. 그림 I.2에서 우리는 구면, 도넛 모양의 토러스, 그리고 꼬인 뫼비우스 띠 등 세 종류의 위상적 곡면의 예를 볼 수 있다.

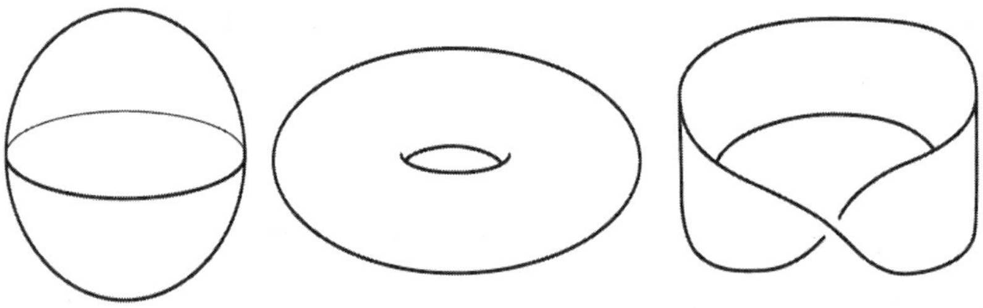

그림 I.2 위상적 곡면 : 구면, 토러스 및 뫼비우스 띠

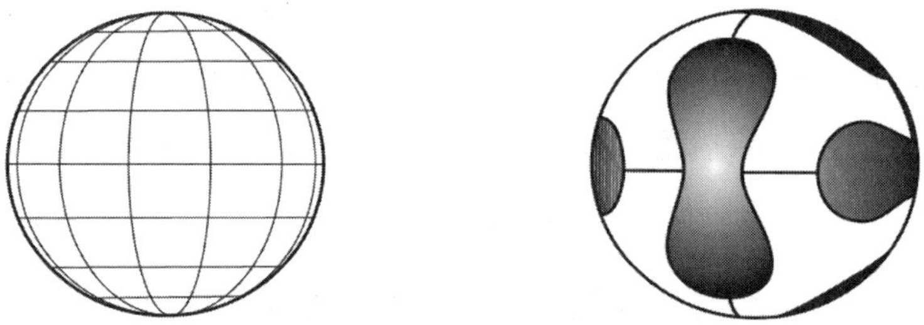

그림 I.3 구면의 두 가지 분할

이렇게 최근에 발달한 위상 분야의 학자들은 오일러 공식에 매료되었고, 그것을 위상적인 곡면에 적용하려고 시도했다. 그러나 여기에는 근본적인 문제가 존재 한다. 위상 곡면에 꼭짓점, 변, 면은 무엇인가? 위상학자들은 기하학자에 의해 설정된 엄격한 규칙을 무시하고 면과 변이 구부러질 수 있게 하였다. 그림 I.3에서 구면을 "직사각형"과 "삼각형" 영역으로 나눈 것을 볼 수 있다. 경도 12줄을 두 극에서 만나도록 하고

위도 7줄을 그려서 분할하면 된다. 이 구면은 72개의 곡선 직사각형 면과 24개의 곡선 삼각형 면(삼각형 면은 북극 및 남극 근처에 위치함)으로 총 96개의 면으로 나눠진다. 그렇다면 180개의 모서리와 86 개의 꼭짓점이 있다. 따라서 다면체와 마찬가지로, 다음 식이 성립한다.

$$V-E+F=86-180+96=2$$

마찬가지로 여섯 개 네 개의 변으로 이루어진 모래시계 모양 패치와 8개의 변형된 육각형 패치(그림 I.3 참조)로 구성된 2006년 월드컵 축구공은 전형적인 위상 곡면이지만 오일러 공식($V=24$, $E=36$ 및 $F=14$)을 만족시킨다.

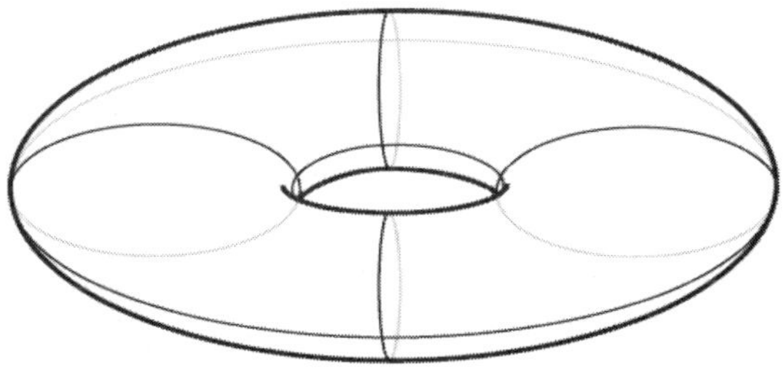

그림 I.4 토러스의 분할

그러나 그림 I.4와 같이 토러스를 직사각형 면으로 분할하면 결과가 만족스럽지 않다. 이 분할은 토러스의 중심 구멍 둘레에 2개의 원을 배치하고 원형 튜브 둘레에 4개의 원을 배치함으로써 형성된다. 이러한 분할은 4개의 모서리를 가진 면 8개와 16개의 변, 8개의 꼭짓점이 있다. 오일러의 공식을 적용하면 예상된 값 2가 아닌 다음이 나타난다.

$$V-E+F=8-16+8=0$$

만약 우리가 토러스에 또 다른 분할을 시행한다 할지라도 그 합이 여전히 0이라는 것을 발견할 것이다. 이것으로써 우리는 토러스에 대한 새로운 오일러 공식을 알 수 있다.

$$V-E+F=0$$

우리는 모든 위상적 곡면에 "고유한" 오일러 공식이 있음을 증명할 수 있다. 우리가 구면의 표면을 6면 혹은 심지어 1,006면으로 나누더라도, 오일러 공식을 적용하면 항상 2를 얻을 것이다. 마찬가지로, 오일러 공식을 토러스의 어떤 분할에 적용해도 0이 된다. 이 특별한 수는 고속도로 차량을 구별하기 위해 바퀴 수를 사용할 수 있는 것처럼 곡면을 구별하는 데 사용된다. 모든 자동차에는 4개의 바퀴가 있으며 모든 트랙터 트레일러에는 18개의 바퀴가 있고 오토바이에는 2개의 바퀴가 있다. 차량에 4개의 바퀴가 없다면 차가 아닐 것이다. 두 바퀴가 없다면 오토바이가 아니다. 같은 방식으로, $V-E+F$가 0이 아니라면 위상적으로 그 곡면은 토러스가 아니다.

$V-E+F$의 계산 값은 본질적으로 형태와 관련된 양이다. 위상 학자의 용어에 따르면 이것은 곡면의 **불변량**(invariant)이라 한다. 이 불변량의 강력한 속성으로 인해 우리는 $V-E+F$라는 수를 '**오일러지표**(Euler number)'라고 부른다. 구면의 오일러지표는 2이고 토러스의 오일러지표는 0이다.

이 시점에서 밝혀야 할 게 하나 있다. 모든 곡면이 고유한 오일러지표를 가졌다는 사실은, 우리가 단지 축구공이나 지오데식 돔을 보면서 "멋진 일 아냐?"라고 하는 수학적 호기심 이상의 것일 수 있다는 것이다. 앞으로 살펴보겠지만, 오일러지표는 위상, 기하학, 그래프 이론 및 동역학계는 물론이고 다면체 연구에도 없어서는 안 될 중요한 도구이며, 매우 우아하면서도 상상 이상의 적용을 보여준다.

그림 I.35 이 둘은 같은 매듭일까?

수학적 매듭은 그림 I.5와 같이 얽혀 있는 고리와 같은 모양의 수학적 대상이다. 한 매듭을 자르고 다시 붙이지 않고도 다른 매듭으로 변형 할 수 있다면 두 매듭은 같은 것이다. 오일러지표를 사용하여 두 곡면을 구별 할 수 있는 것처럼, 매듭을 구분하는 데도 오일러지표를 사용할 수 있다. 즉, 오일러지표를 사용하여 I.5의 두 매듭이 동일하지 않다는 것을 증명할 수 있다.

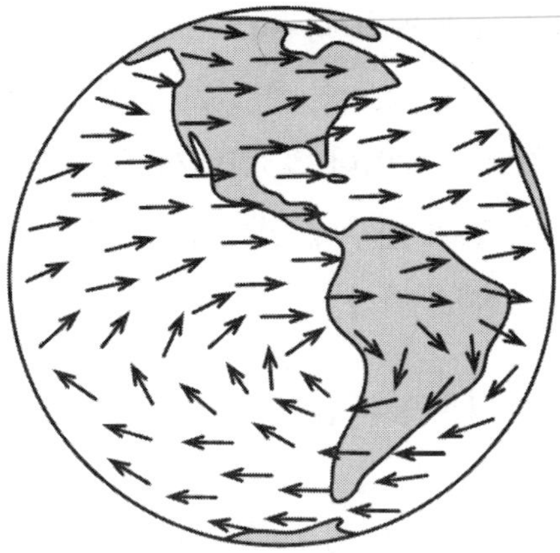

그림 I.36 지구상에서 바람이 없는 곳이 항상 존재할까?

오일러지표를 활용하는 또 다른 예를 보자. 그림 I.6은 지구 표면에서 바람이 부는 패턴의 스냅 샷을 나타냈다. 이 예에서는 칠레 해안에서 바람이 불고 있지 않은 지점이 있다. 그것은 시계 방향으로 돌고 있는 폭풍의 눈 안의 평온한 장소에 위치하고 있다. 우리는 지구 표면에서 적어도 하나의 바람이 없는 지점이 항상 존재함을 증명할 수 있다. 이것은 기상학의 이해가 아니라 위상학의 이해에 따른 것이다. 수학자들은 '**털이 있는 공의 정리**(hairy ball theorem)'라고 부르는 정리로부터 이 평온한 곳의 존재를 이끌어 냈다. 우리가 바람의 화살을 지구의 머리카락처럼 생각한다면 가르마같이 머리카락이 비워져 있는 지점이 항상 있어야한다. 반면 코코넛의 머리카락을 빗질 할 수는 없다. 19장에서 오일러 수가 어떻게 이러한 대담한 주장을 가능하게 하는지 보게 될 것이다.

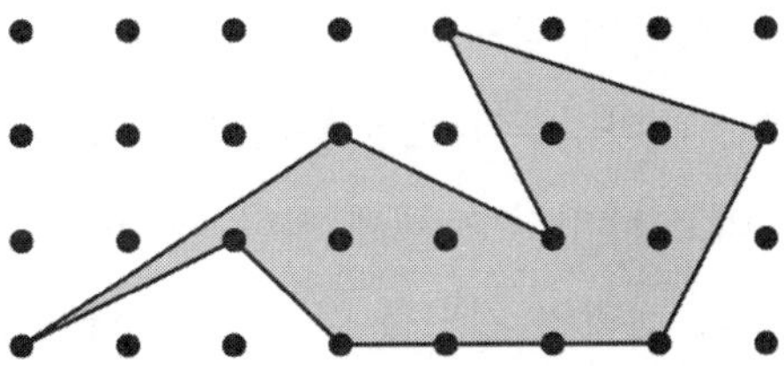

그림 I. 37 점을 헤아려 봄으로써 음영 처리 된 다각형의 면적을 알아낼 수 있을까?

그림 I.7에 한 단위씩 일정하게 배열해 놓은 점들 위에 다각형이 놓여있다. 각 다각형의 꼭짓점은 점 위에 놓여있다. 놀라운 사실은 단지 이 점들을 헤아려서 다각형의 정확한 넓이를 계산할 수 있다는 것이다. 13장에서 오일러 공식은 사용하여 다각형의 경계에 있는 점의 개수(B)와 점의 내부에 있는 점의 개수(I)를 이용하여 다각형의 넓이를 나타내는 다음 수식을 유도 한다.

$$\text{다각형의 넓이} = I + \frac{B}{2} - 1$$

이 식을 이용하면 다각형의 넓이는 $5 + \frac{10}{2} - 1 = 9$가 된다.

그림 I.38. 4가지 색깔만 사용하여 미국 지도를 색칠 할 수 있을까?

지도에 색깔을 칠할 때 몇 개의 색깔이 필요한지를 묻는 오래되고 재미있는 문제가 있다. 이때, 공통적인 경계를 가진 영역에는 같은 색상이 아닌 다른 색깔을 칠하도록 해야 하는데, 가능한 한 적은 수의 색을 가지고 지도를 색칠해 보도록 하는 것이다. 그림 I.8과 같은 빈 지도로 직접 색을 칠해보자. 아마도 대부분이 세 가지 색만으로 색칠할 수 있으나 지도를 완성하기 위해서는 네 번째 색깔이 필요하다는 것을 발견할 수 있을 것이다. 예를 들어, 네바다 주(州)를 둘러싸고 있는 주들을 색칠하기 위해는 세 가지 색이 필요하다. 그리고 네바다 자체에 칠할 네 번째 색이 필요하다(그림 I.8 왼쪽 참조). 우리가 영리하다면 미국 전역의 지도를 다섯 번째 색깔을 사용하지 않고 네 가지의 색만으로도 색칠을 끝낼 수 있다. 모든 지도가 네 가지 색깔로 칠해질 수 있을 것이라는 것은 이미 오래 전 부터 알려져 왔던 추측이다. 사실일 듯 아닐 듯한 이 악명 높은 추측은 4색 문제로 알려져 있다. 14장에서는 1976년 오일러 공식이 중요한 역할을 함으로써 이 논란을 종식시킬 수 있었던 매혹적인 이야기를 다룰 것이다.

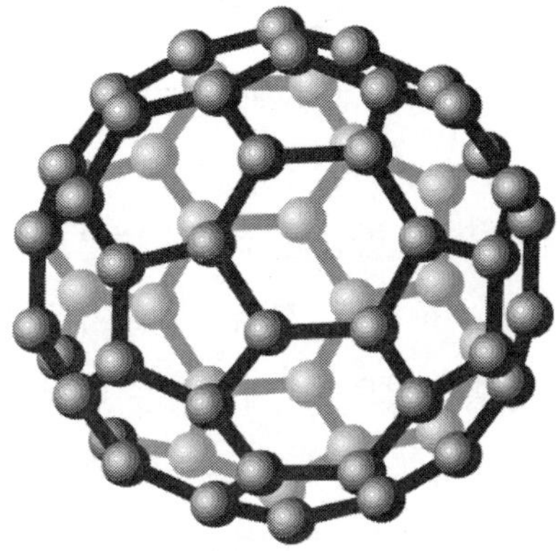

그림 I. 39 C_{60} 벅민스터풀러렌 분자

흑연과 다이아몬드는 화학적 구성이 모두 탄소 원자로 이루어져 있다. 1985년 세 명의 과학자 로버트 컬 쥬니어(Robert Curl Jr.), 리차드 스몰리(Richard Smalley), 하롤드 크로토(Harold Kroto)는 탄소로 이루어진 새로운 종류의 분자를 발견하여 과학 공동체에 충격을 주었다. 그들은 이것을 풀러렌(fullerenes) 분자라 명명하였는데, 이 이름은 측지돔의 발명가인 건축가 벅민스터 풀러(Buckminster Fuller)를 따서 만든 것이다(그림 I.9 참조). 그들이 이 이름은 선택한 이유는 풀러렌은 이러한 구조와 유사한 큰 다면체 분자이기 때문이다. 풀러렌의 발견으로 인해 세 남자는 1996년 노벨 화학상을 수상했다. 풀러렌에서 모든 탄소 원자는 이웃 한 세 개와 정확히 결합하고 탄소 원자의 고리는 오각형과 육각형을 형성한다. 처음에는 컬, 스몰리 그리고 크로토가 60 및 70개의 탄소 원자를 갖는 풀러렌을 발견했지만 다른 풀러렌은 나중에 발견되었다. 가장 유익한 풀러렌은 축구 공 형태의 분자 C_{60}으로 벅민스터풀러렌(buckminsterfullerene)라고 불린다. 놀라운 사실은 화학 지식을 배제하고 오일러 공식만으로 풀러렌 탄소 원자의 특정 구성이 존재할 수 있다는 결론을 내릴 수 있다는 것이다. 예를 들어 육각형 고리의 수가 다를지라도 크기에 관계없이 모든 풀러렌은 정확하게 12개의 오각형 모양의 탄소 고리를 가져야한다.

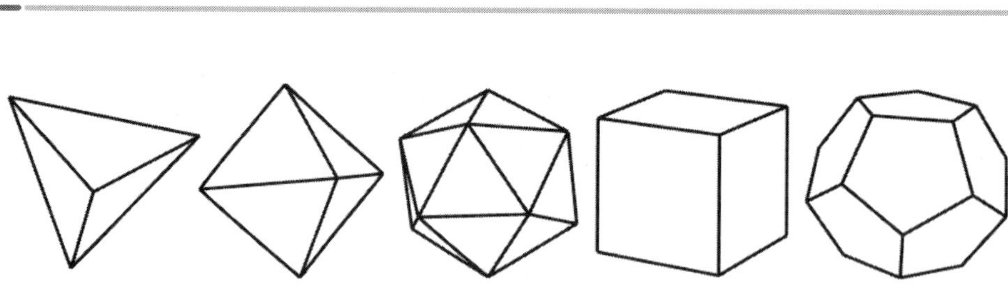

그림 I. 40 5개의 정다면체

수천 년 동안 사람들은 모든 면이 합동인 정다각형으로 이루어진 아름답고 매혹적인 정다면체에 열광해 있었다(그림 I.10 참조). 그리스인들이 정다면체를 발견하였고 플라톤은 정다면체를 원자 이론에 통합시켰으며, 케플러는 태양계의 초기 모델을 구성하는데 사용하기도 하였다. 이 다섯 개의 다면체를 둘러싼 미스터리 중 하나는 이들의 수가 너무 적다는 것이다. 즉, 이 다섯 개를 제외하고는 그 어떤 다면체도 정다면체의 성질을 만족하지 않는다는 것이다. 오일러 공식을 가장 우아하게 잘 적용한 사례 중 하나가 바로 오직 다섯 개의 다면체만이 정다면체를 만족한다는 것을 아주 간단하게 증명해 보일 수 있는 것이다.

오일러 공식의 중요성과 아름다움에도 불구하고, 사실상 일반 대중에게는 잘 알려지지 않았다. 심지어 학교에서 가르치는 수학 정규 교육과정도 나타나지 않는다. 일부 고등학생들은 오일러 공식을 알고 있기도 하지만 대부분의 학생들은 대학에서 수학을 전공해야만 그제야 접하게 되는 현실이다.

수학적 명성은 호기심의 산물이다. 어떤 정리들은 어린 학생들의 머리에 잘 박혀있기 때문에 잘 알려져 있기도 하다. 피타고라스 정리, 근의 공식, 미적분의 기본 정리 등이 바로 그러한 예일 것이다. 유명한 미해결 문제가 해결됨으로써 주목을 받기도 한다. 페르마의 마지막 정리(Fermat's last theorem)는 앤드류 와일즈(Andrew Wiles)가 1993년에 증명해서 세계를 놀라게 하기 전 약 3백 년 동안 해결되지 않았던 문제이다. 4색 문제는 1853년에 제기되었으며 1976년 케네스 아펠(Kenneth Appel)과 울프강 하켄(Wolfgang Haken)에 의해서 증명되었다. 유명한 푸앵카레 추측(Poincaré conjecture)은 1904년에 제기되었으며 클레이 수학 연구소 밀레니엄 문제(Clay Mathematics Institute Millennium Problems) 중 하나였다. 클레이 연구소는 수학적으로 중요하다고 생각되는 7개의 문제를 제시하였고 이 문제 중 한 문제를 해결하는 수학자에게는 백만 달러를 수여하는 상금도 내걸었다. 이 상금은 2002년 푸앵카레 추측을 증명한 페렐만(Grisha Perelman)에게 수여 될 것이다. 그 외에도 교차 학문적 접근(자연에서 나타나는 피보나치 수열 현상) 또는 역사적 중요성(소수의 무한성, π의 무리수 성질)으로 인해 널리 알려진 수학적 사실들도 존재한다.

오일러 공식은 위대한 이론이라고 알려져 있다. 이것은 다채로운 역사를 가지고 있으며, 세계에서 가장 위대한 수학자 중 많은 사람들이 이 이론에 공헌했다. 오일러의 정리는 심도 깊은 정리이고, 수학적 정교함을 성장시키는데 이바지하였다.

이 책은 오일러의 아름다운 공식에 관한 이야기이다. 이 정리를 잘 보여주기 위하여 그리스의 역사를 추적하고 그리스의 다면체에서부터 현대의 위상학 분야에 이르는 다리가 어떻게 형성되는지를 보여줄 것이다. 또한 기하학, 위상수학 및 동적 시스템의 분야에서 오일러 공식을 적용한 흥미로운 사실들을 제시할 것이다. 더불어 오일러 공식을 바탕으로 하여 증명을 해 나간 정리의 예시도 보여 줄 것이다. 이를 통해 우리는 왜 이 공식이 오랫동안 눈에 띄지 않다가 수학에서 가장 아름다운 정리 중 하나가 된 것인지 알게 될 것이다.

오일러의 보석

Euler's Gem

CHAPTER 01

레온하르트 오일러와 그의 친구인 세 황제

★ 오일러를 읽으십시오, 오일러를 읽으십시오, 우리 모두의 거장을!

– 피에르 – 사이먼 라플라스(Pierre–Simon Laplace)[1]

우리는 이미 과장법에 익숙하다. 가장 훌륭하고, 가장 좋고, 가장 밝고, 가장 빠르고, 가장 빛나는 것과 같은 극단의 단어는 텔레비전 광고, 선전, 스포츠 방송, 대중 음악 등을 통해 정기적으로 접할 수 있다. 이러한 표현은 이미 문자적인 의미를 잃어버리고 그저 제품을 판매하거나 관객을 즐겁게 하는 일상적인 과정에서 흔히들 사용하는 단어가 되어 버렸다. 그래서 우리가 레온하르트 오일러(Leonhard Euler)가 이 세상에서 가장 영향력 있고 위대한 업적을 낸 수학자라고 소개한다 할지라도 독자는 시큰둥한 반응을 보일지도 모른다. 하지만 우리는 진실을 과장하지 않았다. 오일러는 아르키메데스(Archimedes, 기원전 287~211), 아이작 뉴턴(Isaac Newton, 1643~1727), 카를 프리드리히 가우스(Carl Friedrich Gauss, 1777~1855)와 함께 상위 10위 또는 5위 안에 들어갈 만큼 역사상 가장 중요하고 의미 있는 수학자 중 한 명으로 여겨진다.

오일러는 76년간의 자신의 삶에서 수학자 중 가장 많은 분량인 74권의 저서를 수학으로 채웠다. 그의 모든 작품이 출판될 무렵(사망 후에도 79년간 새로운 소재가 계속 출간 됨)까지 최첨단 주제에 관한 논문과 책, 초등 교과서, 비과학자나 기술 매뉴얼을 위한 서적들을 포함하여 866개의 항목을 다루었는데 이는 실로 엄청난 양이라 볼 수 있다. 더욱이 이 수치에는 아직도 집계 중인 그의 서신 및 노트에 대한 예상 분량인 15권은 포함하지 않은 것이다.

오일러의 중요성은 그의 방대한 결과뿐만 아니라 수학에 대한 깊고도 획기적인 기여에 기인한다. 오일러는 특정 한 분야만 다루지 않았다. 그는 거의 만능에 가까운 사람 중 한 사람으로 수학 전 분야에 걸친 전문 지식을 가지고 있었다. 오일러는 해석학, 수론, 복소 해석학, 미적분학, 미분 방정식, 확률론 및 위상수학에 대한 영향력 있는 논문과 책을 출판했다. 이 목록에는 광학, 전기 및 자기학, 역학, 유체 역학 및 천문학 같은 분야에 적용한 것에 대한 기여는 포함되지 않았다. 한 가지 덧붙일 것은, 오일러는 우수한 학자 중에 최고의 설명 능력을 갖고 있었다는 것이다. 그 이전의 수학자들과는 달리 오일러는 분명하고 쉬운 언어를 사용하여 전문가와 학생 모두가 쉽게 접근할 수 있도록 한 것이다.

오일러는 온화하고 소박한 사람으로 그의 대가족과 그의 일을 중심으로 한 삶을 살았다. 그는 스위스, 러시아, 프러시아, 그리고 다시 러시아로 돌아와 살았으며 18 세기의 많은 중요한 사상가들과 광범위하게 교류했다. 그의 삶은 유럽의 3명의 "위대한" 통치자–피터 황제(Peter the Great), 프레드릭 대왕(Frederick the Great) 및 캐서린 대왕(Catherine the Great)과 연결되었다. 이 지도자들의 업적에는 자국의 국립 과학 아카데미(National Academies of Science)의 창설 또는 활성화가 포함된다. 이 아카데미는 오일러를 지원해줌으로써 그가 연구에 몰두 할 수 있도록 하였다. 그들이 오일러에게 기대한 유일한 보답은 그의 과학적 전문성에 대한 활용과 그들 나라에 가져다 줄 명성이었다.

그림 1.1 레온하르트 오일러

오일러는 1707년 4월 15일 스위스 바젤에서 폴 오일러(Paul Euler)와 마그리에트 브루클러 오일러(Marguerite Brucker Euler)사이에 태어났다. 그 직후 가족은 인근의 리엔 마을로 이사를 갔는데, 폴은 지역 칼뱅주의 교회의 목사로 부임했다.

오일러는 어린시절 그의 아버지로부터 수학을 배웠다. 그의 아버지 폴은 수학자는 아니었지만 유명한 야곱 베르누이(Jacob Bernoulli, 1654~1705)로부터 수학을 배웠다. 당시 폴은 야곱의 남동생인 요한(Johann Bernoulli, 1667~1748)과 함께 바젤 대학에 다니고 있었으며 야곱의 집에서 기거하였다. 이 야곱 베르누이와 요한 베르누이는 수학계에서 가장 명성 높은 집안의 일원들이다. 베르누이 일족은 1세기 이상 동안 수학의 발전에 중요한 역할을 하였으며, 최소 8명의 베르누이가 수학계에 기여하였다.

오일러는 14세의 나이에 바젤 대학에서 공식적인 학교 교육을 받기 시작했다. 그 당시 대학생들 나이 대에 비해 비정상적으로 어린 나이는 아니었다. 당시 바젤 대학은 겨우 몇 백 명의 학생이 재학하고 열아홉 명의 교수가 가르치는 아주 작은 규모였다. 그의 아버지는 아들이 목사의 길로 가기를 기대했으므로 오일러는 대학에서 신학과 히브리어를 배워야만 했다. 그러나 그의 수학적 능력은 감춰지지 않았고, 이는 아버지의 친구인 요한 베르누이의 관심을 끌었다.

당시의 요한은 유럽의 가장 유명한 수학자 중 한 사람이었다. 요한은 그의 형제와 아들과 못지않게 경쟁적이고 거만한 사람이었다. 그럼에도 불구하고 요한은 소년 오일러의 놀라운 재능을 인정하고 수학을 지속해 나갈 수 있도록 격려하였다. 오일러는 자서전에서 "요한 베르누이는 내가 어떤 장애나 어려움을 겪을 때마다 매주 토요일 오후에 그의 집을 자유롭게 방문할 수 있도록 하였고, 내가 이해할 수 없는 모든 것들을 나에게 친절하게 설명해 주었습니다."라고 밝힌바 있다.[2] 이러한 배움의 기회는 오일러가 수학적으로 성숙해 나가는 데 있어서 중대한 기여를 하였다.

오일러의 아버지 폴은 오일러가 수학 연구에서 뛰어나다는 것을 알고 있었음에도 여전히 목사의 길로 들어가기를 희망하였다. 그래서 오일러는 17세의 나이에 철학 석사 학위를 받아야만 했다. 요한은 유망한 수학 제자를 교회로 인해 잃을 것을 염려하여 오일러가 장차 위대한 수학자가 될 잠재력이 있음을 그의 아버지에게 피력하였다. 마침내 수학에 대한 오일러의 열정을 폴도 받아드림으로써 오일러는 목사의 길을 가지는 않았고, 평생 동안 독실한 칼뱅주의 교회의 신도로만 남아있었다.

오일러가 처음으로 독자적인 수학 업적을 이룬 것은 19세였다. 선박에 돛대를 배치하는 것에 대한 이론적 연구 결과는 프랑스 아카데미 사이언스(Academie des Sciences)가 후원하는 권위 있는 대회에서 입상하였다. 이 결과를 십대소년이 해 냈다는 것이 놀라운 일이 아닐 수 없으며 특히 바다의 배를 한 번도 본 적이 없는 스위스 청소년이기에 더욱 놀라운 일이었다. 그 대회는 오늘날 노벨상과 유사한 명성을 가진 대회였으며 오일러가 당시 그 대회에서 최우수상을 수상한 것은 아니었지만 그 후 수년 동안 열 두 번이나 최고 영예를 안았다.

오일러가 태어난 당시, 러시아의 황제 표트르 1세 황제(Peter tester Great, 1672~1725)은 바젤의 북동쪽으로 수천 마일 떨어진 곳에 상트페테르부르크 도시를 건설하고 있었다. 이 도시는 발트해(Baltic Sea)로 흘러드는 네바(Neva) 강의 습지대에서 1703년에 설립되었다. 표트르 1세는 강제 노동을 동원하여 네바 강에 있는 한 섬에 전략적인 요새와 도시를 건설했다. 그는 성직자의 이름을 따서 이 새로운 도시에 이름을 붙였으며 이 도시를 "낙원"이라고 칭할 정도로 사랑하였다. 대부분의 러시아 사람들, 특히 정부 관료들은 이 냉랭하고 습도 높은 장소에 대하여 표트르 1세 황제와 감정이 같지 않았음에도 불구하고 러시아 수도는 모스크바에서 상트페테르부르크로 옮겨졌다. 젊은 오일러는 이 도시가 자신의 삶을 보낼 곳이라는 확신을 할 수 없었다.

그림 1.2. 러시아의 표트르 1세 황제

표트르 1세는 키가 7피트에 육박하는 건장한 육체의 소유자로서, 1682년에서 1725년까지 러시아를 지배한 정력적이고 강력한 지도자였다. 무자비한 개혁가로만 알려진 그는 교회의 지배에서 벗어나 강력한 왕권을 구축하기 위하여 토지와 봉건제로부터 자국의 개혁을 시작했다. 러시아 정부, 문화, 교육, 군사 및 사회의 현대화(또는 서구화)를 이룩하려는 그의 목표는 대체로 실현되었다. 한 러시아 역사가는 이 시대를 일컬어 "급속도로 스콜라주의(scholasticism)의 모든 시대를 뛰어 넘었습니다. 러시아는 교구나 교회가 지배하던 준 중세 문명에서 르네상스 및 종교 개혁의 이성의 시대로 옮겨갔습니다."라고 표현하기도 하였다.[3]

표트르 1세는 서구화되는 과정 중 하나로서 러시아의 교육 제도를 개혁하기를 원했다. 그의 통치 이전에는 막강한 힘의 정교회(Orthodox Church)에서 제시하는 최소한의 가르침을 제외하고는 교육 제도라 불릴 만한 것이 존재하지 않았다. 그 결과로 러시아에는 과학자가 없었다. 러시아인들은 너무나 강한 교회의 존재로 인해 세상의 현상을 전통적인 종교적 설명이 아닌 과학적으로 설명하는 것을 두려워하였다. 표트르 1세는 러시아의 국제적 이미지를 개선하고 러시아인들이 과학을 싫어한다는 관념을 불식시킬 필요성을 인식하였다. 또한 과학 프로그램을 갖는 것이 강력한 국가를 창설하고 유지하는 데 중요하다는 것을 알고 있었다.

표트르 1세는 1660년에 각각 설립되었던 런던 왕립 학회(Royal Society of London)와 파리의 아카데미 사이언스를 방문하여 큰 감동을 받았다. 또한 1700년 고트프리트 라이프니츠(Gottfried Leibniz, 1646~1716)의 조언에 따라 설립된 새로운 베를린 과학 아카데미에 대해서도 감탄하였다. 라이프니츠는 아이작 뉴턴과 함께 미적분학의 발명으로 평가받는 유명한 수학자이다. 이 아카데미들은 대학이 아니었다. 아카데미의 사람들은 "새로운 지식을 탐구하는 데는 헌신하였으나 기존의 지혜를 보급하는 데에는 관심두지 않았다."[4] 그들은 가르치는 사람이 아닌 학자였고, 그들의 주요 목표는 지식의 발전이었다.

파리, 런던, 베를린에 있는 것과 같은 아카데미를 새로운 도시인 상트페테르부르크에 설립하기를 원한 표트르 1세는 라이프니츠에게 조언을 구했다. 거의 20년 동안 표트르 1세와 라이프니츠는 교육 개혁과 과학 아카데미 창설에 관한 편지와 직접 대면 회의를 통해 광범위한 대화를 나누었다.

1724년 표트르 1세는 상트페테르부르크에서 과학 아카데미를 창설하기 위한 계획을 완성하였다. 러시아의 교육 시스템을 향상시키는 것이 최종 목표였고, 그의 가장 야심찬 프로젝트였다. 그러나 표트르 1세는 자신의 아카데미를 유럽의 아카데미와 같은 모델로 만들 수 없었다. 러시아는 순수 과학자가 없었기 때문에 재능 있는 외국 과학자들에게 상트페테르부르크로 이주하도록 설득해야했다. 또한 러시아에는 대학 제도가 없기 때문에 과학 아카데미는 대학으로도 기능해야했다. 아카데미의 중요한 역할은 과학 분야에서 러시아인을 훈련시켜 미래에는 외국 과학자들에게 의존할 필요가 없도록 하는 것이었다.

표트르 1세는 그의 노력의 결실을 보지 못하고, 1725년 초에 사망했다. 다행히도 새로운 여왕인 표트르 1세의 두 번째 부인 캐서린 1세(Catherine I, 1684~1727) 덕분에 아카데미에 대한 계획이 지속될 수 있었다. 외국 학자들은 표트르 1세가 죽은 지 몇 개월만에 도착하기 시작했고, 과학 아카데미는 그 해 연말이 되기 전에 첫 번째 모임을 가졌다. 캐서린이 아카데미의 대업을 지속시킨 것은 표트르 1세에게는 매우 다행스런 일이었다. 그러나 아카데미가 그 이후에도 러시아 지도자들에게 항상 관심 받지는 못했다. 표트르 1세의 죽음과 캐서린 대왕(Catherine the Great, 1729~1796)의 대관식 사이의 37년 동안, 러시아는 여섯 명의 세력가에 의해 통치되었고, 아카데미는 항상 이러한 권세가들의 처분 속에 놓인 존재였다.

초창기 아카데미에는 16명의 과학자가 근무했다. 독일인 13명, 스위스인 2명, 프랑스인 1명이었고 러시아인은 없었다. 독일인은 많은 데 반해 러시아인이 없었던 것은 나중에 긴장의 원인으로 작용하기도 하였을 것이다.

추운 날씨, 외딴 지역 및 학문적인 고립 때문에 과학자들을 상트페테르부르크로 유인하기위해서는 높은 급여와 안락한 편의시설을 제공해야했다. 새로운 아카데미는 규모는 작았지만 국제적으로 유명한 과학 기관이 되기 위한 목표는 빠르게 달성되었다. 이 아카데미는 마침내 러시아 과학계의 중심이 되었다. 과학 아카데미에는 몇 번의 명칭 변경이 있긴 하였으나 오늘날에도 여전히 존재하며 러시아 과학 아카데미(Russian Academy of Sciences)로 알려져 있다.

이 새로운 기관의 외국 학자 중 두 명은 오일러의 친구이자 요한 베르누이의 아들인 니콜라스(Nicolaus Bernoulli, 1695~1726)와 다니엘(Daniel Bernoulli, 1700~1782) 베르누이였다. 두 형제는 스위스를 떠나기 전에 오일러에게 아카데미에 관해 이야기했으며 가능한 한 빨리 그의 자리를 확보하겠다고 약속했다. 러시아에 도착하자마자, 그들은 아카데미 행정관들에게 천재적인 청년 친구를 고용할 수 있도록 제안 하였다. 그들의 노력은 빠른 결과를 가져왔다. 1726년에 오일러는 의료 및 생리학 부문에서 직책을 제공 받았다. 그러나 안타깝게도 오일러는 이 흥미진진한 일자리를 충분히 즐기거나 축하할 수 없었다. 때마침 니콜라스가 갑작스레 비극적인 죽음을 맞이하면서 오일러가 그의 빈자리로 이동하게 되었다.

오일러는 새 일자리에 대해 감사했지만 그는 즉시 러시아로 이사하지는 않았다. 그는 새 일자리를 보류한 채 바젤에서 해야 할 일이 두 가지 남아있었다. 첫째, 그는 의학 분야에서 일자리를 수락했지만 그 분야에 대한 지식은 거의 가지고 있지 않았다. 그래서 그는 바젤 대학에 남아 해부학과 생리학을 공부하기로 결정했다. 둘째, 그는 바젤 대학에서 물리학 교수 자리 제안을 받게 될지 알아보기 위해 시간을 두고 기다리고 있었다. 1727년 봄, 그가 교수로 발탁되지 않았다는 소식을 듣고 그는 러시아로 떠났다. 그렇게 하여 오일러는 상트페테르부르크에서의 삶을 시작했으며, 그 후 그곳에서 14년 동안 살았고 그의 삶의 마지막 17년 동안 다시 그곳에서 살았다.

오일러가 상트페테르부르크로 가기위해서 걷고 배타고 마차도 이용해서 총 7주가 걸렸다. 그가 러시아에 발을 내딛은 날, 캐서린 1세는 불과 2년 동안의 통치를 끝내고 몰락하였다. 새로운 아카데미의 운명은 불확실했다. 표트르 1세의 손자인 11살의 표트르 2세(1715~1730)를 대신하여 이 나라를 통치할 사람들은 아카데미를 고비용의 사치라 간주했고 문을 닫을 것까지 고려했다. 그러나 다행스럽게도 아카데미는 지속될 수 있었으며, 이러한 혼란 속에서도 오일러는 의학 분야에서가 아니라 수학-물리 분야에서 자리 잡았다. 오일러의 수학 분야 경력 1년차인 1727년은 수학계 거물인 아이작 뉴턴이 사망한 해였다.

표트르 2세 집권 하에 있던 아카데미에서의 생활은 순탄치 않았다. 1730년 당시 15살이었던 황제가 죽고 난 뒤 아카데미 일원들은 그들의 삶이 더 나아지길 기도했다. 안나 이바노브나 황제(Anna Ivanovna, 1693~1740)의 10년 집권기간 동안 아카데미의 사정은 조금 나아졌으나, 러시아의 사정은 암울해졌다. 안나는 그녀가 통치하고 있는 정부에 독일인이 강력한 영향력을 행사하도록 만들었다. 가장 눈에 띄는 인물은 그녀의 정부인 어네스트 요한 바이론(Earnst-Johann Biron, 1690~1772)이었다. 바이론은 수천 명의 러시아인들을 사형시키고 수천 명은 시베리아로 이주시킨 무자비한 폭군이었다. 바이론의 표적에 있던 사람들은 일반적인 범죄자들부터 구교도들(동방정교회), 그리고 안나의 정치적 적대세력들이 포함되어 있었다. 훗날 베를린에서 프로이센의 왕대비가 오일러에게 왜 이리도 그가 과묵한지 물어보았을 때 그는 이러한 대답을 했다. "그것은 무슨 말을 하면 교수형에 처하는 나라에서 이제 막 돌아왔기 때문입니다."[5]

1733년 다니엘 베르누이는 러시아의 내부적 정치상황과 생활의 어려움에 지쳐 스위스로 다시 귀향했고, 오일러는 26살의 나이에 다니엘의 자리였던 수학 학과장을 맡았다.

이 때 오일러는 그가 러시아에 아마도 평생이 될 수도 있을 만큼 오래 있을 것이라는 느낌을 받았다. 러시아의 정치 풍토가 주는 어려움을 제외하면 오일러는 러시아에서의 생활이 편안하다고 느꼈다. 그는 러시아어를 능숙하게 구사할 수 있었으며, 그의 지위가 높아짐에 따라 연봉도 높아져서 그의 재정 상태 또한 안정적이라고 느꼈다. 그리하여 1733년에 그는 표트르 1세가 러시아로 데리고 온 스위스 태생 화가 게오르그 그셀(georg gsell)의 딸 카타리나(Katharina Gsell)와의 혼인을 결심했다. 오일러와 카타리나는 가정을 꾸리고 일생 동안 13명의 아이들을 낳았다. 당시 흔했던 사회 환경처럼, 이 아이들 중 오직 5명의 아이들만 유년기를 버텼고, 고작 3명만이 그들의 부모보다 오래 살았다.

유부남이자 아이들의 아버지가 되었다고 해서 오일러의 출판 열정을 막을 순 없었다. 그 당시 뿐만 아니라, 그의 모든 일생 동안 그는 너무나 열정적인 연구자였다. 오일러의 막대한 산출물들을 과장해서 말하는 것은 힘든 일이다. 수학계에서 내려오는 말에 따르면 그는 아이를 무릎에 올려놓고 통통 튕기며 수학논문을 작성할 수 있었고, 또한 그는 저녁 식사하러 오라는 첫 번째 부름과 두 번째 부름 사이에 논문을 구성할 수 있었다는 일화도 있다. 그는 무엇이든 다 글로 써서 다양한 결과물을 남겼다. 그는 걸작부터 단편집, 수정물, 해설집, 부분적 결과물, 증명, 서문, 그리고 기술 서적을 제작했다.

어떠한 장애물도 오일러를 멈출 수는 없었다. 심지어 눈이 멀어도 그의 수학적 결과물의 홍수를 막을 수 없었다. 1738년 한 천문학 난제에 관해서 3일이란 긴 시간 동안 일을 하고 난 후에 그는 병에 걸렸다. 비록 현대 의학은 이 주장에 반대를 표하고 있지만, 이 병이 그의 오른쪽 눈을 악화시키고 결국 실명에 이르게 했다고 오랫동안 사람들에게 알려져 왔다. 오일러는 시력을 잃은 것에 대해서 대수롭지 않게 여겼다. 오일러는 전형적으로 낙관적인 성향으로 "이제 나는 주의 산만한 것들에 덜 신경 써도 된다." 라고 대답했다.[6] 나중에 그는 다른 한쪽의 눈마저 잃었고 남은 17년의 인생 동안 거의 어둠 속에서 살았다. 그는 실명했음에도 불구하고 죽을 때까지 지속적으로 수학에 중대한 기여를 하였다.

오일러의 뇌는 다른것들에는 기능하지 못하고 오직 수학적 사고에 특화된 뇌를 가지고 있는 것 같았다. 그는 굉장히 많은 추상적 관념들을 동시에 다룰 수 있는 능력을 머릿속에 탑재했으며 믿기 어려운 암산들을 해낼 수 있는 능력을 지녔다. 한 유명한 일화로, 두 명의 오일러 제자들이 그들의 계산 결과에 대한 차이를 비교하려고 17개의 항을 더하고 있었던 중에 오일러가 그 식을 보고 암산한 후 정답을 말해주어 논쟁을 종결시켰다는 이야기가 있다. 수학자 프랑소아 아라고(François Arago, 1786~1853)가 쓴 유명한 구절에 따르면 "오일러는 마치 인간이 숨을 쉬듯이, 또는 독수리가 바람 속에서 스스로를 지탱하는 것처럼 눈에 띄는 노력 없이도 계산을 해냅니다."[7] 오일러는 머릿속에 장착된 연필로 기호를 다루는 능력 덕에 자신의 재능을 힘껏 발휘할 수 있었으며, 이러한 능력이 그저 자신을 영리하게 보이게 했다고 겸손하게 표현했다.

오일러의 축복받은 또다른 재능은 놀라운 기억력이다. 오일러는 셀 수 없이 많은 시를 외웠는데, 어렸을 때부터 나이를 많이 먹어서까지 버질(virgil)의 아에네이스(Aeneid)의 첫 행부터 끝 행까지 전부 낭독할 수 있었다. 그의 놀라운 기억력에 대한 수학적 예로는 1부터 100까지 모든 숫자에 대한 6제곱을 말할 수 있는 능력이다. 이 놀라운 능력의 예를 보이자면, 99의 6제곱은 바로 $99^6=941,480,149,401$라고 바로 말할 수 있다.

상트페테르부르크에 머물렀을 때, 오일러는 정부의 프로젝트에 그의 시간을 할애했다. 1735년에 그는 아카데미의 지리학 분야 책임자로 임명되었으며 이후 러시아가 크게 필요했던 지도를 만드는데 중요한 공헌을 하였다. 그는 또한 조선술에 관한 두 권짜리 책을 집필하였는데 이 결과는 너무나 중대한 것이었기 때문에 아카데미에서는 그에게 그 해 급여를 두 배로 주었다.

오일러가 놀라운 성과와 행복한 가정생활 그리고 꽤 큰 수입을 올리는 와중에도 러시아의 상황은 점점 더 나빠졌다. 아카데미의 분위기는 점점 더 긴장이 고조되었으며 적의적이기까지 했다. 대부분의 선임연구원들은 독일인이었으며 아직도 러시아인들이 개입할 여지는 거의 없었다. 아카데미가 창설한지 16년이 지나고 나서도 단 한 명의 러시아인만이 정식 연구원이 되었으며 그는 심지어 정교수로 승진 할 수 없는 부교수에 머물렀다. 러시아인들은 독일인들이 아카데미 내에서 지닌 권력에 불만을 품었고 독일인들에 반하는 의견을 자유롭게 표현했다. 차분하고 마음을 잘 드러내지 않는 오일러 입장에서는 다행히도 아카데미의 내부적 정치상황으로부터 중립을 지킬 수 있었다. 하지만 이로 인해 그의 직장생활은 굉장히 피곤했다.

안나 이바노브나 정부 아래서 바이론과 독일당(German party)의 존재로 인해 독일인들에 대한 러시아 인들의 두려움과 분노는 점차 커지고 있었다. 안나가 죽기 얼마 전인 1740년대 후반 그녀는 후계자인 2개월짜리 아들 이반 6세(Ivan VI, 1740~1764)를 대신해 바이런을 섭정자로 지명했다. 안나의 죽음 후 독일에 대한 러시아 인들의 적대적 감정은 최고조를 웃돌았고, 한 달이 채 되기도 전에 바이런은 타도되었다. 그리고 1년 뒤 이반과 남아 있는 모든 독일 측 정당은 권력에서 쫓겨났다. 이후 표트르 1세의 딸 엘리자베스 1세(Elizabeth I, 1709~1762)가 차기 여황제가 되었다.

이 시기에 러시아에서의 생활은 굉장히 위험했고 특히 외국인들의 생활은 더했다. 외국계 아카데미들은 서부의 스파이들이 기생할 수도 있는 수상한 곳으로 여겨졌다. 오일러는 이러한 사태에 잠잠히 가족과 그의 일에만 전념하는 태도로 처신을 하였다. 하지만 1741년에 이르러서는 그러한 오일러마저 현 러시아의 상황을 더 이상 버틸 수 없다고 판단하였고 그는 상트페테르부르크를 떠나 베를린으로 이주하기로 결심했다.

베를린 과학 아카데미(Berlin Academy of Sciences)는 1700년에 왕립과학회(Societas Regia Scientiarum)란 이름으로 설립되었다. 이 연구기관은 라이프니츠의 감독 하에 설계되었다. 파리와 런던에서도 그러했듯이 베를린의 이 연구기관은 과학과 수학 연구에 초점을 두었다. 하지만 다른 기관들과 달랐던 점은 이 곳에서는 역사, 철학, 언어, 그리고 문학까지 범위를 넓혀 연구를 했다는 것이다.

라이프니츠의 높은 기대에도 불구하고 베를린 과학 아카데미가 도약하기엔 많은 제약이 있었다. 이러한 제약의 부분적인 원인은 충분한 재정적 지원이 이루어지지 않았다는 것과 내부적으로 프랑스-독일과의 갈등에 있었다. 이 긴장상태는 1713년 프리드리히 윌리엄 1세 (Frederick William I, 1688~1740)가 취임하고 더 심해졌다. 이러한 반 주지주의(anti-intellectual) 지도자 하에 아카데미는 철저히 무시당했다. 베를린 아카데미는 성공을 거두어왔던 파리와 런던의 아카데미와는 달리 별다른 성과가 없었다. 이 연구기관은 과학적 지식의 진보에 중요 기능을 하지 않았다. 베를린 연구기관은 심지어 "익명 사회(the anonymous society)"라는 이름까지도 붙어졌다.

프리드리히 윌리엄 1세가 1740년에 서거하자 훗날 프리드리히 대왕(Frederick the Greate)으로 불려진 그의 아들 프리드리히 2세(1712~1786)가 왕위를 이었다. 프리드리히 1세가 훗날 아들의 지도력을 겸비시키려 치밀하게 준비시켰으나 아들은 거의 모든 면에서 아버지의 뜻과는 반대로만 거슬렀다. 둘 사이의 갈등은 더욱더 깊어져만 갔다. 프리드리히가 18살이었을 때 다른 나라로 망명하려다 잡혔던 적이 있었다. 그 때 그의 아버지는 프리드리히가 그의 친구와 공모자들(어떤 이들은 그의 동성연인이라고도 말한다)의 처형을 강제로 지켜보게 했다.

프리드리히 대왕은 독일의 영토를 확장하는데 관심이 가장 많았으나 예술이나 철학에도 관심을 기울였다. 그는 깨어있는 철학자이자 통치자가 되고자 열망했다. 그가 이 나라에 활력을 다시 불어넣는데 아카데미의 부활은 굉장히 중요한 역할을 했다.

프리드리히 대왕은 그의 아버지와 다르게 독일 문화를 업신여기고 프랑스의 모든 것을 사랑했다. 그는 베를린 아카데미의 공식 이름까지도 프랑스식으로 바꾸어 Académie Royale des Sciences et Belles Lettres라고 하였다. 그는 아카데미 내에서의 공식언

그림 1.3 프로이센의 프리드리히 대황

어가 불어가 되어야 한다고 주장했고, 모든 학술지 안에 출판된 글들은 불어로 쓰이거나 번역되어야 한다고 했다. 그는 감정이 없는 독일인 보다는 재치 있는 프랑스 사람을 선호했던 것이다. 볼테르(Voltaire, 1694~1778)는 그가 가장 신임하는 최측근 중 하나였고 아카데미와 관련해서 가장 가까운 조언자들 중 한 명이었다. 프리드리히에게 오일러를 설득해 러시아를 떠나 베를린 아카데미에 합류하도록 처음으로 제안한 사람이 볼테르였다.

프리드리히 대왕은 수학적 작품에 극심한 혐오감이 있었다. 1738년 그는 볼테르에게 이러한 글을 썼다. "당신에게 고백하건데 나는 수학을 싫어하오. 수학은 마음을 바싹 마르게 하오. 우리 독일인들은 전부 말라비틀어진 것 밖에 가지고 있지 않은것 같소. 비록 척박한 땅이긴 하지만 무언가를 생산할 수도 있기 때문에 지속적으로 물을 주고 경작해야 합니다."[8] 그는 전반적으로 수학과 과학을 국가의 종(하인)으로 생각했다. 그는 과학자들의 연구 결과가 실용적인 측면에서 얼마나 유용성이 있는지를 기준으로 그들의 성과를 판단했다. 아카데미의 과학자들은 왕이 요구하는 것을 따르는 한도 내에서만 연구를 자유롭게 추구할 수 있었다.

이 시기에 오일러는 상트페테르부르크에서 가장 우수한 학자라는 명성이 유럽 전역에 퍼져있었다. 프리드리히는 오일러를 설득하려 나섰다. 프리드리히는 오일러가 당시 러시아 내에서 매우 위험한 상황에 처해질 수도 있음에도 불구하고, 스위스의 수학자로 하여금 오일러가 상트페테르부르크를 떠나도록 지속적으로 권유하도록 하였다. 1741년 오일러는 그의 제안을 승낙했고 악화되고 있는 그의 건강으로 인해 따뜻한 기후가 필요하다는 이유를 들어 상트페테르부르크를 떠날 수 있었다.

오일러는 초기의 베를린에서의 생활을 만족스러워 했다. 1746년 그의 친구에게 "왕이 나에게 자신의 스승이 되어달라고 했어. 내 생각에 나는 세상에서 가장 행복한 사람인 것 같아."라는 편지를 쓰기도 하였다.[9] 그러나 불행하게도 이 행복은 오래가지 못했다. 베를린에서의 생활 여건은 러시아보다 여러 방면에서 좋았지만 오일러는 프리드리히의 괴상한 업신여김으로 인해서 힘들어했다. 그는 오일러의 한쪽만 남은 시력을 빗대어 그를 "수학적 외눈박이"라고 무례하게 불렀다. 프리드리히의 냉랭함은 그가 수학을 싫어하는 이유도 있었지만, 사실 또 다른 이유도 있었다. 오일러의 소심한 면과 조용한 처신은 프리드리히와 잘 맞지 않았고 프리드리히는 그를 숙맥이라고 생각했다. 프리드리히는 위트 있고, 세련되고, 활기가 넘치는 볼테르와 함께하는 것을 좋아했다. 오일러는 또한 독실한 칼뱅주의자였다. 도덕적으로 아주 엄격한 종교생활을 실천한 그는 항상 저녁마다 그의 가족들에게 성서를 읽어주었으며, 때때로 설교도 함께 했다. 공적으로 프리드리히는 종교의 관용을 허용했지만, 개인적으로 그는 이신론자(deist)였으며 독실한 오일러와 그가 깊이 믿고 있는 그의 신념을 전혀 존중하지 않았다.

오일러 또한 프리드리히에게 원망을 품었다. 그가 베를린에서 겪었던 가장 큰 좌절은 오일러가 아카데미 연구소장직을 맡는 것에 대해서 프리드리히가 거절했던 때였다. '7년 전쟁'으로 인해 정신없는 나날을 몇 년간이나 보내야 했기 때문에 프리드리히는 소장직을 맡을 적절한 사람을 구할 수가 없었다. 오일러는 비공식적이지만 공백 기간 동안의 "실질적인 소장직"을 맡았지만 프리드리히는 그를 정식으로 임명하지 않았다. 오일러는 과도기에 회장직을 잘 수행하였다. 그러나 그는 날카롭고 활기찬 대화를 이끌어가는 철학자가 아니었기에 프리드리히의 호감을 살 수가 없었다. 오일러에 대한 최고의 모욕은 1763년에 일어났는데 프리드리히가 적임자를 찾을 수 없다는 이유로 자신을 아카데미의 회장으로 취임시킨 것이었다.

1763년 오일러와 프리드리히 사이의 적대감은 한층 더 고조되어 있었다. 오일러의 딸과 한 군인 사이의 결혼을 프리드리히가 그 군인의 낮은 계급 때문에 반대했던 것이다. 어쩌면 둘 사이 간의 갈등은 1763년에서 1765년에 절정이었을지도 모른다. 그 사건은 국가 달력(책력)을 판매하는 일에서 시작되었다. 이것은 아카데미의 일원들이 거금을 들여 만들고 운영 자금을 모으기 위해서 대중에게 판매되었다. 그런데 달력을 판매하는 과정에서 최고위원이 그 운영 자금을 몰래 빼돌린 것이 발견되었다. 프리드리히와 오일러는 이 부정부패 사건과 함께 향후 모금행위를 어떤 식으로 운영할지에 관해서 논쟁하였다. 하지만 의견의 불일치는 프리드리히가 오일러를 질책하는 것으로 끝났다.

오일러는 베를린에서 생활하는 와중에도 상트페테르부르크에서 함께 했던 전 동료들과 좋은 관계를 지속했다. 오일러는 그들의 학술지를 편집하는 역할을 계속 해왔고, 그 학술지 안에 총 109개의 논문을 실어 보냈다. 그는 베를린으로 유학 온 러시아 학생들을 가르치기도 했다. 학생을 가르치는 일과 편집의 대가로 그는 러시아에서 정기적으로 급여를 받았다. 오일러에 대한 러시아인들의 존경심을 보여주는 더 기가 막힌 사례는 '7년 전쟁'에서 볼 수 있었다. 1760년 브란덴브르크 지역으로 행진하는 중에 러시아 군대는 샤를로텐부르크라는 곳으로 진입했다. 그 때 그들은 오일러의 땅에 속해있던 농가를 약탈했다. 처음 장군에 의해 이 사실이 밝혀진 이 후, 엘리자베스 여왕은 오일러가 실제로 받았던 피해를 훨씬 웃도는 배상금을 그에게 지불했다.

오일러가 베를린에 있었던 24년 동안 러시아에서는 그를 상트페테르부르크에 다시 복귀시키고자 부단한 노력을 했다. 그들은 1746년, 1750년에 이어 1763년에도 오일러에게 접근해왔고 그때마다 솔깃한 제안으로 그를 다시 꾀어내려 했다. 오일러는 매번 이 제안을 거절했지만 기회의 창을 완전히 닫진 않았다. 마침내 1765년 프리드리히의 적개심에 지긋지긋해왔던 것과 더불어 러시아의 정치적 상황이 나아진 모습을 보이자 마침내 상트페테르부르크로 돌아갈 것을 결심했다.

오일러에 대한 개인적인 악감정에도 불구하고 프리드리히는 오일러가 국제적 과학계에서 중요한 위치를 차지하고 있는 것을 알고 있었다. 오일러는 베를린에 머무는 동안 200편이 넘는 글들을 출판해왔다. 1749년에 그는 런던 왕립 학회의 특별 회원이 되었다. 그리고 1755년 그는 외국인 회원을 오직 8명으로 제한하고 있는 파리의 과학 아카데미에 9번째 회원으로 임명되었다. 그는 또한 국가를 위한 충성에도 사력을 다했다. 달력을 만드는 것과 더불어 오일러는 국가 조폐국을 위해 동전 만드는 작업과 운하의 배치, 수도관 설계, 연금제도 창설, 그리고 포대 개선 작업을 수행하였다.

프리드리히는 오일러의 출국을 막으려고 노력했지만 오일러는 떠나기 위한 허가를 계속해서 요청했다. 1766년 결국 프리드리히는 동의하였고 오일러의 출국을 허가했다. 오일러는 그의 나이 59세에 18명의 식솔들과 함께 상트페테르부르크로 돌아갔다.

그 해 말, 장 달랑베르(Jean D'Alembert, 1717~1783)의 추천으로 프리드리히는 오일러의 자리를 조제프루이 라그랑주(Joseph-Louis Lagrange, 1736~1813)로 대체했다. 프리드리히는 전형적인 비꼬는 투로 달랑베르에게 "애꾸눈 수학자를 대신해서 두 쪽 눈을 다 가진 수학자를 보내주어 진심으로 감사하고 아카데미의 해부학 회원들은 특히 더 좋아할 것"이라고 감사의 인사를 전했다.[10] 프리드리히가 수학을 혐오하고 철학을 사랑했지만 아이러니하게도 그의 아카데미는 철학자가 아닌 훌륭한 수학자들의 명단이 있는 곳으로 영원히 기억될 것이다.

오일러가 프리드리히와 대립하며 베를린에 살았던 시기 말에 러시아는 표트르 3세의 통치하에 있었다. 표트르 3세는 참담하고, 정신적으로 불안정하고, 친독의 지도자였으며 "러시아와 러시아인들을 두려워하고 경멸하는 자"로 알려져 있었다.[11] 1762년 그의 통치는 훗날 왕위에 오른 그녀의 아내 캐서린에 인해 급작스럽게 타도되었다. 그 후 곧 얼마 안 되어 표트르는, 아마도 캐서린의 명령에 의해서 그를 구류시키고 있었던 보초병에 의해서 살해된 것으로 추측된다. 훗날 예카테리나 2세(Catherine the Great)로 알려진 캐서린은 1796년도까지 여왕 직에 올랐다. 표트르 1세의 강력하고 영향력 있는 통치로 시작된 18세기는 예카테리나 2세의 유명한 지도력으로 세기의 끝을 마감했다.

예카테리나 2세는 현명하고, 의지가 강했으며, 동시에 야심 있고 활기찬 지도자였다. 프랑스 철학자 드니 디드로(Denis Diderot, 1713~1783)가 캐서린의 궁정을 방문하고 와서 그녀는 "클레오파트라의 매력을 함께 겸비한 카이사르의 화신" 같다고 언급했다.[12] 그녀의 통치 아래 러시아의 삶의 질은 놀라운 발전을 이루었다. 표트르 1세 이후로 거의 무시당했던 교육은 러시아 정부에서 다시 최우선 사업이 되었다.

초창기의 러시아 상트페테르부르크 아카데미는 사실 오일러의 천재성 덕분에 빛을 발휘할 수 있었다. 그가 베를린으로 이사를 가자 수학적 스포트라이트 또한 옮겨 갔다. 정치적 변혁과 함께 불어 닥친 이 손실로 인해 아카데미는 재능 있는 외부 학자들을 유치하는데 어려움을 겪었다. 말 그대로 아카데미는 불안정한 상황에 처해있었다. 캐서린의 교육 개혁 과제 중 하나는 상트페테르부르크 아카데미의 지위를 이전 명성에 걸맞게 올려놓는 것이었다. 프랑스의 수학자 앙드레 베유(André Weil, 1906~1998)가 말한 것처럼 "이 작업은 오일러를 다시 되찾아오는 것과 똑같은" 것이었다.[13]

캐서린은 오일러의 어려운 요구를 충족시켜 주는 것을 넘어서서 과도할 정도로 신경을 써주었다. 오일러는 그가 1763년에 받았던 급여의 두 배를 받았고, 그의 아내 또한 급여를 받았다. 그의 장남은 아카데미에 고용되었고, 그의 나머지 아들들 또한 미래의 취업을 보장받았다. 뿐만 아니라 오일러에게 내부가 완비된 주택을 제공했으며 자신의 전용 요리사까지 파견하였다. 오일러가 상트페테르부르크에 도착하자 캐서린 여제는 따뜻하게 그를 환대 했다. 그가 아카데미로 복귀를 하자 학계는 다시 상트페테르부르크의 아카데미를 주목하였고, 그의 복귀는 아카데미의 지속적인 성공을 보장했다.

그림 1.4. 러시아의 예카테리나 2세 황제

예카타리나 2세와 프리드리히 황제 간에는 공통점이 있다. 결국에는 둘 모두 계몽전제군주의 좋은 예이다. 그러나 오일러와 두 군주 사이의 관계는 너무나도 달랐다. 상트페테르부르크에서 캐서린과의 관계는 베를린에서 있었던 프리드리히와의 비교했을 때 훨씬 더 긍정적이었다. 캐서린은 과학 애호가였고 오일러를 유명인사로 환영했다. 오일러는 학자 중에서 행정적인 권한을 가장 크게 가진 손꼽히는 학자였다.

오일러는 그의 생애 내내 수도 상트페테르부르크와 함께 많은 변화를 겪었다. 그가 처음 이 도시에 왔을 때 도시는 24년밖에 안되었고, 그가 다시 돌아올 당시는 60년, 그리고 그가 죽을 때 도시는 80년이 지나있었다. 18세기 말 도시는 166,000명 이상의 인구를 가진 곳으로 성장해있었다. 상트페테르부르크는 몇몇 부유한 상류층들의 고향이었고 동시에 가난한 어떤 소작농들의 고향이었다. 인구의 대략 4분의 1이 군인이었다.[14] 상트페테르부르크는 어떤 러시아인들에게는 사랑 받는 도시였지만 동시에 어떤 이들에게는 미움을 사는 도시였다(이것은 현재에도 마찬가지다.). 표트르 1세의 계획에 따라서 도시는 유럽풍 건축물로 가득 차게 되었다. 이곳은 러시아의 도시 중 가장 유럽다웠다. 이곳은 많은 섬과 수로 때문에 "북부의 베니스"로 알려지게 되었다.

상트페테르부르크에서의 두 번째 생활은 오일러에겐 직업적으로는 성공의 시기였지만, 이 성공의 이면에는 개인적인 불행들이 자리잡고 이었다. 1771년 그의 집이 잿더미가 되었는데, 그 당시 사심 없는 하인의 재빠른 행동 덕에 오일러는 자신의 목숨을 불구덩이로부터 건질 수 있었다. 그의 서재는 전부 불타버렸지만 그의 원고는 무사히 구제된 점에서 과학계로서는 천만다행이었다. 이러한 비극적인 소식을 들은 캐서린은 이에 대응하여 그에게 새로운 집을 구해주었고 그의 손실을 보상해 주었다. 1776년에는 오일러의 부인 카타리나가 숨을 거두었다. 그리고 1년 후 그는 카타리나의 이복 자매 살로메 아비가일 그젤(Salome Abigail Gsell)과 혼인을 했다.

오일러는 베를린을 떠난 직후 백내장으로 인해 그의 왼쪽 눈마저 시력을 잃었는데 1771년 수술을 받아 잠시 시력을 되찾았다. 하지만 그 부위가 감염되어 백내장이 재발했고 그는 다시 맹인이 되었다. 이 당시 오일러는 주로 자신의 글을 아들에게 받아 적게 함으로써 수학 집필을 계속해왔는데 오일러의 수학적 결과물은 조금도 수그러들지 않고 계속되었다. 그는 완전한 장님이 되어버린 이 시기에 굉장히 중요한 정리들을 증명해냈고, 그의 생에서 가장 영향력 있는 책들을 집필했다.

수학자들이 가장 생산적인 해는 그들이 젊었을 때이고 그들이 30대 혹은 40대가 되어서는 그 창의성과 천재성이 모두 사라진다고 하는 널리 신봉된 믿음이 있다. 영국의 수학자 하디(G. H. Hardy, 1877~1947)는 그의 회고록으로 잘 알려진 저서인 '**어느 수학자의 변명**(A Mathematician's Apology)'에서 "수학은 과학과 예술을 포함한 어떤 학문보다 젊은이들만의 경쟁이 치열한 학문임을 어느 수학자도 잊어서는 안 됩니다"고 말했다.[15] 이 말은 수학자나 창의적인 분야에 있는 전문직 종사자들이 일구어 내는 전문적인 업적의 질이 시간이 갈수록 떨어지는 현상을 잘 설명하지만 오일러의 경력 곡선과는 들어맞지 않는다. 상트페테르부르크로의 복귀는 대대적인 축하로 가득했다. 그는 돌아온 것에 대해서 후회하지 않았다. 한 역사학자의 말에 따르면 오일러는 "러시아로 은퇴를 하러 온 것이 아니라는 것을 행동으로 몸소 보여주었다. 오히려 그 반대로 그의 활동량은 정점을 찍었다."[16]

마치 베토벤이 작곡을 하는데 있어서 치명적인 장애인 난청을 극복해낸 것처럼 오일러 또한 그가 지내고 있는 어두운 세계로부터 깊고 아름다우면서도 때때로 "시각적인" 수학을 창조해냈다. 이것은 인간 정신력의 위대한 승리 중 하나이다.

오일러는 이론수학 연구와 더불어 응용수학에서도 중요한 기여를 하였다. 그 당시 가장 중요한 문제 중 하나는 항해 중에 안전하고 믿을 수 있는 방향 탐지기를 고안해 내는 것이었다. 천체를 보고 항해를 하는 것만이 유일하게 좋은 수단이었는데 그 이유는 어느 시간에나 떠있는 천체의 위치를 항해표를 보고 찾아낼 수 있었기 때문이다. 달은 밤하늘에서 가장 눈에 띄는 물체였지만 달의 움직임 자체는 세 물체의 중력 간 상호작용 - 달, 지구, 태양 - 에 의해서 결정되기 때문에 구체적인 시간에 대한 달의 위치를 미리 아는 것은 수학적으로 굉장히 어려운 작업이었다. 악명 높은 세 천체 간의 상호작용은 심지어 오늘날의 기술로도 완벽히 이해할 수 없는 문제로 남아있다. 뉴턴의 중력법칙이 행성 운동을 어느 정도 설명했으나 이 법칙이 달의 움직임을 예측하기 위한 연산 알고리즘을 제시하진 못했다. 1772년 오일러는 달의 움직임을 계산할 수 있는 수학적 모델을 개발했고 이 모델은 달의 움직임을 거의 정확하게 산출해냈다. 그 결과 믿음직스러운 태음표(lunar tables)가 오일러의 모델로부터 완성되었다. 프랑스의 경도 심사국(Board of Longitude)과 영국 의회는 그의 공헌에 감사를 표하며 후한 보상을 하였다.

오일러의 수학적 업적은 76세의 나이, 그가 죽는 날까지 계속되었다. 오일러의 마지막 날은 마르키 드 콩도르세(Marquis de Condorcet, 1743~1794)의 오일러에 대한 추도연설에서 이렇게 묘사되었다.

> 그의 사고의 기능과 정신적 활력 모두 분명히 유지되고 있었습니다. 그래서 이처럼 과학계의 위대한 별이 지고, 과학계를 위협하는 죽음의 그림자가 드리워진 것처럼 보이지 않았습니다. 1783년 9월 7일, 당시 유럽의 전역을 떠들썩하게 했던 가장 최신 발견인 열기구의 상승 운동 법칙을 석판에 계산하고 나서 기쁨에 취한 오일러는 러셀(Lexell)과 그의 가족과 함께 식사를 했습니다. 그는 허쉘의 행성(Herschel's planet, 오늘날 천왕성이라 불리는)의 존재와 그것의 궤도를 측정하는 법에 대해서 대화를 나누었습니다. 조금 후에 손자와 놀아준 그가 차를 한 모금 마시던 순간, 들고 있었던 파이프가 그의 손에서 떨어졌습니다. 그의 숨이 멎으면서 계산을 멈추었습니다.[17]

오일러는 러시아 상트페테르부르크에 묻혔다.

수학 분야에서 오일러의 가장 큰 업적을 나열하는 것은 어려운 일이다. 그가 해낸 많은 수학적 정리 중 하나를 제시한다면, 역사가인 칼 보이어(Carl Boyer)가 근대 수학의 가장 중요한 교과서라고 소개한 '무한 해석 입문(Introduction analysin infinitorum)'이다. 그것은 응용 수학과 같은 분야로서, 예를 들어, 그의 저서 중에서 처음으로 물리학에 미적분학의 기법이 체계적으로 적용된 메케니카(Mechanica)와 같은 종류의 연구이다. 이 저서의 매우 특이한 점은 매우 쉬운 용어를 이용해서 설명하였다는 것이다. 이는 마치 프레드리히 대왕의 조카인 안하르트-데사우(Anhalt-Dessau)의 공주를 가르치기 위한 독일 공주에게 보내는 편지에 쓰인 용어들로 구성되어 있다. 그의 능력 중 하나는 겉보기에 서로 관련이 없고 고립된 아이디어를 서로 연결시키고 내용을 체계적으로 순서화하여 정리하는 것이다. 또 다른 그의 업적은 그가 만든 우아하고 유용한 표기법 일 수 있다. 오일러는 자연 대수의 밑수인 e를 도입하였다. 그는 기호 π의 대중화 시켰다. 그의 생애 말기에는 i를 $\sqrt{-1}$을 나타내기 위해 사용하였다(이 표기법은 가우스에 의해 대중화 되었다.). 그는 삼각형에서 각 A, B, C와 반대 방향의 변을 나타내기 위하여 a, b, c를 사용하였다. 그는 또한 $\sum$를 이용하여 합을 나타내기도 하였다. 한 가지 더 제시하자면 오일러는 유한한 차이를 나타내기 위하여 Δx를 사용하였으며, $f(x)$를 사용하여 함수를 나타낸 사람이기도 하다.

오일러의 많은 정리 중에서 가장 중요한 것 하나를 선정하는 것은 어려운 일이다. 어떤 이들은 0, 1, π , e와 i를 하나의 간결한 공식으로 제시한 다음 식이라고 주장한다.[18]

$$e^{\pi i} + 1 = 0$$

이는 미적분의 힘을 보여준 무한급수 공식으로서 아마도 가장 강력한 업적일 것이다. 또한 피에르 드 페르마(Pierre de Fermat, 1601~1665)의 유명한 추측과 같이 정수론에서의 정리 중 하나일 수 있다.

우리는 다면체를 구성하는 꼭짓점, 모서리, 면의 개수의 관계를 만들어 내는 간단한 공식에 초점을 맞춘다.

$$V - E + F = 2$$

최근에 수학자를 대상으로 했던 설문 조사에 따르면 오일러의 다면체 공식은 수학에서 두 번째로 아름다운 정리로 선정되었다. 가장 아름다운 것으로 선정된 것은 오일러의 공식 $e^{\pi i} + 1 = 0$ 이다.

오일러의 다면체 공식을 이해하기 위해서는 다면체를 좀 더 자세히 살펴봐야 한다. 다면체란 무엇일까?

CHAPTER

02 다면체란 무엇일까?

부인, 사랑은 오래된 단어입니다. 각자 새로운 사랑을 하고 사랑을 소비하면서 살지요. 사랑은 공기가 가득 찬 공기 주머니와 같이 의미로 채워지는 단어입니다. 그리고 그 의미는 금방 사라지곤 하지요. 공기 주머니에 구멍이 뚫리듯 사랑도 구멍이 뚫려 있습니다. 구멍을 메꾸면 다시 부풀어 오를 것입니다.

– 어니스트 헤밍웨이(Ernest Hemingway), 오후의 죽음[1]

옥스퍼드 영어 사전(Oxford English Dictionary)에 따르면, 영어로 "다면체(polyhedron)"라는 용어는 헨리 빌링슬리 경(Sir Henry Billingsley)이 1570년 번역한 유클리드(Euclid, 기원전 300경) **원론**(Elements)에 처음 등장한다고 한다. "다면체"라는 용어는 그리스어에서 유래되었는데 '많다'라는 의미의 **폴리**(poly)와 좌석이라는 의미의 **헤드라**(hedra)가 합쳐져서 만들어진 말이다.[2] 즉, 다면체는 앉을 수 있는 많은 좌석을 가지고 있다는 뜻이다. 사실 '헤드라'라는 용어는 원래 좌석을 의미하지만, 아르키메데스 이후로는 일반적으로 다면체의 면을 지칭하는 용어로 사용되어 왔다. 따라서 다면체의 정확한 번역은 "많은 면"일 것이다. 오일러 시대에 헤드라를 라틴어로 음역하여 정립되었다.

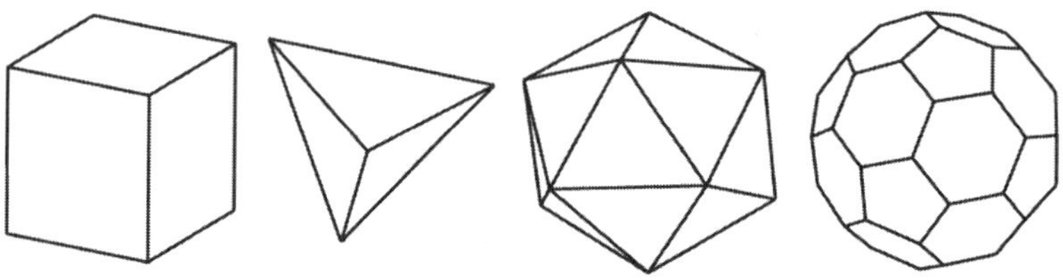

그림 2.1. 다면체의 예

다면체는 다각형 면으로 구성된 3차원의 기하학적 도형이다. 다면체의 예에는 정육면체, 피라미드(공식적으로는 정사면체라 함), 우아한 정이십면체 및 축구 공 모양으로 생긴 이십면체 등이다(그림 2.1 참조).

다면체가 가지는 아름다움과 대칭성으로 인해, 예술, 건축, 보석 및 게임 속에서 다면체를 찾아볼 수 있다. 어떤 사람은 다면체로 만들어진 것(특히 수정 보석)은 신묘한 힘을 가지고 있다고 생각한다. 다각형은 자연에서 보석이나 단세포 생물의 형태로 나타나기도 한다.

다면체의 성질은 수천 년 동안 수학자들을 매료시켰다. 다면체에 대한 정리를 증명하기 위해서는 이 용어의 정확한 정의가 중요하다. 하지만 다면체에 대한 정의를 제대로 내리면서 다면체 이론을 발달시켜 나가는 것은 상당히 늦게 이루어졌다. 오래전부터 수학자들은 다면체의 정의를 "보이는 바와 같이" 정도로만 인식하고 있었다. 소설 이상한 나라의 엘리스의 등장인물인 험프티 덤프티(Humpty Dumpty)는 엘리스에게 "내가 어떤 단어를 사용할 때 더도 덜도 아닌 그 의미를 전달하기 위해 선택하는 것"이라고 말했다. 수학자의 다면체 정의는 이런 험프티 덤프티의 철학과 유사하였다. 그것은 결코 바람직한 과정이 아니다. 앙리 푸앵카레(Henri Poincaré, 1854~1912)는 이런 현상을 다음과 같이 비판하였다.

> 수학자들이 다루는 대상은 오랫동안 정의되지 않았습니다. 그저 감각이나 상상력으로만 표현했기 때문에 마치 우리가 그 대상을 잘 알고 있다고 생각했습니다. 그러나 우리가 가지고 있던 것은 그것에 대하여 추론을 할 수 있는 정확한 개념이 아니라 그 대상의 거친 이미지뿐이었습니다.[3]

정확한 정의가 없는 작업은 이론적인 부정확성과 불일치를 야기할 수 있다. 오일러의 다면체 공식 역시, 오일러가 다면체를 명시적으로 정의하지 않았던 이유로 오일러의 증명도 어려움을 겪게 된다.

정확한 정의에 대한 합의는 쉬운 일이 아니다. 수세기 동안 많은 제안이 있었지만 그 모두가 서로 일치하지 않았다. 이러한 어려운 점 때문에, 수학적 도형을 다루는 방대한 양의 문헌에서도 다면체의 단일한 정의는 찾을 수 없다.

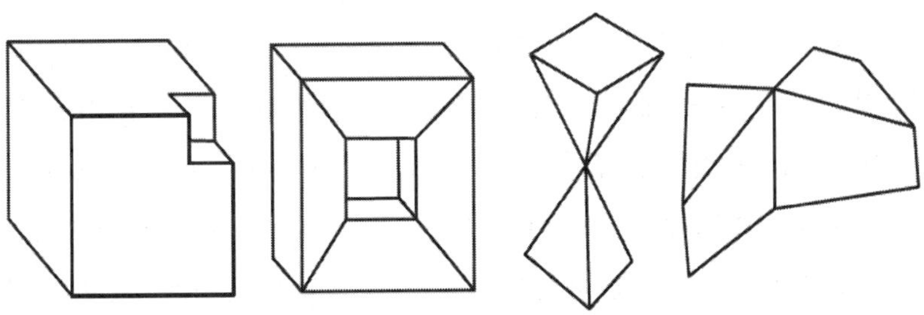

그림 2.2 볼록다면체가 아닌 도형

단지 우리는 '각각의 모든 변이 두 면을 공유하며 각 꼭짓점에서 적어도 세 면이 서로 만나는 다각형 면으로 구성된 도형'으로 다면체를 정의 할 수 있다. 실제로 이 정의는 합리적으로 보이기는 하나 조금 더 깊게 생각해보면, 우리는 그러한 정의 중 일부가 다면체가 무엇인지에 대한 우리의 직관적인 감각과 위배됨을 발견할 수 있다. 아무도 그림 2.1의 도형이 다면체가 아니라고 주장하지는 않겠지만, 반면 그림 2.2의 도형들 (각각의 도형은 우리의 정의를 만족하고 있음)이 다면체로 분류되어야 하는지에 대한 의문이 남는다.

이것은 엉뚱한 질문이 아니다. 그림 2.2의 도형이 다면체인지에 대한 합의를 한 적이 없다. 가장 왼쪽에 있는 도형, 모서리가 제거 된 정육면체는 현대적인 정의에 따르면 다면체이다. 그러나 그리스 시대와 오일러에 의해 암시적으로 가정되었던 다면체의 오래된 정의에서는 다면체 내부로 들어간 부분의 존재를 허용하지 않았다. 마찬가지로, 두 번째 도형도 다면체가 갖는 수학적 기준을 만족시킨다. 그러나 이 도형 가운데를 가로 지르는 터널이 있어서 이 도형은 전체적으로 도넛 모양을 가진다. 이것을 다면체라고 생각해야할까? 세 번째 도형은 꼭짓점에서 두 개의 다면체가 결합된 도형이며 네 번째는 변을 따라 두 개의 다면체가 결합되어 형성된 것이다. 하지만 이 세 번째와 네 번째 도형은 제시된 다면체의 기준을 만족시키지만 다면체는 아니다. 두 도형은 모두 두 개의 내부가 있다. 만일 이것을 물로 채우고자 한다면 두 개의 다른 구획을 채워야한다. 이것은 다면체가 무엇인지에 대한 우리가 가지는 일반적인 감각을 위반하는 예를 제시해 주고 있다.

지금 우리는 다각형의 쉬운 정의로부터 한 발 나아가 엄격한 정의를 내리는 어려운 작업을 수행하고자 한다. 이 책에서는 오일러의 공식의 역사적 발전을 제시할 것이기 때문에, 더 제한된 종류의 다면체에 관심을 집중시키고자 한다. 이는 오일러와 그리스인이 동의했던 다각형으로서 매우 오래되고 전통적인 모습을 취할 것이다. 명시적으로 언급한 적은 없지만 역사적인 가정은 다면체가 볼록하다는 것이다. 볼록다면체(convex polyhedron)는 우리가 앞에서 제시한 소박한 정의를 만족시키는 도형이다. 볼록 다면체 안의 어떠한 두 점을 택해도 두 점을 잇는 선분은 도형 내주에 포함된다는 성질을 가지고 있다. 즉, 볼록다면체에는 오목한 부분이 없다. 이에 대해여 빠르게 검증하려면 그림 2.1 도형의 모양이 모두 볼록하고 그림 2.2 도형의 모양은 그렇지 않다는 것을 비교해 보면 된다.

이것은 그리스인이 내린 가정이다. 그들은 다면체의 면을 다면체를 내려놓을 수 있는 자리로 간주했다. 그림 2.1의 모든 다면체는 내려놓았을 때 모든 면이 바닥에 닿는 자리로 볼 수 있지만 그림 2.2의 각 다면체는 다면체의 자리가 될 수 없는 면이 적어도 하나는 존재한다. 나중에 우리가 사용할 수 있는 도구가 더 많아졌을 때 오일러 공식을 더 넓은 범위의 다면체에 적용하겠지만 지금으로써는 단순성의 장점과 역사적인 이유로 볼록다면체만을 대상으로 할 것이다.

진행하기에 앞서 역사적으로 논쟁이 되어 왔던 사실을 한 가지 더 이야기 해보자. 다면체의 내부는 꽉 차 있을까? 아니면 속이 비어 있을까? 어떤 정의는 다면체가 단단한 3차원 물체라고 주장하지만 다른 것들은 2차원 "표면"으로 구성된 속이 빈 것이라 한다. 이전의 정의를 가정하는 사람은 점토로 다면체를 만들지만 후자를 채택하는 누군가는 종이에서 다면체를 만든다. 다면체의 역사에서 초기에는 다면체는 속이 차 있다는 가정이 있었다. 사실 여러 세기 동안 다면체는 "입체(solid)"라 불렸다. 나중에 다면체 이론이 위상으로 전환됨에 따라 속이 빈 것으로 개념이 확립되었다. 이 가정은 다각형에 관한 정리를 구면(sphere)과 토러스(torus)에 관한 정리로 일반화할 수 있게 하는데, 이들은 속이 빈 것으로 가정한다. 그러나 여기서 다루는 내용의 대부분은 어느 모델이든 관계없기 때문에, 꼭 필요한 경우가 아니고는 명시적으로 가정하지 않을 것이다.

CHAPTER

03 다섯 개의 완벽한 입체

★ 모든 일에는 앞서 벌어진 원인이 있다. 가장 처음은 인공적이다. 하지만 그 다음은 가능 한 모든 일 중 가장 말이 되는 것이 따라올 것이다.

– 이언 매큐언(Ian McEwan), 지속된 사랑[1]

현대의 기하학을 비롯하여 현대 수학의 대부분은 사실 그리스 시대 연구에 뿌리를 두고 있다. 탈레스(Thales, 기원전 624~547년) 시대부터 아폴로니우스(Apollonius, 기원전 262~190년)의 죽음까지 그리스인들은 놀라운 수학 업적을 만들어 냈으며 이 시대의 많은 학자의 이름은 우리에게 여전히 친숙하다. 피타고라스, 플라톤, 유클리드, 아르키메데스, 제노 등등.

이집트, 메소포타미아, 중국, 인도의 수학이 그리스인들에게 영향을 미쳤지만, 그리스인들은 급속도로 자생적인 학문적 업적을 이룩하였다. 플라톤이 에피노미스(Epinomis)에 썼듯이, "그리스인은 비 그리스인으로부터 무엇이든 빌릴 때마다, 최종적으로는 그것을 높은 완성도로 전환시킨다."[2] 그리스인들이 바라보던 수학에 대한 관점은 이전과는 매우 달랐다. 이전에는 실용이 가장 중요한 목적이었으나 그리스인은 주장에 대한 엄격한 증거를 중시여기며 수학적 아이디어에 대한 기준을 마련하고자 하였다. 근사치에 대하여 사용된 수식이 사라졌다. 정확성, 논리 및 진실이 그들 연구의 목표였다.

그리스인들은 기하학에 매료되었고, 이 분야의 업적은 너무 많아 목록에 올릴 수도 없을 정도이다. 현재 학교에서 다루는 기하학의 대부분이 그리스인에 의해 발견되었다고 말해도 과언이 아니다. 우리는 규칙적인 다면체(우리는 이를 정다면체라 정의한다)에 관한 그리스 시대 정리에 초점을 맞출 것이다. 이는 수학에서 가장 유명하고 아름다운 정리 중 하나이다(제1장에서 언급한 설문 조사에 따르면 4번째 순위이다.).

> 정다면체는 정확히 다섯 개 존재한다.

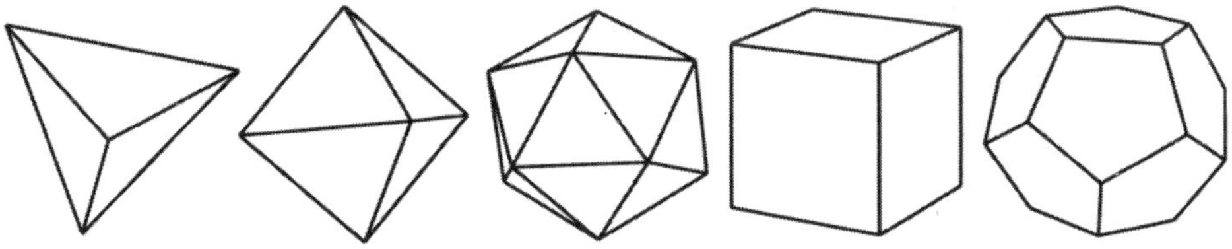

그림 3.1 5개의 정다면체: 정사면체, 정팔면체, 정이십면체, 정육면체, 정십이면체

이 다섯 개의 정다면체는 그림 3.1에 제시되어 있다. 세 개의 도형은 옆면이 모두 합동인 정삼각형으로 구성되어있다. 정사면체(tetrahedron, 4개의 면이 있는 피라미드), 정팔면체(octahedron, 8개의 면이 있는 이중 피라미드), 정이십면체(icosahedron) 등이 있다. 정육면체(cube)는 6개의 정사각형으로 구성되며 정십이면체(dodecahedron)는 12개의 정오각형으로 만들어진 도형이다(부록 A에 정다면체를 만들기 위한 전개도를 제시하였다.).

이렇게 흥미로운 다면체의 다채로운 역사는 그리스 시대에서 시작하여 르네상스 시대를 거쳐 오늘날까지 계속된다. 유클리드 **원론**(Euclid's Elements)의 마지막 편에는 정다면체는 오직 다섯 개만 존재한다는 증명이 포함되어 있다(제8장에서 오일러의 다면체 공식을 사용하여 또 다른 증명을 제시할 것이다.). 플라톤은 정다면체가 모든 물질의 구성 요소라 믿었다. 그가 이것을 원자 이론에 포함시켰기 때문에 이를 플라톤입체(Platonic solids)라고도 불린다. 천문학자 요한 케플러(Johannes Kepler, 1571~1630)는 태양계의 초기 모델을 만들기 위해 정다면체를 사용하였다.

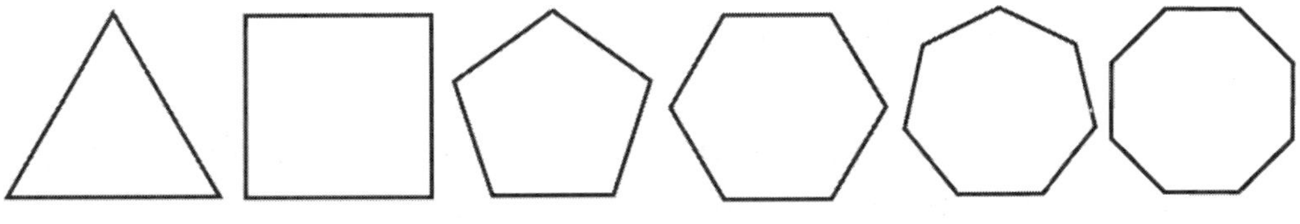

그림 3.2 3, 4, 5, 6, 7, 8개의 변이 있는 정다각형

아름다움은 종종 규칙성이나 대칭성, 완벽함에서 추구된다. 우리 모두는 2차원의 정다각형에 익숙해져 있다. 모든 변의 길이가 같고 모든 내각의 크기가 같다는 것이 정다각형의 성질이다. 정삼각형만이 세 변의 길이가 모두 같은 정다각형이고 정사각형은 네 개의 변이 모두 같은 유일한 정다각형이며, 다른 다각형들도 모두 같은 성질을 지닌

다(그림 3.2 참조). 무수히 많은 정다각형이 존재하며, 2보다 큰 모든 정수 n에 대해 정n각형으로 표기할 수 있다.

다각형의 3차원 형태가 바로 다면체이다. 다면체의 규칙성에 대한 연구는 다각형보다 훨씬 더 흥미롭다. 무한히 많은 정다각형이 존재하는 것과 다르게, 정다면체는 그림 3.1에서 제시된 것이 전부이다.

다면체가 정다면체가 되기 위한 조건은 정확히 무엇일까? 우리가 정의한 다면체와 마찬가지로, 우연히 무언가를 포함하거나 배제하지 않도록 주의해야한다. **정다면체**(regular polyhedron 혹은 regular solid)는 다음 조건을 만족하는 다면체이다.

1. 볼록인 다면체이다.
2. 모든 면이 정다각형이다.
3. 모든 면은 서로 합동이다.
4. 각 점에서 만나는 면의 수는 같다.

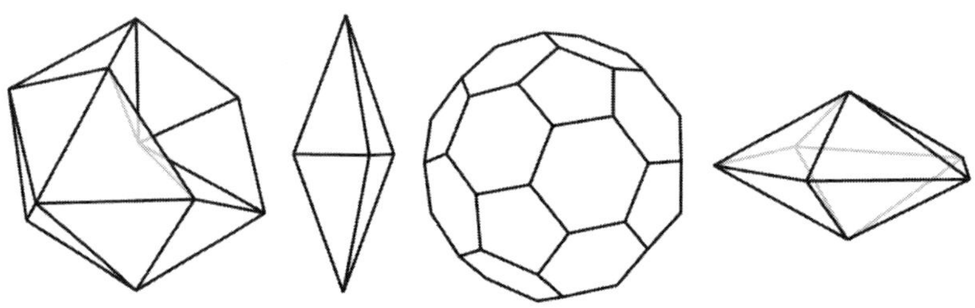

그림 3.3 정다면체가 아닌 다면체들. 각각의 도형은 정다면체가 성립하기 위한 4가지 조건 중 하나를 갖지 못하였다.

이러한 각 기준은 원하는 다면체를 얻기 위해 필요하다. 그림 3.3에서 하나의 조건을 충족시키지 못하는 다면체의 예를 제시하였다. 첫 번째 다면체는 볼록이 아님을 제외하고는 모든 조건을 만족한다. 두 번째는 각 면이 정다각형(정삼각형)이어야 한다는 조건에 맞지 않는다. 세 번째의 축구공은 이를 이루는 면이 정오각형과 정육각형으로 되어있기 때문에 정다면체가 아니다. 마지막 다면체는 정삼각형으로 구성되어 있지만 적도의 꼭짓점에서는 네 개의 면이 만나는 반면, 북쪽과 남쪽의 극에서는 다섯 개의 면이 만난다.

정다면체는 자연에서 발견되기도 한다. 결정체는 가장 명확하게 자연적으로 발생하는 다면체이며 일부 결정체는 정다면체 모양이다. 예를 들어, 염화나트륨(sodium)은 다면체의 형태이고, 나트륨설폰아미드(sodium sulphantimoniate)는 정사면체의 형태이며, 크롬 명반(chrome alum)은 팔면체의 형태를 가지고 있다. 바보의 금이라고 불리는 황철광(Pyrite)은 결정체가 십이각형의 면을 띄고 있다. 그러나 결정 구조는 그 면이 정다각형이 아닌 오각형이기 때문에 그 결정은 정십이면체가 아니다.

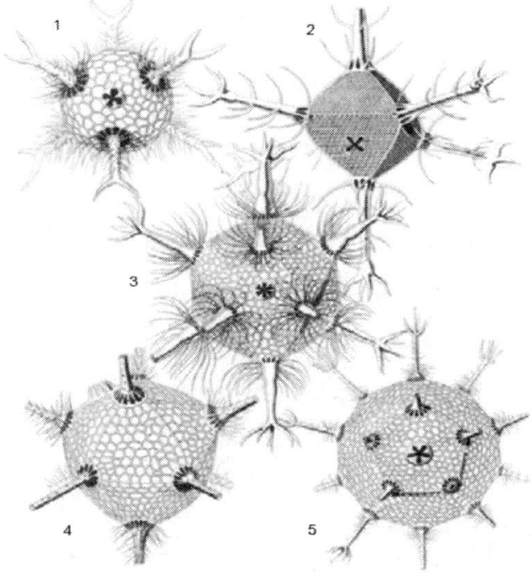

그림 3.4 정다면체와 닮은 방사선충.

1880년대에 HMS Challenger의 어니스트 헤켈(Ernst Haeckel)은 단세포 유기체인 방사선충(radiolaria)을 발견하고 이것의 그림을 그려서 보여주었다. 이 생물들 중 몇몇의 골격은 정다면체와 매우 흡사하다(그림 3.4 참조).

일찍이 인간에 의해 만들어진 정다면체 예시들도 존재한다. 정육면체와 정사면체는 비교적 간단하고 일반적인 모양으로써 역사상 많은 물리적 작품에서 나타난다. 이탈리아 파도바 지역 근처 로파(Loffa)산 위의 동굴에서 최소 기원전 500년경 전으로 추측되는 정십이면체가 발굴되었다. 고대의 정이십면체 주사위가 이집트에서 발견되었지만 그 기원은 알려지지 않았다.

정팔면체는 어떨까? 이것은 아마 인간이 창조한 다섯 가지 다면체 중 가장 마지막에 나타난 모양일 것이다. 육면체나 사면체만큼이나 단순하지 않으므로 일상적인 물체에서 이 모양을 만들기 쉽지 않았을 것이다. 또한 그것은 정이십면체나 정십이면체와 같이 신기하지도 않고, 피라미드 모양의 두 도형을 서로 붙인 모양에 불과하기 때문에 아마도 무시되었을지 모른다. 수학 역사가인 윌리엄 워터하우스(William Waterhouse)는 어떤 사람이 정다면체의 규칙성의 개념을 발견하여 내놓았을 때까지는 정팔면체가 특별한 것이 아니었을 것이라고 주장했다. 그는 "누군가가 수학으로 다룰 만한 규칙을 발견하였을 때 비로소 정팔면체가 특별한 수학적 연구 대상이 될 수 있었습니다"라고 하였다.[3]

정팔면체에 대한 논의는 의도적으로 개발된 것이다. 우리는 정다면체 이론의 발전에는 세 단계가 있음을 알 수 있다. 첫 번째는 도형 그 자체가 만들어지는 단계이다. 초기에는 각 도형이 점토를 이용하여 단지 만들어 지기만 하지만 결국에는 수학적인 문제로 전환되어야 한다. 즉, 기하학적으로 구성되어져야 한다. 두 번째 단계는 추상적인 개념으로의 발전이다. 이것은 앞서 다섯 가지 다면체에 대해 이야기한 것을 다시 되돌아보자. "이 다섯 가지 도형이 공통적으로 가지고 있는 특성은 무엇일까?"라고 물었다. 이 규칙성에 대한 추상 개념을 공식화하지는 않았을 것이다. 워터하우스는 이를 두고 다음과 같이 말하였다. "이런 저런 특수한 도형의 발견은 부차적인 것입니다. 결정적인 발견은 정다면체는 오직 다섯 개 존재한다는 개념입니다."[4] 마지막으로, 세 번째 단계는 오직 다섯 개 정다면체가 존재한다는 것을 증명하는 것이다. 엄격한 수학을 사용하여 이 아름다운 도형이 다섯 개이며, 그 이상 존재하지 않는다는 것을 증명하는 것이다. 발견, 추상, 증명에 이르기까지의 이 이론의 발전은 그리스인들에 의해 이루어진 것이다.

CHAPTER 04

피타고라스학파의 사상과 플라톤의 원자론

> [피타고라스]는 궁극적으로 우주를 이해하고자 하는 과학 정신과 무의식적인 희망이라 할 수 있는 신비주의 사이에 끊임없는 갈등과 이해관계를 열어 놓은 첫 번째 인물이다.
>
> – 조지 시몬스(George Simmons)[1]

그리스 수학의 초기 역사는 매혹적인 퍼즐을 만들어 나가기 위한 경외, 추측, 모순된 증거, 간접적이고 충분히 증명할 수 있는 진리로 가득하다. 그리스 수학에 대한 당시의 기록은 거의 남아있지 않기 때문에 정확한 역사적인 사실을 재구성하기에는 여러모로 정보가 부족하다. 초기 자료가 만들어진 이후 수세기 동안은 보존되었으나 암흑기라 하는 중세시대에 거의 모든 것이 파괴되거나 사라졌다. 우리가 알고 있는 것의 대부분은 초기 자료에서 추출 된 것이 아니라 수백 년 후에 작성된 이차 자료에서 나온 것이다.

우리는 피타고라스(Pythagoras, 기원전 560~480)와 그의 추종자인 피타고라스학파에 대해 확실하게 알지 못한다. 철학자 버커트(W. Burkert)가 말한 것에 따르면 "피타고라스의 삶에서 어떤 한 가지도 모순되지 않은 것이 없다."[2] 우리는 피타고라스학파가 정다면체를 연구했다는 것을 믿는다. 피타고라스는 정육면체와 사면체를 알고 있다고 하며, 정이십면체와 정팔면체를 알고 있는지에 대한 것은 오랜 기간 동안 학자들 간의 의견 차이가 있다. 그의 추종자들 중 한 명이 정십이면체를 발견했던 것으로 보이며, 결국 그 발견은 그의 죽음을 초래했을지도 모른다.

피타고라스는 에게해의 그리스 섬인 사모스에서 태어났다. 일부 기록에 따르면 피타고라스는 이집트와 바빌로니아를 여행하였다. 그는 초반에 수학과 종교를 배웠으며, 후반에는 현재 이탈리아 남부에 있는 크로톤(Croton)이란 그리스 도시에 정착했다.

오늘날 피타고라스는 그의 이름을 딴 유명한 기하학 정리와 관련이 있는 것으로 유명하다.1) 그러나 당시의 그는 신비한 존재이자 선지자로 알려져 있었다. 크로톤에서는 철학적 종교에 기초한 비밀스런 사회의 영적 지도자였다. 당시는 많은 문화권에서 종

---

1) 피타고라스의 정리에 따르면, 직각 삼각형의 두 변과 빗변의 길이가 각각 a, b, c이면 $a^2+b^2=c^2$가 성립한다. 사실, 이 관계는 천 년 전의 바빌로니아 사람들도 알고 있었던 사실이다.

그림 4.1 피타고라스를 표현한 그림

교를 가장 중요히 여기던 시기였다(그는 공자, 부처, 노자와 동시대의 사람이다.). 피타고라스를 추종하는 사상은 그가 사망 후 약 200년 동안 이탈리아에서 살아남았으며, 그의 교리는 기원 6세기까지 계속해서 전파되었다. 시간이 지남에 따라 피타고라스의 전설은 그가 행한 기적적인 이야기로 과장되어갔다.

여러 면에서 피타고라스학파는 다른 종교 단체와 다르지 않았다. 회원들은 매우 신중하게 선택되었고, 입회식, 인내 의식, 그리고 비밀 보장을 맹세했다. 그들은 일련의 엄격하고 때로는 기괴한 규칙에 따라 살았다. 전설에 따르면, 그들은 채식주의자였지만 콩을 먹는 것이 금지되었고, 칼로 불을 지필 수도 없었으며, 반지를 끼지 못하였고, 천둥이 칠 때는 반드시 땅에 닿아 있어야 했다,

피타고라스학파는 영혼의 이동을 믿었다. 죽은 자의 영혼이 동물로 돌아오고, 동물과 인간의 계급에 따라 위나 아래로 움직이는 무한한 윤회의 주기가 있다고 생각했다. 이러한 주기를 피할 수 있는 유일한 방법은 몸과 마음을 정화하는 것이었다. 많은 종교에서와 같이 몸의 정화는 겸손한 생활, 금욕 및 자제를 통해 이루어졌다.

피타고라스학파를 다른 종교 집단과 구별할 수 있는 것은 마음을 정화하는 수단이었다. 그들은 명상만으로는 마음을 정화하지 못하고, 수학과 과학을 공부함으로써 정화할 수 있다고 생각했다. 신과의 궁극적인 만남은 우주의 질서에 대한 이해에서 시작되며 우주를 이해하는 열쇠는 바로 수학을 이해하는 것이라 믿었다. 피타고라스는 “진정한 영혼의 쾌락은 수의 완전성을 아는 것이다”라고 했다.[3] 이러한 신념은 피타고라스학파의 모토인 “모든 것은 수이다”로 간결하게 표현된다.

피타고라스학파는 신이 우주를 수를 통해 창조했다고 믿었다. 모든 수는 두 개의 자연수의 비율로 나타낼 수 있다(모든 수는 소수로 나타낼 수 있다). 현대 용어를 사용하면 피타고라스학파는 모든 수 **유리수**(rational)라고 믿었다.

음악과 천문학도 피타고라스학파에게 중요했다. 그들은 음악적 간격이 비율로 표현될 수 있다는 것을 발견했으며, 가장 아름다운 하모니는 가장 아름다운 숫자의 조합에서 나온 것이라고 결론지었다. 그들은 비율을 사용하여 행성 간의 거리, 행성의 순서, 그리고 공전 주기와 같은 천문 현상을 설명 할 수 있다고 주장했다. 그들은 7개의 알려진 행성(지구, 달, 태양을 포함)의 움직임이 고대 현악기기인 리라의 일곱 줄의 진동처럼 조화를 이루었다고 믿었다. 어떤 사람들은 이 "우주의 음악"이 피타고라스에게 들리는 것이라고 주장했다.

피타고라스 사람들은 공동체적인 생활 방식을 따랐다. '그들은 식사, 운동, 공부를 함께 했다. 구전에 따라 지식을 공유하는 그들의 전통, 그들의 강요된 기밀 및 피타고라스의 경배와 함께 이러한 삶의 방식은 피타고라스가 수학에 어떤 기여를 했는지 식별하는 것을 어렵게 만든다. 수학은 종교의 일부였고 피타고라스는 영적 지도자였기 때문에 그의 추종자들이 얻은 수학적 결과는 "주인의 말"이었고 그에게 공이 돌아갔다.

전설에 따르면, 피타고라스학파 중 한명인 메타포담의 히파수스(Hippasus, 기원전 500년)는 이 기밀의 전통을 따르지 않았기 때문에 중징계를 받았다고 했다. 어떤 사람은 그가 바다에 익사했다고도 주장하고 어떤 사람들은 피타고라스학파로부터 추방당하고 그를 추방시킨 것을 내세우기 위하여 비석을 세웠다고 주장한다. 다시 말하지만, 히파수스가 그렇게 가혹한 대우를 왜 받았어야 했는가에 관한 논의와는 별개로 징계에 대해서는 두 가지 이야기가 있다(둘 다 사실 일 수 있음.).

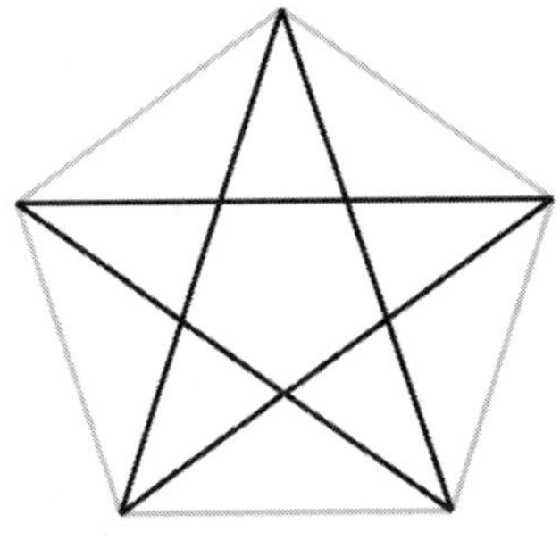

그림 4.2. 정오각형 새겨져 있는 피타고라스학파의 상징 그림

전해오는 이야기 중 하나는 히파수스가 정십이면체를 발견하고 그것을 구체에 새기는 법을 보여 주었지만 피타고라스에게 공헌을 돌리지 않았다고 한다. 이 발견은 정십이면체의 오각형 모양의 면 때문에 피타고라스에게 특히 의미 있을 수 있다. 그들은 펜타그램(pentagram) 또는 펜타그램-별(pentagram-star, 그림 4.2 참조)을 피타고라스학파와 다른 사람을 식별하는 데 사용되는 특별한 상징으로 채택했다. 이 별모양은 정오각형의 꼭짓점을 연결하여 만들어지며 이렇게 하면 내부에 새로운 정오각형이 만들어진다.

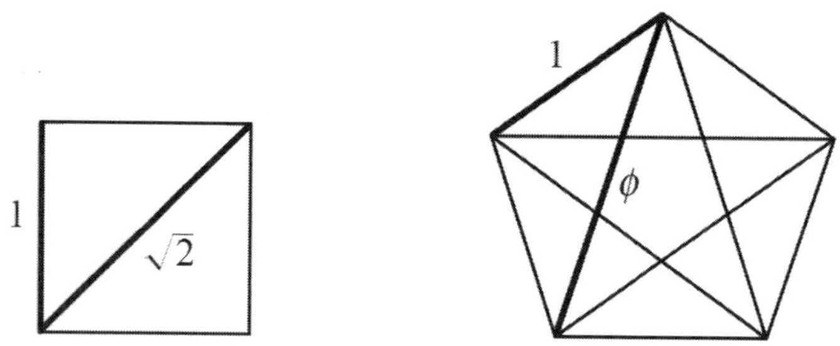

그림 4.3 무리수 길이의 대각선 $\sqrt{2}$, $\phi = \frac{\sqrt{5}+1}{2}$

두 번째 이야기는 히파수스가 모든 수가 유리수인 것은 아니라는 것을 증명했으며, 이 발견을 비밀로 유지하지 못했다고 한다. 모든 역사가들이 히파수스가 무리수를 발견했다는 것에 대해 동의하는 것은 아니다. 히파수스가 발견하였을 것이라고 하는 무리수는 한 변의 길이가 1인 정사각형의 대각선 길이 $\sqrt{2}$이거나 '**황금비**(golden ratio)'라 불리는 또는 간단히 ϕ라고도 하는 $\frac{\sqrt{5}+1}{2}$이다. 히파수스가 황금 비율이 무리수라는 것을 발견했다는 이야기는 매우 흥미롭다. 왜냐하면 ϕ는 한 변의 길이가 1인 오각형의 대각선이기 때문이다(그림 4.3 참조). 모든 수가 유리수라는 것은 피타고라스의 신념 체계를 뒷받침하는 근간 중 하나였다. 무리수의 존재는 파괴적인 존재였다. 이 장면에서 우리는 히파수스의 분노를 상상할 수 있다. 아이러니컬하게도 무리수의 존재에 대한 증거는 피타고라스가 수학에 기여한 것들 중 가장 중요한 내용이다.

정십이면체를 발견한 사람이 피타고라스학파 중 한 명인 히파수스인지 여부에 관계없이 피타고라스학파는 적어도 3개의 정다면체인 정사면체, 정육면체 및 정십이면체를 알고 있었던 것으로 보인다. 그들이 정팔면체와 정이십면체를 알고 있었는지 또는 이 다면체의 발견이 아테네의 테아에테투스(Theaetetus, 기원전 417~369년)에 의한 건지는 분명하지 않다. 초기의 증거조차도 모호하다. 5세기 학자인 프로클러스(Proclus, 410~485)는 피타고라스학파가 정팔면체와 정이십면체를 알고 있다고 주장하지만, 유클리드의 원론에서는 "앞서 언급한 다섯 가지 중 세 개 즉, 정사면체, 정육면체, 정십이면체는 피타고라스학파에 의한 것이고 정팔면체와 정이십면체는 테아에테투스에 의한 것이다"라고 언급하고 있다.[4] 오늘날 많은 학자들은 피타고라스학파가 정팔면체의 발견자가 아닐 것이라 보는 윌리엄 워터하우스의 이론을 지지하는 편이다.

테아에테투스는 다른 그리스 수학자만큼 유명하지는 않지만 의심할 여지없이 이 이야기의 주인공이다. 그는 다섯 개의 정다면체가 있고 오직 다섯 개만이 존재한다는 것을 증명하는데 주요한 기여를 하였다. 우리가 알고 있는 테아에테투스에 대한 많은 정보는 그의 친구이자, 영향을 받은 철학자이며 스승인 플라톤(Plato, 기원전 427~347년)의 글에서 나온 것이다. 플라톤은 테아에테투스를 특징으로 하는 두 편의 대화편을 썼다. 각 대화편의 이름은 **소피스트**(The Sophist)와 테아에테투스의 이름을 그대로 딴 **테아에테투스**(Theaetetus)이다.

테아에테투스는 펠로폰네소스 전쟁 중에 태어났다. 그는 기원전 369년 아테네와 고린도 사이의 전투에 전쟁 영웅으로 사망했다. 그는 테오도루스(Theodorus, 기원전 465~398년) 지도 아래서 수학을 공부했으며, 아주 재능 있는 수학자였다. 플라톤은 테아에테투스를 그의 스승인 소크라테스 (Socrates, 기원전 470~399년) 다음으로 높은 점수를 주었다. 플라톤의 저서 **테아에테투스**에서는 테오도루스가 젊은 테아에테투스에 대해 다음과 같이 이야기 한다. "이 소년은 마치 소리 없이 흐르는 기름의 강처럼 부드럽고 확실하게, 그리고 성공적으로 학습과 탐구를 향해 나아갑니다. 그 나이에 그가 성취한 모든 것에 그저 감탄할 뿐입니다."[5]

이 시기에 무리수의 발견은 상대적으로 최근 사건이고 무리수의 특성에 대해 많이 알려지지 않았다. 테아에테투스는 무리수의 분류와 조직에 중요한 공헌을 했다. 나중에 이 분류는 유클리드 **원론** 10편의 대부분을 구성하게 된다.

다섯 개의 다면체를 처음 발견한 사람이 누구인가에 대한 여러 의견 차이에도 불구하고, 테아에테투스가 다면체의 연구를 완전하고 엄격한 형태로 이끌어냈다는 것에는 대부분 동의를 한다. 테아에테투스 덕분에 3장에서 논의한 3단계가 완료되었다. 첫째, 모든 정다면체가 알려져 있고 테아에테투스는 그것을 기하학적으로 구성할 수 있었다. 둘째로, 그는 이 다섯 가지 다면체를 묶는 공통적인 특징, 즉 그것의 규칙성을 인식했다. 마지막으로, 그는 이 다섯 가지 다면체만이 유일하게 정다면체임을 증명했다. 테아에테투스의 증명과 구성은 나중에 유클리드 원론의 제 13권에 실렸다. 사실, 많은 역사가들은 **원론** 10권과 13권의 모든 내용이 테아에테투스로부터 나온 것이라 주장한다.

오늘날 플라톤은 철학자이자 저술가로 잘 알려져 있지만 플라톤의 가장 중요한 공헌이라 할 수 있는 것은 그의 학교인 아카데미(the Academy)의 창립이었다. 아카데미는 소크라테스가 처형된 지 10년 후인 기원전 약 288년에 아테네 외곽에 문을 열었다. 플라톤은 청년들이 공직 생활을 준비시킬 수 있도록 아카데미를 설립하였는데, 이를 위해서는 과학, 특히 수학에 대하여 공부하도록 하였다. 수학을 공부함으로써 우리의 지각을 우리의 감각과 의견에서 분리하는 법을 배워야 한다는 것이 그의 신념이었다. 아카데미는 900년 넘게 존재하였다. 이 아카데미의 창립은 "서유럽 과학 역사에서 가장 기념비적인 사건"이라 한다.[6]

플라톤은 수학과 연관성이 있는 것으로 알려지진 않았지만 수학의 발전에 중요한 인물이었다. 그는 수학 애호가였으며, 수학자들을 높이 평가했다. 수학은 아카데미의 커리큘럼의 중추적인 역할을 하였다. 이것은 후에 발견된 현판 문구 "기하학을 모르는 자는 들어오지 말라."에서 잘 설명된다. 많은 수학자들이 아카데미에서 훈련되고 양성되었기 때문에 플라톤은 수학을 만드는 사람은 아니나, 대신에 "수학자를 만드는 사람"이었다.[7]

그림 4.4 플라톤을 표현한 그림

아카데미의 총책임자인 플라톤은 다른 사람들에게 특별한 가르침을 많이 남겼다. 테아에테투스는 이곳의 강사 중 한 명이었으며 아카데미에서 15년 동안 가르쳤다.[8]

플라톤은 테아에테투스로부터 다섯 개의 다면체에 대하여 배웠다. 플라톤은 그것의 수학적 중요성과 아름다움을 인식하였다. 많은 미래의 사상가들처럼, 그는 다섯 가지 대상에 이 거대한 우주의 중요성이 내포되어야한다고 믿었다. 플라톤은 엠페도클레스(Empedocles, 기원전 492~432년)가 제시한 우주의 견해를 받아드리고 있었는데, 이는 모든 물질은 네 가지 기본 원소인 흙, 공기, 불 및 물로부터 만들어졌다는 것이다. 이 4원소에 대한 신념은 플라톤의 티마에우스(Plato's Timaeus)에서 잘 드러난다. 티마에우스는 플라톤의 서시 티마에우스의 중심인물로 소크라테스, 에르모크레스(Hermocrates), 크리티아스(Critias)와 함께 토론을 하는 가상 인물이다. 로크리(Locri)의 피타고라스학파로 설정된 티마에우스의 긴 독백을 통해 플라톤은 정교한 원자 모형을 제시했다. 플라톤은 몸체 또는 미립자라고 부른 네 가지 요소는 각각 정다면체 중 하나와 관련되어 있는 것으로 보았다.

> 흙을 정육면체로 보자. 왜냐하면 네 종류의 몸체 중 흙은 가장 변하지 않으면서도 가장 유연하다. 즉, 다른 어떤 것보다 가장 안전한 표면을 가지면서도 가장 단단해야 한다. 그리고 다른 남은 다면체들을 원소에 대응시킨다. 가장 덜 유동적인 것은 물에, 불에는 가장 유동적인 것을 그리고 공기는 그 사이에 있는 것에 대응시켜야 한다. 이 의미는 가장 작은 몸체는 불에, 가장 큰 것은 물에, 그 사이에 있는 것은 공기이고 또한 가장 날카로운 모서리를 가진 몸체는 불에, 그 다음 날카로운 것은 공기에, 세 번째는 물에 가장 가깝다는 것을 의미한다.

이 이론적 근거를 사용하여 티마에우스는 불은 정사면체이고 정팔면체가 공기이며 정이십면체가 물이라고 결론을 내렸다. 다섯 번째 정다면체인 정십이면체는 원소 중 하나가 될 수 없었다. 티마에우스는 "신이 전체 우주에 사용하여 그 위에 모양을 수놓았다."고 주장했다.[9]

티마에우스는 계속해서 원소들의 상호 작용을 묘사했다. 상호 작용은 절단 및 분쇄를 기반으로 한다. 원소가 날카롭게 될수록 더 많이 잘려지고, 커질수록 덜 날카로우며 더 많이 부서지는 경향이 있다. 이것은 우리가 불, 공기 및 물 사이의 화학 반응을 묘사 할 수 있게 한다(그러나 사각형 면이 있는 흙은 해당 되지 않는다.). 원소가 분리되고 삼각형은 다른 원소를 만들기 위해 변형된다. 예를 들어 물의 원소(20개의 정삼각형으로 구성) 한 개는 분해되어 세 개의 불의 원소(3 · 4=12개의 삼각형)와 한 개의 공기 원소(8개의 삼각형)를 만들 수 있다. 티마에우스는 물질의 다양성은 원소의 다른 크기로 설명 될 수 있다고 언급했다. 또한 녹거나 어는 변화 현상에 대해서도 이러한 이론을 적용했다. 예를 들어, 금속은 액화 가능한 물인데(액체 물과 반대되는) 이는 매우 큰 균일한 정이십면체로 구성되었기 때문에 고체처럼 나타나는 것이라고 주장한다. 날카로운 불의 사면체를 금속에 적용하면, 정이십면체는 서로 떨어져나가, 금속이 녹고 액체가 될 수 있다.

흙, 공기, 물 및 불이 근원적인 4원소라는 믿음은 플라톤의 제자인 아리스토텔레스(Aristotle, 기원전 384~322)에 의해 굳어지고 확대되었다. 아리스토텔레스는 에테르를 다섯 번째 원소, 또는 완전성으로 설정하고 하늘의 몸체가 되는 물질이라고 주장했다.

그리스의 원자 모형은 매우 영향력이 있었으며 2천년 후 현대 화학이 탄생할 때까지 보편적으로 받아들여졌다. 1661년 아일랜드 과학자 로버트 보일(Robert Boyle, 1627~1691)의 저서 '**의심 품은 화학**(The Sceptically Chymist)'을 출판하기 전까지 이 화학 모델이 유지되었다.

그리스의 화학 이론이 지금은 먼 이야기이지만, 그 잔재는 여전히 남아 있다. 바람(공기)과 비(물)를 맞을 때 우리는 여전히 "원소들에 노출된다(exposed to the elements)"고 이야기한다. 또한 원소이론은 많은 문학 작품, 예술 작품, 신비주의 종교, 판타지 게임 및 다른 곳에서 암묵적으로나 명시적으로 나타나기도 한다. 어떤 사람들은 성공한 4인조는 원소들과 정확하게 짝을 이룰 수 있다고 주장하기도 한다(비틀즈의 네 멤버는 다음과 같이 대응하곤 한다. 불 : 존 레논(John Lennon), 물 : 폴 매카트니(Paul McCartney), 공기 : 조지 해리슨(George Harrison), 흙 : 링고 스타(Ringo Starr)).

플라톤이 **티마에우스**에서 정다면체를 설명한 이래로, 다섯 개의 정다면체는 **플라톤 입체**(Platonic solids)로 불리고 있다.

CHAPTER 05

유클리드와 원론

★ 열한 살 때, 나의 형으로부터 유클리드를 배웠다. 이것은 내 인생에서 첫 사랑과 같은 가장 빛나는 순간 중 하나였다. 이 세상에서 그토록 맛있는 것이 있을지 상상하지 못했다.

– 버틀란드 러셀(Bertrand Russell)[1]

누구나 그리스의 기하학을 생각할 때면 유클리드와 그의 명저 '**원론**(Elements)'을 생각한다. 고대의 유클리드는 기하학자의 대명사 같은 인물이었다. 그러나 유감스럽게도 그의 삶에 대해서 알려진 것은 거의 없다. 그가 태어난 곳이 어디였는지, 심지어 출생과 사망한 해가 언제였는지도 유추할 수 없다. 많은 수학 역사책은 단지 그가 기원전 300년에 살았다는 것 외에는 정확한 생애를 말하지 않는다.

유클리드는 수학을 배웠고, 테아에테투스(Theaetetus)의 위대한 업적을 발견하였으며 아테네의 플라톤 아카데미의 플라톤 학파 중 한 사람이다. 유클리드는 인생 말기를 알렉산드리아에서 보냈다. 이 당시는 거대한 도서관과 박물관이 건설 중이었을 때였다. 유클리드는 거기에서 너무나 성공적이고 영향력 있는 수학 학교를 설립했다.

그림 5.1 유클리드를 표현한 그림

유클리드는 많은 책을 썼지만 그의 영원한 명성은 단 한권의 책이 만들어냈다. 그는 기원전 300년에 그의 대표작인 '원론'을 썼다. 이 책은 초등 기하학, 수론, 기하대수학의 교재로 쓰였다. 유클리드는 새로운 수학을 연구한 공헌으로 유명한 것은 아니다. 원론에 실려 있는 대부분의 내용은 이미 다른 이들에 의해 증명이 된 것이다. 프로클러스(Proclus)는 유클리드가 "에우독소스의 정리(Eudoxus' theorems)와 테아에테투스를 완벽하게 정리하며, 전임자들에 의해 느슨하게 입증된 것들을 반박할 수 없도록 완벽하게 원

론에 집대성하였다"고 하였다.[2]

원론은 표현의 방식에 있어서 충분한 것은 아니었다. 역사적 맥락에서 이것은 수학이 아니었고, 동기도 부족했으며, 어떠한 응용도 나타나 있지 않다. 그러나 내용의 설명이나 논리적인 형식은 이전의 그 어떤 저서보다 우월했다. 유클리드는 겉으로 보기에는 "자명한" 다섯 가지 가정으로 시작했으며, 이 단순한 가정에 근거하여 기하학의 거대한 이론을 발전 시켰다. 프로클러스는 원론에 다음과 같은 찬사를 보였다.

> 유클리드는 그가 할 수 있는 모든 것을 취급한 게 아니라 원론을 제작하기에 적합한 것들만 포함시켰습니다. 다양한 형태의 연역적 주장을 사용하였죠. 그 중 일부는 첫 번째 원리로부터 타당성을 얻어나가고, 일부는 논증에서 출발했지만 반박할 수 없고 정확하며 과학과 조화를 이룹니다. 우리는 증거의 연속성, 선행하는 것들과 뒤따르는 것들의 성질과 배열, 각 세부 사항을 다루는 그의 능력에 대해 반드시 언급해야합니다.[3]

이 논리적인 형식은 수세기 전부터 내려온 피타고라스의 꿈을 실현한 것이다. 또한 미래의 과학자에게도 깊은 영향을 끼쳤다. 유클리드 이후의 사람들은 자명하고 근본적인 사실을 가지고 모든 과학적 법칙을 연역적으로 추론하려 했다. 하지만 과학에 대한 이러한 이상적인 접근은 너무 심하게 단순화시킨 것이라는 것이 입증되었다. 유클리드의 다섯 개의 공리와 유사한 것은 별로 없다. 그럼에도 불구하고 수학과 과학에 대한 유클리드의 연역적 접근법은 오늘날에도 여전히 중요하다. 원론은 오늘날까지 살아남은 그리스 시대에 만들어진 중요한 초기 수학적 업적이다. 이 책은 1482년 베니스에서 첫 번째 판본이 등장 할 때까지 손으로 여러 번 필사되어 복사되었다. 그 이후 약 천 건의 인쇄가 이루어졌다.

원론의 마지막 책인 제13권은 플라톤입체를 다루고 있다. 어떤 역사가들은 앞의 열두 권의 책이 쓰여 진 이유는 오직 독자들이 이 마지막 책을 준비할 수 있기 위함이라고 주장하기도 한다. 앞에서 언급했듯이, 제13권에 쓰인 대부분의 증명은 유클리드에 의한 것이 아니라 테아에테투스가 한 것이다. 어떤 학자들은 유클리드는 테아에테투스의 연구를 편집 없이 재출판한 것이라 주장하기도 한다.[4]

제13권에 있는 가장 비중 높은 결과는 오직 5개의 플라톤입체가 있다는 것에 대한 증명이다. 첫 번째로 유클리드는 최소한 다섯 개의 플라톤입체-정사면체, 정팔면체,

정이십면체, 정팔면체, 정십이면체-가 있다는 것을 보였다. 그리고 이 다섯 개를 제외하고는 더 이상의 플라톤입체가 존재하지 않는다는 것을 증명한다. 다섯 개의 플라톤입체의 존재성을 증명하기 위하여, 유클리드는 각각의 플라톤입체를 구 안에 작도하는 방법의 정확한 설명을 제시하였다. 이 책에서 유클리드의 작도를 다루지는 않겠지만 정다면체가 정확히 다섯 개 뿐이라는 증명은 다루려 한다. 그리고 오일러 공식을 사용하여 이것의 다른 증명을 함께 제시할 것이다.

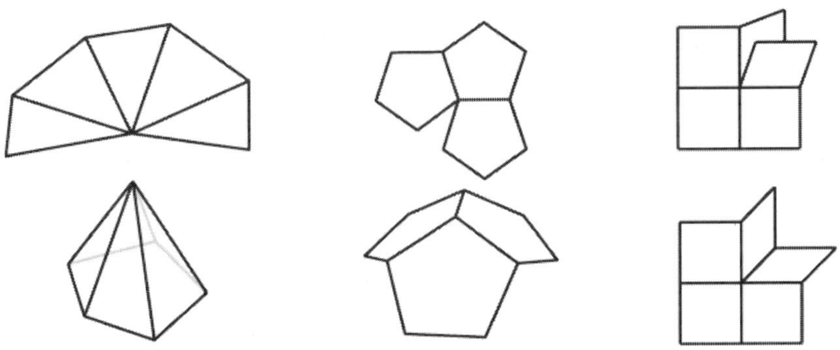

그림 5.2 볼록다면체(왼쪽과 가운데)와 비볼록다면체(오른쪽)와의 펼쳐진 꼭짓점의 대비

유클리드는 자신의 증명에서 평면각을 주로 사용하였다. '**평면각**(plane angle)'은 다면체의 각 면의 내각을 의미한다(예를 들어, 정육면체는 90°의 평면각 24개가 있다.). 원론 제6권에서, 유클리드는 볼록다면체의 한 꼭짓점에서 만나는 평면각의 합은 반드시 360°보다 작아야 한다는 것을 증명하였다. 제6권에 있는 증명을 다루지 않더라도 이 정리가 사실이라는 것은 다음과 같은 방법으로 쉽게 알 수 있다. 만약 한 꼭짓점을 포함하는 하나의 변을 잘라 그 꼭짓점에서 만나는 모든 면을 한 평면에 펼치려면, 그림 5.2와 같이 각 면은 서로 겹치지 않아야 하고 잘라진 변 역시 만나지 말아야 한다. 따라서 한 꼭짓점에서 만나는 평면각의 합은 360°보다 작아져야만 한다.

이제 정다면체를 생각하자. 각 면은 n개의 변을 가진 정다각형이고, m개의 변이 한 꼭짓점에서 만난다. 모든 면은 3개 이상의 변을 가져야하기 때문에 $n \geq 3$이고, 최소 3개 이상의 변이 한 꼭짓점에서 만나야 하므로 $m \geq 3$이다. 각 면의 모든 각은 같은 각을 가져야 하므로 이를 θ라 하자. 즉, 각 꼭짓점의 m개의 면은 모두 θ만큼의 각을 가지므로 유클리드의 정리에 의하여, $m\theta$는 반드시 360°보다 작아야 한다. 그렇다면 어떤 m과 n이 이것을 가능하게 할까?

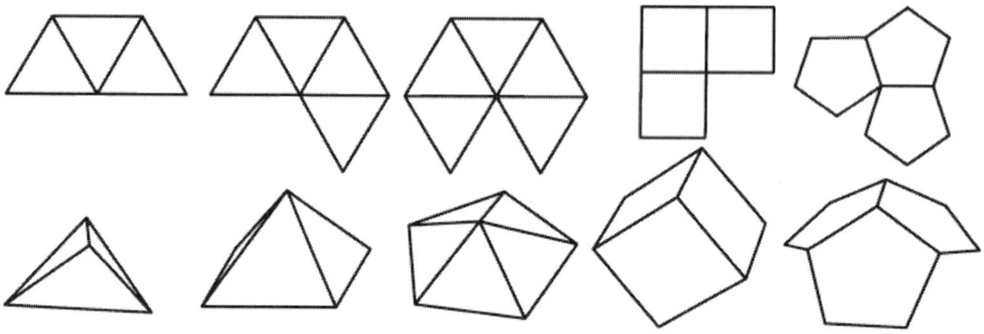

그림 5.3 플라톤입체에서 꼭짓점이 가질 수 있는 다섯 가지 모양

만약 $n=3$이라면 각 면은 정삼각형이므로 $\theta=60^\circ$이다(정n각형의 한 내각의 크기는 $180^\circ\times\frac{(n-2)}{n}$이기 때문이다.). 이때 $m\theta<360^\circ$이므로, $m\times60^\circ<360^\circ$, 즉, $m<6$이 성립한다. 따라서 $m=3,\ 4,\ 5$ 만이 가능하다(그림 5.3 참조). 각 경우는 각각 정사면체, 정팔면체, 정이십면체의 경우를 가리킨다.

만약 $n=4$라면, 각 면은 정사각형이므로 $\theta=90^\circ$이다. 따라서 $m\times90^\circ<360^\circ$이므로 $m<4$이다. 즉, $m=3$만이 가능하고, 이 경우는 정육면체임을 알 수 있다.

만약 $n=5$라면, 각 면은 정오각형이고 $\theta=108^\circ$이다. 그러므로 $m\times108^\circ<360^\circ$가 성립하고, 이는 $m<\frac{10}{3}$과 같다. 따라서 이 경우 역시 $m=3$이고, 정십이면체의 경우를 얻는다.

만약 $n=6$이라면 각 면은 정육각형이고 $\theta=120^\circ$이다. 하지만 $m\times120^\circ<360^\circ$은 $m<3$가 되는데, 이는 불가능하다. 따라서 정육각형을 한 면으로 가지는 정다면체는 존재하지 않는다. 우리는 같은 방법으로 $n>6$인 경우에도 정다면체가 존재하지 않는다는 것을 알 수 있다.

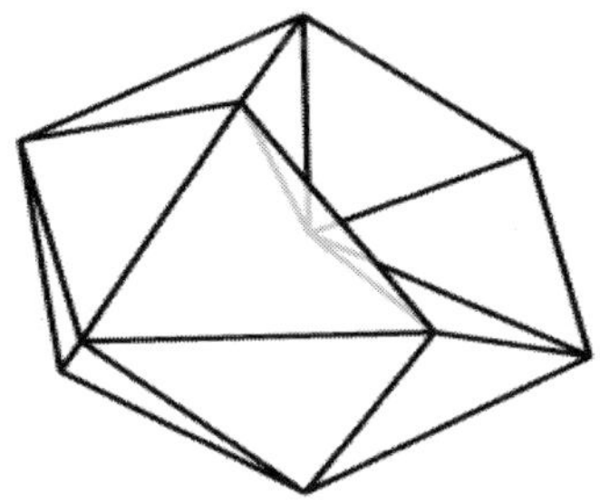

그림 5.4 비볼록 플라톤입체?

이 증명을 검토해보면, 유클리드가 미묘한 세부사항을 간과한 것을 알 수 있다. 사실 유클리드는 한 꼭짓점에 m개의 변을 가지고 정 n각형 면을 가지는 정다면체가 두 종류 이상 있을 수 있을 가능성에 대해서 고려하지 않았다. 예를 들어, 정이십면체 대신에 모든 면이 정삼각형이고 각 꼭짓점이 정확히 다섯 개의 변과 만나는 또 다른 다면체가 있을 수 있다. 유클리드는 이런 일이 일어나지 않을 것이라는 것을 명시하지 않은 채로 가정하였다. 물론 결과적으로 볼록다각형이라는 전제 하에서의 유클리드의 이런 생각은 옳았지만 사실 이것은 단서가 필요한 내용이다. 만약 볼록이라는 것을 전제하지 않는다면 유클리드의 생각은 틀렸다. 그림 5.4에서 정이십면체와 같은 성질, 즉, 각 꼭짓점에서 정확히 다섯 개의 변이 만나면서 20개의 정삼각형 면을 가지는 볼록이 아닌 다면체가 존재하는 것을 볼 수 있다. 이 다면체가 정이십면체와 다른 점이 한 가지 있다면 한 꼭짓점이 도형의 안쪽으로 밀려져 있어서 볼록다면체가 되지 않는다는 것뿐이다.

정이십면체와 그림 5.4의 비볼록 이십면체와 같은 쌍을 **입체이성체**(stereoisomers)라고 부른다(입체이성체는 화학에서 먼저 만들어진 용어이다.). 입체이성체는 서로 동일한 면의 모임으로 만들 수 있고 대응되는 면들은 서로 대응되는 변들로 연결되어 있다.

우리는 또한 다면체의 유연성에 대한 가능성을 고려하여야 한다. 만약 다면체를 휘지 않는 금속 재질의 면을 붙여서 만드는 것을 상상해 보자. 이 다면체가 유연하지 않다는 것, 즉, 도형을 밀거나 당기거나 짜내더라도 그 모양이 변하지 않아야 한다는 것은 적어도 오일러 시절까지는 추측에 불과했다. 1766년, 오일러는 "도형에 손상을 입히거나 도형의 모든 면을 겹쳤을 때만 [도형 모양]을 변형할 수 있습니다"라고 썼다.[5]

이 예상을 증명하는 것은 중요하다. 왜냐하면 만약 어떤 정다면체가 유연하다면 우리는 그 정다면체와 미묘하게 다른 무한히 많은 입체이성체들을 얻을 수 있기 때문이다. 이러한 사실은 유클리드의 증명이 틀린 것으로 만들 수도 있다.

하지만 결론적으로 유클리드는 옳았다. 2천년 후 프랑스의 수학자 오귀스탱 루이 코시(Augustin-Louis Cauchy, 1789~1857)는 유클리드의 증명이 옳았음을 엄격하게 증명하였다. 1811년 코시는 어떤 볼록다면체의 볼록인 두 입체이성체는 반드시 합동이 됨을 증명하였다.[6] 이것은 만약 우리가 볼록다면체의 모든 면을 알고, 또 각 면의 이웃을 안다면, 그 다면체의 기하학적 구조를 정확히 알 수 있다는 것을 의미한다. 이 축복받은 정리로부터 우리는 다섯 개의 정다면체가 입성이성체를 가지지 않고 각각 유일하게 존재한다는 것을 알 수 있다. 정다면체 뿐 아니라 모든 볼록다면체는 유연하지 않다. 이 사실은 이후 볼록다면체의 '견고성 정리(rigidity theorem)'으로 알려진다. 흥미로운 사실은 견고성 정리는 볼록다면체가 아닌 도형에는 성립하지 않는다는 것이다. 이것은 1977년까지 입증 되지 않았는데, 미국 수학자 로버트 코넬리(Robert Connelly)가 처음으로 이러한 도형을 만들어냈다.[7]

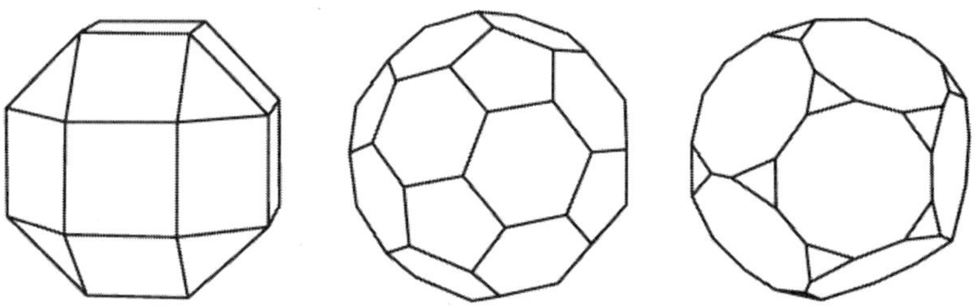

그림 5.5 13개의 아르키메데스의 준정다면체 중 3개

그리스인들의 정다면체에 대한 마지막 주요 공헌은 시라쿠사의 아르키메데스에 의해서이다. 아르키메데스는 **준정다면체**(semiregular solid)라는 개념을 소개하였다. 정다면체와 마찬가지로, 준정다면체는 볼록다면체이면서 각각의 도형이 모두 정다각형인 도형이다. 준정다면체는 모든 면이 다 합동일 필요는 없지만 같은 모서리의 개수를 가지는 면은 서로 합동이어야 한다. 또한 각 꼭짓점에서 둘러싼 다각형의 순서가 동일하며, 도형을 돌려 한 꼭짓점을 다른 꼭짓점으로 보낼 때 도형의 나머지 점들도 다른 꼭짓점

으로 완벽히 갈 수 있어야 한다. 세 개의 준정다면체가 그림 5.5에 주어져 있다. 아르키메데스의 연구 기록은 소실되었지만, 파푸스(Pappus, 290~350 CE)에 의하면 아르키메데스는 모두 열세 개의 준정다면체를 찾았다고 한다.

> 다양한 종류의 면을 가진 많은 종류의 다면체를 상상할 수는 있지만 그것들 중에서 정칙 도형만이 가장 주목받을 만합니다. 여기에는 플라톤의 다섯 개 도형뿐만 아니라 이와 유사하지는 않지만 등변 및 등각 다각형으로 이루어진 아르키메데스가 찾은 열세 개 다면체를 포함합니다.[8]

열세 개의 다면체는 1619년 아르키메데스의 연구를 모르고 있었던 케플러에 의해 다시 발견된다. 테아에테투스가 오직 다섯 개의 정다면체가 존재한다고 증명했듯이 케플러 역시 오직 열세 개의 준정다면체만 있다는 것을 증명하였다. 우리는 **각기둥**(prism) 모양이나 **엇각기둥**(antiprism)모양이 준정다면체의 조건을 만족한다는 것을 알지만 역사적으로 이들은 준정다면체로 간주되지 않았다. 오늘날 준정다면체는 **아르키메데스입체**(Archimedean solid)로 불린다.

그리스 문명이 쇠퇴함에 따라, 수학활동의 중심은 페르시아(오늘날 이라크)로 옮겨간다. 왕실의 후원 아래 아랍계 수학자들은 유클리드, 아르키메데스, 아폴로니우스, 디오판투스, 파푸스, 프톨레마이오스의 연구와 같은 그리스 수학 고전을 번역했다. 그러나 그들은 그리스 도서 관리인 이상의 역할을 하였다. 아랍 수학자들은 대수학을 만들고 정수론, 수체계, 삼각법에 풍부한 기여를 하였다. 아랍계의 수학적 지배기간은 15세기까지 지속된다.

아랍 수학자들은 기하학의 단계를 향상시켰지만 다면체 이론에 대해서는 중점을 두지 않았다. 다면체에 대한 새로운 관심을 위해, 수학은 유럽의 중세 시대가 끝나기를 기다려야 했다.

CHAPTER 06

케플러의 다면체 우주

★ 요하네스 케플러는 과학의 역사에서 중대한 분기점의 하나이다. 케플러의 마음의 절반은 중세의 판타지에 휘젓기고 있었고, 나머지 절반은 오늘날 현대 사회를 구성하는 수학화된 과학의 시작을 잉태하고 있었다.

– 조지 시몬스(George Simmons)[1]

아랍 수학이 발전할 동안, 유럽은 중세의 어둠을 경험하고 있었다. 극소수의 유럽인만이 정규교육을 받았다. 위대했던 고대의 작품들은 모두 잊혀졌다. 수학이라는 학문도 거의 존재 하지 않았다. 오직 최소한의 기하와 수론 교육만이 수도원 학교에 남아있었다. 사실상 수학에 대한 기여는 수백 년 동안 이루어지지 않았다고 볼 수 있다.

그림 6.1 라파엘의 아테네 학당

유럽에서의 수학 활동은 15세기에 르네상스가 시작되고 나서야 다시 나타나기 시작했다. 인본주의 운동의 등장으로 그리스 고전학, 특히 그리스 문학에 대한 관심이 나타나고, 그 후에 그리스 수학에 대한 관심이 다시 생겨났다. 그리스 지식인의 삶의 낭만은 라파엘(Raphaël)의 프레스코 화 **아테네 학당**(School of Athens, 1510~1511)에서 아름답게 묘사된다. 이 그림에서는 피타고라스, 유클리드, 소크라테스, 아리스토텔레스, 플라톤 및 여러 그리스 학자들의 모임을 상상하여 그려냈다(그림 6.1 참조).

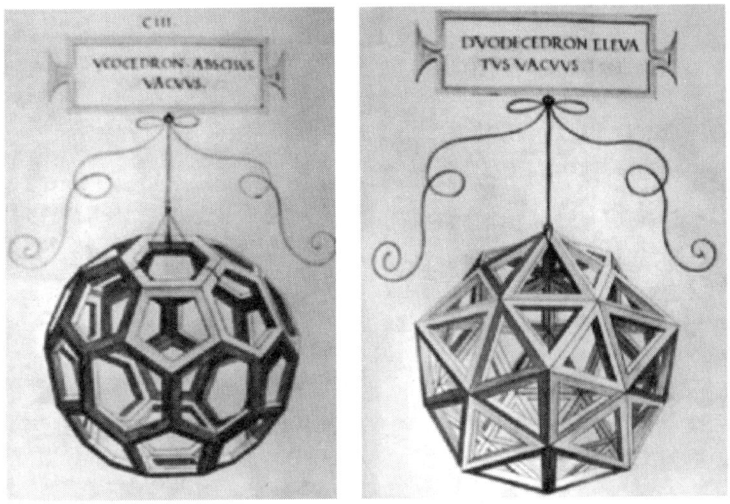

그림 6.2 신의 비례(De Divina Proportione)에 나온 레오나르도 다빈치의 이십면체와 십이면체

원근법은 르네상스 삽화에 있는 두드러진 특징이었다. 다면체와 다면체의 골격은 예술가의 원근법 숙달을 시연하는 훌륭한 주제였다. 피에로 델라 프란체스카(Piero della Francesca), 알브레히트 뒤러(Albrecht Dürer), 다니엘레 바르바로(Daniele Barbaro)와 같은 예술가의 다면체를 보는 관점에 대해 작성한 저서들은 수학과 예술 모두에 기여했다. 그림 6.2와 6.3에 제시했듯이 삽화에 다면체를 묘사한 수많은 예술가들 중 루카 파촐리(Fra Luca Pacioli)의 책 **신의 비례** (De Divina Proportione, 1509)의 삽화를 맡은 레오나르도 다빈치(Leonardo da Vinci)가 있고, 사실적이고도 실제로 존재하기 어려운 복잡한 다면체들을 정교한 판화로 만든 벤첼 야므니처(Wentzel Jamnitzer)가 있다. 또한 다면체를 이용하여 루카 파촐리의 초상화를 그린 야코포 데 바르바리(Jacopo de Barbari), 베니스에 있는 산 마르코 성당 바닥의 모자이크를 비롯한 여러 작품에 다면체를 포함시킨 것으로 유명한 파울로 우첼로(Paolo Uccello), 아름다운 인따르시아(상감 세공, 나무로 된 모자이크)를 만든 프라 지오바니 다 베로나(Fra Giovanni da Verona), 그리고 우리가 곧 보게 될(그림 6.5부터 6.8) 물리학자이자 수학자인 요하네스 케플러(Johannes Kepler)가 있다.

그림 6.3 우첼로의 작품인 대리석 조각(왼쪽 위), 지오바니의 작품인 인따르시아 중 하나(오른쪽 위), 그리고 벤첼 야므니처의 작품

르네상스 시대의 학자들과 예술가들처럼, 케플러 또한 다면체에 매료되었다. 오늘날 케플러는 행성들이 태양 주변을 타원 궤도로 돈다는 법칙을 비롯하여, 행성운동과 관련한 세 개의 물리학 법칙을 발견한 천문학자로 유명하다. 하지만 사실 그는 그 외에도 케플러는 오늘날 미적분학에서 쓰이는 것처럼 무한과, 무한소의 개념을 사용하였다. 그는 광학 분야에 관한 논문도 저술하였고, 로그의 초기 사용자이기도 했다. 무엇보다도 케플러는 다면체 이론에 대해 매혹적이면서도 실질적인 공헌을 하였다.

케플러는 1571년 12월 27일에 신성로마제국(오늘날 독일)의 뷔르템베르크 지역의 바일데어 슈타트라는 작은 마을에서 태어났는데, 매우 힘겨운 삶을 살았다. 그는 어려운 가정환경에서 태어난 병약한 아이였고, 종교적 박해를 받았으며 그의 첫 아내와 그의 가장 사랑하는 아들은 천연두로 죽었다. 그리고 그의 어머니는 마녀사냥의 희생자였다. 이후 그는 58세의 나이에 밀린 급료를 받기 위해 나선 길에서 죽음을 맞이했다. 이러한 어려움에도 불구하고 케플러는 종교적인 신념이 두터운 사람이었다.

그림 6.4 요하네스 케플러

그가 23세가 되던 해에 수학과 천문학을 가르치고자 신학 대학을 떠나기까지, 그는 루터교 목사가 되고자 하였다. 종교적 신념은 그에게 중요했으며 종종 그의 과학적 연구에 영감을 불어 넣었다. 케플러의 전기 작가 중 한 명인 아서 케스틀러(Arthur Koestler)에 의하면 케플러는 그 내면에 신비로움과 실증적인 면이 공존하고, 생각을 자유롭게 펼쳤으며, 연구를 위하여 피나는 노력을 하였는데, 이러한 그의 특성은 아주 어릴 때부터 나이 들어서까지 남아 있었다고 한다. 그가 굉장히 어렸을 때부터 늙어서까지 남아있다고 말했다.[2]

케플러는 신이 수학적 아름다움으로 세계를 창조하였다고 믿었다. 케플러는 오직 다섯 개의 정다면체가 존재한다는 것이 중요하다고 생각하였으므로 그것은 우주의 구성에 당연히 반영되어야 한다고 믿었다. 케스틀러가 쓴 글에 따르면 "다섯 개의 정다면체에 대한 케플러의 잘못된 믿음은 일시적인 착각으로 생긴 것이 아니라 계속해서 수정을 거치며 죽을 때까지 안고 갔던 생각이었습니다. 이러한 생각이 그에게 편집망상증을 가져왔지만 그가 불멸의 업적을 이룰 수 있었던 자극제이자 원동력 역할을 했을 것"이라고 한다.[3]

1595년 7월 9일, 케플러는 학생들로 가득 찬 교실에서 강의를 하는 도중 태양계에 대한 영감을 처음으로 얻었다. 이 시대는 톨레미가 제시한 지구 중심의 천동설이 태양계의 일반적인 이론으로 받아들여질 때였다. 반세기 전 니콜라우스 코페르니쿠스(Nicolaus Copernicus, 1473~1543)는 태양 중심의 지동설을 주장했지만, 그 당시에는 여러 이유로 당시의 지성인들이 지동설을 부정했다.

어느 날 케플러는 원의 내접 다각형들을 그리면서 행성 궤도의 비밀이 여기에 있을 것이라는 영감을 얻었다. 아마도 행성들의 궤도는 태양을 중심으로 하면서 다양한 다각형에 내접하는 원일 것이라는 아이디어였다. 여름 내내 이 아이디어의 세부 사항에 대해서 고군분투하고 난 후 이것이 태양계의 올바른 모델이 아니라는 것을 깨닫게 되었다. 케플러는 이 모델을 완전히 버리는 대신, 이를 수정하여 더 만족스러운 모델을 만들었다. 케플러의 새 모델은 1596년 그의 첫 저서인 '**우주 미스테리**(Mysterium Cosmographicum, Cosmic Mystery)'에 나타난다.[4]

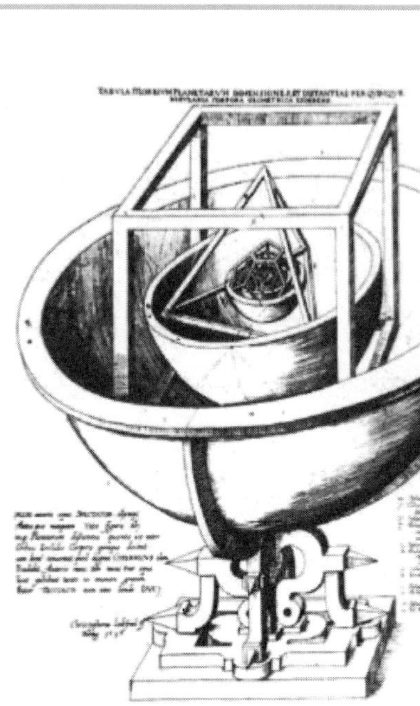

그림 6.5 우주 미스테리에 나오는 케플러의 태양계 초기 모델

케플러는 원과 다각형이 태양계의 모델을 설명하는데 적합한 대상이 아니라는 것을 깨달았다. 그는 대상에 대한 관심을 한 차원 더 높여 다면체와 구로 옮겨 갔다. 그는 다섯 개의 플라톤입체가 당시까지 알려져 있던 태양계의 여섯 개의 행성 - 토성, 목성, 화성, 지구, 금성, 수성-과 반드시 관련이 있을 것이라고 주장했다. 그는 행성의 궤도가 구 안에 포개어져 있는 다섯 개의 플라톤입체와 관련있을 것이라 생각한 것이다. 먼저 가장 멀리 있는 토성의 궤도를 지름으로 하는 구를 생각한다. 이 구 안에 정육면체를 내접시키고 이 정육면체에 내접하는 또 다른 구를 생각한다. 이 구의 지름이 목성의 궤도라고 케플러는 주장하였다(그림 6.5 참조). 이를 계속하여, 정사면체, 구, 정십이면체, 구, 정이십면체, 구, 정팔면체, 구 순서로 내접하여 여섯 개 행성의 궤도를 찾을 수 있다는 것이다. 케플러는 다음과 같이 썼다.

> 이 발견은 내 연구 중 특별한 성취였습니다. 이 발견으로 인해서 내가 얼마나 큰 기쁨을 느꼈는지 말로 표현할 수조차 없습니다. 나는 이 연구에 쓴 시간들을 절대로 후회하지 않습니다. 하루 종일 계산 작업을 하면서 나는 이 생각이 코페르니쿠스의 지동설과 일치할 것인지 아니면 내가 느낄 이 기쁨이 그저 바람에 실려 흩어져 버릴 것인지에

> 대한 걱정으로 지쳐있었습니다. 하지만 며칠이 안 되어 모든 일이 잘 풀리기 시작했고, 각각의 행성에 걸맞은 다면체에 대한 계산이 딱 맞아 떨어지는 것을 보기 시작했습니다.[5]

따라서 케플러는 코페르니쿠스 모델을 공식적으로 지지하는 출판물을 첫 번째로 쓴 전문 천문학자이다. 케플러의 6년 선배인 갈릴레오 갈릴레이(Galileo Galilei, 1564~1642)조차 이 일에 대해 침묵하던 시기였다.

우주 미스테리의 전반부 내용은 매우 신비롭다. 케플러는 점성술, 수비학 및 기호학에 푹 빠져있었으므로 자신의 태양계 모델이 왜 옳은지에 대한 비과학적인 이유를 정교하게 제시했다. 그는 플라톤입체 사이의 매우 다른 계층 구조를 보았다. 예를 들어, 다면체는 일차(사면체, 육면체, 십이면체)와 이차(팔면체, 이십면체)로 나눌 수 있고, 일차는 한 꼭짓점에서 세 면이 만난다. 그는 포함하는 것이 포함되는 것보다 더 완벽한 존재라고 주장하였고[6] 그의 모델에서 일차는 바깥쪽 다면체로, 이차는 안쪽에 포함되고 지구는 그 두 부류 사이에 존재하는 것으로 하였다.

그런 다음 그는 갑자기, 책의 후반부에 이르러, 천문학 자료로 완성된 과학적 논증으로 글을 썼다. 그의 이론과 데이터를 일치시키기 위해 그는 모델을 약간 수정했다. 그는 아직 행성의 궤도가 타원임을 알지 못했지만 원형이 아님을 알았다. 비원형 모양으로 궤도를 도는 행성이지만 그 행성의 궤도는 여전히 구면의 껍질 안에 존재한다. 따라서 행성을 포함하기 위해 모델의 구에는 어느 정도의 두께가 있어야 했다. 케플러의 모델은 놀라울 정도로 정확했지만 그는 데이터가 여전히 모델(특히 목성과 수성의 궤도)에 잘 맞지 않는다는 것을 깨달았다. 따라서 그는 코페르니쿠스로부터 얻은 데이터가 오차가 있음을 설명함으로써 자신의 모델의 불일치 문제를 해결하려 하였다.

케플러는 훗날 태양계에 대한 이러한 본래의 모델이 틀렸다는 것을 스스로 증명하였다. 그는 "천문학에 대한 방향이 틀렸음을 진실로 고백합니다"라고 하였다.[7] 하지만 케플러는 천문학자 티코 브라헤(Tycho Brahe, 1546~1601)가 그에게 남긴 화성 궤도에 대한 거대한 양의 데이터 값을 변동하여 계산한 후 행성의 정확한 움직임에 대해 추론할 수 있었다. 케플러는 이 데이터를 사용하여 과학 역사상 가장 위대한 위업 중 하나인 행성 운동에 대한 세 법칙을 발견하였다(처음 두 개는 1609년, 세 번째 법칙은 1619년). 그가 죽은 뒤 30년 후에 그의 법칙은 아이작 뉴턴(Isaac Newton)에 의해 수학적으로 검증되었다. 우주 미스테리가 거짓된 주장이라고 하는 의견에도 불구하고 이 터무니없는 아이디어들 중 대다수가 진실의 씨앗을 포함하고 있다는 것은 흥미로운 사실이다. 케플러의 위대한 과학적 업적 중 일부는 이 책의 말도 안 되는 아이디어로부터 기인한다.

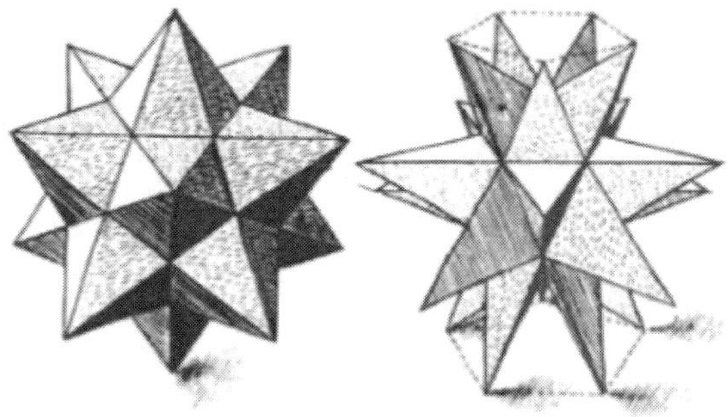

그림 6.6 케플러의 별 다면체 그림(세상의 조화 책에서)

케플러의 다면체이론 중 가장 중요한 공헌은 그의 마지막 시기인 1619년에 발표된 '세상의 조화(Harmonice Mundi, The Harmony of the World)'에서 찾을 수 있다.[8] 이 논문은 다섯 개의 파트로 구성되어 있는데 이 중 처음 두 개가 수학에 관한 것이다. 거기서 케플러는 정다면체와 준정다면체에 대해 논의하였다. 그는 13개의 아르키메데스 입체를 재발견하였고 이 외의 준정다면체는 없다는 것을 증명하였다. 케플러는 엇각기둥이라고 불리는 다면체 부류를 소개하였다. 또한 한 쌍의 별모양 다면체를 발견했는데 현재 이것은 소형 별모양 십이면체 그리고 대형 별모양 십이면체로 불린다(그림 6.6 참조). 그는 이러한 형태의 다면체를 고슴도치, 혹은 성게라는 뜻을 가진 '에키누스(echinus)'라고 불렀다. 나중에 이 책의 후반부에 가서 우리는 이 별모양 다면체들이 어떤 면에서 정다면체라고 볼 수 있는지, 그리고 오일러 공식과 어떤 충돌을 일으켰는지 보게 될 것이다.

케플러는 연구 경력 후반에 플라톤입체에 매료되었다. 그는 만물을 이루는 근원인 4대 원소의 존재를 주장한 그리스 이론과 그 원소들이 플라톤입체에 근거해 만들어졌다는 플라톤의 이론을 지지했다. 우리는 '세상의 조화'의 출판이 보일(Boyle)의 혁명적인 출판물인 '의심 품은 화학(The Sceptically Chymist)'보다 약 42년 앞서 있다는 것을 기억해야 한다. 케플러는 '세상의 조화'에서 플라톤과 아리스토텔레스의 아이디어를 그의 비과학적 주장과 함께 사용하여 네 요소가 플라톤입체라고 주장했다.

그림 6.7 케플러가 그린 플라톤의 다면체 그림(세상의 조화 책에서)

케플러는 정육면체가 테이블 위에서 잘 안 움직이고 평평하게 놓일 수 있기 때문에 플라톤입체 중 가장 안정적인 다면체라 주장했고 따라서 지구는 반드시 정육면체라고 했다. 두 손가락 사이에 놓인 정팔면체는 쉽게 회전시킬 수 있으므로 가장 불안정하고, 따라서 이것은 공기일 수밖에 없다고 했다. 정사면체는 고정된 표면적에 대해 최소의 부피를 차지하기 때문에 다섯 개 중 가장 건조한 불과 대응된다. 비슷하게 정이십면체는 고정된 표면적에 대하여 제일 큰 부피를 차지하므로 가장 습기가 많고 따라서 이는 물에 해당된다. 케플러는 정십이면체의 12개면과 그리스 십이지장의 12개 표시 사이의 관계를 보았고, 따라서 이 관계 때문에 그는 정십이면체가 우주를 대표해야한다고 주장했다. 이 원소들과 플라톤입체 사이의 관련성은 케플러의 유명한 그림(그림 6.7)에서 확인할 수 있다.

| 표 6.1 | **플라톤입체의 꼭짓점, 변, 면의 개수**

	꼭지점(V)	변(E)	면(F)
정팔면체	6	12	8
정육면체	8	12	6
정이십면체	12	30	20
정십이면체	20	30	12
정사면체	4	6	4

'세상의 조화' 책에서 우리는 케플러의 미신적인 성향과 그의 뛰어난 과학적 생각 사이의 양분을 다시 한 번 보게 된다. 이 글에서 그는 원자 이론에 대한 잘못된 주장을 하였지만, 그와 동시에 플라톤 입체에 대해 중요하고도 새로운 관찰을 하였다. 그는 정팔면체와 정육면체 사이에 '역대칭관계(antisymmetric relationship)'가 있음을 발견했다. 비슷하게 정십이면체와 정이십면체 사이의 역대칭관계 및, 정사면체의 자기대칭관계를 발견하였다. 표 6.1에서 볼 수 있듯이, 정육면체와 정팔면체는 둘 다 12개의 변을 가지고 있다. 정육면체의 면의 개수(6)는 정팔면체의 점의 개수와 같고, 정육면체의 점의 개수(8)은 정팔면체의 면의 개수와 같다. 정이십면체와 정십이면체 사이에도 이와 같은 관계가 성립한다. 두 도형은 같은 30개의 변을 가지고 있고, 20개의 정이십면체의 면과 정십이면체의 점, 12개의 정이십면체의 점과 정십이면체의 면이 있다. 정사면체는 다른 다면체와 짝지어지지 않지만, 자신의 점과 면의 개수가 같으므로 자기 자신과 짝지어질 수 있다.

케플러는 이런 역대칭관계는 물리적인 해석이 가능하다는 것을 깨달았다. 다면체 중 하나인 정육면체를 예로 들어보자. 새로운 꼭짓점을 정육면체의 각 면의 중심에 놓는다. 이 여덟 개의 점은 정팔면체의 꼭짓점이 된다. 이 새로운 다면체를 원래 다면체의 '쌍대 다면체(dual polyhedron)'라고 부른다. 그림 6.8에서 정팔면체를 정육면체의 쌍대다면체로 그린 케플러의 그림을 볼 수 있다. 정육면체의 각 면은 정팔면체의 각 꼭짓점과 대응되므로 정육면체의 면의 수와 정팔면체의 꼭짓점의 개수는 서로 같다. 그림을 좀 더 자세히 들여다보면, 우리는 정팔면체의 각 변이 정육면체의 한 변과 서로 90도를 이루며 이들을 서로 짝지을 수 있다. 따라서 두 다면체의 변의 개수는 서로 같다는 것을 알 수 있다. 게다가 정육면체의 꼭짓점은 정팔면체의 면과 대응이 되므로, 정육면체의 꼭짓점과 정팔면체의 면의 수는 서로 같다는 것도 알 수 있다. 이러한 방법으로 우리는 표 6.1에 나타난 거울 관계를 설명할 수 있다.

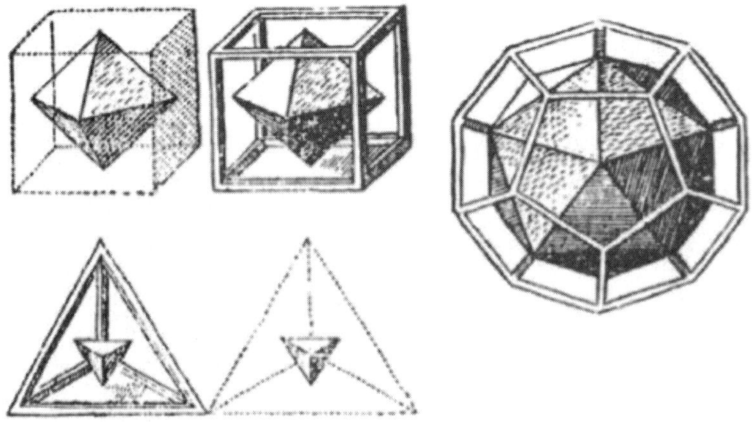

그림 6.8 케플러의 쌍대다면체의 그림(세상의 조화 책에서)

이와 유사하게, 케플러는 정이십면체가 정십이면체의 쌍대다면체인 것과 정사면체는 자기 자신의 쌍대다면체인 것을 보였다(그림 6.8 참조). 케플러는 이러한 쌍대성이 상호적이라는 것을 알고 있었지만(즉, 정육면체는 정팔면체의 내부에, 정십이면체는 정이십면체의 내부에 묘사가 가능하다는 것) 이것을 보여주진 않았다. 왜냐하면 이것은 그의 위계에 맞지 않았기 때문이다. 그는 포함하는 것이 포함되는 것보다 더 완벽하다고 믿었기 때문에 오직 일차(사면체, 육면체, 십이면체)와 이차(팔면체, 이십면체)를 포함하는 것만 보였다.

케플러는 특유의 성격 탓에 이 수학적 관찰에 대한 그만의 독특한 해석을 공유하지 않고는 견딜 수 없었다. 그는 다면체에 성별을 지정하고 성적 궁합을 보여주기 위해 쌍대성을 사용했다. 일차에 속하는 정육면체와 정십이면체는 남성에 속하고, 이 둘에 포함되는 이차인 정팔면체와 정이십면체는 여성에 속했다. 정사면체는 자기 자신에 포함되는 존재이므로 자웅동체라 하였다. 면과 꼭짓점은 서로 이어지는 부분이 있기 때문에 성적인 특성으로 분류했다. 케플러가 쓴 다음 글을 보자.

> 그러나, 여기에는 도형에 대한 두드러지는 두 상의 혼인관계가 있습니다. 말하자면 두 부류의 조합에 의해 이루어진 관계입니다. 남성에 해당하는 것은 일차로부터 기인한

정육면체와 정십이면체이고, 여성에 해당하는 것은 이차로부터 기인한 정팔면체와 정이십면체입니다. 여기에 더하여 말하자면, 독신주의자 혹은 자웅동체라 할 수 있는 정사면체가 있습니다. 말하자면 여성은 남성의 지배를 받듯이 여성이 남성에게 안겨야 합니다. 여성은 남자다움과 정반대인 여성의 징표를 가지고 있습니다. 다시 말해, 여성의 꼭짓점이 남성의 면이 됩니다.[9]

장난감 제조사들은 다양한 이색 주사위들을 만들기 위해 면이 모두 같은 정다면체 혹은 같지 않은 비규칙적인 다면체들을 창의적으로 이용해왔다. 심지어 한 기발한 장난감 제조사는 공평하면서 동시에 쓸모있는 둥근 주사위를 만들기 위해 정다면체의 쌍대성을 이용하기도 했다. 둥근 주사위의 표면 위에 색칠된 점들은 마치 정육면체 주사위에 칠한 것처럼 되어있다(그림 6.9 참조). 내부의 빈 공간에는 정육면체의 쌍대다면체로 보이는 정팔면체가 있다. 정팔면체 안에는 딸랑이를 품고 있는 무거운 공이 들어있는데 이 공은 정팔면체 안을 굴러다니다 꼭짓점에서 멈추게 된다. 공의 무게로 인하여 둥근 주사위의 면은 구르지 않고 고정된다.

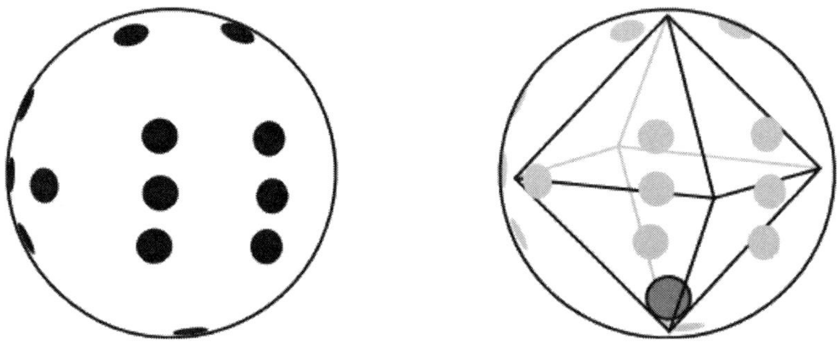

그림 6.9 둥근 주사위

정다면체뿐만 아니라 나머지 다면체에서도 쌍대성의 개념을 확장시켜 적용할 수 있다. 물론 쌍대성 이론을 더 깊이 적용해야만 한다. 쌍대성은 수학에서 영향력 있고 반복적으로 언급되는 주제이다. 몇 가지 중요한 값을 뒤집어서 쌍대를 만드는 경우가 종종 있다. 다면체에서는 차원을 뒤집는다. 0차원 점을 뒤집으면 2차원 면이 되고 2차원 면은 0차원 점이 된다. 어떤 경우는 아래를 뒤집거나 양수 음수 등의 값을 뒤집어서 쌍대성을 얻는다. 어떠한 경우에는 주어진 물체와 가장 닮은 물체가 정확히 그것과 반대되는 경우도 있다. 우리는 이러한 쌍대성에 대한 개념을 23장에서 다시 다루도록 하겠다.

17세기에 수학은 유럽에서 활발한 분야의 학문이 되었다. 수학계의 길었던 가뭄은 끝이 났다. 예술가 집단에서 재발견한 다면체는 다시 한 번 수학적 탐구 대상이 되었다. 우리가 9장에서 다루겠지만, 대략 1630년 데카르트는 다면체의 중요한 성질을 발견하게 된다. 하지만 세계는 1860년까지 이를 배우지 않았다. 2천년 만에 최초로 다면체에 관하여 중대한 기여를 한 오일러의 놀라운 통찰력을 보기 위해서 우리는 한 세기를 더 기다려야 했던 것이다.

CHAPTER 07

오일러의 보석

"자명하다"는 수학에서 가장 위험한 말이다. — 벨 (E. T. Bell)[1]

1750년 11월 14일 신문 기사의 표제에는 이러한 글이 적혀있었을 것이다. "한 수학자가 드디어 다면체의 모서리(=단서〈언어유희〉)를 발견하다!"

그날 베를린에 사는 오일러는 상트페테르부르크에 있는 그의 친구이자 정수론을 연구하는 크리스티안 골드바흐(Christian Goldbach)에게 편지 한통을 썼다. 흥미로운 수학적 발견은 전혀 없는 듯 한 문구로 오일러는 이런 표현을 썼다. "두 개의 면이 그들의 모서리를 따라 서로 만나는 지점은 특별히 약속된 용어가 없어서 나는 이것을 '변(edges)'이라고 부르기로 했습니다."[2] 무의미하게 들리는 이 정의는 사실상 거대한 이론이 되는 초석이 된다.

오일러의 가장 큰 재능 중 하나는 독립적인 수학 이론들을 가능하다면 모든 곳에 끼워 맞추어 하나의 이론적 토대로 통합시킬 수 있는 능력이었다. 1750년 그는 다면체를 가지고 이 능력을 발휘하기 시작했다. 오일러는 이것이 다면체 혹은 그가 말한 **구적법**(stereometry)의 초석을 위한 연구가 되길 바랐다.

그 당시 다면체 이론은 2000년도 더 된 이론이었지만 오로지 순수한 기하학에서만 다루어졌다. 수학자들은 다면체의 속성 중에서 측정이 가능한 속성(metric properties)만 집중적으로 다루었다. 예를 들어 모서리와 사선의 길이 측정, 면의 넓이 계산, 평면각 측정 및 부피를 알아내는 것등에만 관심이 있었다.

오일러는 전통적인 계량으로 첫걸음을 떼지 않았다. 오늘날 흔히 다면체를 분류할 때, 3개의 변으로 이루어진 다각형은 삼각형, 4개의 변으로 이루어진 것은 사각형으로 부르는 것처럼 다면체의 헤아릴 수 있는 속성을 이용하여 다면체를 분류하고자 하였다.

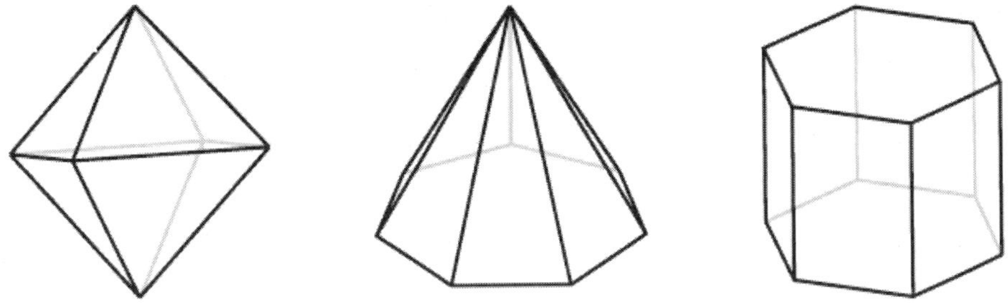

그림 7.1 8개의 면을 가진 서로 다른 세 개의 다면체

하지만 이 방법이 다면체를 분류하기에 충분하지 않다는 것은 분명하다. 가령 면을 헤아리는 것만으로는 다면체를 구별 짓기에 충분하지 않다. 그림 7.1에서 볼 수 있듯이 같은 개수의 면을 가진 다면체라 하더라도 굉장히 다른 외형을 지닌다.

오일러의 훌륭한 첫 통찰은 다면체의 표면이 흔히 꼭짓점(그는 입체각이라 정의했다), 변, 그리고 면과 같이 0-, 1-, 2차원으로 구성되어 있고 이러한 특징들을 헤아려야 한다고 언급한 것이었다. 위 세 가지 수량들은 오늘날 위상적 곡면들의 기본적인 구성요소가 되었다. 오일러는 다음과 같이 썼다.

> 고로 어느 입체에서든 세 개의 범주를 벗어날 수 없습니다. 다시 말해 1)점, 2)선, 3)면 혹은 이 목적을 위해서 특별히 이름 붙인 1)입체각, 2)변 3)면 이 세 가지 범주는 입체의 유형을 확실히 결정하게 됩니다.[3]

이 깨달음이 얼마나 중요한지는 아무리 강조해도 지나치지 않는다. 놀랍게도 오일러가 이러한 정의를 내리기 전까지는 누구도 다면체의 변을 분명하게 언급한 적이 없었다. 오일러는 변을 뜻하는 단어로 라틴어 "acies"를 사용했다. 일상 라틴어에서 "acies"는 무기의 뾰족한 끝, 한 줄기의 빛, 혹은 전쟁을 위해 오와 열을 맞춘 군대를 뜻한다. 외면상 너무도 당연한 특징을 지닌 것에 걸맞는 이름을 지어준 것은 사소할 수도 있다고 생각하겠지만 절대 그렇지 않다. 1차원 다면체의 모서리를 기본 개념으로 인식하는 것은 굉장히 중요한 일이었다.

오일러는 다면체의 면을 **면체**(hedra)라는 확고부동한 뜻을 사용했다. 앞에서 언급한 바가 있듯이 이 용어는 "면" 혹은 "밑" 으로 번역할 수 있다. 오일러는 다면체의 꼭짓점을 **앵거스 솔리드**(angulus solidus) 혹은 입체각이라고 정의를 내렸는데, 오일러가 다면체에 대해서 글을 쓰기 전에는 입체각은 하나의 점에 대하여 면들이 만나는 3차원 개체로 정의되었다. 정육면체의 입체각은 사면체의 입체각과 다르다. 이것은 입체각이 두르고 있는 범위의 기하학적 구조에 따라 구별 지어진다. 언급한 오일러의 서술에서, 오일러는 입체각을 점과 연관 지었다. 이로부터 우리는 그가 입체각을 0차원으로 인식했다는 것을 알 수 있다. 그가 말한 입체각은 면들이 둘러싸고 있는 3차원의 범주를 뜻하는 것이 아니라 입체각의 맨 꼭지만을 뜻한다. 비록 이 둘의 차이가 미묘할지 몰라도 입체각을 하나의 점으로 인식하고 있는 견해는 그의 이론에서 굉장히 중요한 역할을 한다. 그럼에도 오일러는 이 점에 대해 새로운 이름을 지어주지 않았다. 다면체의 꼭짓점은 이미 그 자리에 있던 입체각과는 엄연히 다른 개념이다. 1794년 아드리앵마리 르장드르(Adrien-Marie Legendre, 1752~1833)가 이 부분에 대해서 자세히 언급했다.

> 일상적인 대화 속에서 우리는 꼭지각에 있는 점을 말할 때 각도라는 용어를 사용합니다. 그러나 이는 잘못된 표현입니다. 다각형 혹은 다면체의 꼭지각에 위치한 점을 꼭짓점이라고 보다 구체적이고 보다 정확하게 명명하여야 합니다. 이런 관점에서 "다면체의 꼭짓점"이란 표현을 이해해야 합니다.[4]

오일러가 다면체의 세 가지 주요한 특징-꼭짓점, 변, 면-에 초점을 맞추기 시작한 순간, 그리고 그것들의 개수를 여러 유사한 다면체에 적용하기 시작한 순간 아마도 그는 다면체들 간의 관계를 빠르게 파악했을 것이다. 오일러가 모든 다면체에서 다음 공식이 적용되는 것을 발견한 순간 그가 지었을 표정을 우리는 상상해볼 수 있다.

$$V-E+F=2$$

그림 7.2 오일러와 그의 공식이 적혀 있는 옛동독의 우표

아무도 발견하지 못했던 이 공식을 발견하고 놀라움을 금치 못한 그의 모습은 어쩌면 당연한 일인지도 모른다. 그리스의 천재 수학자들과 르네상스 시기의 수학자들이 다면체에 관한 모든 측면을 조사하고자 수많은 시간을 헌신했음에도 불구하고 어찌 이런 기본적인 관계를 찾지 못한 것일까?

이에 대한 간단한 답변은 경솔한 이야기일지도 모르나 수학의 세계라는 것이 오랫동안 눈에 띄지 않은 당연한 이론들로 가득 찬 수수께끼이기 때문이다. 더 날카로운 답변은 사실 선대의 수학자들이 이러한 측면으로 다면체를 보지 않았기 때문이다. 그들은 다면체를 계측하는 측면에 너무 집중했기에 다면체간 기본적인 상호 의존 관계를 놓칠 수밖에 없었다. 그들은 다면체의 특징들을 전부 헤아려야 한다는 사실을 몰랐을 뿐만 아니라 어느 특징을 헤아려야 하는지도 모르고 있었다.

그렇기에 오일러는 이 분야에 있어서 모두의 거장이 될 수 있었던 것이다.

오일러가 다면체 공식을 정리한 부분은 세 개의 중요한 문서에 기록되어 있다. 첫 번째는 1750년 골드바흐에게 그가 발견한 관계들을 발표한 글이다. 그가 쓴 글을 보면:

> 평평한 면으로 둘러싸인 입체에서 면의 수와 입체각 수를 더한 값은 변의 수에 2를 더한 값과 같습니다. 이를 공식으로 표현하면 $H+S=A+2$ 입니다.[5]

오일러는 세 문자 H, A, S를 사용하여 차례대로 면(hedra), 변(acies), 꼭짓점(angulus solidus)의 개수를 표시했다. 기호를 다시 붙이고 용어를 다시 정리함으로써 다음과 같은 우리에게 익숙한 관계를 산출해 낼 수 있다.

오일러의 다면체 공식(Euler's Polyhedron Formula)

V개의 꼭짓점, E개의 변, F개의 면을 가진 다면체는 다음 공식을 만족한다.

$$V-E+F=2$$

오일러는 아직 증명해내지 못한 다면체에 관한 또 다른 열 가지 관찰 결과를 편지에 포함시켰다. 그는 실망한 어조로 이 두 공식은 "너무 어렵기에 제가 만족할만한 방식으로 증명하기엔 아직 부족한 부분이 많습니다."라고 밝혔다.

1750년과 1751년 오일러는 다면체 공식에 관한 논문 두 편을 썼다. 당시에는 글이 학술지 기사에 실리는데 걸리는 시간이 많이 걸렸기 때문에 논문이 1758년 출판되기 전까지 세상에 알려지지 않았다. 두 논문 중 첫 논문인 "다면체의 구성 요소(Elementa doctrinae solidorum)"에서 그는 구적법에 대한 연구를 시작했다. 오일러는 첫 30장에서 다면체에 대한 일반적인 의견을 꺼냈다. 그 후에 오일러는 꼭짓점, 변, 면의 개수간의 관계에 대해서 논했다. 그는 V, E, F간의 관계를 정리한 몇 개의 이론을 증명했고 $V-E+F=2$가 특정한 몇 개의 경우에서 식이 성립하는 것을 입증했다. 그러나 그는 이 공식이 모든 다면체에서 성립한다는 증명을 하지 못했다. 증명을 완성할 수 없다는 좌절에 빠져 그는 이러한 글을 썼다. "나는 이 정리에 대한 확실한 증명을 할 수 없습니다."[8]

다음 해에 그는 두 번째 논문 "면에 둘러싸인 다면체의 특성을 증명하는 몇 가지 주목할 만한 성질(Demonstratio non-nullarum insignium proprietatum quibus solida hedris planis inclusa sunt praedita)"을 발표했다.[9] 이 논문에서 마침내 오일러는 다면체 공식에 대한 증명을 해낼 수 있었다. 오일러의 정리가 수학계에서 가장 유명한 정리 중 하나임에도 불구하고 그의 증명은 사실상 오늘날 수학자들 사이에서도 거의 알려지지 않았다. 여기에는 몇 가지 이유가 있는데, 곧 보게 되겠지만 오일러의 증명은 현대의 엄격한 기준을 만족하지 못한다. 또한 1751년 이후 오일러의 정리를 교정한 많은 글이 나왔는데 이 교정본이 기존의 것보다 더 간편하고 깔끔하게 되어 있기 때문이다. 그럼에도 불구하고 오일러의 증명은 천재적이고 다면체의 계량 속성을 사용하지 않았다는 특성은 여전히 존재한다. 오일러 공식의 엄격한 정당화는 40년 뒤인 1794년 르장드르에 의해서 처음으로 이루어졌다.[10] 그는 구의 기하학적 특징을 사용하여 놀라운 주장을 펼친다. 이 주장은 10장에서 자세히 다루어질 예정이다.

오일러의 증명은 현대의 여러 가지가 결합된 증명들의 선구자 역할을 한다. 그는 다수의 꼭짓점을 가진 복잡한 다면체를 조직적으로 해부하여 단순한 다면체로 만드는 방법을 사용했다. 이 방법에서 오일러는 어느 한 다면체의 꼭짓점을 정사면체가 될 때까지 하나씩 제거해가는 절차를 보여주었다. 단계마다 꼭짓점, 모서리, 그리고 면의 수를 계속해서 파악하고 원래 알고 있던 삼각뿔의 속성까지 합쳐 그는 기존의 다면체가 $V-E+F=2$를 따른 다는 것을 결론지을 수 있었다.

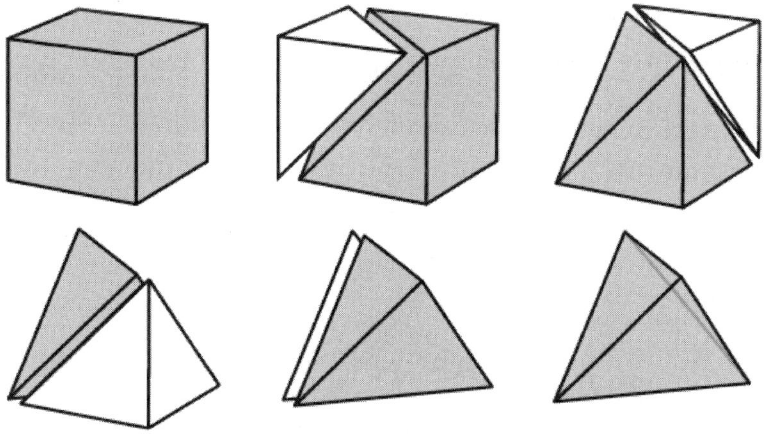

그림 7.3 정육면체에서 꼭짓점을 잘라내어 정사면체를 얻는 과정

오일러의 정리로 넘어가기 전에 하나의 예시를 살펴보자. 정육면체를 해체하고 있는 그림 7.3에서는 각 단계마다 정육면체의 꼭짓점 하나를 포함한 삼각뿔이 잘려져 나가는 것을 볼 수 있다. 이 작업은 하나의 정사면체가 남을 때 까지 계속된다. 정육면체 같은 경우에는 굉장히 간단하게 이루어진 다면체이기 때문에 우리는 꼭짓점 하나를 제거할 때 그것을 포함한 하나의 삼각뿔만 제거해도 된다. 하지만 보통은 하나의 꼭짓점을 제거하려면 몇 개의 삼각뿔을 제거해야 할 수도 있다. 표 7.1은 해체작업의 각 단계에서의 꼭짓점, 모서리, 그리고 면의 수를 보여준다.

| 표 7.1 | **정육면체에서 한 번에 꼭짓점 하나씩을 잘라 정사면체를 얻어내는 과정**

	면의 수	변의 수	꼭짓점 수	변의 수 - 면의 수
정육면체	6	12	8	6
	7	12	7	5
	7	11	6	4
	6	9	5	3
정사면체	4	6	4	2

꼭짓점의 수가 줄어들수록 면과 모서리의 수도 예측 가능한 패턴으로 줄어들길 바랄 수 있다. 그러나 우리가 표 7.1에서도 볼 수 있듯이 이 순서는 한 눈에 보기에도 규칙이 없다. 위의 예시에서 면의 수는 줄어들기 전에 먼저 증가한다(이 다면체는 처음에 6개의

면을 가지고 있지만 꼭짓점 하나가 잘려 나가자 7개의 면으로 증가한다.). 그 후에 6개, 4개로 줄어들게 된다. 이러한 방법은 해결책이 없는 것처럼 보이지만 오일러가 시도한 방법의 핵심은 꼭짓점을 하나씩 제거할수록 변의 개수와 면의 개수의 차가 하나씩 줄어든다는 점을 파악한 예리한 관찰결과에 있다. 우리가 곧 보게 되듯이 이것이 오일러의 정리의 핵심이다.

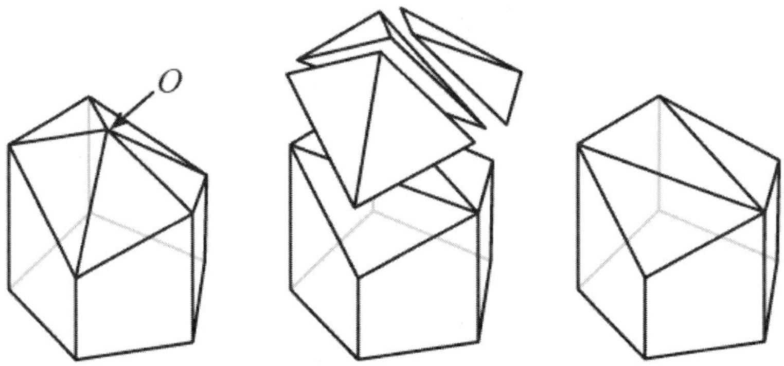

그림 7.4 피라미드 모양을 여러 개 잘라내어 꼭짓점 O를 없앤다.

먼저 우리는 V개의 꼭짓점, E개의 변, F개의 면을 가진 다면체를 생각한다. 우리의 첫 번째 임무는 다면체의 꼭짓점 하나를 제거해서 그 결과로 나온 다면체가 원래의 다면체보다 하나 적은 꼭짓점을 갖도록 하는 것이다. 이 작업을 한 후에 우리는 꼭짓점을 없앤 다면체의 면의 수와 변의 수를 알아내야 한다. 꼭짓점 O를 제거해야할 점으로 보자. 그리고 n개의 면(과 더불어 n개의 변도)이 점 O에서 만난다고 가정하자. 오일러는 점 O를 꼭짓점으로 한 $n-2$개의 삼각뿔을 잘라냄으로써 점 O가 제거된다고 보았다. 가령, 그림 7.4의 다면체는 다섯 개의 면에 의해 형성된 꼭짓점이 있는데 이것은 세 개의 삼각뿔을 잘라냄으로써 제거된다.

우리는 잘려진 다면체의 면의 개수와 모서리 개수를 알고자 한다. 하지만 정육면체의 경우에서 보았던 것처럼 이 작업은 쉽지 않다. 우리는 세 가지 특별한 경우를 살펴보아야 한다. 가장 간단한 경우를 먼저 보자. 점 O에 만나는 모든 면이 삼각형 모양이라고 가정해보자. 점 O를 제거하면 우리는 n개의 면을 제거하는 꼴이 된다. 하지만 잘려나간 $n-2$개의 삼각뿔 아랫면에서 우리는 $n-2$개의 새로운 삼각형 모양의 밑면

이 생긴다는 것을 알 수 있다. 새로 생긴 삼각형 면이 동일한 평면상에 있지 않다고 가정할 때 새로운 다면체의 면의 개수를 구하는 법은

$$F-n+(n-2)=F-2$$

이다. 이 때 F는 기존에 있던 다면체의 면의 개수이다.

이 과정을 행하는 중에 우리는 꼭짓점 O에서 만나는 n개의 변도 제거해야 한다. 하지만 새로 생겨난 $n-2$개의 삼각형 밑면들 사이사이에 있는 $n-3$개의 변은 더해야 한다. 따라서 새로운 다면체의 변의 개수는

$$E-n+(n-3)=E-3$$

이다. 이 때 E는 기존에 있던 다면체의 모서리 개수이다.

다시 그림 7.4의 예시로 돌아와서 11개의 면과 20개의 모서리가 있는 다면체를 살펴보자. 세 개의 삼각뿔을 제거하면 우리는 새로 생긴 다면체가 $11-2=9$개의 면과 $20-3=17$개의 변을 갖게 된다는 것을 알 수 있다.

이전에 했던 주장에서 우리는 다면체의 해체작업에서 두 가지 가정을 했다. 하나는 점 O에 만나는 모든 면이 삼각형이라는 가정이었고 또 다른 하나는 다면체의 새로 생긴 삼각형 면이 동일한 평면상에 있지 않다는 가정이다. 이제 우리는 두 가정 중에 하나라도 만족하지 못할 시에 어떤 일이 일어나게 되는지 검토해봐야 한다.

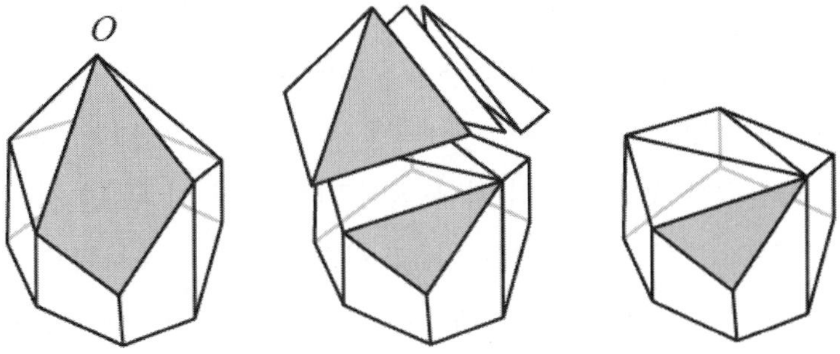

그림 7.5 삼각형 모양이 아닌 면은 새로운 다면체에서 한 개의 새로운 면과 한 개의 새로운 변을 만들어 낸다.

우선 점 O에서 만나는 면들 중 하나가 삼각형이 아니라고 가정해보자(예를 들어 그림 7.5의 색칠된 면). 이 면을 공유하고 있던 삼각뿔이 제거되어도 이 면은 다면체로부터 완

전히 사라지지 않는다. 또한 면이 반으로 잘려 새로운 모서리가 생긴다. 따라서 새로운 다면체의 면과 모서리 개수는 이전에 예상했던 것보다 하나씩 더 많아진다. 위 예시에 있는 다면체는 12개의 면과 23개의 모서리를 지니고 있다. 후에 3개의 삼각뿔을 제거하면 우리는 $12-2+1=11$개의 면과 $23-3+1=21$개의 모서리가 있는 다면체를 얻게 된다. 따라서 일반적으로 점 O에서 만나는 비 삼각형 면이 기존 다면체에 s개 존재한다고 가정하면, 꼭짓점 O를 제거했을 시 면과 모서리의 개수는 예상했던 것보다 s개 더 많아질 것이다. 따라서 면의 개수는 $F-2+s$가 되고 변의 개수는 $E-3+s$가 된다.

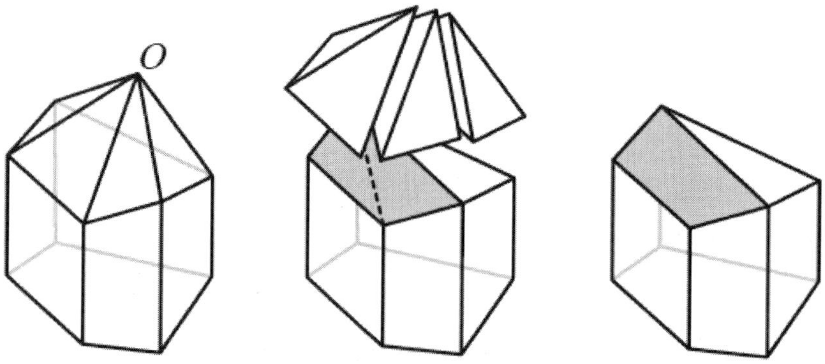

그림 7.6 두 개의 동일한 평면에 있는 면은 면과 변의 수를 각각 1씩 줄인다.

마지막 경우도 두 개의 새로운 삼각형 면이 서로 동일한 면에 나란히 위치해 있다고 가정해보자(예를 들어 그림 7.6에 있는 색칠된 면). 그러면 점 O를 제거했을 시 나타나는 다면체에서 삼각뿔 밑의 면이 만들어내는 것은 별개의 두 면이 아니라 하나의 사각 면일 것이다. 따라서 예상했던 것보다 면이 하나 적어진다. 또한 이 두 면 사이를 경계 짓는 모서리가 없기 때문에 변도 하나 줄어든다. 그림 7.6에 있는 예시에서 우리는 11개의 면과 20개의 변을 가진 다면체를 볼 수 있다. 여기서 삼각뿔들을 제거하면 $11-2-1=8$개의 면과 $20-3-1$개의 모서리가 남는 것을 알 수 있다. 만약 위 상황(위에서 언급한 동일 평면에 있는 면)이 t개 생긴다면 우리가 예상한 것보다 t개 더 적은 면과 변이 만들어질 것이다. 따라서 결과로 나타나는 다면체에서 면의 개수는 $F-2+s-t$가 되고 변의 개수는 $E-3+s-t$가 된다.

굉장히 복잡해 보이는 두 식은 고작 하나의 꼭짓점을 제거했을 때 나타난 면과 모서리의 개수다. 따라서 몇 개의 꼭짓점을 제거했을 때 면과 꼭짓점의 누계 수를 추적하는 것은 우리에겐 굉장히 벅찬 일일 수밖에 없다. 하지만 다행히 오일러의 중요한 관찰 덕에 이 값들을 계속 추적해 나갈 수 있다. 새로운 다면체의 모서리 개수에서 면의 개수를 빼면

$$(E-3+s-t)-(F-2+s-t)=E-F-1$$

이란 식을 얻게 된다. 다시 말해서 하나의 꼭짓점을 제거 했을 때 나타나는 변의 개수와 면의 개수의 차는 제거하기 전의 변의 개수와 면의 개수의 차이보다 하나가 적게 된다. 고로 n개의 꼭짓점을 제거 했을 때 모서리와 면의 개수의 차를 구하는 식은 $E-F-n$이 된다.

위의 정리를 토대로 우리는 오일러의 증명을 구할 수 있다. 먼저 V개의 꼭짓점과 E개의 변, F개의 면을 가진 다면체를 가지고 시작한다. 그리고 네 개의 꼭짓점이 남을 때 까지 차례로 하나의 꼭짓점을 제거해본다고 가정하자. 식으로 표현하면 $V-n=4$ 혹은 $n=V-4$가 된다. 네 개의 꼭짓점을 가진 다면체는 4개의 면과 6개의 모서리를 지닌 삼각뿔 밖에 없다. 삼각뿔은 모서리의 개수와 면의 개수의 차가 $6-4=2$이다. 여기서 우리가 위에서 다루었던 내용을 토대로 $E-F=n$임을 알 수 있다. 따라서 우리는

$$E-F-n=2$$

라는 식을 유추할 수 있다. 그리고

$$n=V-4$$

이기에 이 식을 첫 번째 식에 대입하고 정리하면 우리가 원하던 식인 $V-E+F=2$를 얻게 된다.

글 초반에 오일러의 정리가 완벽하지 않고 미세한 부분을 몇 개 간과했다고 언급했었다. 사실 오일러가 꼭짓점을 제거 했을 때 나타나는 면의 수와 모서리의 수를 추적할 때 굉장히 조심스러웠음을 알수 있었다. 그러나 그는 꼭짓점을 제거하는 과정에 대해서 너무 무신경했다. 삼각뿔을 자를 때 어떤 식으로 잘라야 하는지 자세한 설명을 하는 대신 몇 개의 모호한 예시만을 제시하였다. 정확히 말하자면 오일러는 삼각뿔을 제거하

는 방식으로 꼭짓점을 없앨 때 몇 가지 방법이 있을 수 있다고 언급은 했지만 어떤 해체 방식이 용인되고 어떤 방식은 피해야 한다고 경고의 깃발을 들어주지 않았다. 그는 독자들에게 어떠한 해체 방식도 상관이 없을 것이라는 잘못된 인상을 심어주었다. 사실 이로 인해 몇몇은 난관에 빠지기도 하였다.

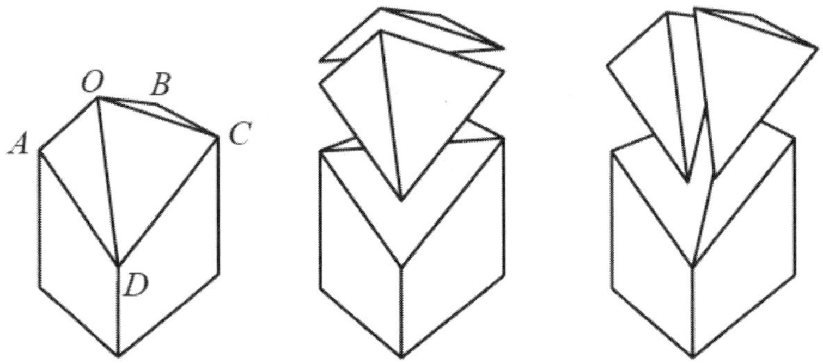

그림 7.7 다면체(왼쪽)에서 꼭짓점을 자르면 볼록(가운데)이거나 볼록이 아닌 (오른쪽) 다면체를 얻는다.

우리는 다면체를 해체하는 작업 중 의도치 않게 볼록하지 않은 도형을 산출하는 첫 번째 문제에 맞닥뜨릴 수 있다. 오일러는 꼭짓점을 제거하는 방식을 예시를 들어 보여주었는데 여기서 점 O는 인접한 꼭짓점 A, B, C, D를 갖는다(그림 7.7 참조). 그는 이렇게 말을 했다.

> 이는 두 가지 방식으로 진행할 수 있는데... 어느 방식이든 $OABC$와 $OACD$ 혹은 $OABD$와 $OBCD$ 두 개의 삼각뿔이 제거되어야 합니다. 만약 점 A, B, C, D가 동일한 평면상에 있지 않다면 그에 따라 결과적으로 나오는 이 입체는 다른 모양을 가지게 될 것입니다.[11]

이 말은 사실이다. 심지어 만약 네 개의 이웃한 꼭짓점들이 서로 동일한 평면상에 있지 않다면 그에 따라 생기는 다면체는 볼록다면체가 되지 않을 수도 있다. 그림 7.7의 다면체를 보면 삼각뿔 $OABC$와 $OBCD$를 제거했을 때 볼록하지 않은 다면체가 생길 것이라는 것을 알 수 있다.

하지만 오일러는 그의 논문에서 볼록성에 대한 사실을 언급한 적이 없다. 오일러는 모든 다면체가 볼록하다는 암묵적인 추측을 했다. 그의 알고리즘을 자세히 보았을 때 다면체의 꼭짓점을 어떻게 제거해도 남은 다면체는 볼록다면체이라는 사실을 알 수 있다. 따라서 볼록하지 않은 다면체가 나왔을 때는 오일러의 방법을 통해 볼록하지 않은 꼭짓점을 제거할 수 없기 때문에 심각한 문제가 초래될 수 있다. 혹은 우리는 이보다 더 큰 문제에 부딪힐 수도 있다.

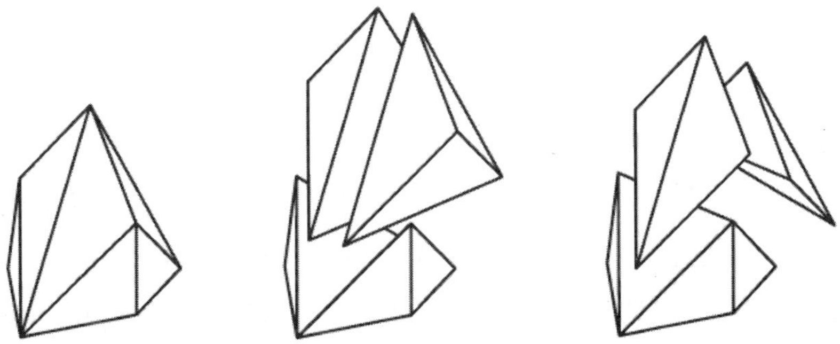

그림 7.8 왼쪽 다면체에 적용된 오일러 방법은 다면체가 아닌 물체를 만들 수도(가운데) 있고 그렇지 않을 수도(오른쪽) 있다.

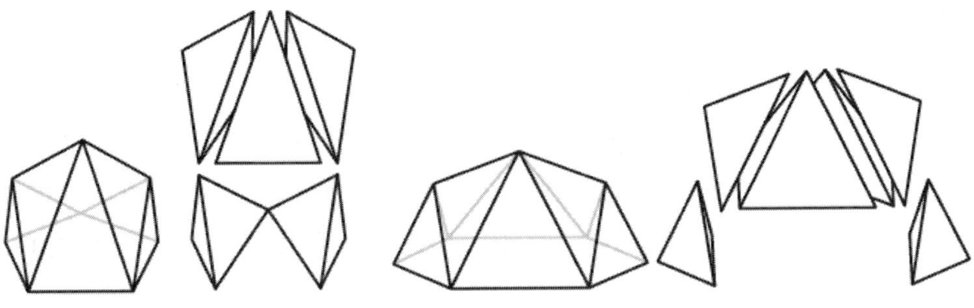

그림 7.9 오일러 방법에서 나올 수 있는 더 많은 문제들

수학자 앙리 르베그(Henri Lebesgue, 1875~1941)가 지적했듯이, 꼭짓점을 제거한 도형이 비볼록다면체가 될 경우 뿐 아니라 이것이 아예 다면체가 아닐 수도 있다![12] 그림 7.8에서 우리는 네 개의 면과 만나고 있는 다면체의 꼭짓점을 볼 수 있다. 두 개의 방법 중 하나는 공식이 잘 성립한다. 그러나 나머지 하나의 방법이 다면체라고 할 수 있는

도형을 만들어내지 못한다. 오히려 이것은 다면체라기보다는 두 다면체가 하나의 모서리를 따라 이어진 물체라고 볼 수 있다. 설상가상으로, 이 다면체가 아닌 도형은 오일러의 공식을 전혀 만족시키지 못한다.($V=6$, $E=11$, $F=8$이므로 $V-E+F$ 값은 2가 아닌 3이다.) 이 예시는 오일러의 증명이 심각한 맹점이 있음을 나타낸다. 그림 7.9에서 오일러의 해체 방법을 적용한 결과 우리는 또 다른 괴상한 도형을 볼 수도 있다. 한 해체 방법은 하나의 꼭짓점으로 이어진 두 다면체를 만들어 낸다. 그리고 두 번째 방법은 심지어 분리된 다면체를 만들어낸다. 그리고 이러한 도형들은 오일러의 공식을 만족시키지 못한다.

하지만 오일러의 정리를 조금만 손질하고 다듬는다면 희망이 아주 없는 것은 아니다.[13] 우리가 들었던 모든 예시는 해체 작업 중 잘못된 선택으로 인해 실패한 경우뿐이다. 각각의 경우마다 받아들일 수 있는 선택도 존재했다. 따라서 임의가 아닌 전략적인 선택을 통해 꼭짓점을 제거한다면 결과적으로 나오는 물체가 볼록한 다면체임을 증명할 수 있고, 동시에 곤경에서 면할 수 있다. 이 모든 수정작업을 거치면 마침내 오일러의 공식이 모든 볼록 다면체에 적용될 수 있음을 주장할 수 있는 것이다.

오일러가 그의 공식을 발표한 이후에 많은 새로운 증명들이 발표되었다. 그리고 그 증명들은 오일러의 것보다 더 간단했다. 우리는 이 책에서 이 중 몇 가지를 살펴 볼 것이다.

이 미묘한 볼록성 문제는 수학자들 사이에서 굉장한 난제가 되었다. 그리고 이것은 수십 년간 수학자들에게 다면체가 어떤 속성을 지녀야만 오일러의 공식을 만족시킬 수 있는지 밝히고자 하는 흥미로운 연구 소재가 된다. 곧 보게 되겠지만, 수학자들은 비볼록다면체부터 구멍이 있는 다면체, 그리고 또 다른 수많은 예시를 찾아보았다. 이 기나긴 탐구의 주제들은 훗날 굉장한 수확으로 남게 된다.

차원에 대한 이론 그리고 다면체를 구성하기 위한 원리들과 같은 것이 오일러에게는 당연한 것이었겠지만 수학자들이 이 사실에 주목하는 데에는 상당히 오랜 시간이 걸렸다. 오일러의 공식과 이에 대한 일반화는 위상 분야의 초석이 되었다. 아마 오일러 조차 그의 정리의 중요성에 대해 전혀 알지 못했을 것이다. 그는 다면체를 분류하는 문제로 결코 돌아가지 않았고 다면체 공식을 사용하지도 않았다. 오일러는 이 공식이 그가 수학에 낸 업적 중 가장 유명하고 사랑받고 있다는 사실을 알지 못했을 것이다.

CHAPTER

08 플라톤 입체, 골프공, 풀러렌, 그리고 지오데식 돔

★ 수학은 오직 관계들의 열거와 비교에만 관심이 있다.

– 카를 프리드리히 가우스(Carl Friedrich Gauss)[1]

수학은 대상을 공부하는 것이 아니라 대상들 사이의 관계를 공부하는 것이다.

– 앙리 푸앵카레(Henri Poincaré)[2]

“그것 참 멋진 정리이군요. 그런데 이게 어디에 쓰이죠?” 빈정거림이 묻어있는 목소리로 의심 많은 학생이 질문한다. 아름다움이란 놀라운 특징이지만 어떤 이들은 유용함이 어떤 정리의 가치를 결정하는데 더욱 중요하다고 얘기한다. 오일러의 공식은 과연 어디에 쓰일 수 있을까?

이 질문은 모든 수학의 정리에 할 수 있는 공정한 질문이다. 오일러 공식은 그저 우아하기만 한 정리가 아니다. 지금부터 이 책이 끝날 때까지 오일러 정리의 수많은 응용을 다룰 것이다. 대부분의 내용을 이해하기 위해서는 적당한 배경 지식을 갖추어야 한다. 이 장에서는 성급한 독자의 욕구를 조금이나마 채우기 위해, 두 개의 간단한 응용을 먼저 소개하려 한다. 첫째로 플라톤입체의 유일성을 오일러 공식으로 증명한다. 그리고 오일러 공식을 이용하여 골프공, 고분자, 그리고 지오데식 돔에 적용되는 구조정리를 유도한다.

지난 5장에서 플라톤입체가 정확히 다섯 개만 존재할 수 있다는 유클리드의 증명을 소개한 바 있다. 비록 유클리드 증명의 길이가 짧아 보일지라도 사실 이 증명은 유클리드 **원론**의 앞선 12권의 책에 증명 되어 있는 다수의 기하학적 정리에 의존하고 있다. 이 장에서는 플라톤 입체가 오직 다섯 개만 존재한다는 사실을 오일러 공식과 약간의 산술을 사용한 다른 방법으로 증명하고자 한다.

어떤 정다면체를 생각하자. 이 정다면체가 반드시 다섯 개의 플라톤입체, 즉 정사면체, 정육면체, 정팔면체, 정이십면체, 정십이면체 중 하나임을 보일 것이다. 만일 다면체가 V개의 꼭짓점, E개의 변, F개의 면을 가지고 있다고 가정하자. 오일러 공식에 의해

$$V-E+F=2$$

가 성립한다. 이 다면체는 정다면체이므로 각각의 면은 같은 변의 개수를 갖는 정다각형이다. 이 변의 개수를 n이라 하면 당연하게도 n은 3이상이다. 정다면체의 정의에 의해서 같은 수의 변이 각 꼭짓점에서 만나야 한다. 한 꼭짓점에 모이는 변의 개수를 m이라 하면 m역시 3이상이 되어야 한다. 또한 m은 한 꼭짓점에 모이는 면의 개수와도 같다.

각 면은 정확히 n개의 변을 가지고 있고 한 개의 변은 두 면에 포함되므로, nF는 모든 변을 정확히 두 번씩 헤아린 수이다. 즉,

$$E=\frac{nF}{2}$$

이다. 비슷하게, 각각의 면은 n개의 꼭짓점을 가지고 있고, m개의 면이 하나의 꼭짓점에서 만나게 되므로, nF는 각 꼭짓점을 m번씩 헤아린 수가 된다. 즉,

$$V=\frac{nF}{m}$$

이 성립한다. 이제 이 수들을 오일러의 공식에 대입하여 F를 풀어보면

$$V-E+F=2$$

$$\frac{nF}{m}-\frac{nF}{2}+F=2$$

$$F\left(\frac{n}{m}-\frac{n}{2}+1\right)=2$$

$$F\left(\frac{2n-mn+2m}{2m}\right)=2$$

$$F=\frac{4m}{2n-mn+2m}$$

이 됨을 알 수 있다.

우리는 $4m$과 F가 모두 양수라는 것을 안다. 따라서 이 마지막 식이 양수가 되기 위해서는 다음 부등식이 성립해야 한다.

$$2n-mn+2m>0$$

우리는 이 부등식을 만족하면서 $n \geq 3$, $m \geq 3$을 만족하는 정수의 순서쌍 (n, m)은 오직 (3, 3), (3, 4), (3, 5), (4, 3), (5, 3) 이렇게 다섯 개 뿐임을 쉽게 확인할 수 있다. 각각의 (n, m)에 대하여 V, E, F를 계산하면 이 다섯 개의 정수쌍이 다섯 개의 플라톤입체와 연관 지어 진다는 것을 알 수 있다(표 8.1).

| 표 8.1 | **다섯 개의 순서쌍 (n, m)은 정다면체의 조건을 만족시킨다.**

	n (면당 변의 수)	m (꼭짓점당 면의 수)	$2n-mn+2m$	V	E	F
정사면체	3	3	3	4	6	4
정팔면체	3	4	2	6	12	8
정이십면체	3	5	1	12	30	20
정육면체	4	3	2	8	12	6
정십이면체	5	3	1	20	30	12

우리는 이 증명이 얼마나 놀라운 것인지를 살펴보아야 한다. 유클리드의 증명은 다면체를 국소적으로 다루고, 이때 기하학을 많이 사용하였다. 유클리드는 정다각형면의 각을 측정하고 그것으로 정다면체 꼭짓점 근처에서의 가능한 배치를 결정하였다. 또한 이러한 부분적인 정보를 사용하여 다면체 전체의 구조를 결정하였다.

그에 반해 오일러 공식을 사용한 증명은 다면체를 전체적으로 다루면서 기하학을 거의 사용하지 않는다. 정다면체를 다루는 정리임에도 불구하고 증명 어디에도 각 면이 정다각형이라는 것을 사용하지 않았다! 심지어 각 면이 합동이라는 사실 조차도 가정할 필요가 없었다. 오일러 공식은 오직 꼭짓점, 변, 면을 헤아린 것만 사용하는 조합적인 식이다. 비록 오일러 공식에 변의 길이나 각의 크기 같은 기하학적인 사실을 반영하는 것은 가능하지 않지만, 플라톤입체를 결정하는 것은 이 공식만 가지고도 충분한 일이었다.

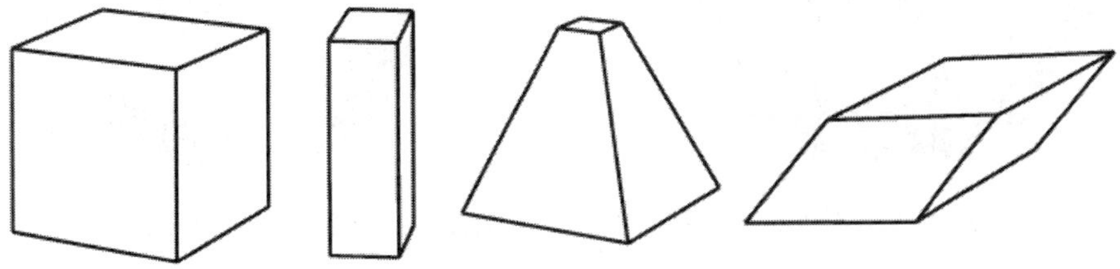

그림 8.1 정육면체와 유사한 모양의 도형들

이 새로운 증명은 정리에서 요구하는 모든 가정을 다 사용하지 않았기 때문에 아마 무언가 새로운 것을 증명한 것이라고 볼 수 있다. 우리는 이 증명에서 모든 면이 같은 개수의 변을 가지고 있고, 각 꼭짓점에서 같은 개수의 면이 만난다는 것을 가정하였다. 이런 관점에서 그림 8.1의 도형들은 모두 정육면체와 같은 모양이라고 할 수 있다.

본질적으로 우리는 모든 면이 같은 개수의 변을 가지고 있고, 각 꼭짓점에서 같은 개수의 면이 만나는 다면체가 모두 다섯 종류 뿐 임을 보인 것이다. 이러한 다면체는 그림 8.1의 도형들이 모두 정육면체와 유사한 모양인 것처럼 정사면체, 정육면체, 정십이면체, 정이십면체, 정팔면체 중 하나와 반드시 유사한 모양이어야 한다. 특히 꼭짓점, 변, 면의 개수는 반드시 플라톤입체 중 하나와 같아야만 한다.

더 멀리 날아가는 효과적인 골프공을 만들기 위해 어떤 골프공 회사는 다면체 모양으로 생긴 골프공을 발명하였다. 둥글게 움푹 팬 모양 대신, 그림 8.2와 같이 표면이 232개의 다각형 면으로 이루어진 골프공을 만든 것이다. 얼핏 봐서는 공의 표면에 육각형만 잔뜩 있는 것처럼 보인다. 하지만 장담하건데 이 도형은 여섯 번째 플라톤 입체가 아니다. 이 공을 좀 더 자세히 들여다보면 열두 개의 오각형을 찾을 수 있기 때문이다.

그림 8.2 골프공은 220개의 육각형과 12개의 오각형으로 이루어져 있다.

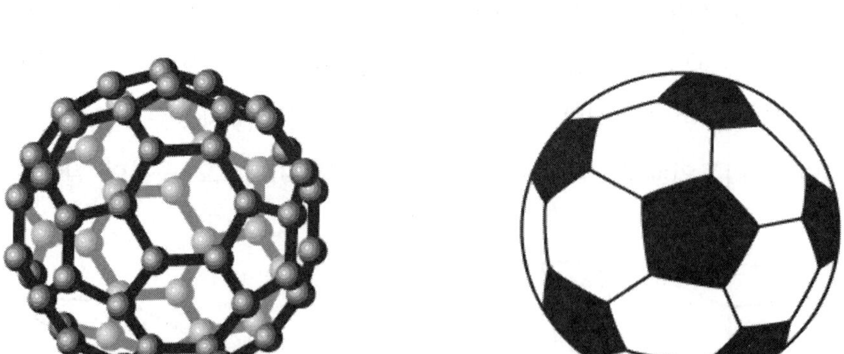
그림 8.3 풀러렌과 축구공은 정확히 12개의 오각형을 가지고 있다.

이 책의 서장에서 우리는 공 모양의 탄소분자를 풀러렌(fullerene)이라고 부른다는 것을 알았다. 그림 8.3은 빅민스터풀러렌(buckminsterfulerene, C_{60})이라 불리는 축구공 모양과 같은 탄소분자이다. 각 탄소원자들은 12개의 오각형 모양의 고리와 20개의 육각형 모양의 고리를 이룬다. 과학자들은 다양한 탄소 개수를 가진 풀러렌을 만들 수 있다. 가령 C_{540}은 540개의 탄소원자를 가진 육중한 풀러렌이다. 이 분자의 다면체 구조는 12개의 오각형과 260개의 육각형으로 구성된다. 사실 모든 오각형과 육각형만으로 이루어진 풀러렌은 항상 12개의 오각형을 가지고 있다.

다음 정리는 이러한 사실이 왜 우연이 아닌지를 보여준다. 우리는 각 꼭짓점에서 만나는 변의 개수를 그 꼭짓점의 '차수'라고 부르도록 하자.

열두 개의 오각형 정리(Twelve Pentagon Theorem)

다면체의 모든 면이 오각형 혹은 육각형으로만 이루어져 있고, 모든 꼭짓점의 차수가 3이라면, 그 다면체에는 오각형 모양의 면이 정확히 열두 개 있다.

이 정리는 오일러 정리의 직접적인 응용이다. 만약 P개의 오각형 면과 H개의 육각형 면을 가진 다면체가 있다고 하자. 각 오각형 면은 5개의 변을 가지고 있고, 각 육각형면은 6개의 변을 가지고 있고, 모든 변은 정확히 두 개의 면에 포함되므로 변의 개수는 $E=\frac{5P+6H}{2}$이다. 마찬가지로, 각 꼭짓점의 차수가 3이라는 것으로부터 꼭짓점의 개수가 $V=\frac{5P+6H}{3}$임을 알 수 있다. 이 두 수를 오일러 공식에 넣으면

$$2=V-E+F=\frac{5P+6H}{3}-\frac{5P+6H}{2}+(P+H)$$

이다. 이제 이 식의 양변에 6을 곱하면 다음과 같이 우리가 원하는 결과를 얻을 수 있다.

$$12=10P+12H-15P-18H+6P+6H=P$$

다면체의 면과 꼭짓점을 서로 바꾸는 쌍대다면체를 생각하면, 이 열두 개의 오각형 정리는 다음과 같은 쌍대공식(dual formulation)을 가지고 있다.

어떤 다면체의 모든 면이 삼각형이고 모든 점의 차수가 5 또는 6이라면, 이 다면체에는 차수가 5인 꼭짓점이 정확히 열두 개 있다.

이 공식에 대한 자세한 증명은 독자에게 남긴다.

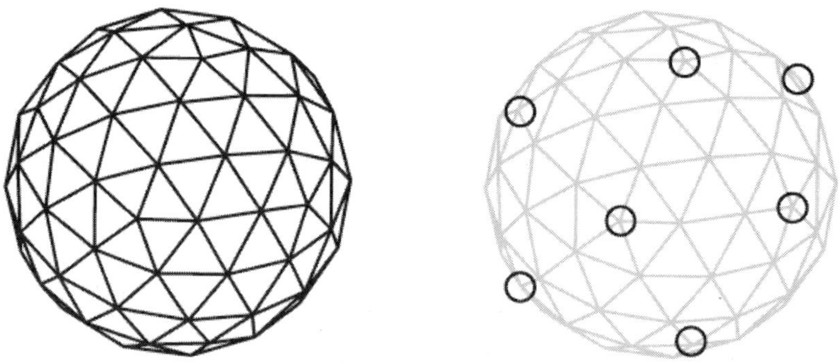

그림 8.4 12개의 차수가 5인 점을 가지고 있는 지오데식 돔

그림 8.4에서 열두 개의 오각형정리의 쌍대공식이 적용되는 다면체의 예를 볼 수 있다. 그림의 오른쪽에는 12개의 차수가 5인 꼭짓점 중 7개를 표시한 것이다. 몬트리올의 바이오스페어(Biosphere)와 같은 지오데식 돔들은 이러한 모양의 디자인을 바탕으로 제작된다. 물론 실제 건축 상의 지오데식 돔은 완전한 구형이 아니라 구형의 일부를 나타낸 것이다. 디즈니랜드의 에프콧 센터(Epcot Center)의 건물 역시 이 디자인을 바탕으로 설계되었다. 이 건물에서는 각 삼각형 면을 한 번 더 세 개의 삼각형으로 쪼갠 모양이 나타난다.

이상과 같은 간단한 예제들로부터 우리는 오일러 공식이 가진 힘을 살짝 엿볼 수 있었다. 이 간단한 헤아림 공식이 도형의 특정한 성질을 어떻게 결정할 수 있는지를 확인하였다. 다음 장에서는 그냥 보기에는 아주 간단한 하나의 식에 불과한 이 오일러 공식이 어떤 위대한 힘을 가졌는가를 보게 될 것이다.

CHAPTER 09

앞서간 데카르트

★ 나는 후손들이 내가 설명한 것들 뿐 아니라 내가 일부러 생략하여 다른 사람들에게 발견의 기쁨을 남겨 둔 것에 대해서도 평가를 해주길 바란다.

– 르네 데카르트(René Descartes)[1]

오일러가 그의 다면체 공식을 발표하고 난지 한 세기가 지난 1860년, 유명한 철학자이자 과학자이며 수학자인 르네 데카르트(René Descartes, 1596~1650)가 오일러보다 무려 100년도 더 전인 1630년에 이 놀라운 관계를 알고 있었다는 사실이 밝혀졌다. 이 증명은 오랫동안 잊혀져 있던 원고에서 발견되었는데, 이로 인해서 다면체 공식에 누구의 이름을 붙일 것인지에 대한 논쟁은 굉장히 흥미로운 이야기 거리로 남게 된다.

1596년 데카르트는 프랑스 외곽 지역인 라헤이에서 부잣집은 아니지만 귀족 집안에서 태어났다. 그의 어머니는 데카르트를 낳고 며칠 후 세상을 떠났고 그의 아버지는 이 "작은 철학자"를 지원해주었지만 르네의 어린 시절 대부분을 같이 보내지는 못하였다.

그림 9.1 르네 데카르트

어렸을 때 르네는 굉장히 병약한 소년이었고 이로 인해 건강 염려증에 걸리게 된다. 소년시절 그는 라쁠레쉬 지방의 예수회 학교를 다녔는데 그의 선생님 중 한 명은 다른 학생들이 다 수업을 들으러 학교에 등교해도 르네에게만은 매일 아침마다 필요한 만큼 누워 있다가 학교에 등교해도 된다고 허락했다. 데카르트는 이 시간을 생각하는데 사용했다. 그는 일생 동안 아침마다 조용하고 평화로운 침대에서 이러한 방법을 계속해서 사용하였고 이 시간동안 많은 위대한 아이디어들이 탄생하였다.

데카르트의 일생하면 떠오르는 이미지는 고독을 추구하는 것이다. 그의 말에 따르면 "나는 오로지 평온과 휴식만을 갈망한다."라고 한다.[2] 방해요소가 거의 없는 것을 원하는 그의 성격은 그가 이사를 자주한 것과 평생 독신생활을 한 것에서 나타난다. 군대에서의 복무기간 동안 그는 깊은 사고를 할 수 있는 평화롭고 조용한 시간을 즐겼다. 비록 은둔자는 아니었지만, 데카르트는 항상 혼자서 과학적, 철학적 탐구를 할 수 있는 시간을 갈망했다. 다음과 같은 그의 모토에는 이러한 욕망이 잘 나타난다. "쥐 죽은 듯이 숨어 산 사람이 훌륭히 살았다고 할 수 있다(bene vixit qui bene latuit.)."

1637년 데카르트는 '개인의 이성을 올바르게 이끌어, 과학에서 진리를 구하기 위한 방법서설(the influential Discours de la méthode pour bien conduire sa raison et chercher la vérité dans les sciences)'이라는 긴 제목의 짧은 책을 하나 출판했다.[3] 방법서설의 출판은 현대 철학의 초석이 되었다. 이제는 고전 문학이 된 이 책은 데카르트의 의구심과 이성주의를 바탕으로 한 철학 개요가 담겨있다. 이 책은 철학에서 가장 유명한 문구도 포함하고 있다. '나는 생각한다. 고로 나는 존재한다(cogito ergo sum).' 그의 철학은 과학 혁명의 토대 중 하나이다.

방법서설은 세 개의 부록을 포함하고 있는데, 그 중 가장 유명하고 영향력 있는 100쪽짜리 책인 기하학(La Géométrie)은 해석기하학의 시초로서 자주 인용되고 있으며, 현대 수학에 깊이 뿌리내려 이 책 없는 수학이란 상상조차 할 수 없다(우리는 이 분야에 기여를 한 학자이자 데카르트와 동시대 인물인 페르마에게도 경의를 표해야 한다.). 해석기하학은 기하학과 대수학을 혼합한 분야이다. 해석기하학에서 우리는 좌표체계를 설명하고 주어진 좌표 (x, y)를 이용해 점의 위치를 찾아낼 수 있다. 이 좌표체계는 데카르트의 이름을 따서 카르테시안 좌표(Cartesian coordinates)라고 부른다. 이 접근법의 강점은 원, 선, 곡선과 같은 모든 기하학적 도형들을 대수방정식으로 나타낼 수 있다는 것이다. 대수학이라는 도구가 기하학적 문제들을 해결 가능하게 해준 것이다. 비록 방법서설의 기하학에서는 해석기하학이 완성된 것은 아니나(예시로, 데카르트는 책 어디에도 좌표축에 대한 분명한 개념을 언급하지 않았다), 대부분의 핵심 아이디어가 여기에 언급되었다.

스웨덴의 젊은 여왕 크리스티나(Christina)는 3년 동안 데카르트를 초청하고자 노력하였는데, 1649년 53살의 데카르트는 드디어 그 부름에 응답하여 여왕에게 철학을 가르치기로 하였다. 여왕은 일주일에 세 번, 새벽 5시부터 5시간동안 개인지도를 받고싶어 했는데 몹시 특이하게도 추운 방에서 교육 받기를 원하였다(그 해는 스웨덴에서도 60년 만에 가장 추운 해였다.).

이른 아침의 수업은 아침에 일어나 침대에서 오랫동안 누워있는 데카르트의 오래된 습관을 강제로 포기하게 만들었다. 아마도 이러한 혹독한 상황이 이미 노쇠한 데카르트의 건강을 더 악화시켰을지도 모른다. 스웨덴에 온지 한 달이 지난 1650년 2월 1일에 그는 폐렴에 걸리게 되었다. 그는 크리스티나 여왕의 의사에게 치료받기를 거부하고 자신만의 처방전인 와인과 타바코를 함께 섞은 혼합물을 먹었는데, 이 조제약은 생긴 가래를 토해내는데 쓰이는 약이었다. 그러나 이 약은 그에게 효과가 없었고, 결국 1650년 2월 11일 그는 사망했다.

데카르트의 유품들은 그의 친구이자 프랑스 대사인 헥터 피에르 채누트(Hector-Pierre Chanut)가 직접 배를 타고와 파리에 있는 헥터의 매형인 클로드 클레셀리에(Claude Clerselier)에게 전달될 예정이었으나 센 강에서 배가 난파되는 바람에 전부 유실되었다. 써 놓은 노트와 원고들이 담긴 트렁크를 포함한 그의 짐들은 모두 물에 떠내려갔다. 하지만 다행스럽게도 3일 후에 그 트렁크를 되찾게 되었다. 종이들은 빨랫감을 하나하나 햇볕에 널듯이 조심스럽게 분리되어 널어졌다.

데카르트의 문서를 갖게 된 클레셀리에는 그것들을 출판하기 시작했다. 또한 그는 학자들로 하여금 이 문서들을 가지고 연구할 수 있게 하였다. 라이프니츠도 데카르트의 물에 젖은 원고에 관심 있었던 수학자들 중 한 명이었다. 1630년경 파리에서의 여행 중에 라이프니츠는 데카르트의 다면체에 대한 원고의 사본을 만들었다. 이 중요한 원고는 오늘날 다면체의 기본 성질(De solidorum elementis)이라고 불리게 된다.

라이프니츠가 방문한지 8년이 지난 1684년 클레셀리에는 출판되지 않은 원고들을 남긴 채 세상을 떠났다. 다면체의 기본 성질도 이 중 하나였다. 이 원고의 원본이 사라지고, 또한 라이프니츠의 개인 사본이 없어지게 되면서 2세기 동안이나 그 내용은 복구되지 못하였다. 아마도 신의 가호가 없었다면 우리는 다면체에 관한 데카르트의 놀라운 연구를 보지 못했을 것이다.

19세기에 데카르트를 연구하던 학자인 푸셔 드 카일(Foucher de Careil)은 라이프니츠가 주고받던 편지에서 데카르트의 사라진 원고의 필사가 존재한다는 것을 알게 되었다. 1860년에 그는 하노버에 라이프니츠의 수집품이 소장되어 있는 왕립 도서관의 서고에서 이 원고들을 찾아보았지만 결국 찾지 못했다. 그러나 극적인 행운으로 그는 방치된 벽장 안에서 정리도 되지 않은 먼지 쌓인 원고들을 찾게 되었다. 마침내 먼지 쌓인 이 수집품 속에서 카일은 라이프니츠가 필사한 다면체의 기본 성질 원고를 발견하였다.

데카르트의 접근법은 기존의 학자들이 다면체를 연구했던 방식과 같은 계량적 접근이 주된 방법이었다. 다시 말하면 그의 공식의 대다수는 각의 크기를 재는 것과 관련이 있었다. 하지만 데카르트가 그의 선대들과 다른 점은 1세기 후의 학자인 오일러와 같이 다면체에 대한 조합적 접근법도 함께 시도했다는 것이다. 그는 다면체의 특징들을 세어본 후 그것들 사이의 대수학적 관계를 파악하였다. 훗날 오일러가 꼭짓점, 모서리, 면의 수를 가지고 $V-E+F=2$라는 관계를 찾는데 반하여, 데카르트는 꼭짓점(오일러와 같이 그도 꼭짓점 대신 입체각이라 불렀다.), 면의 수, 그리고 평면각의 수를 세었다.

데카르트는 다면체에 대한 많은 사실들을 발표했다. 그는 완전한 증명을 제시하진 않았으나 각각의 공식들이 이전 것들과 논리적으로 연결되어있는지 확인하는 것은 그리 어렵지 않다. 그의 첫 번째 주요한 정리는 익히 알려진 오각형의 외각의 합은 360도가 성립한다는 내용이며 이것을 모든 다면체에 일반화시켰다. 우리는 오늘날 데카르트 공식으로 잘 알려진 이 결과물을 20장에서 구체적으로 다루어 볼 것이다. 그는 또한 플라톤입체가 5가지 밖에 없다는 대수학적 증명을 처음으로 제시한다.

이 작업은 면의 개수 F, 꼭짓점의 개수 V, 평면각의 개수 P를 다룬 방정식을 세움으로써 완결된다.

$$P=2F+2V-4$$

데카르트가 발견한 이 공식 때문에 많은 학자들은 오일러의 공식이 데카르트의 이름을 따와야 한다고 주장한다. 우리는 간단한 식을 통해서 이 주장을 입증할 수 있는데, 다면체의 평면각은 모서리보다 두 배 더 많다는 것을 확인할 수 있다(예를 들어, 정육면체는 24개의 평면각과 12개의 모서리가 있다.). 이 말은 즉, 만약 E개의 모서리가 있다면 평면각 $P=2E$개만큼 있다는 것이다. 따라서 P대신 $2E$를 대입하면 $2E=2F+2V-4$가 나온다. 위 식을 2로 나누어 다시 정리하면 우리는 익숙한 다면체 공식을 볼 수 있다.

여기서 한 가지 의문이 생긴다. 과연 데카르트가 오일러의 정리를 발견한 것인가? 그렇다고 한다면 데카르트의 이름을 따와야 하는 것인가? 데카르트의 원고를 발견한 사건으로 인해 이러한 논쟁은 오늘날까지 계속된다. 세계의 유명 수학자들은 이 논쟁에서 의견을 모으지 못했다. 심지어 오늘날에도 데카르트가 오일러의 공식을 먼저 발견 했다, 안했다는 주장을 강력하게 피력하는 책들을 찾아볼 수 있다. 물론 우리는 "우선순위에 관한 사실을 질문하는 것은 발견을 가장 근본적인 역할로 생각하는 비뚤어진 과학적 이미지의 한 증상이다"고 말한 저명한 철학자 토마스 쿤(Thomas Kuhn, 1922~1996)의 말을 가슴속에 새겨두어야 한다.[4]

데카르트의 가장 큰 지지자이자 최초의 지지자였던 어니스트 드 종키에르(Ernest de Jonquières, 1820~1901)는 이 정리를 데카르트-오일러의 정리로 수정해야한다고 주장한다. 종키에르는 1890년 다음과 같은 주장을 펼쳤다. "데카르트가 이 공식을 알고 있었다는 사실이 밝혀진 이 시점부터 이 주장을 부정할 순 없다. 그가 언급한 두 정리로부터 소위 우리가 말하는 직관적인 추론으로 다면체 공식을 아주 직접적이고 단순하게 연역해 낼 수 있다."[5] 종키에르의 지지자들은 오일러의 공식이 데카르트의 정리를 따라한 게 너무 분명하기 때문에 오일러가 데카르트의 정리를 알고 있었거나 또는 자신의 정리가 데카르트의 이름을 붙이는 것이 더 적합하다는 사실을 인정할 것이라고 주장한다. 그들은 데카르트가 만약 출판을 위해서 다시 원고를 작성했다면 지금과 같은 방식으로 다시 정리를 했을 것이라고 주장한다. 더 나아가 혹여나 데카르트가 이 정확한 관계를 몰랐을 지라도 그는 오일러의 정리와 논리적으로 거의 동일한 정리를 증명해냈고 그와 오일러는 그저 다른 요소들을 적용하여 이 정리와 연관 지은 것이라고 말한다. 그러나 이러한 주장에도 불구하고 오늘날 다면체 공식이 데카르트-오일러의 정리라고 불리는 일은 거의 없다.

놀랍게도 대부분의 논쟁의 결론은 이미 앞에서도 언급했지만 오일러가 도입한 다면체의 변의 개념에 달려있다. 이 개념은 우리에겐 너무나 당연한 속성이다. 그러나 데카르트가 살던 시기에는 변이란 개념이 없었다. 만약 다면체의 변을 보았다할지라도 그것은 다각형의 면의 일부분으로 파악했을 것이다. 변은 그저 각을 만들기 위한 기하학적 도구일 뿐이었던 것이다. 오일러의 공식을 데카르트가 다시 되찾으려면 데카르트가 변의 개념을 정립했어야 했다. 데카르트가 오일러의 정리를 전혀 예측하지 못했다고 주장한 사람들의 주장은 변의 개념을 공식에 도입한 것이 결정적이라는 것이다. 앞에서 보았던 것과 같이, 오일러는 0차원의 대상(꼭짓점)과 1차원의 대상(변), 그리고 2차원의 대상(면)을 서로 연결하는 정리의 본질적인 중요함을 깨달았다. 이후 몇 년간 오일러의 정리는 위상기하학에 있어서 전반적으로 중요한 정리가 되었다. 위상 수학자들은 2차원의 면에서 그치지 않았다. 22장, 23장에서 다룰 내용이기도 하지만, 푸앵카레

(Poincaré) 및 다른 수학자들은 오일러의 정리를 2차원을 넘어서 어떤 차원의 물체라도 적용시킬 수 있도록 확장시켰다.

데카르트의 개념이 공식에 매우 가까웠다는 것은 모두가 동의한다. 그러나 데카르트는 중요한 마지막 절차를 밟지 않았다. 평면각은 면과 꼭짓점을 다루기에 올바른 대상이 아니기 때문이다. 올바른 공식을 얻기 위해서 변의 개념을 도입했어야 했다. 데카르트가 변의 관계를 모를 수가 없었을 것이라고 주장하는 이들에게 비평가들은 어느 위대한 수학자일지라도 너무나 자명한 결과를 도출하지 못할 때도 있다고 말한다. 수학자 앙리 르베그는 원고를 주의 깊게 살펴 본 이후 결론을 내렸다. "데카르트는 이 이론을 밝혀내지 못했습니다. 그는 이 사실을 보지 못했던 것입니다."[6]

수학계에서는 어떤 발견을 했을 때 발견자의 이름을 따야 한다는 잘못된 관행이 퍼져있다. 만약 그러지 않았을 시에는 표절과 유사한 취급을 받거나 역사를 위조하는 것으로 취급받는다. 이러한 기준을 적용한다면 오일러의 발견들은 계속해서 부당한 취급을 받아온 꼴이 된다. 그 이유는 대다수 그의 발견들이 전부 다른 사람의 이름을 따고 있기 때문이다(자주 나오는 재미있는 이야기로 "수학에서 발견된 이론들은 대부분 오일러 다음으로 발견한 사람의 이름이 붙는다."는 설이 있다.). 세상에는 최초의 발견자 이름을 따오지 않은 물질들이 굉장히 많이 존재한다(심지어 이 책에서도 그렇다.). 대신 그 발견의 중요성을 처음으로 인지한 사람, 즉 그 대상에 대해서 굉장히 영향력 있는 기여를 한 사람의 이름을 따온다. 토마스 쿤은 이와 같은 상황에선 발견의 우선순위를 찾기가 굉장히 어려운 상황이라고 말했다. "우리는 이와 같은 발견을 굉장히 짐작하기 쉽다고 생각합니다. 마치 보는 것 혹은 만지는 것은 명백히 개개인과 그들이 살아간 특정한 시간에 기인하는 것이지요. 하지만 이러한 속성들은 생겨난 원인을 찾는 것은 불가능합니다. 발견이란 그것의 성질을 인지하는 것과 더불어 그것 자체를 인지해야 합니다."[7] (워터하우스가 한 말 중에서 "일반적인 다면체는 테아에테투스가 그것의 공통된 특성을 발견하여 발표하기 전까진 그렇게 특별한 취급을 받지 못했다"고 한 말을 상기해 보아라.)

데카르트가 오일러의 정리를 미리 발견했는가 아니면 하지 못했는가에 대한 논쟁은 계속되고 있다. 하지만 데카르트는 그의 글을 출판하지 않았을 뿐만 아니라 그 공식을 "정리된" 형태로 인식하지 못했기 때문에, 우리는 $V-E+F=2$를 오일러의 공식이라고 부르는 것을 비합리적이라고 할 수 없다.

CHAPTER

10 제대로 해낸 르장드르

> 수학의 핵심은 설계가 바르게 되어 있어야 한다는 것이다. 내가 수행했던 모든 수학에서 가장 본질적인 부분은 올바른 설계를 찾는 것이었다. 다리를 짓는 것과 같다. 구조의 중심 축이 올바르다면 세부적인 것은 기적적으로 맞아 떨어진다. 문제는 전체적인 디자인이다.
>
> – 프리먼 다이슨(Freeman Dyson)[1]

오일러 다면체 공식의 두 번째 출판된 증명이자 오늘날의 엄밀한 기준에 부합하는 첫 번째 증명은 아드리앵마리 르장드르(Adrien–Marie Legendre)에 의해 완성되었다. 프랑스 수학자인 르장드르는 프랑스 과학 아카데미(Académie des Sciences)와 런던왕립학회(Royal Society of London)에 모두 속해 있었다. 르장드르는 수학의 여러 분야에서 논문을 남겼고 특히 정수론과 타원 함수 이론에 탁월한 공헌을 하였다. 르장드르의 위대한 유산 중에는 1794년에 작성된 초등 기하 분야에 대한 매우 유명한 교재인 기하학원론(Élements de Géométrie)이 있다. 여러 면에서 르장드르의 원론은 유클리드 원론을 추월했다. 르장드르의 원론은 수백 년 동안 기하 교육 교재의 주류가 되었고 이후에 만들어 지는 대부분의 기하 교재의 원형이 되었다. 이 책은 영어로도 여러 차례 번역 되었는데 어떤 번역서는 무려 33판이 나오기도 했다.

그림 10.1 아드리앵마리 르장드르

르장드르는 기하학원론에 오일러 공식을 포함시켰고, 이 책의 높은 인기가 오일러 공식이 유명해 지는데 각별한 기여를 하였다. 르장드르는 오일러의 증명을 수정하지 않았다. 대신에 오일러의 처음 증명과는 다른 새로운 증명을 제시하였다. 르장드르의 천재적인 증명은 구면기하학을 비롯하여 각의 크기와 넓이와 같은 측량적인 성질로부터 생긴 개념을 사용하였다. 이런 개념들은 정리의 명제 그 어디에도 나오지 않기에 르장드르의 시도가 본 명제를 성공적으로 증명할 수 있으리라 기대하기는 쉽지 않다.

르장드르 증명은 구면기하학에 나오는 우아한 공식을 주로 사용한다. 구면 위에 그려진 삼각형의 넓이를 삼각형의 세 내각으로 표현한 공식이다. 구면 위에서 삼각형이나 다각형 모양은 직선으로 만들어 지는 것이 아니라 구면의 대원의 호로 만들어진다. **대원**(great circle)이란 구면의 반지름과 같은 반지름을 가진 구면 위의 원을 의미한다. 구면 위의 원 중 가장 큰 반지름을 가진 원이라고도 이해할 수 있다. 지구의 적도나 경도의 선은 대원의 좋은 예이다. 적도가 아닌 위도의 선, 가령 북회귀선(Tropics of Cancer), 남회귀선(Tropics of Capricorn)이나 북극권(Arctic Circle)같은 선들은 대원이 아니다. 대원은 직선이 아니지만 구면 위에서는 가장 직선에 가까운 곡선이라 할 수 있다. 대원이 가지는 가장 중요한 성질은 거리를 최소화 한다는 것이다. 즉, 구면 위의 두 점을 잇는 가장 짧은 경로는 대원을 따라가는 것이다. 바람의 흐름이나 지구의 자전 같은 물리적인 실제 현상을 고려하지 않는다면, 펜실베니아와 인도를 잇는 가장 짧은 경로로 가는 비행기는 북대서양의 아이슬란드를 지나는 대원을 따라가야만 한다.

그림 10.2 대원을 찾기 위해 리본을 구면위에 감는다.

작은 구면 위에서 실제로 대원을 찾는 것은 그림 10.2와 같이 리본을 이용할 수 있다. 생일 선물을 포장하는 것과 같은 폭이 넓은 리본을 준비하여 이것을 구면 위에 감아보자. 가능한 평평하고 바깥쪽으로 감기지 않게 리본을 감았다면, 리본이 따라가는 경로가 바로 구면의 대원일 것이다.

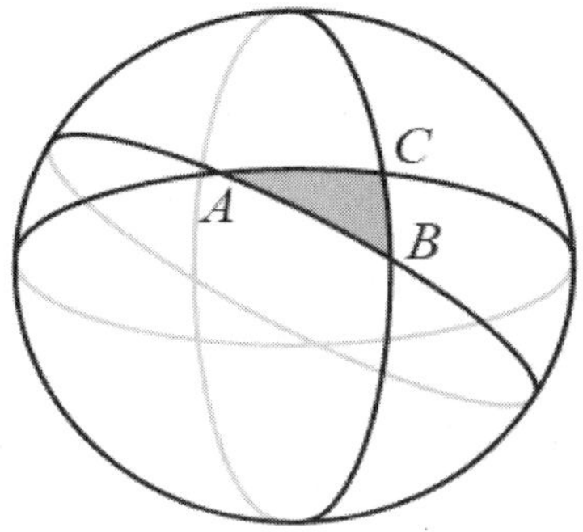

그림 10.3 세 개의 대원으로 만들어진 삼각형

이제 그림 10.3에서 보는 것처럼 세 개의 대원으로 둘러싸인 구면 위의 영역을 삼각형으로 정의하자. 수학적 용어를 사용하면 구면의 대원은 **지오데식**(geodesic)이라 불리고, 이 구면 위의 삼각형은 **지오데식 삼각형**(geodesic triangle)이란 이름으로 알려져 있다. 르장드르는 편의를 위해 지오데식 삼각형의 각 변의 길이가 구면의 둘레의 길이의 절반보다는 작다고 가정하였다.

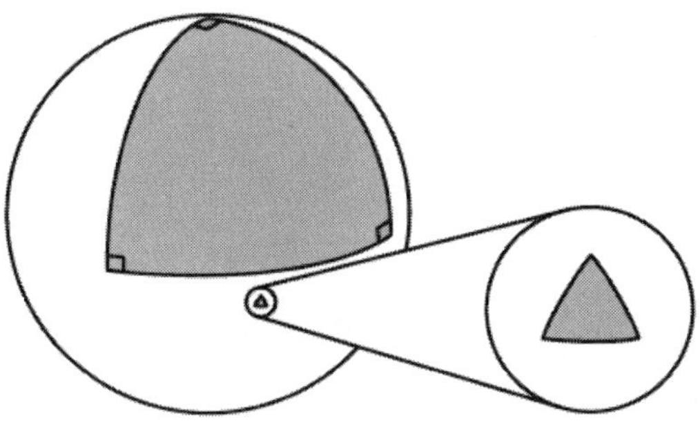

그림 10.4 구면 위의 두 지오데식 삼각형

지오데식 삼각형은 그리스 수학자인 알렉산드리아의 메넬라우스(Menelaus of Alexandria, c. 98)가 쓴 **스파에리카**(Sphaerica)라는 책에서 최초로 소개 되었다. 메넬라우스는 이 책에서 유클리드 **원론**에 나타나는 평면기하학의 이론과 유사한 구면기하학에 대한 이론을 소개하였다. 메넬라우스는 평면 삼각형에 대한 많은 정리가 지오데식 삼각형에 대해서도 성립한다는 것을 보였다. 예를 들어, 지오데식 삼각형의 두 변의 길이의 합은 나머지 한 변의 길이보다 항상 크다. 또한 메넬라우스는 구면 기하학에서는 참이지만 평면

기하학에서는 성립하지 않는 재미있는 사실도 증명하였다. 가령, 두 개의 닮은 지오데식 삼각형, 즉 내각의 크기가 같은 삼각형은 항상 합동이다. 한편, 평면 기하에서 가장 유명한 정리 중 하나인 삼각형의 세 내각의 합이 180°, 혹은 라디안으로 π라는 것은 구면 위에서는 성립하지 않는다[2]. 구면 위에서는 세 내각의 합은 언제나 π보다 크다. 예를 들어 그림 10.4에서 보이는 커다란 지오데식 삼각형의 세 내각은 모두 직각이므로 그 합은 $\frac{3\pi}{2}$이다. 같은 그림의 작은 지오데식 삼각형은 구면의 곡률에 비해 매우 작기 때문에 세 내각의 합이 큰 삼각형의 세 내각의 합보다는 작지만, 여전히 π보다는 크다는 것을 볼 수 있다.

대략 1500년 동안 어떤 누구도 지오데식 삼각형의 세 내각의 합에 대한 메넬라우스의 고찰을 더 자세히 정제하지 못하였다. 17세기에 이르러서야 토마스 해리엇(Thomas Harriot, c. 1560~1621)과 알버트 지라드(Albert Girard, 1595~1632)가 지오데식 삼각형의 세 내각의 합이 π보다 얼마나 더 큰지 정확히 계산하게 된다.

그림 10.4에서 지오데식 삼각형의 넓이와 세 내각의 합이 서로 직접적인 관계가 있음을 볼 수 있다. 삼각형의 크기가 커지면 구면의 곡률에 의해 더 많이 비틀어져야 하므로 세 내각의 크기의 합도 함께 커져야 한다.

헤리엇과 지라드의 정리는 '지오데식 삼각형의 세 내각의 합', '삼각형의 넓이', 그리고 이 삼각형이 놓여있는 '구면의 반지름'이라는 세 양의 관계를 표현하는 공식이다. 간편함을 위하여 우리는 삼각형이 놓여있는 구면의 반지름을 1이라고 하자. 반지름이 1인 구면을 **단위구면**이라 한다. 만약 구면의 반지름이 다르면 그에 맞게 다른 양들도 적당히 변형시켜 다른 반지름에 대한 비슷한 공식도 얻을 수 있다.

해리엇–지라드 정리(Harriot–Girad Theorem)

단위구면 위의 지오데식 삼각형의 세 내각의 크기가 a, b, c일 때 이 삼각형의 넓이는 $a+b+c-\pi$이다. 즉, 넓이 = (세 내각의 합) $-\pi$.

---

2) 일상생활에서 각의 크기를 표현할 때 직각은 90°이고, 원의 중심각은 360° 등으로 도(°) 단위를 사용한다. 하지만 많은 수학 서적에서는 각의 크기는 라디안 단위로 쓰여 진다. 이 둘의 관계는 간단하다. 180°는 π라디안과 같다. 그래서 직각은 $\frac{\pi}{2}$라디안이고 원의 중심각은 2π라디안이다. 이후에 왜 라디안 단위가 도 단위보다 유용한지 구체적인 예와 함께 보여줄 예정이다.

모든 평면 삼각형의 세 내각의 합이 π이므로 우리는 위 공식을 다음과 같이 적을 수도 있다.

$$\text{지오데식 삼각형의 넓이} = (\text{세 내각의 합}) - (\text{평면 삼각형의 세 내각의 합})$$

즉, 지오데식 삼각형의 넓이는 정확하게 삼각형의 세 내각의 합이 평면삼각형의 세 내각의 합과 비교하여 더 커지는 양과 같다. 우리는 곧 이 멋진 정리가 삼각형 뿐 아니라 일반적인 구면 위의 다각형으로도 확장 가능하다는 것을 보게 될 것이다. 또한 이 정리는 각의 크기를 표현할 때 왜 라디안 단위를 써야 하는지를 보여주는 예이기도 하다. 만약 도 단위를 사용하였다면 이런 공식과 같은 아름다운 표현은 쓰지 못했을 것이다.

연습 삼아 이 정리가 그림 10.4에 보이는 큰 지오데식 삼각형에 대해서 성립하는지를 확인해 보자. 이를 위해 그림 10.4의 구면의 반지름은 1이라고 가정하자. 우리는 이 구면을 넓이를 계산하고자 하는 지오데식 삼각형 8개로 덮을 수 있다. 먼저 네 개의 삼각형으로 북반구를 덮고, 네 개의 삼각형을 남반구를 덮을 수 있기 때문이다. 즉, 삼각형의 넓이는 구면의 넓이의 $\frac{1}{8}$이다. 한편 반지름이 r인 구면의 겉넓이는 $4\pi r^2$이므로, 반지름이 1인 단위구면의 겉넓이는 4π이다. 따라서 삼각형의 넓이는 4π의 $\frac{1}{8}$인 $\frac{\pi}{2}$이다.

이제 해리엇–지라드 정리를 써도 똑같은 결과를 얻을 수 있음을 확인할 수 있다. 이 삼각형의 세 내각의 합은 $\frac{3\pi}{2}$이므로, 해리엇–지라드 정리를 통해, 이 삼각형의 넓이는 $\frac{3\pi}{2} - \pi = \frac{\pi}{2}$가 되어야 함을 알 수 있다.

이 지오데식 삼각형의 넓이와 세 내각의 합과의 관계는 해리엇과 지라드가 서로 독립적으로 발견하였다. 영국인 학자인 해리엇은 수수께끼적인 인물이다. 그는 재능 있고 활동적인 연구자였지만 어떠한 논문도 출판하지 않았다. 해리엇이 죽었을 때, 일만 쪽에 달하는 출판 하지 않은 원고와 다이어그램, 측정과 계산 결과를 남겼다. 한 전기 작가는 해리엇의 이러한 출판에 대한 반감은 "아마도 출판에 불리한 환경과 미루는 버릇, 그리고 작은 결과를 출판하는 것을 내키지 않아하는 마음 때문이라고 설명할 수 있을 것입니다. 해리엇은 그의 연구 결과를 더 많이 발전시킬 수 있을 거라고 생각했을 것"이라고 설명했다.[2] 해리엇의 대부분의 논문은 그의 사후에 출판되었다. 그는 대수학에 많은 업적을 남겼지만, 광학, 천문학, 화학, 언어학 등도 함께 공부하였다. 라이프니츠나 오일러와 마찬가지로 해리엇은 새롭고 우아한 수학 기호를 소개한 것으로도 유명하다. 불행하게도 해리엇이 만든 기호는 표준적인 형태가 아니어서 당시의 활자로 표현하기가 어려웠기 때문에 모든 기호가 출판될 수 있었던 것은 아니다. 그래서 대부분의 기호는 넓게 받아들여지지 못했고 두 기호 정도만이 살아남았다. 바로 오늘날에도 널리 쓰이는 '작다'를 의미하는 <기호와 '크다'를 의미하는> 기호이다. 해리엇의 생애는 거의 알려진 바가 없다. 1585년에 영국의 정치인 월터 롤리 경(Sir Walter Raleigh)에 의해 측량사이자 지도 제작자 자격으로 신대륙으로 1년간 여행을 떠난 적이 있다. 아마 해리엇은 북미 대륙에 처음으로 발을 디딘 전문 수학자일 것이다.

프랑스 수학자인 알버트 지라드는 어렸을 때 프랑스 로렌 지방에서 보낸 신교도로서의 불편한 삶 때문에 평생을 네덜란드에 살았다. 오늘날 그는 대수학과 삼각법에 남긴 업적으로 유명하다. 그는 sine, tangent, secant 함수와 같은 삼각함수를 sin, tan, sec과 같은 짧은 표현으로 쓴 첫 번째 학자이고, 세제곱근 $\sqrt[3]{\ }$ 같은 표현을 소개하기도 하였다. 지라드는 처음으로 음수에 기하학적인 의미를 부여하였다. 그는 음의 해는 기하학에서 뒤로 움직이는 것과 같고 +사인이 나아가는 것이라면 마이너스 사인은 뒤로 가는 것이라고 말하였다.[3]

역사적으로, 지오데식 삼각형의 넓이 공식에는 지라드의 이름만 부여되어 있었고 해리엇의 이름은 그러지 못했다. 이러한 현상은 이 정리의 증명이 1629년에 지라드에 의해 처음으로 출판되었기 때문이다.[4] 지라드는 저술 방식이 간결한 것으로 유명했는데, 이러한 방식은 때로 세밀하지 못하다는 문제점을 낳았다. 지라드의 증명은 지라드 본인조차도 만족하지 못한 증명이었으며, 그저 "개연적인 결론"으로 묘사되었다.[5] 위 증명은 사실 같은 정리가 이미 26년 전에 해리엇에 의해 증명이 되어 있었다. 그러나 지라드 조차 미처 알지 못했던 것이었으며, 물론 앞에서 말했듯이 해리엇은 이 결과뿐 아니라 어떠한 수학적 결과도 출판하지 않았다. 그럼에도 불구하고, 해리엇의 증명은 동시대 사람들에게 많이 알려졌는데, 영국 수학자인 헨리 브릭스(Henry Briggs, 1561~1630)는 케플러에게 해리엇의 결과를 이야기 하면서 그 시대에 가장 위대한 발견 중 하나로 꼽기도 하였다. 그러나 지라드가 해리엇의 결과를 알았을 것이라는 어떠한 증거도 없다.

해리엇은 이 정리를 처음으로 증명하였고, 지라드는 처음으로 출판하였기 때문에 우리는 현재 이 정리를 해리엇-지라드 정리로 부른다. 한편 해리엇의 증명이 지라드의 증명보다 훨씬 간단하고 우아하다는 것을 밝힐 필요가 있다. 아래에 소개할 르장드르의 논의는 사실 해리엇의 증명과 매우 유사한 것이다.

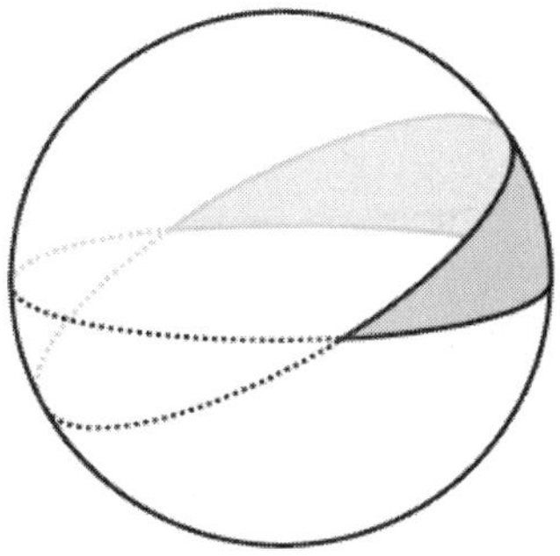

그림 10.5 구면 위의 활꼴

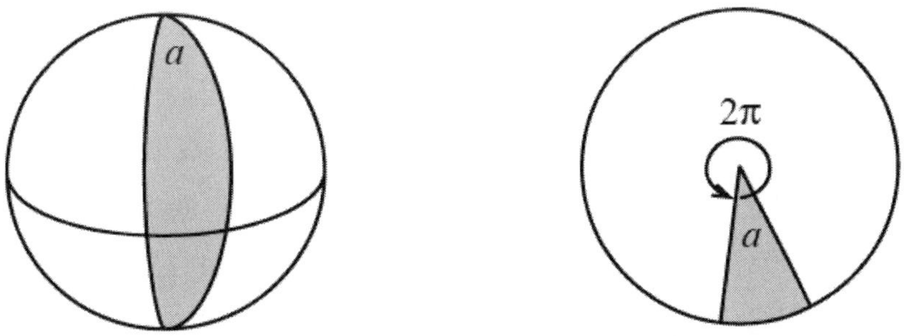

그림 10.6 구면위의 활꼴(왼쪽)과 이것을 위에서 본 것(오른쪽)

르장드르의 증명은 영리하게도 **활꼴**(lune)이라는 개념을 사용하였다. 활꼴은 때때로 이각형이라 불리기도 한다. 활꼴은 그림 10.5와 같이 두 개의 대원으로 둘러싸인 영역이다. 한 쌍의 대원은 구면위에서 반드시 두 점과 만나고 이 두 점은 구면에서 서로 대칭되는 위치에 있다. 만약 두 대원이 한 꼭짓점에서 이루는 각이 a라고 하면, 다른 꼭짓점에서 이루는 각도 반드시 a여야 한다. 만약 a를 라디안 단위로 표시한다면, 이 활꼴의 넓이는 반드시 $2a$여야 한다. 이것은 다음과 같은 사실을 통해 쉽게 확인 가능하다. 그림 10.6에서 볼 수 있듯, 활꼴의 넓이와 구면 전체의 넓이의 비는 $a:2\pi$이다. 따라서 다음과 같은 식을 얻는다.

$$\frac{\text{활꼴의 넓이}}{4\pi} = \frac{a}{2\pi}$$

이 식을 풀면 활꼴의 넓이는 $2a$임을 알 수 있다.

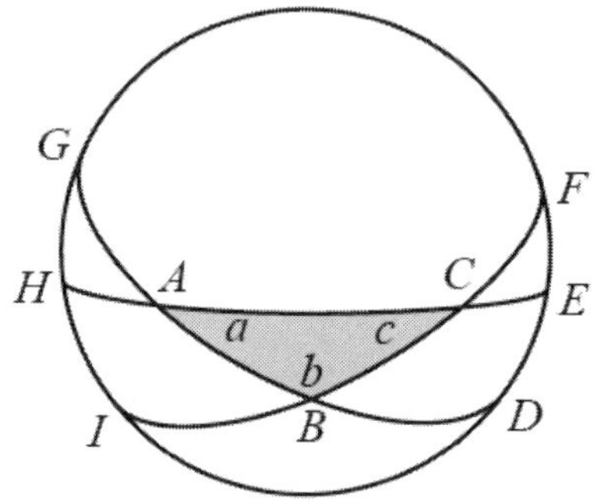

그림 10.7 반구 위의 대원

이제 반지름의 길이가 1인 단위구면 위의 지오데식 삼각형 ABC를 생각하자. 삼각형 ABC의 세 내각의 크기를 각각 a, b, c라 하자. 삼각형은 어떤 반구에 포함되어 있어야 한다. 각 변을 연장하여 반구의 경계까지 닿도록 하고, 이때 변과 반구의 경계가 만나 생기는 점들을 그림 10.7과 같이 각각 D, E, F, G, H, I라 하자.

구면의 대칭성 때문에, 영역 ADE와 AGH의 넓이의 합은 중심각이 a인 활꼴의 넓이와 같다. 다른 말로 만일 삼각형 AGH를 잘라 GH변과 변 ED를 붙인다면 우리는 중심각이 a인 활꼴을 얻을 수 있다. 이 관점에서 우리는 다음의 결론을 얻는다.

$$\text{넓이}(ADE) + \text{넓이}(AGH) = \text{활꼴의 넓이} = 2a.$$

비슷하게 삼각형 BFG와 BDI의 넓이의 합도 중심각이 b인 활꼴의 넓이와 같고, 삼각형 CHI와 CEF의 넓이의 합도 중심각이 c인 활꼴의 넓이와 같다. 따라서 다음 식들을 얻을 수 있다.

$$\text{넓이}(BFG) + \text{넓이}(BDI) = 2b$$
$$\text{넓이}(CHI) + \text{넓이}(CEF) = 2c$$

이제 이 세 식을 모두 더하면

$$[\text{넓이}(ADE) + \text{넓이}(AGH)] + [\text{넓이}(BFG) + \text{넓이}(BDI)] + [\text{넓이}(CHI) + \text{넓이}(CEF)] = 2a + 2b + 2c$$

이다. 이 식의 좌변을 잘 살펴보면, 앞에서 준비한 반구의 영역의 각 조각들을 삼각형 ABC는 세 번, 나머지 조각들은 한 번씩 더하는 것이라는 것을 알 수 있다. 따라서 다음의 식을 얻을 수 있다.

$$\text{넓이}(\text{반구})+2\cdot\text{넓이}(ABC)=2a+2b+2c$$

이때 반구의 넓이가 2π이므로 $2\pi+2\cdot\text{넓이}(ABC)=2a+2b+2c$ 이다.
이 식을 정렬하고 양변에 2를 나누면 우리가 원하는 다음 식을 얻는다.

$$\text{넓이}(ABC)=a+b+c-\pi.$$

르장드르의 오일러 공식에 대한 정리를 위하여 우리는 다음과 같은 다각형에 대한 해리엇-지라드 정리가 필요하다. 이것은 해리엇-지라드 정리를 지오데식 삼각형이 아닌 변의 개수가 3개 이상인 지오데식 다각형으로 확장한 것이다.

다각형에 대한 해리엇-지라드 정리(Harriot-Girard Theorem for Polygons)

단위구면위의 지오데식 n각형의 내각의 크기가 $a_1, a_2, \cdots, a_n$이라 할 때, 이 다각형의 넓이는 $a_1+\cdots+a_n-n\pi+2\pi$이다. 즉, 넓이$=$(모든 내각의 합)$-n\pi+2\pi$.

평면 n각형의 모든 내각의 합은 $(n-2)\pi$이다(이 정리와 이것의 확장에 대해서는 20장에서 보다 자세히 다룰 것이다.). 삼각형의 경우와 마찬가지로 지오데식 다각형도 그 넓이가 내각의 합이 평면 n각형의 내각의 합보다 커지는 만큼의 양이라는 것을 알 수 있다. 즉,

$$\text{지오데식 다각형의 넓이}=(\text{내각의 합})-(\text{평면 }n\text{각형의 내각의 합})$$

이다.

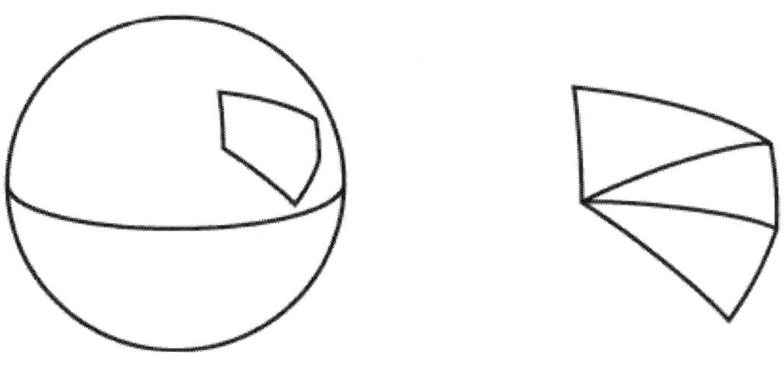

그림 10.8 삼각형으로 나누어진 구면위의 다각형

이 다각형에 대한 해리엇-지라드 정리가 왜 성립하는지를 보기 위해서, 다각형에 몇 개의 대각선을 그어 지오데식 삼각형으로 나누어 보자. 이렇게 쪼개어진 지오데식 다각형은 모두 $n-2$개의 삼각형을 가진다(그림 10.8 참조). 이 삼각형 조각들의 넓이의 합은 다각형의 넓이와 같고, 모든 삼각형 조각의 내각의 합은 다각형의 내각의 합과 같다. 따라서 $n-2$개의 삼각형 각 조각에 대해 해리엇-지라드 정리를 적용하여 이를 다 더하면, 다각형의 넓이에 대한 우리가 원하는 다음 식을 얻을 수 있다.

$$\text{지오데식 다각형의 넓이} = a_1 + \cdots + a_n - (n-2)\pi = a_1 + \cdots + a_n - n\pi + 2\pi$$

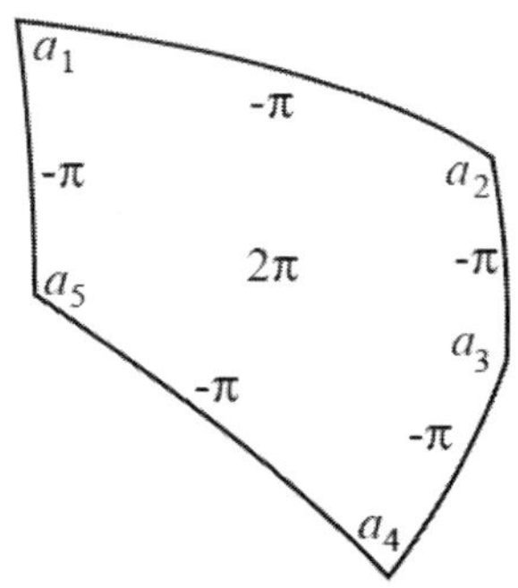

그림 10.9 구면다각형의 넓이는 위 그림에서 적혀진 수의 합과 같다.

다각형에 대한 해리엇-지라드 공식을 쉽게 외우는 방법은 다음과 같다. 먼저 그림 10.9와 같이 다각형을 시각화 하자. 각 꼭짓점에 내각의 크기를 적고, 각 변에 $-\pi$, 그리고 다각형의 중앙에 2π를 적자. 그러면 다각형의 넓이는 간단히 여기에 적혀진 모든 수의 합이 된다. 이 시각화된 표현은 르장드르의 오일러 공식 증명에 유용하게 사용될 것이다.

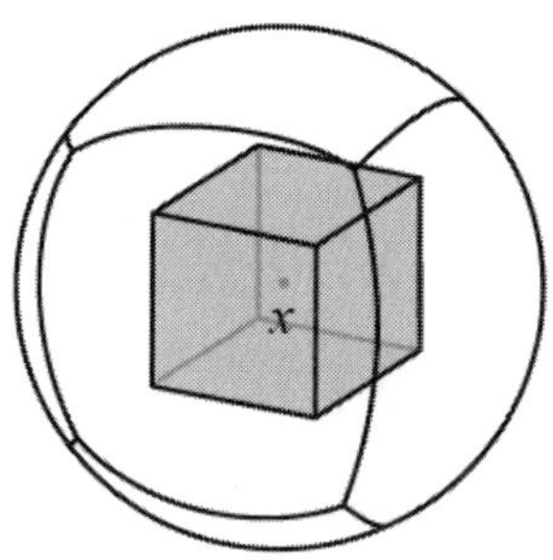

그림 10.10 다면체를 구면위로 사영시킨 모습

마침내 오일러 공식에 대한 르장드르의 증명을 소개할 준비가 완료되었다. 먼저 V개의 꼭짓점, E개의 변, F개의 면을 가진 볼록다면체를 생각하자. 이 도형 내부에 적당한 점 x를 잡자. 그림 10.10에서 보는 것처럼, 이 다면체를 완전히 포함하는 x를 중심으로 하는 큰 구를 생각하자. 반지름의 크기나 단위는 중요하지 않기에 우리는 이 구의 반지름을 1이라고 해도 무방하다. 이제 이 다면체를 구면을 향해 x에서 출발하는 반직선을 이용하여 사영시키자. 이 사영을 시각화 하는 한 방법은 x에 전구가 있고 다면체는 철사로 만들어진 모델이라고 상상하는 것이다. 그러면 이 다면체를 둘러싸고 있는 구면 위에 나타나는 철사모델의 그림자가 바로 사영이라고 할 수 있다. 이 경우, 여기서 자세한 증명을 다루지는 않지만, 다면체의 각 면은 구면에서 지오데식 다각형이 된다는 것이 알려져 있다.

르장드르는 그의 증명에서 일반적으로 잘 사용되는 수학적인 트릭을 이용하였다. 바로 같은 양을 두 가지 서로 다른 방법으로 헤아리는 방식이다. 르장드르는 단위구면의 넓이를 두 번 헤아려 등식 하나를 유도하였다. 먼저, 단위구면의 겉넓이가 4π가 된다는 잘 알려진 공식을 사용하였다. 그리고 단위구면 위에 있는 각각의 지오데식 다각형 조각의 넓이의 합을 구하였다. 이 두 가지 방법으로 계산된 단위구면의 겉넓이는 반드시 같은 값을 가져야 한다.

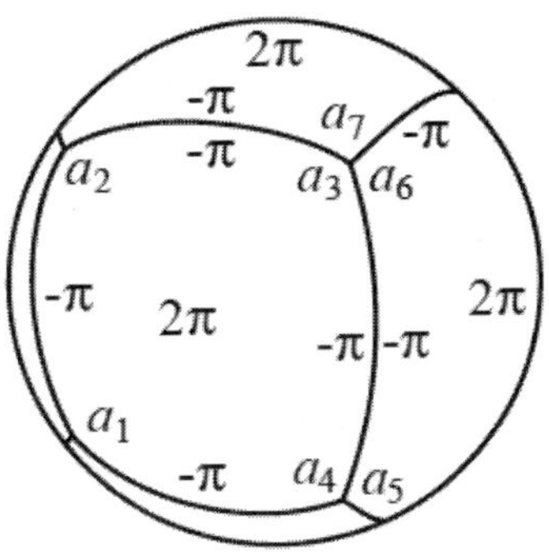

그림 10.11 레이블을 붙인 사영

해리엇-지라드 정리에 의해 우리는 n개의 변을 가진 면의 넓이는 모든 내각의 합에서 $n\pi-2\pi$를 뺀 값이라는 것을 알고 있다. 이 공식을 직접적으로 적용하는 것 보다

그림 10.9에서 소개한 것처럼 시각화된 표현을 적용하는 것이 좀 더 편리할 것이다. 그림 10.11과 같이 구면위에 그려진 모든 각에 각의 크기를 적고, 모든 변의 양쪽에 $-\pi$를 적으며, 각 면의 중앙에 2π라는 레이블을 붙이자. 그렇다면 이 단위구면의 넓이는 이 구면위에 그려진 모든 레이블의 수의 합과 정확히 같을 것이다.

원래의 다면체의 경우 한 꼭짓점에서 생기는 모든 각의 합은 2π보다 작아야 하지만, 이렇게 구면에 사영시킨 이 후에는 한 꼭짓점에서 생기는 모든 각의 합이 2π로 일정하게 된다. 모두 V개의 꼭짓점이 있으므로 모든 각에 의해 생기는 레이블의 합은 $2\pi V$이다. 하나의 변은 양 쪽에 $-\pi$를 적게 되므로 정확히 -2π만큼을 만들어 낸다. 모두 E개의 변이 있으므로 변에 의해 생기는 모든 레이블의 합은 $2\pi E$이다. 각 면의 중앙에는 2π가 적혀 있고, 모두 F개의 면이 있으므로 면이 만들어 내는 모든 레이블의 합은 $2\pi F$이다. 이것들을 모두 더하면 구면의 넓이가 나와야 하므로

$$4\pi = 2\pi V - 2\pi E + 2\pi F$$

이다. 이 식의 양변을 2π로 나누면 우리는 오일러 공식 $2 = V - E + F$을 얻는다.

오일러 공식에 대한 오일러와 르장드르의 증명이 서로 매우 다르다는 것은 한 눈에 쉽게 파악 가능하다. 얼핏 보면 오일러의 증명이 "옳은 증명" 같아 보이거나, 혹은 적어도 옳은 방식인 것처럼 보인다. 오일러 정리는 조합적인 식이고, 오일러의 증명은 조합적인 방법을 사용했기 때문이다. 오일러는 꼭짓점, 변, 면의 관계를 매우 직접적으로 사용했다. 어떤 꼭짓점을 제거했을 때, 면과 변은 더해지거나 없어졌고 이것은 교대합(alternating sum)에서 아무 역할을 하지 못했다.

그에 반해, 르장드르는 구면, 각의 크기나 넓이처럼 오일러 공식과는 관계없어 보이는 개념을 사용하였다. 그의 증명은 옳고 매우 기발한 방법이지만, 왜 오일러의 공식이 옳은지에 대해서 명쾌한 방법으로 직관적인 설명을 해주지는 못한다. 그럼에도 불구하고, 르장드르 증명은 오일러 공식이 단순히 조합적인 정리가 아니라 그 이면에 더 많은 것이 숨겨져 있다는 것을 처음으로 알려주었다. 오일러의 공식을 측량기하학을 사용하여 증명할 수 있다는 사실은 오일러의 공식과 기하학 사이의 중요한 관계가 있다는 것을 암시한다. 우리는 이 주제에 대해서 20장과 21장에서 다시 다루게 될 것이다.

르장드르의 증명에 대해 마지막으로 주목할 만한 사실이 있다. 오일러의 방법으로는 오직 볼록다면체에 대해서만 오일러 공식이 증명 된다는 것을 주의해야 한다. 르장드

르 역시 오일러와 마찬가지로 다면체가 볼록하다고 가정했었다. 하지만 1809년에 쓰여진 루이 푸앵소(Louis Poinsot, 1777~1859)의 논문의 부록에서 푸앵소는 르장드르의 증명은 **별모양-볼록다면체**(star-convex polyhedron)로 불리는 조금 더 넓은 다면체 모임에 대해서도 적용가능하다는 것을 관찰하였다.[6]

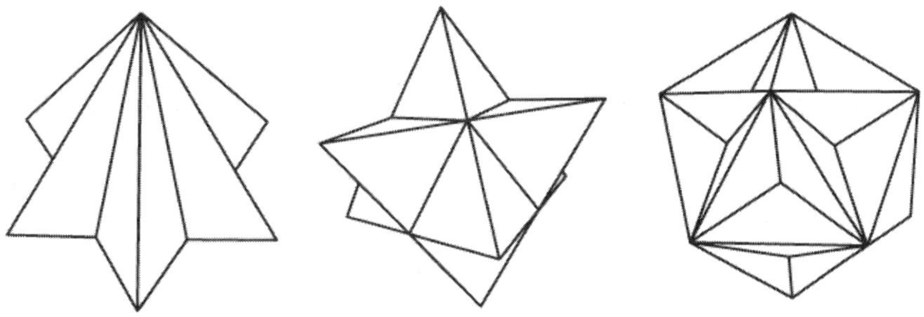

그림 10.12 별모양-볼록다면체들

그림 10.13 루이 푸앵소

르장드르의 증명의 첫 번째 과정은 다면체를 구면에 사영시키는 것이다. 이를 위해 사영의 중심이 될 내부의 한 점 x가 필요하다. 이 점이 만족해야 하는 중요한 성질은 이 점은 다면체의 모든 점을 "볼 수 있다"는 것이다. 볼록다면체는 어떤 내부의 점이라도 중심점 x로 잡을 수 있다. 하지만 대부분의 비볼록다면체는 그러한 중심점을 가지고 있지 않지만 일부 비볼록다면체는 그런 점을 가지고 있을 수 있다. 이런 다면체를 별모양-볼록다면체라 부른다. 그림 6.6의 케플러의 별모양다면체들은 별모양-볼록다면체의 예이다. 그림 10.12에서도 더 많은 예를 볼 수 있다. 이 별모양다면체에는 모든 것을 볼 수 있는 내부의 점이 있으므로, 이 점에서 우리가 원하는 사영을 할 수 있다. 푸앵소는 이것을 다음과 같이 설명하였다.

> 만약 누군가 입체의 내부에 어떤 구의 중심인 점을 잡고 입체의 각 면에서 중심까지 선분을 그었을 때 어떠한 선분끼리도 서로 겹치지 않는다면 [오일러공식]은 입체각이 안쪽으로 들어가 있는 경우에도 여전히 성립합니다. 어떤 면도 그 전체나 일부에서 다른 면과 사영했을 때 겹치지 않는다는 뜻입니다. 이 정리는 입체각이 안쪽으로 들어가 있는 무한히 많은 다면체에 대해서도 적용 가능합니다. 이 정리는 르장드르씨의 증명에서 아무것도 바꾸지 않고도 쉽게 사실이라는 것을 알 수 있습니다.[7]

르장드르의 공헌으로, 19세기 말까지 오일러 공식은 모든 볼록다면체에 대해서 탄탄한 기반위에 놓이게 되었고, 르장드르의 유명한 교재는 오일러공식의 아름다움을 대중에게 전파시켰다. 이어진 몇 년 사이에 푸앵소를 비롯한 유명한 수학자들이 이 아름다운 공식에 발을 들이게 되었다. 그들은 이 공식의 새로운 증명을 찾고, 더 나아가 공식의 일반화를 탐구하였다. 이러한 일반화를 이해하기 위해 그래프 이론이라는 새로운 영역에 대한 연구가 필요하게 되었다. 그래프 이론의 기원 역시, 그리 놀랍지도 않게 오일러이다. 쾨니히스베르크(Königsberg)라는 도시에 얽힌 가벼운 수학 퍼즐 문제에 대한 오일러의 연구가 바로 그 시발점이다.

CHAPTER

11 쾨니히스베르크 산책

★ 오래된 길 위로 다시 가는 것의 유용성이 무엇입니까? 당신이 걸어가는 그 길에는 독사가 있습니다. 당신은 반드시 새로운 길을 만들어야 합니다.

– 헨리 데이비드 소로(Henry David Thoreau)[1]

오일러공식을 현대적인 수학의 옷을 입혀 설명하기 위해서는 반드시 그래프 이론이라고 불리는 수학 영역에 대해 논의하여야 한다. 여기서 그래프란 고등학교 수학 시간에 배웠던 $y=mx+b$는 직선이고 $y=x^2$은 포물선이라고 하는 등의 함수의 그래프를 얘기하는 것이 아니다. 이것은 그림 11.1과 같은 그래프에 대한 것이다. 이 그래프는 꼭짓점(vertex)으로 불리는 점과 변(edge)라고 불리는 두 점을 잇는 선분으로 구성되어 있다.3)

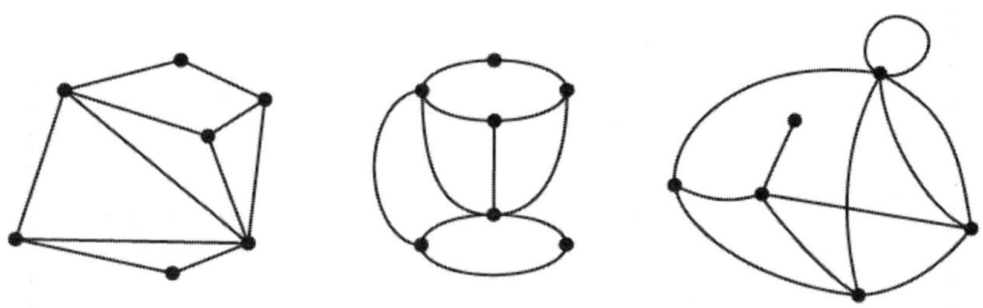

그림 11.1 그래프

1736년 오일러가 상트페테르부르크에 머무는 동안 오일러는 쾨니히스베르크의 일곱 개의 다리 문제(the seven bridges of Königsberg problem)로 알려진 유명한 새로운 문제에 매달렸다. 그가 다룬 이 문제는 그래프 이론(graph theory)과 위상수학(topology)의 탄생에 이바지했다고 이야기 한다.

쾨니히스베르크는 튜턴 기사단에 의해 1254년에 세워진 도시이다. 발틱해 근방의 프레겔 강의 갈래에 위치해 있는 이 도시는 그 당시에는 프로이센에 속해 있었다가 이후 동프로이센의 수도가 되었다. 세계 2차 대전 당시 연합군의 폭격으로 심하게 파

---

3) 가끔 이러한 그래프는 네트워크로도 불리는데 이때 꼭짓점과 변은 각각 노드(node)와 링크(link)로 불린다.

괴된 이 도시는 포츠담 조약을 통해 소련의 통제를 받게 되었다. 소련의 소속이 되고 난 이후 쾨니히스베르크는 많은 것이 변했다. 대부분의 독일인들은 쫓겨났으며 도시의 이름은 칼리닌그라드(Kaliningrad)로 바뀌었고 강의 이름도 프레겔 강에서 프레골랴 강으로 바뀌었다. 현재 칼리닌그라드는 러시아의 일부이고, 칼리닌그라드주의 중심 도시이다. 칼리닌그라드주는 러시아 소속이지만 다른 러시아 지역과 인접하지 않고, 폴란드, 리투아니아, 발틱해로 둘러싸여 있다. 스탈린그라드(Stalingrad)나 레닌그라드(Leningrad) 같은 도시와는 다르게 칼리닌그라드는 예전 공산주의 지도자의 이름을 따라 지은 것은 아니다. 쾨니히스베르크 지역 출신 중 가장 유명한 인사는 18세기 철학자인 임마누엘 칸트(Immanuel Kant, 1724~1804)이다. 또한 오일러가 그의 다면체 공식에 대한 발견을 알린 수학자인 크리스티안 골드바흐(Christian Goldbach)도 쾨니히스베르크 출신이다.

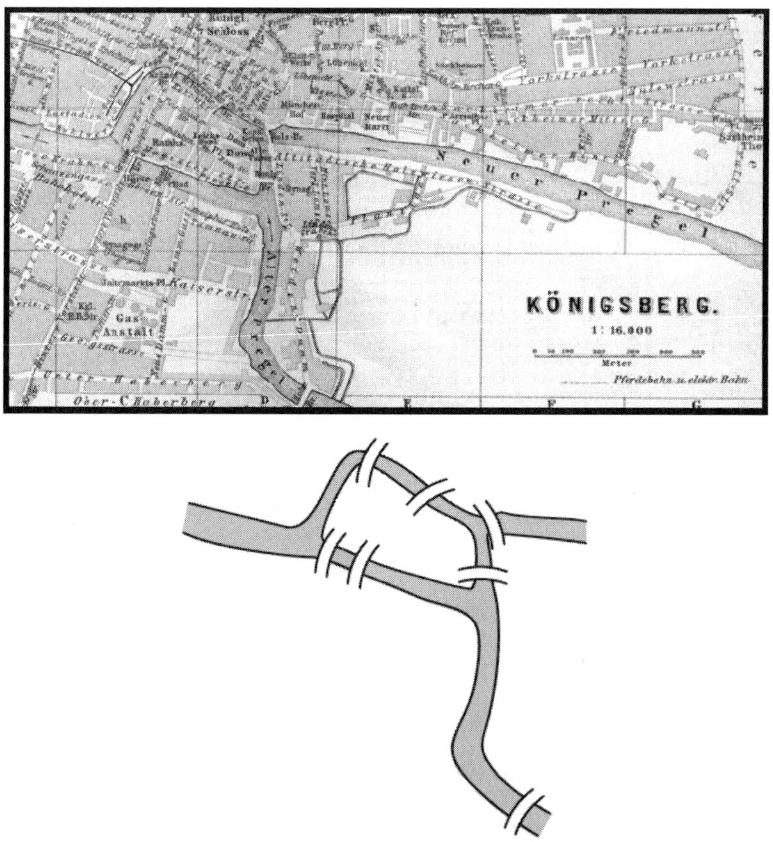

그림 11.2 쾨니히스베르크의 7개의 다리

이 도시는 강이 갈라지는 곳에 위치했고 분기점 근처 강의 한가운데에는 크네이프호프(Kneiphof)라는 섬이 있었다. 오일러 시대에는 그림 11.2와 같이 이 섬과 강의 제방을 잇는 일곱 개의 다리가 있었다. 이야기에 따르면 쾨니히스베르크에 살던 사람들은 도시 주변을 산책하는 것을 좋아했고, 모든 다리를 정확히 한 번 씩만 건너고자하는 시도를 종종했다고 한다. 하지만 누구도 이러한 경로를 찾지 못하였다. 이 과거의 이야기는 쾨니히스베르크의 다리 문제로 탄생하였다.

> 쾨니히스베르크의 7개의 다리를 어떤 다리도 두 번 건너지 않고 모두 지날 수 있겠는가?

오일러가 이 문제를 어떻게 접하게 되었는지는 알 수 없다. 아마도 오일러의 친구이자 프로이센의 단지그라는 도시의 시장이었던 카를 앨러(Carl Ehler)로부터 문제에 관한 이야기를 들었을 것이라고 짐작하고 있다. 1735년부터 1742까지의 기간에 앨러와 오일러 사이에 주고받았던 편지 중에는 쾨니히스베르크 다리 문제에 대해 논의 한 것이 있다. 오일러는 처음에는 이 문제에 큰 관심이 없었다는 것을 알 수 있다. 1736년 앨러에게 보낸 편지에 오일러는 다음과 같이 적었다.

> 고귀하신 선생님, 따라서 당신도 이런 종류의 해답이 얼마나 수학과 관계가 없는지 보실 수 있습니다. 선생님은 수학자가 다른 누구보다도 이 문제의 해답을 잘 찾을 수 있을 것이라고 생각하시지만 저는 선생님의 생각이 이해되지 않습니다. 이 해법은 이성에만 의존하고 있으며 이것의 발견은 어떤 수학적 원리와도 무관합니다.[2]

그러나 마침내 오일러는 시간을 들여 이 문제에 대해서 생각했다. 이 문제가 그 동안 존재했던 어떠한 수학적 구조에도 딱 들어맞지 않다는 특징 때문에 처음에는 그는 관심을 보이지 않았지만, 나중에는 오히려 그러한 특징이 그의 호기심을 자극했다. 오일러는 이 문제가 기하학적 문제로 보이지만, 거리를 필요로 하지는 않다는 것을 깨달았다. 이 문제를 해결하는데는 오직 점들의 상대적인 정보만이 필요했다.

1736년에 이탈리아 수학자이자 공학자인 지오바니 마리노니(Giovanni Marinoni, 1670~1755)에게 보낸 편지에는 이렇게 적혀 있다.

> 이 질문은 매우 진부하지만, 저에게는 기하학, 대수나 심지어 헤아리는 기술조차도 이 문제를 푸는데 충분하지 않는다는 점에서 주목할 만한 가치가 있어 보였습니다. 이런 관점에서 이 문제가 라이프니츠가 한 때 열렬이 동경했던 위치의 기하학에 포함되는지 여부가 궁금해 졌습니다.[3]

이 편지에서 오일러는 위치의 기하학으로 번역할 수 있는 geometriam situs라는 라이프니츠가 만든 용어를 사용했다. 나중에 이 용어는 '위치의 해석학(anlaysis situs)'으로 바뀌고, 최종적으로는 위상수학(topology)이 된다. 라이프니츠는 이 새로운 수학 분야를 "대수학이 양의 크기에 대해 다루듯이 이 분야는 위치를 직접적으로 다루는 분야"라고 이야기하곤 했다.[4] 오일러가 라이프니츠의 이 용어 사용에 대해 잘못 이해했는지 여부에 대해선 학자들 간에 의견차이가 있다. 그럼에도 불구하고, 오일러는 라이프니츠의 이러한 상황을 다루기 위해 새로운 수학적 도구가 필요하다는 인식에 대해서는 동의하고 있었다.

1736년 오일러는 상트페테르부르크 학회에 "위치의 기하학에 관계된 문제의 해법(Solutio problematis ad geometriam situs pertinentis)"[5]이란 제목의 논문을 제출한다. 이 논문은 1741년 출판되었다. 이 논문에서 오일러는 쾨니히스베르크 다리 문제를 풀었고, 오일러의 전형적인 특성답게 해법을 다른 레이아웃으로 일반화하였다.

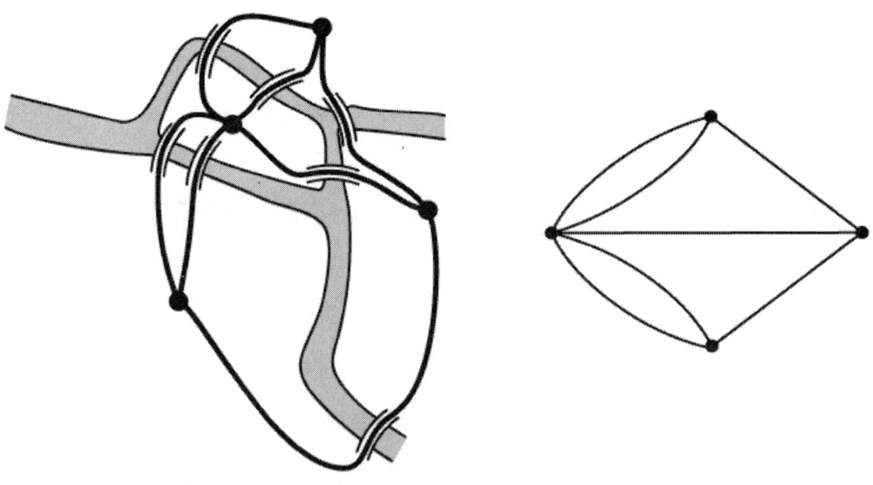

그림 11.3 쾨니히스베르크 다리 문제와 대응되는 그래프

오일러는 이 문제에서 각 육지와 그것들을 연결하는 다리 사이의 상대적인 위치만이 유일한 중요한 점이라는 것을 깨달았다. 다이어그램을 사용하여 이 상황을 쉽고 우아하게 추상화 할 수 있다. 꼭짓점을 각 육지 부분에 하나씩 놓고(세 개의 제방을 이루는 육지에 꼭짓점을 하나씩 놓고, 섬에도 하나 둔다) 두 육지를 연결하는 다리의 개수와 같은 개수의 변으로 그 육지들에 놓인 꼭짓점을 연결한다. 최종 그래프는 그림 11.3에서 볼 수 있다.

이런 방법으로 쾨니히스베르크 다리 문제를 그래프에 관계된 문제로 바꿀 수 있다. 즉, 이 그래프의 어떤 변도 두 번 지나지 않고 연필을 떼지 않은 채로 이 그래프를 그리는 것이 가능하겠는가? 이런 방식을 '**한붓그리기**(graph tracing)'라 부른다. 이 예로부터 보다 일반적인 문제를 명확하게 나타낼 수 있다. 주어진 그래프를 한붓그리기 방식으로 그릴 수 있는지 여부를 어떻게 결정할 수 있는가?

흔히 그림 11.3에 보이는 쾨니히스베르크 그래프가 오일러 논문에서 처음으로 발견되었다고 오해하는 경우가 많다. 사실은 쾨니히스베르크 그래프를 포함하여 어떤 다른 그래프도 오일러의 논문에는 등장하지 않았다. 그래프의 한붓그리기는 쾨니히스베르크 다리 문제와는 독립적으로 발전하였다. 한붓그리기 퍼즐은 19세기 초반에서야 수학 논문과 수학 오락 서적에 모두에 처음으로 등장하였다. 이후 1892년에 이르러서야 월터 윌리엄 라우스 볼(W. W. Rouse Ball, 1850~1925)의 유명한 "수학적 놀이와 문제(Mathematical Recreations and Problems)"[6]라는 책에서 처음으로 오일러의 쾨니히스베르크 다리에 대한 결과와 한붓그리기 문제 사이의 관계를 표현하였다. 쾨니히스베르크 그래프는 오일러의 논문이 출판된 이후 150년이 지나 볼의 책에서 처음 등장한 것이다.

오일러의 논문은 그래프 이론의 기원으로 종종 인용되곤 한다. 이러한 관점은 전혀 부당하지 않다. 비록 오일러는 이 논문에서 어떠한 그래프도 그리지 않았지만, 문제를 추상적으로 다루는 그의 방식은 그래프 이론의 논리와 닮았다. 새로운 분야인 위치의 기하학 혹은 위상의 쾨니히스베르크 다리 문제에 대한 응용과 혁신적인 관점으로써의 오일러의 인식은 새로운 분야의 시작을 야기하였다.

오일러의 해법을 논의하기 위하여 몇 가지 정의가 필요하다. 다면체에서와 같이, 꼭짓점의 **차수**(degree)는 그 꼭짓점에서 만나는 변의 개수이다. 만일 어떤 꼭짓점에 고리(그림 11.1의 오른쪽 그래프에서 보이는 것처럼 이 꼭짓점에서 시작하여 같은 점에서 끝나는 변을 고리(loop)라고 한다)가 있다면, 이 고리는 그 꼭짓점의 차수를 2가 되게 한다. 쾨니히스베르크 다리 문제에서의 그래프는 차수가 3인 세 개의 꼭짓점과 차수가 5인 한 개의 꼭짓점이 있다. 그래프가 **연결**(connected)되어 있다는 것은 임의의 꼭짓점에서 시작하여 오직 인접해 있는 변만을 따라가면서 그래프 상의 모든 꼭짓점에 도달할 수 있다는 것을 의미한다.

그래프의 한 꼭짓점에서 시작하여 그래프를 따라가다 다른 꼭짓점에서 멈추는 것을 **보행**(walk)이라고 한다. 우리는 매우 특별한 보행에 대해서 관심이 있다. 바로 모든 변을 정확히 한 번씩 지나는 보행이다. 이러한 보행을 **오일러보행**(Euler walk)이라 부른다. 만약 오일러보행이 한 점에서 시작하여 같은 점에서 끝난다면 이를 **오일러회로**(Euler circuit)이라 부른다. 일반적으로 **회로**(circuit)란 한 점에서 시작하여 같은 점에서 끝나는 그래프의 회로 중 같은 변을 두 번지 나가지 않는 것을 의미한다. 물론 오일러회로가 아닌 회로는 모든 변을 다 지나지 않는다.

그래프 이론의 언어를 사용하여 쾨니히스베르크 문제를 다음과 같이 바꿀 수 있다.

> 그림 11.3의 쾨니히스베르크 다리 그래프는 오일러 회로를 가질까? 더 일반적으로 그래프가 오일러 회로를 가지는 것을 어떻게 판단할 수 있을까?

오일러는 이 두 문제를 모두 풀었다. 오늘날 사용하는 그래프 이론의 언어로 표현하면 다음과 같다.

> 어떤 그래프가 연결되어 있고 홀수 차수를 가지는 꼭짓점의 개수가 0개 혹은 2개이면 이 그래프는 항상 오일러보행을 가진다. 만약 홀수 차수의 꼭짓점이 두 개가 있다면 이 보행은 반드시 이 두 꼭짓점 중 하나에서 시작해야 한다. 홀수 차수의 꼭짓점이 없다면 어떤 점에서든지 시작할 수 있다.

이 판별법을 사용하면 쾨니히스베르크 다리 문제를 쉽게 풀 수 있다. 쾨니히스베르크 그래프는 네 개의 홀수 차수의 꼭짓점을 가지고 있으므로 오일러 회로를 가지지 않는다! 따라서 쾨니히스베르크의 주민들이 이상적인 오후의 산책길을 찾지 못해 좌절한 것은 더 이상 놀라운 일이 아닌 것이다.

하지만 오일러의 해법이 참인 이유가 뭘까? 물론 그래프의 연결성은 당연히 필요하다. 홀수 차수를 가지는 꼭짓점이 없거나 두 개가 있어야 한다는 주장은 약간의 생각을 필요로 한다. 이 정리를 증명하기 위해, 우리는 두 개의 목표를 생각해야 한다. 하나는 만약 그래프가 오일러보행을 가지고 있다면 반드시 홀수 차수의 꼭짓점이 없거나 혹은 정확히 두 개 있음을 보여야 한다. 또 다른 하나는 그것의 역이다. 즉, 어떤 연결된 그래프가 0개 혹은 2개의 홀수 차수 꼭짓점을 가진다면 이 그래프는 반드시 오일러보행을 가져야 한다.

오일러보행을 가지고 있는 그래프가 있다고 가정하자. 우리는 이 그래프가 반드시 0개 혹은 2개의 홀수 차수 꼭짓점을 가진다는 것을 보일 것이다. 얇은 투사지 한 장을 그래프 위에 올려놓고 오일러보행 따라 선을 그려보아라. 오일러보행을 시작하자마자 투사지에 그려진 그래프의 일부만 보면 첫 번째 꼭짓점의 차수가 1이고 나머지 모든 꼭짓점의 차수는 0이다. 오일러보행을 계속 따라가서 두 번째 꼭짓점을 지나치면 이 두 번째 꼭짓점의 차수는 2가 된다. 이 작업을 계속하여 꼭짓점을 지날 때 마다 그 꼭짓점의 차수를 2 올려준다. 이때 차수의 홀짝성은 변하지 않음을 주목하자. 이것을 보행이 끝날 때까지 계속하자. 이 보행은 마지막 꼭짓점의 차수를 1 올리면서 끝난다. 만약 오일러보행의 시작점과 끝점이 다르다면 이 두 꼭짓점의 차수는 홀수일 것이고 그 두 점이 유일한 홀수 차수의 점이 될 것이다. 만약 보행의 시작하는 점과 끝나는 점이 서로 같다면 이 점을 포함하여 모든 점의 차수가 짝수가 될 것이다.

오일러는 그 역, 즉 그래프가 0개 혹은 2개의 홀수 차수의 꼭짓점을 갖는다면 오일러보행이 존재한다는 것은 당연하다고 여겼다. 이 사실에 대한 첫 번째 증거는 카를 히데르홀쩌 (Carl Hierholzer, 1840~1871)에 의해 제공되었다. 이 증명은 그가 죽고 난 이후 1873년에야 출판되었다.[7]

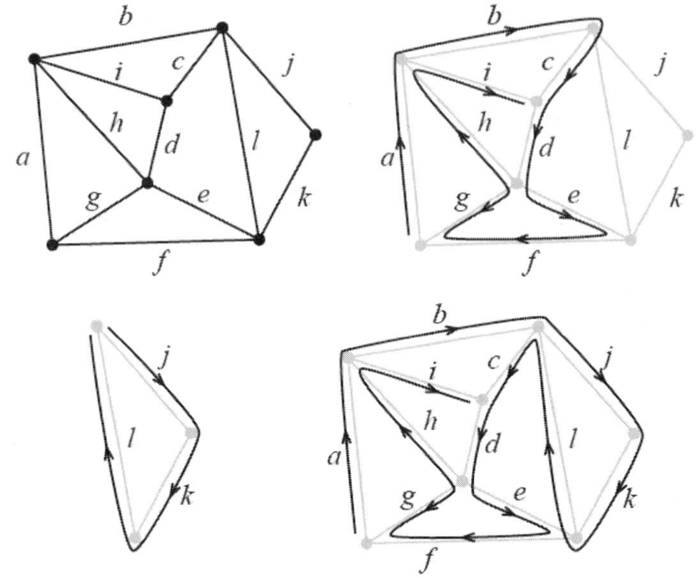

그림 11.4 오일러보행 만들기

홀수 차수의 꼭짓점을 가지지 않거나 정확히 두 개 가지는 연결 그래프에서 시작하자. 만약 그래프가 홀수 차수의 꼭짓점의 쌍을 가지고 있다면 연필을 이 중 하나에 두자. 만약 홀수 차수의 꼭짓점이 없다면 연필을 아무 점에다 두어도 된다. 이제 그 꼭짓점에 연결된 아무 변을 따라 나아가자. 첫 번째 꼭짓점에 도착하면 그 꼭짓점과 연결된 아무 변이나 다시 골라서 나아간다. 이렇게 꼭짓점을 만날 때마다 그 꼭짓점과 연결된 아무 변을 골라 나아가면서(물론 이전에 한번 지나왔던 변을 다시 고를 수는 없다) 더 이상 나아갈 수 없을 때까지 이 작업을 계속하자. 만약 홀수 차수의 꼭짓점에서 출발했으면 이 경로의 끝은 반드시 다른 홀수 차수의 꼭짓점이어야 하고, 홀수점이 없는 경우에서는 이 경로는 반드시 원래의 자리로 돌아와야 한다. 왜냐하면 많아야 두 개의 점을 제외하면 모든 점의 차수가 짝수이고 각 꼭짓점을 지날 때마다 지날 수 있는 변이 두 개씩 줄어들게 되므로 이 과정에서 여전히 모든 남아있는 변의 개수는 짝수 개다. 즉, 이 꼭짓점과 만나는 변이 없는 경우를 제외하면 모두 최소 2개의 변을 가져야 한다. 따라서 이 경로에 어떤 꼭짓점에 들어간다면 그 꼭짓점이 원래 홀수차수를 가지고 있거나 시작하는 점이 아니라면 반드시 다시 나올 수 있는 변이 존재하게 된다. 그림 11.4에서 $abcdefghi$를 따라가는 경로가 바로 그러한 보행이다.

만약 이 경로가 그래프의 모든 변을 지나지 않는다면, 앞서 지나갔던 그래프의 변을 제거하고 남아 있는 그래프만 생각한다(이 그래프는 더 이상 연결이 되지 않을 수도 있다.). 이제 다시 연필을 두고 아까 지웠던 그래프에 포함되어 있었지만 여전히 변이 남아 있는 꼭짓점에 두자(처음 그래프가 연결이므로 반드시 그런 꼭짓점은 존재해야 한다.). 아까와 같은 작업을 반복하면서 더 이상 진행할 수 없을 때 까지 반복하자. 이 예제에서는 보행 jkl을 얻을 수 있다. 이제 이 새로운 경로를 원래 앞에서 만들었던 보행의 적절한 위치에 끼워 넣는다. 우리의 예에서는 jkl이 원래의 보행에서 변 b와 c 사이에 넣을 수 있다. 따라서 최종적으로 오일러보행 $abjklcdefghi$를 얻는다. 일반적으로 모든 변을 다 포함할 때까지 여러 번 끼워 넣어야 할지도 모른다.

위에 주어진 원래 문제에 대한 해법보다 한붓그리기에 대해 더 많은 걸 배웠다는 것을 기억하자. 우리 논의의 목적은 오일러보행을 찾는 것이었지만, 우리는 동시에 같은 점에서 시작하고 끝나는 오일러회로를 언제 갖게 되는지에 대해서도 판단할 수 있게 되었다.

그것은 다음과 같다.

> 연결된 그래프가 홀수 차수의 꼭짓점을 가지고 있지 않으면 이 그래프는 항상 오일러회로를 가진다. 이 경우 어떤 점도 오일러 회로의 시작과 끝이 될 수 있다.

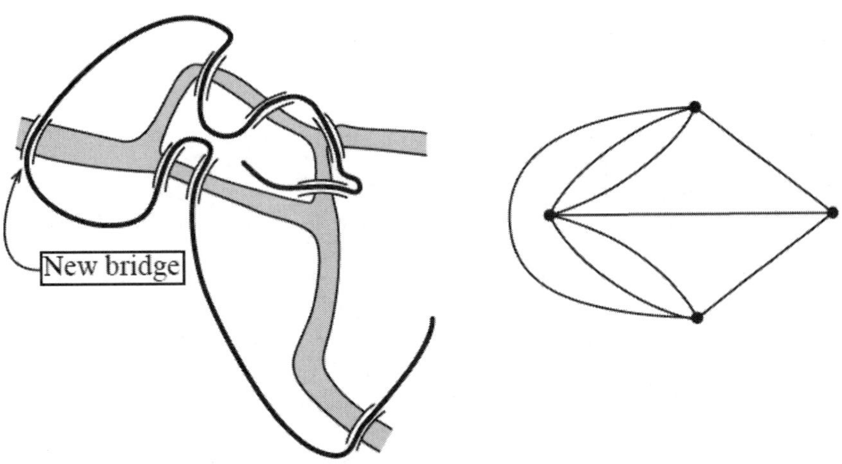

그림 11.5 쾨니히스베르크의 새 다리와 이것에 대응되는 새 그래프

오일러가 쾨니히스베르크 다리의 산책 경로를 해석하고 난 뒤 150여년이 지난 1875년, 도시에는 새로운 다리가 건설되었다.[8] 이 다리는 크네이프호프 섬 서쪽에 북쪽의 둑과 남쪽의 둑을 바로 연결하도록 지어졌다(그림 11.5 참조). 따라서 홀수 차수의 꼭짓점에 해당하는 지역은 가운데 섬과 강의 갈림길 사이에 있는 지역으로 정확히 두 개가 되었다. 이제 쾨니히스베르크의 주민들은 각 다리를 한 번씩 지나면서 모든 다리를 산책할 수 있게 되었다. 물론 어떤 주민들은 자기 집 앞에서 시작하면 그러한 산책 경로를 따라갈 수 없다. 그리고 그 누구도 산책을 시작한 곳에서 산책을 끝낼 수도 없다.

쾨니히스베르크 다리 문제의 푸는 과정은 일반적인 수학 현상을 함축한다. 어떤 문제를 해결하고자 할 때, 외부의 불필요한 정보 때문에 압도당할 수 있다. 좋은 문제를 푸는 방법은 쓸모없는 정보를 제거해 버리고, 상황의 본질에 집중해야 한다. 쾨니히스베르크 다리 문제에서는 다리나 각 영역의 정확한 위치나, 강의 폭, 섬의 모양 등이 불필요한 정보에 해당한다. 오일러는 이 문제를 그래프 이론의 용어로 바꾸어 단순하게 서술하였다. 이것이 바로 천재성을 보여준 것이다.

마지막으로 세 개의 예를 소개하면서 이 장을 마치려 한다. 1847년 요한 베네딕트 리스팅(Johann Benedict Listing, 1808~1882)은 그림 11.6에서 보이는 한붓그리기 문제를 위한 그래프를 만들었다(이 그래프의 꼭짓점은 각 선들의 교점이지만 이 그림에서 따로 표시 하지는 않았다.).[9] 이 그래프가 오일러보행을 가질까? 이 그래프가 오일러회로를 가질까? 이 문제에서 오일러보행을 바로 찾는 것을 시도하기 전에 앞에서 논의했던 한붓그리기에 대한 결과를 활용하기 위한 고민을 좀 더 해보기를 바란다.

그림 11.6 리스팅의 그래프–한붓그리기 퍼즐

이 그래프에서 가장 왼쪽의 꼭짓점과, 가장 오른쪽의 꼭짓점만 차수가 5이고 나머지 모든 꼭짓점은 모두 짝수 차수를 가진다는 것을 볼 수 있다. 따라서 정확히 두 개의 홀수 차수 꼭짓점이 있으므로 리스팅의 그래프는 오일러보행을 가지고, 모든 오일러보행은 반드시 양 끝점 중 하나에서 시작해서 다른 하나에서 끝나야 한다. 이 그래프는 홀수 차수 꼭짓점을 가지고 있으므로 오일러회로는 가지고 있지 않다.

두 번째 예제는 쾨니히스베르크 다리 문제의 변형이다. 그림 11.7과 같이 벽돌 벽과 닮은 모양의 그림을 생각하자. 이 그림 위에 한 개의 끊어지지 않는 곡선을 그어서 그림의 모든 선분을 정확히 한번 씩 지나가게 할 수 있을까?(곡선이 시작하는 벽돌과 도착하는 벽돌이 다를 수 있다.) 가령 오른쪽 그림과 같은 시도는 잘못된 해답이다. 곡선이 한 개의 선분을 지나가지 않기 때문이다.

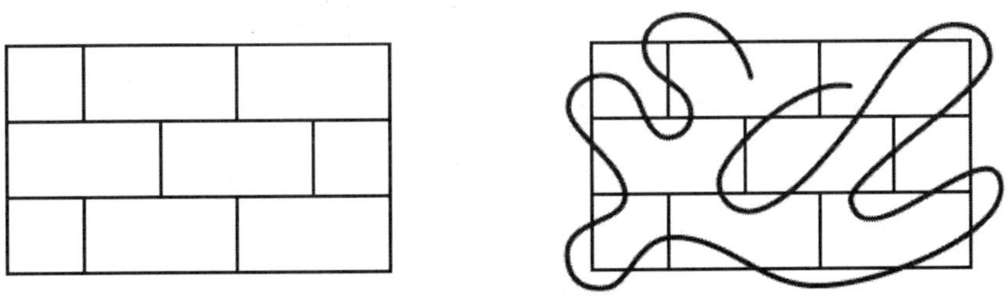

그림 11.7 벽돌 벽 퍼즐의 잘못된 답

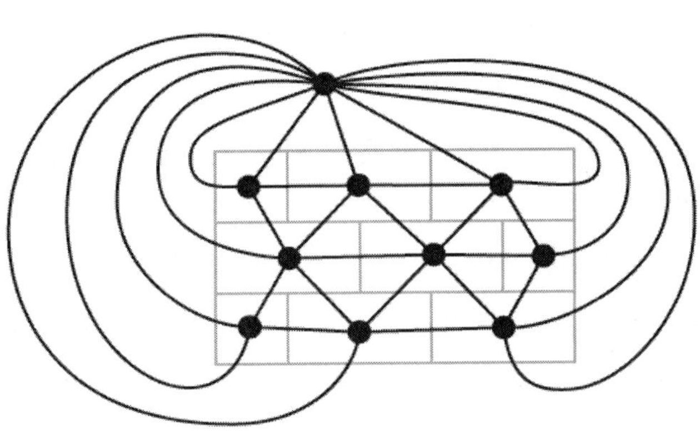

그림 11.8 벽돌 벽 퍼즐로부터 만들어지는 그래프

이 두 번째 예제의 조건을 만족하는 곡선을 그리는 것은 가능하지 않다. 이 주장의 정당함을 보이기 위해 이 문제를 그래프-한붓그리기 문제로 바꾸어 보자. 모든 벽돌에 한 개씩의 꼭짓점을 놓고 바깥 영역에도 한 개의 꼭짓점을 놓자. 그림에서 각 꼭짓점을 포함하는 벽돌이 한 개의 선분으로 나뉘어져 있으면 두 꼭짓점을 연결하는 변을 그리자(그림 11.8 참조). 이제 이 그래프가 오일러보행을 가지고 있는지만 보면 충분하다. 이 그래프는 차수가 5인 네 개의 꼭짓점을 가지고 있으므로 이 그래프에는 오일러보행이 존재하지 않는다. 따라서 원하는 성질을 만족하는 곡선 역시 존재하지 않는다.

마지막 예는 그래프 이론과 오일러보행의 도미노 게임에 대한 적용이다. 이 예는 오를리 테르퀴엠(Olry Terquem, 1782~1862)에 의해 1849년에 만들어진 것이다.[10] 도미노란 0개에서 6개까지의 눈이 그려진 정사각형 모양 두 개를 나란히 붙여 타일을 만든다. 각각의 다른 타일을 한 장씩 모두 모아 놓은 것이 도미노의 기본 한 세트가 된다. 도미노 한 세트에는 모두 28개의 타일이 있다. 게임은 두 명의 플레이어가 서로 번갈아 가면서 도미노의 기본 한 세트에 있는 타일들을 규칙에 맞게 놓으면서 진행된다. 도미노는 이미 놓여 있는 도미노 더미에 한쪽 타일이 맞닿도록 붙인다. 이때 서로 맞닿는 타일은 반드시 같은 개수의 눈이 그려져 있어야 한다. 같은 개수의 눈이 그려진 타일 두 개로 만들어진 도미노는, 같은 개수의 눈이 그려진 타일에 반반씩 걸치도록 T자 형태로 놓을 수도 있다(그림 11.9 참조). 어느 누군가 더 이상 도미노 타일들을 놓을 수 없게 되면 게임은 끝난다. 이 게임은 항상 모든 도미노 타일들을 다 소모하지 않은 채로 끝날까? 아니면 모든 도미노 타일들을 소모해야 게임을 끝낼 수 있을까?

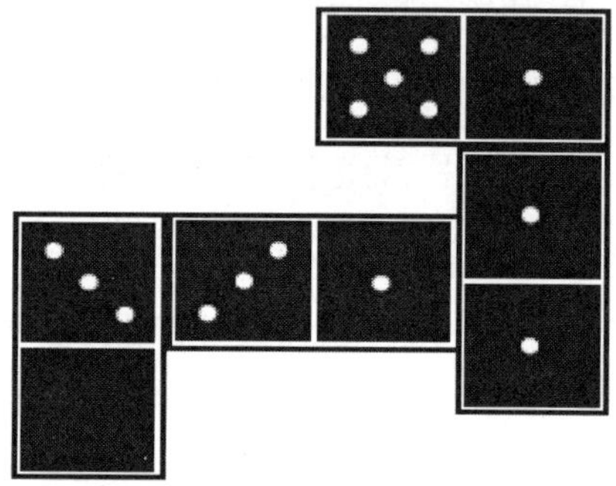

그림 11.9 전형적인 도미노 게임

이 문제를 해석하여 다음과 같은 그래프를 만들어 내자. 먼저 0부터 6까지 레이블을 붙인 일곱 개의 꼭짓점을 만들자. 각각의 도미노는 이 그래프의 변과 대응된다. 도미노의 두 타일에 각각 m개, n개의 눈이 그려져 있으면, 이 그래프에서는 꼭짓점 m과 n을 잇는 변이 된다. 이런 방식으로 모든 도미노를 그래프에 그려 넣으면 그림 11.10과 같은 그래프를 얻는다. 이 그래프는 각각의 꼭짓점에서 고리를 가지고 있다. 이 고리는 같은 개수의 눈이 그려진 타일 두 개로 만들어진 도미노와 대응된다.

이 도미노 그래프의 각 꼭짓점은 모두 차수가 8이다. 모든 차수가 짝수이므로 그래프는 오일러 보행을 가져야 한다. 따라서 그래프의 모든 변을 정확히 한번 씩 지나는 경로를 찾을 수 있다. 이 관찰은 도미노 문제를 풀기 위한 핵심이다. 모든 도미노를 소모해서 게임을 끝낼 수 있음을 보이기 위해, 이런 경로와 관련된 실제 도미노 배치가 있음을 보이면 충분하다. 하지만 이런 도미노 배치를 찾는 것은 간단하다. 비록 실제 게임에서 이런 상황은 잘 벌어지지 않겠지만, 도미노를 일렬로 배치하면 가능한 일이다.

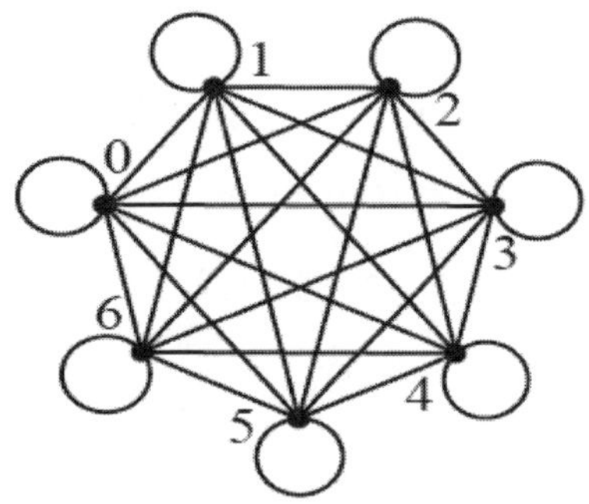

그림 11.10 표준적인 도미노 한 벌과 관련된 그래프

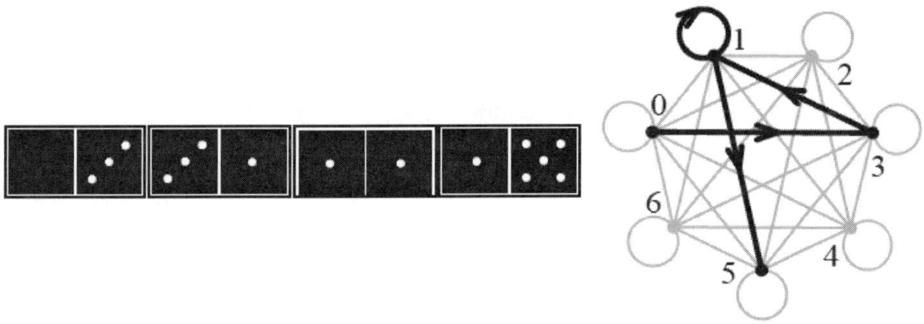

그림 11.123 모든 도미노가 사용된 도미노 게임의 일부와 대응되는 그래프

오일러보행에서 첫 번째 변에서 시작하자. 만약 이 변이 꼭짓점 0과 3을 잇는다고 하자. 그럼 눈이 각각 0개, 3개인 타일로 만들어 진 도미노를 둔다. 이제 오일러보행에서 두 번째 변을 생각하자. 이 변은 반드시 꼭짓점 3에서 시작해야 한다는 것을 알고 있다. 만약 이 꼭짓점이 3과 1을 잇는다고 하자. 그러면 눈이 각각 3개, 1개인 타일로 만들어진 도미노를 아까 전에 놓아두었던 도미노 옆에 나란히 둔다(그림 11.11 참조). 이런 식으로 모든 도미노를 계속해서 나란히 놓게 되면, 우리가 따라가는 경로가 오일러보행이므로 모든 변이 정확히 한번 씩 지나게 된다. 즉, 표준적인 도미노 한 벌에 있는 모든 도미노를 정확히 한 번씩 서서 일렬로 나란히 놓을 수 있다.

이 예제들은 그래프 이론이 수학적 놀이에 멋진 응용을 가지고 있음을 보여준다. 이뿐 아니라, 그래프 이론은 전산학, 네트워크 이론, 사회구조, 운송 시스템, 역학 모델링 등 굉장히 다양한 분야에 실용적인 응용을 제공해 주는 매우 중요한 수학 분야이다. 이어지는 장에서도 그래프 이론을 다시 보게 될 것이다. 특히 특정한 그래프의 모임에 대해서 성립하는 오일러 공식과 유사한 식을 제시하고자 한다.

CHAPTER

12 코시의 평평한 다면체

★ 코시는 수학을 어떻게 사용해야 하는지를 아는 현 시점에서의 유일한 사람이기는 하나 자기 자신을 어떻게 해야 하는지는 모르는 어리석은 자이다.

– 닐스 아벨(Niels Abel)[1]

오일러가 다면체공식을 발견한 이후 수백 년 동안 수많은 새로운 증명이나 특이한 다면체 모양으로의 다양한 일반화가 많이 시도되었다. 첫 번째 중요한 일반화는 오귀스탱 루이 코시(Augustin–Louis Cauchy)에 의해 만들어 졌다. 코시는 다면체 공식의 천재적인 새로운 증명도 제시하였다.

코시는 1789년 파리에서 태어났다. 코시는 정부 고위 관리자의 장남이었다. 비록 프랑스의 공포정치 기간 동안 코시의 집안은 몰락했지만, 코시의 아버지는 코시가 좋은 교육을 받을 수 있게 하였다. 코시는 그의 젊은 시절에 이미 수학자 피에르시몽 드 라플라스(Pierre– Simon Laplace, 1749~1827)와 조제프루이 라그랑주(Joseph–Louis Lagrange), 화학자 클로드 루이 베르톨레(Claude Louis Berthollet, 1749~1827) 등과 같이 유명한 학자들과 알고 지냈고, 그렇기 때문에 일찍부터 영향력 있는 학자들에게 이름을 알릴 수 있었다.

그림 12.1 오귀스탱 루이 코시

코시는 군대 기술자로 루흑끄 운하(Ourcq Canal), 세인트 클라우드 다리(Saint–Cloud Bridge), 쉘 부르 해군 기지 등에서 일하면서 간단한 경력을 쌓았다. 코시의 첫 번째 수학 논문은 1811년에 작성되었다. 그가 파리로 돌아오기 2년 전, 수학자로서의 경력을 막 시작할 때였다. 1815년 코시는 에콜 폴리테크니크(École Polytechnique)에서 일하기 시작했다.

코시는 실로 엄청난 다작의 학자이다. 그의 풍부한 실적은 오일러에 이어 두 번째이다. 그가 출판한 연구는 서적 7권과 논문 800여 편 등 적어도 27권 정도의 책을 가득 채울 분량의 내용이다. 비록 출처가 의심스러운 이야기라 할지라도, 연구자 1인당 매년 출간하는 연구물 수를 제한하는 프랑스 아카데미(French Academy)의 규정은 코시의 펜으로부터 흘러나오는 출판물 홍수로 인해 새로 생긴 것이라는 말도 있다.

코시는 복소해석학, 실해석학, 대수학, 미분방정식, 확률론, 결정론, 수리물리학을 포함한 수학의 많은 분야에서 다양하고 중요한 기여를 하였다. 코시는 수학에서의 엄격함에 대한 필요성을 입증한 사람 중 한명이다. 뉴턴, 라이프니츠, 오일러 등에 의해 소개된 미적분학의 기본적인 아이디어의 많은 부분은 코시에 의해 마침내 확고한 이론적 토대 위에 놓이게 된다. 연속, 극한, 도함수, 정적분 등의 현대적인 정의 역시 본질적으로는 코시가 만든 것이다. 에콜 폴리테크니크에서의 정기적 강연과 수많은 출판물을 통해 코시는 19세기 전반부에 수학계에서 항상 존재하는 목소리가 되었다.

코시의 영향력은 수많은 정리, 성질, 개념 등에 코시의 이름이 붙어 있는 것으로 입증이 된다. 아마도 그 어떤 수학자보다도, 심지어는 오일러보다 코시의 이름이 붙은 것이 더 많을 것이다. 그러나 코시는 자신이 위대한 수학자가 될 거라고 생각하지 못했던 것 같다. 코시는 그의 위대한 연구를 어떠한 깊이나 중요성에 대해 전혀 고찰하지 않은 채로 출판하는 경우가 많았다. 수학자 한스 프로이덴탈(Hans Freudenthal, 1905~1990)은 "거의 모든 경우에, 코시는 그의 발견의 최종 형태를 다음 세대를 위해 남겨 두었습니다. 코시가 성취한 모든 것에서 다소 의아할 정도로 깊이의 부족이 있습니다… 코시는 위대한 수학자 중에서 가장 피상적인 사람이었습니다. 코시는 어떤 대상을 구체화하지 않아도 단순하고 근본적인 것이라는 것을 알아차리는 감각을 가지고 있었습니다."라고 평가했다.[2]

비록 코시는 수학자로서는 엄청나게 인정받은 학자이지만, 한 명의 인간으로서 안정을 받았던 것은 아니다. 코시는 고집쟁이로 알려져 있으며, 그는 멜로드라마에서나 나올 것과 같은 사람이었다. 이러한 그의 특징은 프랑스에서 토리노와 프라하에 거의 10년 동안 망명한 사건에서 잘 나타난다. 코시는 정치적으로 1830년의 혁명 이후 쫓겨난 부르봉 왕가의 샤를 10세를 따르는 보수파였다. 코시가 프랑스를 떠나기 전과 돌아온 이후에, 새로운 정권에 따르는 서약에 맹세하는 것을 거부한 것은 물론이거니와 동의하거나 말하는 것조차 거절하였다. 코시는 자선 활동으로 인해 실체가 드러나지 않았으나 사실은 "편협하고, 이기적이고, 속좁은 광신자"인 완고한 카톨릭 신자였다.[3] 한 전기 작가는 코시에 대해 "정치에서는 거들먹거리는 부르봉 왕조 지지자이고 종교에서는 독선적이고 설교적이면서 신앙심이 깊은 신자였습니다……. 코시를 따르는 과학자들은 그를 좋아하지 않았고 거드름 피우는 위선자라 생각 했습니다."라고 평가했다.[4]

코시의 첫 번째 수학 논문은 코시가 기술자로 일하고 있을 무렵에 쓰였다. 이 논문은 다면체에 대한 결과를 포함하고 있는데, 앞의 5장에서 논의했었던 코시의 견고성 정리나, 오일러 공식에 대한 연구 결과 등이 이때의 업적이다. 그러나 이 결과들은 코시가 기하학에 기여한 업적 중 아주 일부에 지나지 않는다.

오일러 공식에 대한 코시의 증명이 이전 다른 선행자들의 증명과 구별 되는 가장 큰 인상적인 특징은 코시의 증명에서 다면체는 속이 차 있는 도형이 아니라 속이 텅텅 빈 껍질로 생각했다는 점이다. 더 분명하게는, 코시는 "다면체의 볼록 곡면"을 생각했다.[5] 사실 코시는 다면체를 여전히 입체로 보고 있었는데, 다면체와 볼록 곡면을 구별한 것이나 논문의 증명과정에서 다면체를 더 작은 다면체들에 새겨 상을 만들거나 하는 것에서 이를 알 수 있다. 오직 증명의 목적을 위해, 코시는 다면체의 속이 비었다고 가정한 것이다.

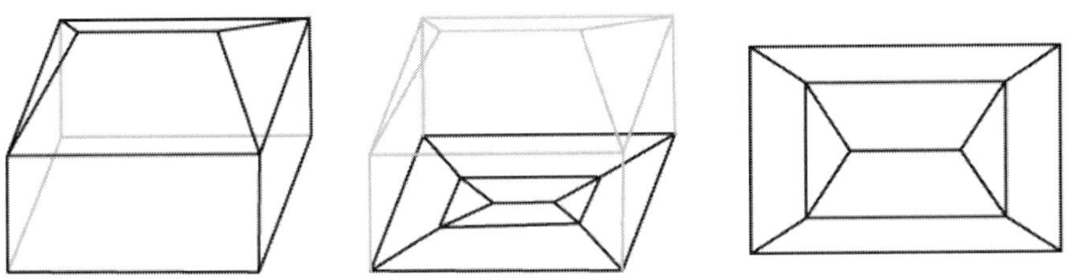

그림 12.2 코시는 다면체를 바닥에 있는 면으로 사영시켰다.

코시의 증명에서 첫 번째 단계는 이 속이 빈 다면체를 평면의 그래프로 만드는 것이다. 다면체의 면 하나를 제거하고, 다른 모든 꼭짓점을 수를 변화 시키지 않고 이 제거된 면으로 다 옮기면, 주어진 윤곽에 포함되는 몇 개의 다각형으로 만들어지는 평면그래프가 된다. 코시는 이 설명을 "이 남아있는 면들은… 제거된 면의 윤곽 안에 포함되는 다각형 한 벌 형태로 생각할 수 있습니다"라고 분명히 했다. 그림 12.2는 집모양의 다면체를 거실에 해당하는 면으로 옮기는 과정을 묘사하고 있다.

코시와 동시대 인물인 수학자 요셉 디아즈 게르고네(Joseph Diaz Gergonne, 1771~1859) (15장에서 다시 만나게 된다)는 이 과정을 다음과 같이 설명하였다.

> 한 면이 투명한 다면체를 택합니다. 그리고 다면체의 바깥에서 눈을 이 투명한 면에 아주 가깝게 가져가는 것을 상상합니다. 그러면 다른 모든 면의 내부를 인지할 수 있습니다. 다면체가 볼록이면 이것은 항상 가능합니다. 모든 것이 잘 배열되어 있습니다. 이제 투명한 면을 포함하여 평면에 다른 면들의 집합을 투시하여 그린 것을 상상합시다.[6]

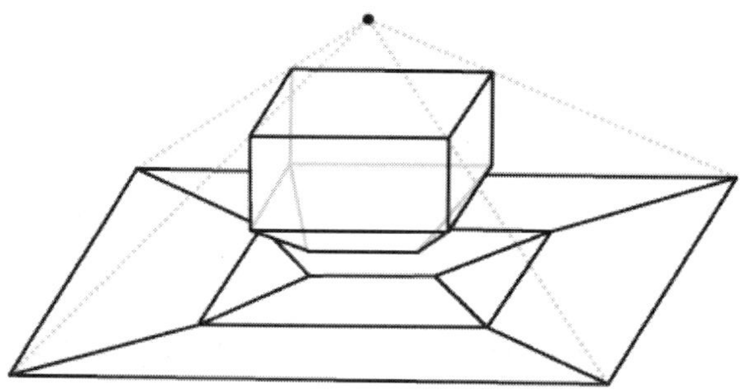

그림 12.3 변의 그림자처럼 보여 지는 평평한 다면체

러카토스(Imre Lakatos, 1922~1974)가 작성한 명저 '증명과 반박(Proofs and Refutations)'에서 게르고네의 아이디어를 보다 현대적인 방법으로 설명하였다. 제거된 면에 사람의 눈이 아닌 카메라를 가져가서, 다면체의 내부를 사진으로 찍으면 그래프는 사진에 찍힌 모양처럼 나타난 다는 것이다. 또 다른 시각화의 좋은 방법은 평평한 다면체를 그림 12.3과 같이 전구를 제거된 면 근처에 두었을 때 생기는 각 변의 그림자로 표현하는 방법이다.

코시는 오일러 공식을 증명하기 위해 그런 방식으로 얻어지는 그래프의 꼭짓점, 변, 면의 상대적인 개수를 헤아리는 것으로 충분하다는 것을 알아차렸다. 코시는 이 그래프가 $V-E+F=1$을 만족한다는 것을 증명하였다. 이 사실이 성립한다면, 다면체 공식의 증명을 완성 시키는 것은 쉬웠다. 이 그래프는 다면체를 평면에 이동시켜서 얻어지는 것이기 때문에 다면체와 같은 개수의 변과 꼭짓점을 가지면서, 다면체 보다 한 개 적은 면을 가진다. 따라서 그래프에 대해서 $V-E+F=1$이 성립하므로 다면체로 생각하면 $V-E+F=2$가 성립하는 것이다. 코시의 오일러 공식의 평면 위의 그래프에 대한 적용은 오일러 공식의 가장 유용한 확장 중 하나이다.

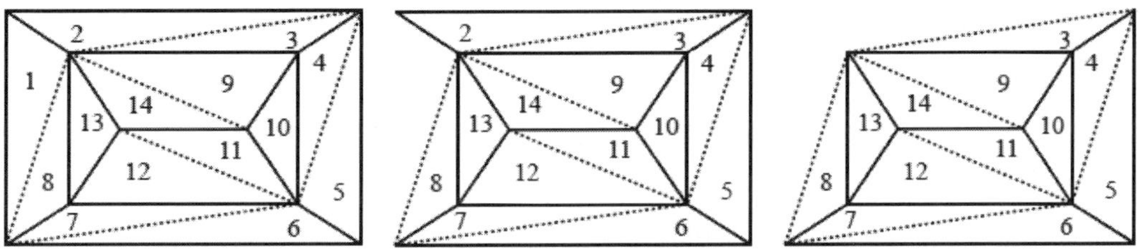

그림 12.4 삼각화 된 그래프에서 제거하는 삼각형의 순서

코시의 증명에서의 아이디어는 각 단계마다 특정한 방법으로 변을 추가하거나 빼더라도 $V-E+F$ 값은 변하지 않는다는 것이다. 모든 단계의 마지막에는 하나의 삼각형만이 남게 되는데, 이 삼각형은 $V-E+F=3-3+1=1$를 만족하므로 처음의 그래프도 $V-E+F=1$을 만족하는 것이다. 코시 증명의 첫 번째 과정은 그래프에서 삼각형이 아닌 모든 면에 대각선을 추가하여 그래프를 삼각형의 면으로만 구성되게 만드는 것이다(그림 12.4 참조). 이 과정을 그래프의 삼각화라고 부른다. 각 단계에서 대각선이 더해지면, 변의 개수는 1 늘어나고, 면의 개수도 1 늘어나지만 꼭짓점의 개수는 변하지 않는다. 따라서 변형된 그래프와 처음 그래프의 $V-E+F$ 값은 서로 같다. 그래프를 삼각화 했다면 이 그래프에서 삼각형을 바깥에서부터 하나씩 제거해 나가면서 최종적으로 한 개의 삼각형만 남긴다(그림 12.4에서 그래프의 각 면에 적힌 수의 순서대로 삼각형을 제거해 나갈 수 있다.).

그래프의 바깥쪽에 있는 삼각형은 한 개의 변 혹은 두 개의 바깥쪽 변을 가진다는 것을 주목하자. 첫 번째 경우에는 삼각형이 제거 될 때, 변이 하나 줄지만 꼭짓점은 줄지 않는다(그림 12.4에서 1번 삼각형이 제거되는 모습이다.). 두 번째 경우에는 삼각형이 제거 될 때, 변은 두 개가 줄고, 꼭짓점은 한 개 줄어든다(그림 12.4에서 2번 삼각형이 제거되는 모습이다). 두 경우 모두 $V-E+F$ 값은 변하지 않고 그대로 남는다. 따라서 그래프는 반드시 $V-E+F=1$을 만족한다.

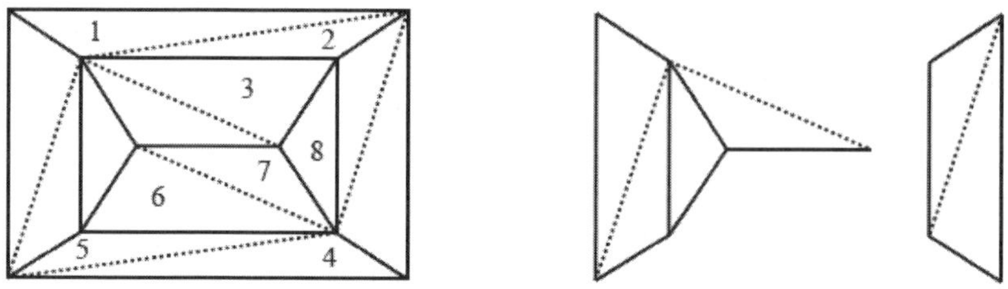

그림 12.5 코시 방법은 잘못된 다각형을 생기게 할 수 있다.

코시의 증명은 이후에 비판을 받게 된다. 오일러가 피라미드를 제거하는 순서에 대해 뚜렷한 순서를 주지 않아 문제가 생겼던 것과 마찬가지로, 코시 역시 삼각형을 어떻게 제거해야 하는지에 대한 정확한 설명을 제공하지 않았다. 만약 조심하지 않는다면 코시 방법의 결과로 연결되지 않는 그래프를 얻을 수도 있고, 이 경우는 오일러 공식이 성립하지 않는다. 예를 들어 그림 12.5에서 삼각형을 잘못된 순서로 제거해서 비연결된 그래프를 얻었다. 이 그래프는 $V=10$, $E=14$, $F=6$이므로 오일러 공식을 만족하지 않는다. 그럼에도 불구하고, 이런 일이 발생하지 않도록 삼각형을 적절한 순서로 제거하여 코시의 방법을 사용하는 것은 항상 가능하다.

코시는 어떤 정리의 중요성을 인식하지 않거나 혹은 논리적인 최종 결론에 이르지 않은 채로 단지 정리를 증명만 한 경우가 많았다고 앞에서 밝힌바 있다. 오일러의 다면체공식에 대한 증명이 이것에 대한 완벽한 예이다. 코시는 자기 논문에서 이 증명이 볼록다면체에 적용 가능하다는 주장을 분명히 적어 두었다. 이 주장은 분명 맞는 말이지만, 사실 이 증명은 훨씬 많은 다면체를 포함하는 일반화된 대상들에 대해서도 적용이 가능하다. 코시 증명의 핵심 단계는 다면체의 한 면을 제거하고 나머지 면들을 겹침 없이 평면에 옮기는 것이다. 이 단계는 모든 볼록다면체에 대해서 수행될 수 있지만, 사실 더 많은 다면체에 대해서도 비슷한 결과를 얻을 수 있다.

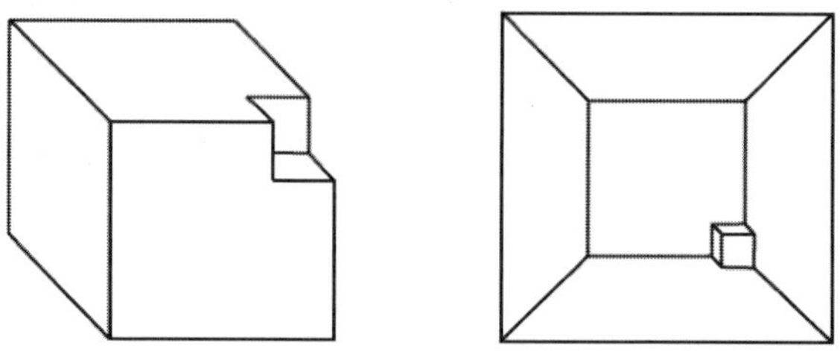

그림 12.6 안쪽으로 들어간 코너를 가진 정육면체와 관련 그래프

예를 들어, 코시의 증명은 그림 12.6에서 보는 바와 같이 비볼록다면체에 대해서도 아무런 수정 없이 적용 가능하다. 이것을 보기 위해 라커토스가 말한 방법인 카메라를 육면체의 바닥 근처에 두고 도형의 사진을 찍으면 된다.

라카토스를 비롯하여 수학자 어니스트 스테이니츠(Ernst Steinitz, 1871–1928) 등은 코시가 (아마도 모든) 비볼록다면체에 대해서 그의 증명이 적용 가능하다는 것을 알고 있었다고 주장하지만, 코시가 남긴 내용을 보면 명확하지는 않다. 이러한 문제점은 코시가 "볼록"이란 단어를 신중하지 못하게 사용했던 것에 기인한다. 정리의 명제 어디에서도 볼록이란 단어가 나타나 있지 않지만, 증명에서는 "다면체의 볼록 곡면"에 대해서 생각한다고 적혀있다. 코시 스스로는 불분명함으로 인해 발생할 수 있는 문제점을 눈치 채지 못했기에, 코시가 그 사실을 알고 있었는지 모르고 있었는지 추측하는 것은 불가능하다.

코시가 자신의 증명이 일부의 비볼록다면체에 대해서도 적용 가능하다는 것을 스스로 인지하고 있었는지 여부와는 상관없이, 이 사실은 다른 이들에 의해 빠르게 밝혀졌다. 코시의 논문이 출판된 해와 같은 1813년에 게르고네는 자신만의 오일러 공식의 증명을 제공한 다음, "사람들은 어떤 이유에서든 여전히 코시의 아름다운 증명을 선호할 것입니다. 이 증명은 다면체를 볼록이라고 가정하지 않아도 된다는 중요한 장점을 가지고 있기 때문입니다."라고 적은 바 있다.[7]

약간의 상상을 더하면 코시의 증명은 매우 넓은 종류의 다면체에 적용 될 수 있다. 코시 증명의 현대적인 버전은 다면체를 고무로 만드는 것이다. 다면체의 한 면을 제거하고 난 뒤 나머지 부분을 적절히 늘려서 평면에 서로 겹치거나 접히지 않게 넣을 수 있다면 코시 증명을 적용할 수 있다. 뒤의 15장에서 이러한 성질을 만족하는 직관적이지 않은 다면체의 예를 소개할 것이다. 즉, 어떤 면이 제거되었을 때 나머지 면들이 평면으로 옮겨질 수 없는 다면체가 존재한다. 결론적으로 코시 증명이 적용될 수 있는데 필요한 핵심 성질은 다면체가 "구형 모양"인 것이다. 이 막연한 성질에 대해서는 16장에서 더 자세히 논의하도록 하겠다. 코시는 이 필수적인 성질을 인식하는데 어려움을 겪었다. 만약 코시가 이 사실을 인식했다면, 코시는 위상수학의 초기 연구(초기에는 '위치의 해석학(analysis situs)'라는 이름으로 알려져 있었다)에 상당한 기여를 했을 것이다. 자크 아다마르(Jacques Hadamard, 1865~1963)는 1907년에 다음과 같이 서술하였다.

> 나는 과학의 역사에서 가장 주목할 만한 순간 중 하나를 꼽으라면, 코시가 다면체의 본질에 대한 깊은 고찰 없이 오일러 정리를 증명해버린 것이라고 생각합니다. 이 실수가 바로 코시가 아니라 리만이 해석적 위치에 대한 기본 규칙을 발견할 수 있었던 핵심 원인입니다.[8]

코시가 다면체에 대해서 그의 증명이 가진 큰 장점을 놓친 것과 같이 그래프에 대해서도 이 증명의 장점을 제대로 인지하지 못했다. 예를 들어 아서 클레이(Arthur Cayley, 1821~1895)는 1861년에 코시의 증명이 곡선의 변을 가진 그래프에도 똑같이 적용 가능하다는 것을 관찰했다(이 사실은 독립적으로 1816년 리스팅이나 1866년 카미유 조르당(Camille Jordan, 1838~1922)에 의해서도 언급되었다.). 코시는 그래프가 다각형 윤곽을 가지는 다각형의 모임이라고 가정하였다. 다음 장에서는 그래프에 대한 현대적인 개념을 소개한 이후, 코시의 증명이 훨씬 일반적인 그래프에 대해서도 적용 가능하다는 것을 다룰 것이다.

CHAPTER

13 평면그래프, 기하판, 브뤼셀 새싹 게임

★ 과학계에서는 대부분 새로운 세대가 탄생하면 이전 세대가 구축해 놓은 지식들을 뒤엎어 버리는 경우가 허다하다. 수학계에서의 각 세대는 이전 세대에 새로운 내용을 덧붙여 나간다.

– 헤르만 한켈(Hermann Hankel)[1]

바로 이전 장에서 오일러 공식을 증명하기 위해 코시가 고안한 기발한 방법을 다루었다. 먼저 다면체에서 한 개의 면을 제거하고 나머지 면들을 평면에 사영시켰다. 이 사영시킨 그래프에서 $V-E+F=1$이 된다는 것을 보임으로써 모든 다면체에서 $V-E+F=2$가 성립한다는 것을 증명하였다. 이 증명이 그래프 이론과 연결된다는 것은 분명하다. 얼핏 보기에는 다면체로부터 사영시켜 얻어지는 그래프 뿐 아니라 변들이 휘어져 있는 경우에도 오일러 공식이 당연하게 성립해야 하는 것처럼 보인다.

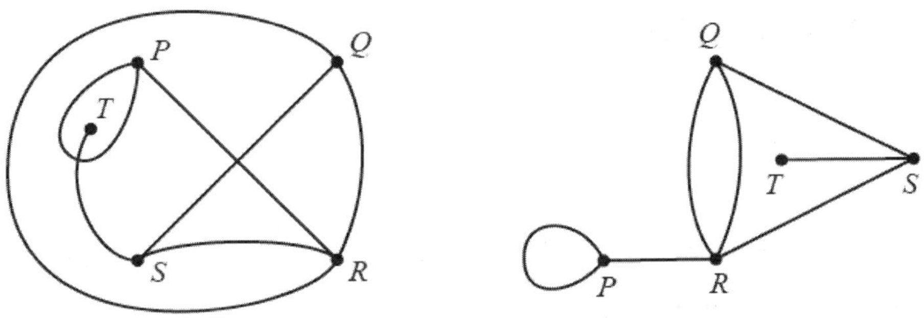

그림 13.1 같은 그래프의 두 개의 서로 다른 표현

오일러 공식을 일반적인 그래프로 확장 하는 것의 어려움은 모든 그래프에 이 공식을 적용할 수 없기 때문이다. 꼭짓점이나 변은 그래프의 구성 요소이므로 그것들을 헤아리는 것은 쉬운 일이다. 하지만 모든 그래프가 면을 가지고 있는 것은 아니다. 심지어 그래프가 종이위에 그려진다고 할지라도, 변들이 각 영역을 면으로 나누지 않을 수도 있다. 예를 들어, 그림 13.1의 왼쪽 그래프에서 변 PR은 변 QS를 가로지르므로 어떤 면의 경계가 될 수 없다. 그러나 이 그래프는 그림 13.1의 오른쪽 그래프와 같이 어떠한 교차점도 생기지 않도록 다시 그릴 수 있고, 이 경우는 각 영역을 면으로 나누게 된다. 이렇게 어떤 두 변도 서로 교차하지 않게 평면에 그릴 수 있는 그래프를 '**평면그래프**(planar graph)'라 부른다.

다면체에서는 면을 하나의 다각형으로만 제한하여 정의한다. 그래프에서는 보다 느슨한 정의를 받아 들여야 한다. 그림 13.1의 P에서 시작해서 P로 끝나는 **고리**(loop)에 의해 만들어 지는 영역처럼 면은 하나의 변만으로 둘러싸일 수 있다. 또한 Q와 R을 잇는 두 변으로 만들어 지는 영역처럼 두 변으로 둘러싸인 면이 있을 수도 있다. 이렇게 양 끝점이 같은 두 변을 서로 **평행**하다(parallel)라고 부른다. 심지어 S와 T를 잇는 변처럼 면의 내부로 불숙 튀어 나온 변이 있을 수도 있다.

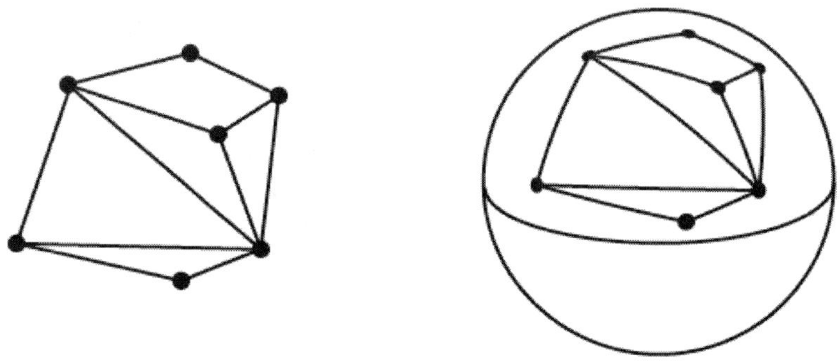

그림 13.2 평면그래프를 구면 위에 그리기

많은 그래프 이론가들은 바깥 영역도 한 개의 면으로 헤아린다. 만약 그래프를 섬처럼 본다면 이 바깥 부분은 모든 방향으로 무한히 뻗어 나가는 바다일 것이다. 비록 이 무한한 영역을 면이라고 부르는 것이 우아하지 못한 일일지라도 이 영역을 면으로 포함하는 것이 포함하지 않는 것보다 훨씬 유용하다. 이 문제를 조정하기 위하여 그래프를 끝나지 않은 바다위에 그려진 섬이 아니라 공 모양의 지구 위에 있는 섬이라 상상해 보자(그림 13.2 참조). 이 방법대로라면 그래프의 바깥 부분은 우리의 기대에 맞게 유한한 영역이 된다.

따라서 다음과 같은 평면그래프에 대한 오일러 공식의 확장을 얻을 수 있다.

평면그래프에 대한 오일러 공식(Euler's formula for planar graph)

연결된 평면그래프가 V개의 꼭짓점, E개의 변, F개의 면을 가진다면 $V-E+F=2$가 성립한다.

만일 우리가 바깥의 유한하지 않는 영역을 헤아리지 않는다면 오일러 공식은 $V-E+F=1$이 될 것이다. 그림 13.1의 그래프는 다섯 개의 꼭짓점, 일곱 개의 변, 네 개의 면을 가지고 있으므로 $5-7+4=2$가 성립한다.

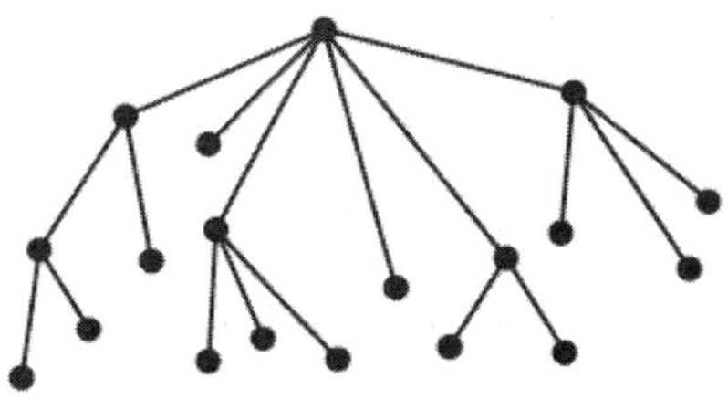

그림 13.3 수형도

간단한 예로 그래프의 일종인 **수형도**(tree)를 생각하자. 수형도는 그림 13.3과 같이 회로를 가지지 않는 연결된 그래프이다. 수형도는 회로를 가지고 있지 않기에 유한하지 않은 면이 유일한 면이므로 오일러 공식으로부터 $V-E+1=2$ 혹은 $V=E+1$가 성립해야 한다. 즉, 꼭짓점의 개수는 항상 변의 개수보다 한 개 더 많다. 그림 13.3의 수형도는 19개의 꼭짓점을 가지고 있고 18개의 변을 가지고 있다.

그래프에 대한 오일러 공식의 증명은 많이 알려져 있다. 지금부터 코시와 비슷하게 그래프에서 변을 제거하는 방법과 같은 간단한 증명을 소개할 것이다. 하지만 이 과정에서 코시의 실수를 반복하지 않게 다소 조심할 필요가 있다.

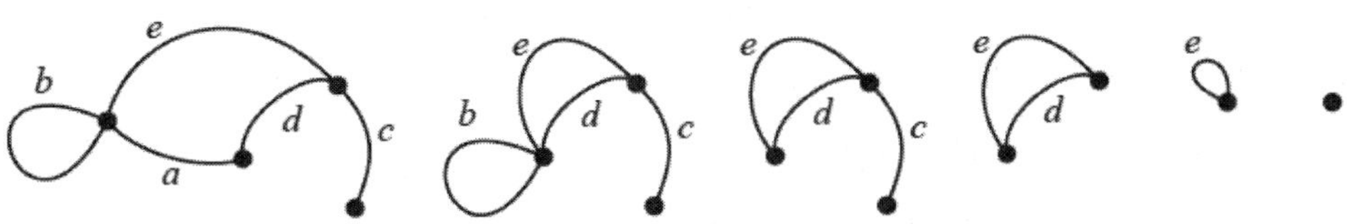

그림 13.4 평면그래프에서 변 a, b, c, d, e를 차례로 제거하여 한 점으로 줄이기

먼저 평면그래프에서 변 하나를 고른다. 이 변은 서로 다른 두 꼭짓점을 잇거나 한 점만 만나는 고리일 것이다. 만약 이 골라진 변이 두 꼭짓점을 잇는다고 하자. 그러면 이 변을 축소시켜 완전히 없애버리면서 두 꼭짓점을 하나의 꼭짓점으로 만들자. 이 연산이 끝난 이후 남는 그래프 역시 평면그래프가 된다. 그림 13.4의 변 a, c, d를 축소시키는 과정을 참고하자. 이 과정은 변의 수와 꼭짓점의 수를 각각 하나씩 줄인다. 그리고 면의 수는 변화 시키지 않는다. 따라서 $V-E+F$는 바뀌지 않는다. 이제 처음 골라진 변이 고리라고 가정하자. 이 경우는 간단히 이 변을 그래프에서 제거하자. 그림 13.4의 변 b와 e를 없애는 것을 참고하자. 이 연산은 변의 수와 면의 수를 각각 하나씩 줄이지만 꼭짓점의 수는 바꾸지 않는다. 따라서 $V-E+F$는 불변이다.

오직 한 개의 꼭짓점이 남을 때까지 위와 같이 변을 없애는 과정을 반복하자. 최후에는 한 개의 꼭짓점, 0개의 변, 한 개의 면(바깥 영역)만 남을 것이므로 $V-E+F=2$가 성립한다. 위 과정에서 $V-E+F$의 값은 변하지 않기 때문에 처음 그래프에서도 $V-E+F=2$가 성립해야 한다.

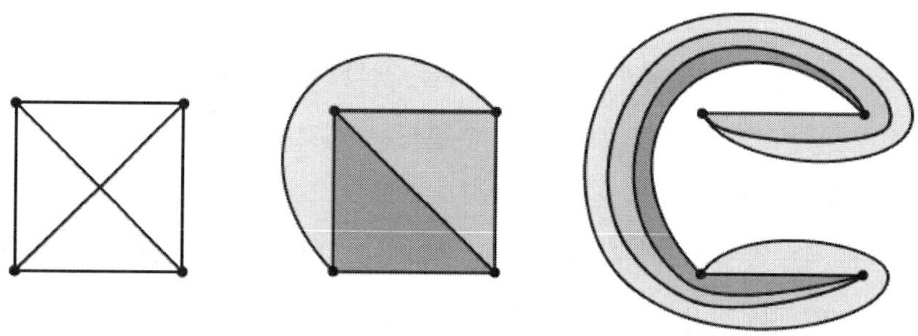

그림 13.5 한 그래프의 서로 다른 두 평면위의 표현은 같은 면의 수를 가지게 된다.

이 공식의 한 흥미로운 응용은 E개의 변과 V개의 꼭짓점을 갖는 평면그래프의 모든 평면 표현은 같은 수의 면을 가져야 한다는 것이다. 즉, 열 명의 사람이 같은 그래프를 가지고 와서 꼭짓점의 위치를 원하는 대로 그리고 변들도 단지 서로 교차 되지만 않게 그린다면 이렇게 그려진 열 개의 그래프는 모두 같은 수의 면, 즉, 바깥 영역을 제외하고 $F=1+E-V$개의 면을 가진다는 것이다. 예를 들어 그림 13.5는 네 개의 꼭짓점과 여섯 개의 변을 가진 그래프에 대한 두 종류의 평면 표현이다. 두 표현 모두 세 개의 면을 가지고 있음을 확인할 수 있다.

오일러 공식은 오직 평면그래프에만 적용할 수 있기 때문에 오일러 공식은 주어진 그래프가 평면그래프인지 아닌지 여부를 증명할 때도 사용될 수 있다. 이 아이디어를 소개하기 위해 중요한 두 그래프 모임인 완전 그래프와 완전이분그래프를 소개한다.

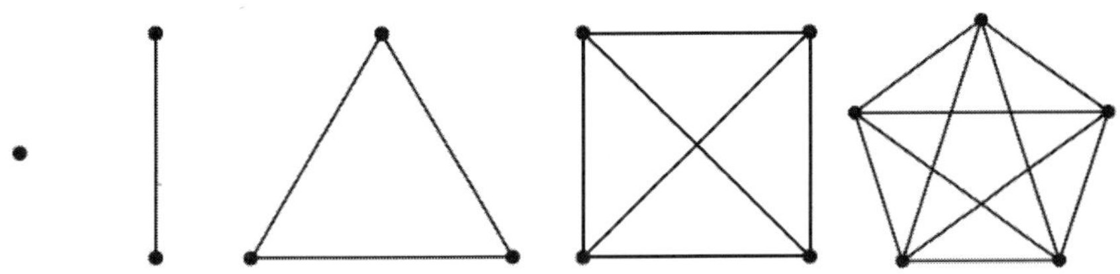

그림 13.6 완전 그래프 K_1, K_2, K_3, K_4, K_5

완전 그래프는 꼭짓점의 모든 쌍에 대하여 그 두 꼭짓점을 잇는 변이 정확히 한 개씩 있는 그래프이다. n개의 꼭짓점을 가지는 완전 그래프는 K_n으로 표현한다. K_n은 n개의 꼭짓점을 가지면서 고리나 평행한 변이 없는 그래프 중 가장 큰 그래프이다. 그림 13.6에 K_1부터 K_5가 그려져 있다. 그림 11.11의 도미노 그래프에서 모든 고리를 제거한다면 K_7 그래프도 얻을 수 있다.

그림 13.7 완전이분그래프 $K_{3,2}$와 $K_{3,3}$

완전이분그래프는 완전그래프의 친척에 해당하는 그래프이다. 완전이분그래프는 꼭짓점을 두 개의 모임 U와 V로 나누되, U안의 꼭짓점끼리는 서로 변으로 연결되어 있지 않고, V안의 꼭짓점끼리도 서로 변으로 연결되어 있지 않지만 U의 모든 꼭짓점과 V의 모든 꼭짓점은 서로 정확히 한 개의 변으로 연결되어 있는 그래프이다. 만약 U가 m개의 꼭짓점으로 구성되어 있고, V가 n개의 꼭짓점으로 구성되어 있으면, 이

때의 완전이분그래프는 $K_{m,n}$으로 표기한다. 그림 13.7에는 두 완전이분그래프 $K_{3,2}$와 $K_{3,3}$이 그려져 있다. 모든 그래프 이론을 소개하는 교재에서 찾을 수 있는 완전이분그래프의 전형적인 예는 유틸리티 회사 그래프(utility company graph)이다. 모임 U는 가스, 수도, 전기 회사 등의 유틸리티 회사로 구성되어 있고 모임 V는 각 회사의 고객들로 구성되어 있다. 고객이 어떤 유틸리티를 사용하면 이 둘 사이를 변으로 잇는 그래프를 생각하자. 모든 고객은 각 유틸리티를 반드시 사용해야하기 때문에 이로부터 얻어지는 그래프는 완전이분그래프이다.

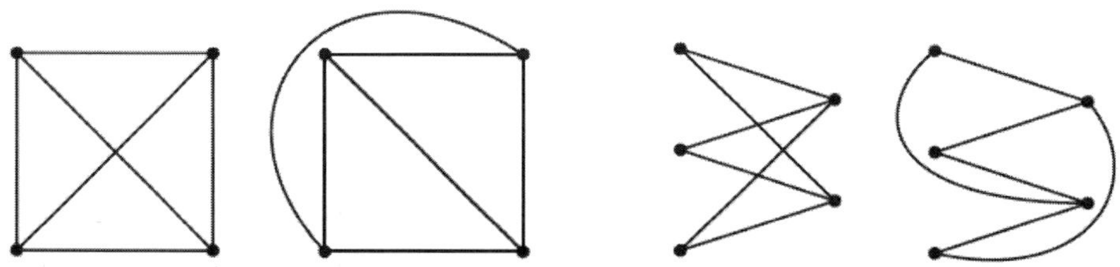

그림 13.8 K_4와 $K_{3,2}$는 평면그래프 이다.

이제 우리는 어떤 완전그래프 혹은 어떤 완전이분그래프가 평면그래프가 되는지 판단하고자 한다. K_1, K_2, K_3, K_4, $K_{m,1}$, $K_{m,2}$가 평면그래프임은 쉽게 보일 수 있다. 예를 들어 그림 13.8에서는 K_4와 $K_{3,2}$가 평면그래프임을 보였다. 결론적으로 이 여섯 개의 그래프 이외의 다른 완전그래프와 완전이분그래프는 모두 평면그래프가 아니다. 오일러 공식을 사용하여 K_5와 $K_{3,3}$이 평면그래프가 아님을 증명해보자.

K_5가 평면그래프가 아님을 증명하기 위하여 모순을 이용한 증명법인 '귀류법'(reductio ad absurdum)이라는 증명 기술을 사용한다. 먼저 어떤 증명하고 싶은 사실을 반대로 가정한다. 가령 우리의 경우에는 K_5가 평면그래프라고 가정한다. 그리고 이 가정이 논리적인 모순을 이끌어 냄을 보인다. 그렇다면 우리는 K_5가 평면그래프가 아니라는 결론을 지을 수 있다. 하디(G. H. Hardy)는 "유클리드가 너무나도 사랑했던 귀류법은 수학자의 가장 강력한 무기 중 하나입니다. 이것은 체스의 어떤 갬빗(gambit: 체스에서 자기 말을 희생하는 첫 수를 의미하는 용어)보다 훨씬 좋은 갬빗입니다. 체스 선수는 단지 폰 등의 장기말의 희생을 요구하지만 수학자는 게임 전체의 희생을 요구해야 합니다"라고 표현했다.[2]

K_5가 평면그래프라고 가정하자. 그러면 K_5를 어떤 변의 교차 없이 평면에 그릴 수 있어야 한다. K_5는 5개의 꼭짓점과 10개의 변을 가지고 있다. 평면그래프에 대한 오일러 공식은 $V-E+F=2$가 성립한다는 것이므로 평면에 그려진 K_5는 반드시 유한하지 않는 영역을 포함하여 7개의 면을 가지고 있어야 한다(왜냐하면 $2=F-10+5$이기 때문이다.).

각각의 변은 두 개의 면의 경계가 되므로 p를 모든 면이 가지는 모서리의 평균 개수라고 한다면 $2E=pF$가 성립한다. K_5는 완전 그래프이므로 고리나 평행한 변이 없다. 고리가 없다는 것은 한 개의 변으로 둘러싸인 면이 없다는 것을 의미하고 평행한 변이 없다는 것은 두 개의 변으로 둘러싸인 면이 없다는 것을 의미한다. 따라서 각 면에 포함되는 평균 변의 개수는 최소 3이어야 한다. 따라서 $p \geq 3$이고 $2E \geq 3F$가 성립한다. 하지만 $F=7$, $E=10$이므로 $20 \geq 21$이 되어야 하는데 이것은 모순이다. 따라서 K_5는 평면그래프일 수 없다.

비슷한 방법으로 완전이분그래프 $K_{3,3}$이 평면그래프가 아니라는 것을 증명할 수 있다(각자 증명해보자!). K_5의 경우와 가장 다른 점은 $K_{3,3}$은 완전이분그래프이므로 같은 꼭짓점에서 시작해서 같은 점에서 끝나는 경로는 반드시 짝수개의 변을 지나야 한다는 것이다. 따라서 삼각형 면 역시 가질 수 없다.

일반적으로 다음 정리가 성립한다.

> $n \geq 5$일 때 K_n은 평면그래프가 아니다. 또한 $m \geq 3$이고 $n \geq 3$일 때, $K_{m,n}$은 평면그래프가 아니다.

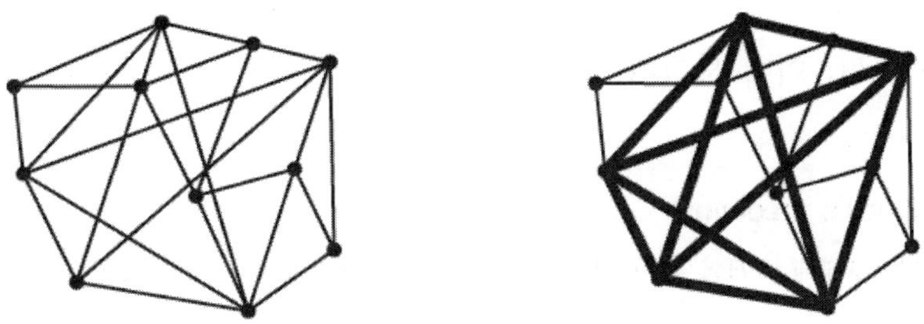

그림 13.9 K_5를 포함하는 비평면그래프의 예

결론적으로 K_5와 $K_{3,3}$은 어떤 그래프가 평면그래프가 되기 위한 유일한 걸림돌이 된다. 쿠라토프스키의 축소정리(Kuratowski's reduction theorem)으로 알려진 유명한 정리에 따르면 그래프가 평면그래프가 되지 않을 때는 그래프 내부에 K_5나 $K_{3,3}$을 가질 때뿐이다. 예를 들어 그림 13.9에 주어진 그래프는 K_5를 포함하고 있으므로 평면그래프가 아니다.

다음으로 픽의 정리라고 불리는 오일러공식의 또 다른 흥미로운 응용을 소개한다. 이 정리는 게오르그 알렉산더 픽(Georg Alexander Pick, 1859~c. 1943)에 의해 1899년 증명되었다. 픽은 오스트리아 수학자로 대부분의 일생을 프라하에서 보냈고, 체코슬로바키아의 나치 강제수용소에서 죽었다.

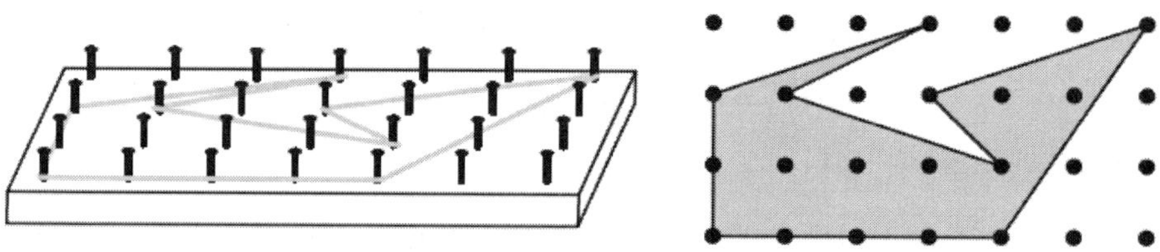

그림 13.10 기하판 위에서의 다각형 모양

픽의 정리를 소개하기 위해 우리는 기하판으로 돌아간다. 칼렙 가테뇨(Caleb Gattegno, 1911~1988)가 발명한 기하판은 어린이가 실제로 조작하면서 기초 기하를 배울 수 있게 해주는 인기 있는 교육 도구이다. 나무판에 일정 간격의 (정사각형) 격자 모양으로 못을 반쯤만 박아서 기하판을 만들 수 있다. 학생들은 고무줄을 못 주변에 걸어 다각형 모양으로 감을 수 있다(그림 13.10 참조). 선생님은 이 기하판에 걸린 고무줄의 모양을 이용하여 도형의 둘레의 길이, 각, 넓이, 피타고라스 정리 같은 기하적인 개념을 설명할 수 있다.

픽의 정리는 도형의 모양이 매우 복잡한 경우라도 도형의 넓이를 쉽게 계산하는 방법을 제공한다. 단, 이때 도형의 고무줄은 서로 교차하지 않아야 한다.

픽의 정리(Pick's theorem)

만약 다각형의 경계에 B개의 못이 있고, 다각형의 내부에 I개의 못이 있다면, 도형의 넓이는 $A = I + \frac{B}{2} - 1$이다.

가령 그림 13.10에 있는 다각형은 $B=12$, $I=5$이므로, 그 넓이는 $5+\frac{12}{2}-1=10$이다.

오레곤 주의 한 산림관리인은 픽의 정리를 유사하게 사용하여 숲의 크기를 대략 짐작하였다. 산림관리인은 간단히 다각형 모양의 땅 위에 간명한 격자 패턴을 가진 점을 찍는다. 내부에 찍힌 점의 수와 경계에 찍힌 점의 절반을 더하고 (픽의 정리와 매우 유사하다!) 적당한 눈금의 크기를 곱하는 방법으로 그 지역의 넓이를 대략 유추할 수 있었다.

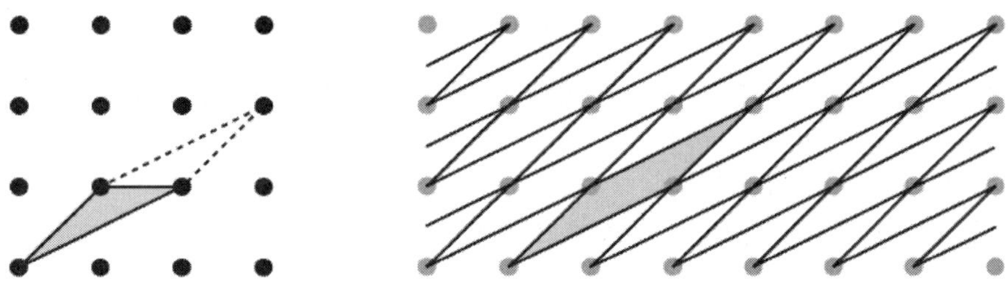

그림 13.11 원시삼각형 타일을 바닥에 붙여 만든 평행사변형

우리가 만일 **원시삼각형**(primitive triangle)의 넓이를 알고 있다면 픽의 정리는 오일러 공식의 간단한 결과라고 할 수 있다. 원시삼각형이란 그림 13.11과 같이 꼭짓점을 제외하고 삼각형 내부나 경계에 다른 못이 없는 삼각형이다. 즉, $B=3$, $I=0$이면 원시삼각형이다. 놀랍게도 모든 원시삼각형은 넓이가 $\frac{1}{2}$이다. 안타깝게도 이 사실을 증명하는 것은 다소 지루하다. 증명을 제공하는 대신에 이 명제가 왜 참일 수밖에 없는지에 대한 직관을 제공하고자 한다. 무한한 기하판과 같은 평면은 1×1 사각형 모양의 타일로 덮일 수 있다. 타일 중 하나를 한 칸 위로, 아래로, 오른쪽으로 혹은 왼쪽으로 밀어낸다면 이 타일은 다른 타일 위로 정확히 올라갈 것이다. 이와 비슷하게 그림 13.11처럼 원시삼각형 두 개를 이용하여 넓이가 두 배인 평행사변형 모양의 타일을 만들고, 이 타일을 반복적으로 이동시키며 바닥을 덮자. 사각형의 경우와 같이 이 평행사변형도 한 칸 위, 아래, 오른쪽, 혹은 왼쪽으로 이동할 수 있다. 그러면 사각형의 경우와 마찬가지로 평행사변형의 넓이는 1이고, 원시삼각형의 넓이는 $\frac{1}{2}$이다.

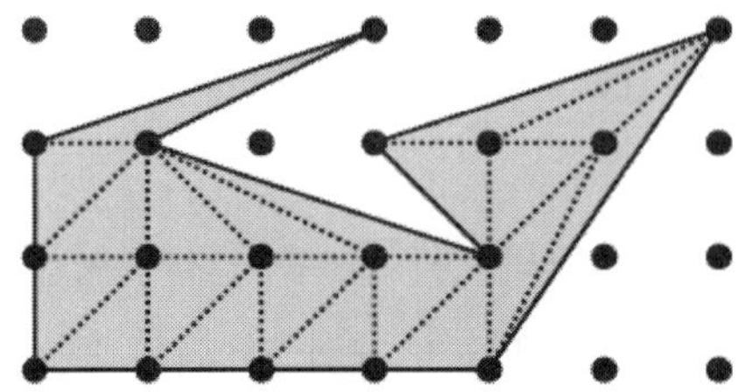

그림 13.2 원시삼각형들로 나누어 진 다각형

이제 픽의 정리를 증명할 준비를 마쳤다. 먼저 주어진 다각형을 그림 13.2와 같은 방법으로 T개의 원시삼각형으로 나눈다. 만일 우리가 다각형 외부의 유한하지 않은 영역도 면으로 간주한다면 $F=T+1$일 것이다. 모든 삼각형 면의 넓이는 $\frac{1}{2}$이므로 다각형의 넓이는 $A=\frac{T}{2}$이다.

모든 유한한 영역은 3개의 변을 가지고 있으므로 $3T$는 경계를 제외한 각 변을 정확히 두 번씩 헤아리고 경계의 변은 한 번씩 헤아린 수이다. 경계에 있는 변의 수는 경계에 있는 꼭짓점의 수와 같으므로 $3T=2E-B$를 얻고, 이를 E에 대해 풀면

$$E=\frac{3T}{2}+\frac{B}{2}$$

를 얻는다.

꼭짓점의 수는 $V=I+B$이다. 이제 오일러 공식을 적용하면,

$$2=V-E+F$$

$$2=(I+B)-\left(\frac{3T}{2}+\frac{B}{2}\right)+(T+1)$$

$$2=-\frac{T}{2}+\frac{B}{2}+I+1$$

이다. 따라서 삼각형 모양의 면의 수는

$$T=2I+B-2$$

이고 이를 이용하여 다각형의 넓이를 구하면 픽의 공식을 얻는다.

$$A=\frac{T}{2}=\frac{1}{2}(2I+B-2)=I+\frac{B}{2}-1$$

마지막으로 두 개의 연필과 종이를 이용한 게임(pencil-and-paper game)을 소개하면서 이 장을 마치려 한다. 이 두 게임은 매우 유사한 게임이지만 하나는 비교적 공정한 지적 겨루기로 간주되지만 다른 하나는 시작하기도 전에 이미 결과가 정해져 있는 정정당당하지 못한 게임이다.

사이언티픽 어메리카(Scientific American)라는 잡지에서 오랫동안 수학 칼럼니스트로 일했던 마틴 가드너(Martin Gardner, b. 1914)에 따르면 "새싹게임(sprouts)"은 존 호턴 콘웨이(John Horton Conway, b.1937)와 마이클 피터슨(Michael Paterson)에 의해 만들어 졌다고 한다. 캠브리지 대학(University of Cambridge)에서 있었던 1967년 2월 어느 날의 오후 티타임의 일이다. 이 게임은 사람들 사이에서 금방 화제가 되었다. 콘웨이는 가드너에게 "새싹게임이 싹이 튼 다음날, 모든 사람이 그 게임을 하는 것 같았습니다. 커피와 티타임에선 엉뚱한 것부터 환상적인 것까지 여러 새싹 포지션을 바라보는 작은 그룹이 여럿 있었습니다"라고 하였다.

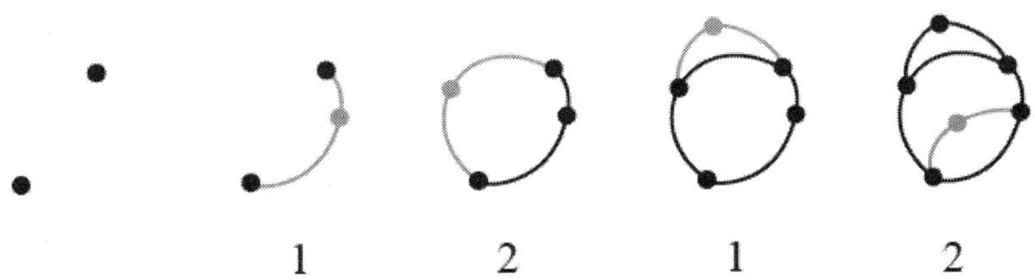

그림 13.13 두 번째 플레이어가 새싹게임에서 이겼다.

이 게임은 빈 종이위에 몇 개의 점을 찍어놓고 시작한다. 첫 번째 플레이어는 한 개의 점에서 다른 점으로 가거나 혹은 자기 자신으로 돌아오는 곡선을 그린다. 그리고 그 곡선 어딘가에 새로운 점을 찍는다. 두 명의 플레이어는 곡선을 그리고 그 곡선위에 점을 찍는 행위를 반복해서 수행한다. 단 새로운 곡선은 절대 기존의 곡선이나 점과 교차할 수 없고, 한 점에는 많아야 세 개의 선이 한 점에서 만날 수 있다(즉, 각 점의 차수는 3이 최대이다.). 마지막 선을 그은 플레이어가 승자이다. 그림 13.13은 두 점에서 시작하여 네 번째 순서 만에 두 번째 플레이어가 이긴 '2-새싹 게임'을 보여준다.

처음 시작할 때 더 많은 점으로 시작하면, 게임은 더 길어지지만 그렇다고 무한히 이어지진 않는다. 처음 n개의 점에서 시작하는 n-싹 게임은 (각 점의 차수가 최대 3까지

가능하므로) 처음에 변을 추가할 수 있는 위치가 $3n$개 있다. 각 턴마다 새로운 변이 그려지면 변이 있을 수 있는 위치가 두 개 줄어들지만 새롭게 가능한 위치도 한 개 생기게 되므로 전체적으로는 가능한 위치가 1이 줄어든다. 따라서 n-싹 게임은 많아야 $3n-1$개의 턴을 가지고 있다.

사실 n이 작은 경우에는 게임을 먼저 하는지 뒤에 하는지에 대한 유 · 불리함이 처음 시작하는 점의 수 n에 따라 달라진다. 가령 두 점에서 시작하는 경우에는 두 번째 플레이어가 이길 수 있는 선택을 항상 할 수 있다. n이 1, 6, 7, 8인 경우에도 마찬가지다. 반대로 n이 3, 4, 5, 9, 10, 11인 경우에는 첫 번째 사람이 이길 수 있는 선택을 할 수 있는 유리함이 있다. 이 사실 중 $n>6$인 경우는 대부분 사람의 손이 아닌 컴퓨터로 확인된 것이다. n이 큰 경우에는, 어떤 플레이어가 유리한지 정확히 알려지지 않았다. 심지어 작은 n에 대해서도 이론적인 불공정함이 있긴 하지만 구체적인 필승 전략은 알려지지 않았다. 따라서 실제로 게임을 이기기 위해서는 여전히 공정한 지적 겨루기를 해야 한다.

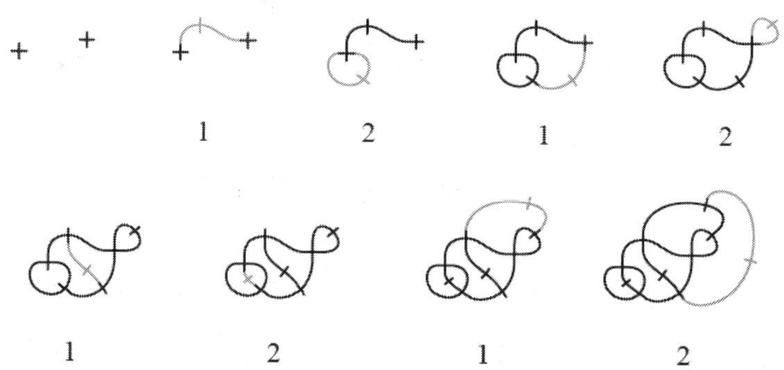

그림 13.14 두 번째 플레이어가 이 브뤼셀 새싹 게임에서 이겼다.

이후 콘웨이는 "브뤼셀 새싹 게임(Brussels sprouts)"라고 불렸던 새싹게임의 변종을 발명했다. 이 게임은 처음에 n개의 점에서 시작하는 것이 아니라 n개의 더하기(+)모양의 기호로 시작한다. 더하기 모양이란 한 점에 네 개의 손잡이가 모여 있는 모양이라고 생각하자. 각 턴에서 플레이어는 선이 그려지지 않은 두 개의 손잡이(이를 자유손잡이 라 부르자)를 곡선으로 연결하고, 커브 가운데에 두 개의 손잡이를 양 면에 추가하여 +기호를 그리자(그림 13.14 참조). 새싹게임과는 달리 브뤼셀 새싹 게임은 한 점에서 네 개의 변까지 만날 수 있다. 이 게임에서도 마지막 선을 그은 플레이어가 승자이다. 미리 팁을 주자면, 이 재미있는 이름의 브뤼셀 새싹 게임은 게임 자체가 일종의 트릭이라는 것을 판단할 수 있다.

새싹게임은 반드시 유한 번 만에 끝난다는 것은 쉽게 보일 수 있었지만, 브뤼셀 새싹 게임은 이러한 사실이 성립할지는 자명하지 않다. 각 게임에는 2개의 손잡이가 소진되고 새로운 2개가 생기기 때문에, 게임이 무한히 계속 될 수도 있는 것처럼 보이기 때문이다. 하지만 모든 브뤼셀 게임은 반드시 끝나고 여기에 이 게임이 장난이라 지칭했던 비밀이 있다. 플레이어가 얼마나 똑똑한지 멍청한지에 상관없이 게임은 항상 정확히 $5n-2$번째 턴에 끝난다. 즉, 처음에 홀수개의 $+$기호로 시작하면 첫 번째 플레이어가 이기고, 짝수개의 $+$기호로 시작하면 두 번째 플레이어가 승리의 전리품을 가져가는 것이다.

만약 선이 그려지지 않은 자유손잡이 부분을 무시한다면 각 턴 마다 생기는 게임판은 평면그래프이다(이 평면그래프는 여러 개의 연결 성분을 가질 수도 있다.). 만약 우리가 각 $+$기호를 꼭짓점으로 삼으면 매 턴마다 두 개의 변과 한 개의 꼭짓점이 추가 된다. 새로운 곡선이 서로 다른 연결 성분위의 두 꼭짓점(+기호)을 잇지 않는다면 한 개의 새로운 면이 생긴다.

결론적으로 브뤼쉘 새싹 게임은 그래프가 연결되어 있고 바깥 영역도 포함하여 정확히 $4n$개의 면이 있을 때 끝나게 된다. 왜냐하면 각 턴마다 두 개의 자유손잡이를 없애고 두 개를 더하므로 항상 $4n$개의 자유손잡이가 있어야 한다. 각 영역의 경계 중 가장 늦게 생긴 곡선에서는 반드시 그 영역으로 향하는 자유손잡이가 있어야 하므로 각 영역에는 반드시 최소 한 개의 자유손잡이가 그 안쪽을 향하도록 나와 있어야 한다. 따라서 그래프는 최대 4개의 면을 가질 수 있다. 한편 면의 개수가 4개보다 작으면, 2개 이상의 손잡이를 포함하는 영역이 반드시 존재하므로 브뤼쉘 새싹 게임은 끝나지 않는다.

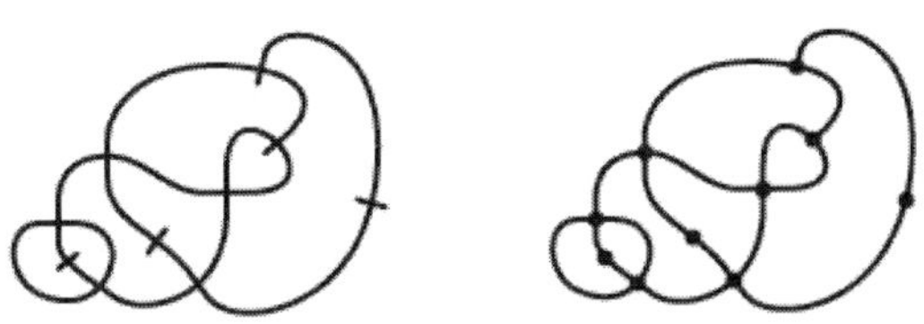

그림 13.15 그림 13.14의 브뤼셀 새싹 게임의 최종 그래프

만약 이 게임이 m번째 턴이 지난 후에 끝난다면 최후에 남게 되는 그래프는 V개의 꼭짓점, E개의 변, $F=4n$개의 면을 가지게 된다(그림 13.15에서 보는 예는 $V=10$, $E=16$, $F=8$인 경우이다.). 앞서 설명한 것과 같이, 각 턴마다 두 개의 변과 한 개의 꼭짓점을 추가한다. 게임은 0개의 변과 n개의 꼭짓점에서 시작하였으므로, 이 게임이 끝났을 때에는 $E=2m$개의 변과 $V=n+m$개의 꼭짓점이 있어야 한다. 따라서 오일러 공식을 통해 다음 식을 얻는다.

$$2=V-E+F=(n+m)-2m+4n$$

이 식을 풀면 $m=5n-2$임을 알 수 있다.

따라서 만일 당신의 이런 전략을 모르고 있는 친구에게 장난을 치고 싶다면 그에게 브뤼셀 새싹 게임을 하자고 제한하자. 그 친구에게 게임을 누가 먼저 시작할지 여부와 처음 +기호 개수를 정하는 권리 중 하나를 먼저 선택할 수 있게 해라. 어느 경우든 당신은 당신이 승리자가 되도록 보장하는 두 번째 선택을 할 수 있을 것이다.

CHAPTER

14 알록달록한 세상입니다

"이 지도에서 일리노이 주는 초록색, 인디아나 주는 분홍색이야. 할 수 있다면, 인디아나 주에서 어떤 분홍색이라도 보여 줄 수 있겠니. 불가능 할 거야. 오히려 초록색이..."
"헉핀, 당신은 지도상에 칠해진 색과 바깥세상의 색이 같다고 생각한 건가요?"
"톰 소우여, 지도가 무엇을 위한거니? 너에게 진실을 알려주는 것 아니야?"
"물론이죠."
"그렇다면... 우리에게 거짓을 말하는 지도를 어떻게 쓴단 말이니? 내가 알고 싶은 건 바로 그것인걸."

– 마크 트윈(Mark Twin), 톰소여의 모험(Tom sawyer Abroad)[1]

이상한 나라의 앨리스(Alice in Wonderland)의 저자인 루이스 캐롤(Lewis Caroll)이란 필명으로 더 많이 알려진 수학자 찰스 럿위지 도지슨(Charles Lutwidge Dodgson, 1832~1898)은 다음과 같은 두 명이 하는 게임을 발명하였다. 먼저 플레이어 A는 여러 나라를 가진 대륙의 지도를 그린다. 플레이어 B는 A가 그린 지도를 색칠하되 서로 이웃한 나라는 다른 색이 되도록 색칠 한다(단, 두 나라가 이웃한다는 것은 이 두 나라가 서로 국경의 변을 공유하는 것이다. 국경의 코너에서 만나는 것은 이웃으로 간주하지 않는다.). 이 게임에서 A는 지도를 매우 복잡하게 그려서 B가 가능한 많은 색을 사용하도록 해야 한다. 동시에 B는 가능한 적은 수의 색을 가지고 모든 나라를 색칠할 수 있어야 한다.

지도를 그리는데 서툰 사람이 그린 지도라 할지라도, 대부분의 지도는 세 개의 색을 필요로 할 것이다. 물론 체스보드처럼 생긴 간단한 지도인 경우에는 단지 두 가지 색만으로도 색을 칠할 수 있다. 네 개의 색이 필요한 지도를 그리는 것도 그리 어렵지 않다. 예를 들어 한 나라가 정확히 세 개의 다른 나라로 둘러싸이도록 지도를 그리면 된다(가령 독일, 프랑스, 벨기에로 둘러싸인 룩셈부르크의 지도 같은 경우이다.). 이 때 모든 네 나라가 서로서로 인접해야 하므로, 모든 나라를 색칠하기 위해서는 네 개의 색이 필요하다(파라과이와 동아프리카의 말라위도 이러한 예이다.).

그림 14.1 미국 지도는 네 개의 색으로 색칠이 가능하다.

이 책의 서두에서 네 가지 색을 필요로 하는 좀 더 미묘한 지도의 예를 소개하였다. 네 개의 색은 미국의 네바다 주, 캘리포니아 주, 아리조나 주, 유타 주, 아이다호 주, 오레곤 주를 색칠하는데 필요하다. 왜냐하면 네바다 주는 홀수 개의 다른 주로 둘러싸여 있기 때문이다(그림 14.1 참조). 결론적으로, 미국의 주들 중에서 오직 네바다 주, 웨스트버지니아 주, 캔터키 주만이 그러한 성질을 만족한다. 이 세 개의 주와 이 주들 근방만 조심하여 색칠한다면, 미국 지도 전체를 네 개의 색을 가지고 색칠 할 수 있을 것이다.

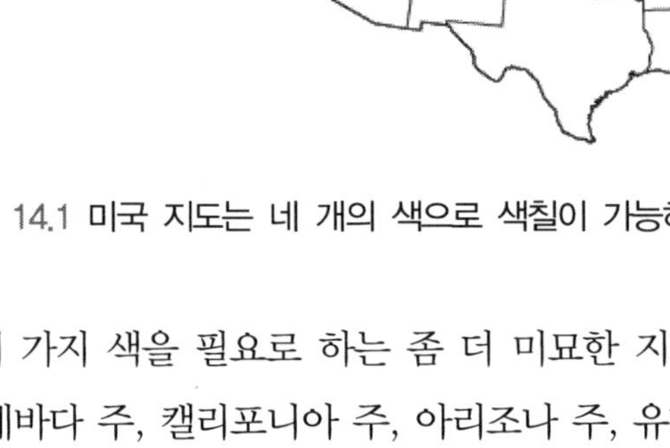

그림 14.2 연결되어 있지 않은 영토를 가진 나라를 표현하기 위해서는 5개의 색이 동원되어야 할 수도 있다.

이 게임에서 플레이어 A가 더 잘할 수는 없을까? 즉, B가 반드시 다섯 개의 색을 써야 하도록 지도를 그릴 수는 없을까? 곧 논의하겠지만, 사실 다섯 개의 나라가 서로 서로 인접하게 맞닿아 있는 것은 불가능하다(여기에 앞서, 그림 14.2의 지도에서 a와 같이 하나로 연결되어 있지 않는 영토를 가진 "제국주의" 나라는 허용하지 않기로 하자.). 이 사실만 가지고 네 개의 색으로 모든 지도를 색칠할 수 있다는 것을 확신할 수 있겠는가?

민간에서 전해오는 말에 따르면 지도 제작자들은 오래전부터 지도를 그리는 데에는 네 가지 색이면 충분하다는 것을 알고 있었다고 한다. 이 주장을 뒷받침 하는 증거는 없다. 만약 지도제작자들이 이 사실을 이미 알고 있었다면, 그 사실을 굳이 숨겨야 할 이유는 없을 것이다. 하지만 케네스 메이(Kenneth O. May)가 수 없이 많은 지도제작법이나 지도제작의 역사에 관한 책을 살펴본 것에 따르면 4색정리에 관한 어떠한 언급이나 내용도 찾을 수 없었다고 한다.[2] 지도 도감을 훑어보면 모든 지도는 한 개의 색으로 칠해져 있거나, 아니면 다양한 색으로 색칠되어 있는 것을 찾을 수 있다. 지도제작자들이 가능한 적은 색을 사용해야 한다는 강요를 받고 있다는 느낌은 찾기 어려울 것이다.

4색정리에 대한 첫 번째 공식적인 관찰은 1852년으로 거슬러 올라간다. 프란시스 거스리(Francis Guthrie, 1831~1899)는 이즈음에 영국에 있는 모든 지도가 오직 4개의 색으로 색칠할 수 있다는 사실을 깨달았다. 그리고 이 명제가 언제나 참인지에 대해서 궁금해 하였다. 그는 이 가설을 명문화 하였는데, 이 가설이 바로 수학 전체에서 가장 유명하고 가장 다루기 어려운 가설인 **4색가설**(four color conjecture)이다.

4색가설(Four Color Conjecture)

모든 지도는 네 개나 그 이하의 색으로 서로 이웃하는 나라를 같은 색으로 칠하지 않고 색칠할 수 있다.

프란시스 거스리는 이 관찰을 그의 형 프레더릭에게 이야기하고, 프레더릭은 이 사실을 자기 교수였던 존경 받는 수학자인 오거스터스 드모르간(Augustus De Morgan, 1806~1871)과 공유하였다. 드모르간은 이 문제에 흥미를 가졌다. 1852년 10월 23일, 드모르간은 수학자 윌리엄 로언 해밀턴 경(Sir William Rowan Hamilton, 1805~1865)에게 편지를 썼다.

> 제 학생 중 하나가 오늘 저에게 제가 미처 몰랐던 어떤 사실이 왜 성립하는지 이유를 알려달라고 물어보았습니다. 그가 말하길, 어떤 그림이 구획으로 나누어져 있고 각 구획

이 다르게 색칠되어 공통 경계선을 가지는 부분이 구별된다면, 네 가지 색이 필요하지만 그 이상 필요하지는 않다고 합니다… 다섯 개의 색이나 그 이상이 필요한 경우는 만들 수 없을까요?… 어떻게 대답 하시겠습니까? 혹은 이 사실이 알려져 있었습니까?… 이것에 대해 많이 생각하면 할수록 더욱 더 이 명제가 참일 것 같습니다. 만약 당신이 어떤 간단한 예를 들어서 저를 멍청한 동물로 만들어 주시면, 저는 스핑크스처럼 행동해야 한다고 생각합니다.[3]

여기서 스핑크스처럼 행동한다는 것은 스핑크스가 행인들에게 수수께끼를 내고 문제를 틀리면 잡아먹었다는 전설을 비유한 것이다. 이 전설에서 오이디푸스가 수수께끼를 풀었을 때 스핑크스는 스스로 죽음으로 뛰어들었다.

운이 좋게도 드모르간은 죽을 때까지 스핑크스처럼 행동할 필요가 없었다. 사실 해밀턴은 이 문제에 별로 흥미가 없었던 것 같다. 해밀턴은 "나는 당신의 '색의 사원수(quaternion of colors)'에 대한 문제를 바로 시도해 볼 것 같지는 않습니다."라고 답장했다.[4]

비록 드모르간이 이 문제를 함께 해결하기 위해 몇몇의 다른 수학자에게도 물어보았으나, 수학계는 이 문제를 쉽사리 껴안지 않았다. 이후 거의 20년 동안 이 문제에 대해선 어떠한 진전도 없었다. 이 문제의 대약진은 1878년 6월 13일에 런던수학회 주최로 열린 학회에서 비롯되었다. 이 학회에서 존중 받는 수학자였던 아서 케일리(Arthur Cayley)는 이 문제를 풀지 못했다고 스스로 인정하면서, 누가 이 문제를 풀었는지 공개적으로 질문하였다. 이 질문은 곧 학회 회보에 출판되었고 넓게 배포되었다.

케일리가 세계의 관심을 이 문제로 쏠리게 한 후, 사색문제는 수학 애호가들이 가장 좋아하는 문제가 되었다. 이 문제의 아름다움은 이 문제가 어린 아이들도 이해할 수 있을 만큼 쉽다는 것이다. 이것은 수학 문제이지만, 어떠한 산술이나 대수, 삼각기하나 미적분학도 요구하지 않는다. 이 문제는 금방 해답에 도달할 수 있을 것으로 보였다. 저명한 기하학자인 콕서터(H. S. M. Coxeter, 1907~2003)은 다음과 같이 표현하였다.

거의 모든 수학자들은 문제의 해답을 찾았다고 생각하면서 영광스러운 밤을 보내고 난 뒤, 다음 날 아침 비슷한 함정에 다시 빠졌다는 것을 깨닫는 경험을 합니다.

마틴 가드너(Martin Gardner)는 과학 잡지 사이언티픽 어메리카(Scientific American)에서 일하는 동안 거의 매 달 4색가설을 풀었다고 주장하는 긴 증명을 받았다고 한다(물론 모두 틀린 증명이다.). 그래서 가드너는 1975년 만우절 칼럼에 4색정리에 대한 내용을 싣기로 하였다. 그의 "대중의 관심에서 벗어난 여섯 개의 세상을 놀라게 할 발견" 이란 제목의 글에서, 1974년의 여섯 개의 주요 발견에 대한 보고서를 썼다. 그 중 하나가 바로 4색가설에 대한 반례이다. 110개의 영역으로 분할된 지도 아래의 표어에는 "네-색깔-지도 정리는 논파 당했다"라고 적혀 있었다.[7] 물론 이 장난은 많은 독자들에게 효과가 없었다. 하지만 가드너는 이 글이 농담이라는 것을 알아차리지 못한 어리숙한 사람들로부터 수천통의 편지와 함께 수백 개의 그 "반례"의 색칠이 포함된 편지를 받았다고 한다.

오늘날에는 사색문제를 처음으로 제기한 것을 프란시스 거스리의 업적으로 돌리지만, 오래된 서적에서는 이것이 독일 수학자 아우구스트 뫼비우스(August Möbius, 1790~1868)의 공로라고 잘못 표현하곤 한다. 마틴 루터(Martin Luther)의 후손인 뫼비우스는 조용하고, 내성적인 성격의 가정적인 남자이다. 어른이 되고 난 이후에도 여행을 많이 하지 않았는데, 대학원 학생이 되고 난 뒤에야 라이프치히 대학교(Leipzig University), 괴팅겐 대학교(University of Göttingen, 그는 가우스와 두 학기를 함께 보냈다.), 할레 대학교(Halle University)를 다니다가 천문학에서 박사학위를 마친 후에 다시 라이프치히 대학교로 돌아왔다. 이렇게 여러 학교를 빈번하게 옮겨 다닌 후에는, 그는 사랑하는 작센 지역에 머무르기로 결심했다. 다른 여러 대학교에서 그를 임용하려고 시도하였음에도 불구하고, 뫼비우스는 라이프치히 대학교에서 은퇴하였다.

그림 14.3 아우구스트 뫼비우스

뫼비우스는 라이프치히 대학교에서 천문학자로서 일하면서 천문대를 관리하였다. 하지만 뫼비우스는 수학을 사랑했고, 천문학이 아닌 수학 분야에서 중요한 기여를 많이 하였다. 무게중심미적분학, 사영기학, 아핀기하, 그리고 초기의 위상수학 등의 분야에서 뫼비우스의 연구가 많이 알려져 있다. 뫼비우스의 수학에 대한 고독하고 신중한 접근은 그로 하여금 좋은 연구 결과를 많이 산출할 수 있도록 하였지만, 그를 재능 있는 강연자로 만들지는 않았다. 그의 강연은 아주 극소수의 학생들만 수강하였다고 알려져 있다.

사색문제가 뫼비우스에 의해 제기되었다고 알려진 것의 발단은 뫼비우스 학생인 리차드 발츠어(Richard Baltzer, 1818~1887)가 한 이야기 때문이다. 발츠어는 1840년에 뫼비우스가 자신의 반 학생들에게 **다섯 왕자 문제**(problem of the five princes)라는 이름의 문제를 냈다고 적었다. 그는 이 문제를 다음과 같이 묘사하였다.

> 인도에 커다란 왕국을 가지고 있는 한 왕에게는 다섯 명의 아들이 있었습니다. 왕이 명령을 내리길, 자신이 죽고 난 뒤, 다섯 명의 아들에게 다음과 같은 방법으로 왕국을 나누어 주라고 하였습니다. 각자의 영토는 반드시 다른 네 영토와 서로 국경선의 일부(점이 아닌 선)를 맞대고 있어야 합니다. 왕국은 어떻게 나누어 졌을까요?[8]

다음날 뫼비우스는 그의 좌절한 학생들에게 이 문제의 해법이 존재하지 않는다고 실토하였다.

우리가 알고 있는 것을 동원한다면, 이 문제의 불가능성에 대한 결론을 내는 것은 쉬운 일이다. 만약 왕국을 주어진 조건을 만족하도록 다섯 개의 영역으로 나눌 수 있는 방법이 있다고 가정하고, 각 영역에 왕자들의 왕궁이 있다고 하자. 그러면 어떤 두 형제의 쌍을 고르더라도 서로의 왕궁을 잇는 도로를 지을 수 있어야 한다. 단, 이 도로는 다른 왕자의 땅은 지나지 않아야 한다. 그러나 왕궁을 꼭짓점, 도로를 변으로 생각하면 우리가 만든 도로는 하나의 평면그래프를 만들어 내야 한다. 그렇다면 이 그래프는 다섯 개의 점을 가진 완전그래프 K_5가 되지만, 우리는 K_5 그래프가 평면그래프가 아님을 이미 증명한 바 있다.

발츠어는 다섯 왕자 문제의 불가능성으로 인해 4색정리가 참이라는 잘못된 결론을 낸다. 발츠어는 "이렇게 멀리까지 미치는 응용까지 볼 수 있는 뫼비우스는 얼마나 빛이 나는 존재인가" 라며 감탄하기도 했다.[9] 하지만 다섯 왕자 문제와 4색정리의 관계는 그리 깊지 않다. 만약 주어진 성질을 만족하는 왕국이 서로 분할되어 존재한다면(그림 14.2의 지도와 마찬가지로) 그 지도는 네 가지 색으로 칠할 수 없다. 하지만 이러한 분할이 존재하지 않는다는 것은 실제적으로 4색정리 증명에서 오직 한 가지 장벽만을 제거한 것일 뿐이다. 서로서로 이웃하는 영역을 가지는 다섯 나라가 없으면서도 4색 만으로는 칠할 수 없는 충분히 복잡한 지도를 만드는 것은 여전히 가능할 수 있다. 마틴 가드너에 따르면, 그의 편지함에 도착하는 수많은 4색정리의 잘못된 증명은 다섯 왕자 문제의 사소한 변형에 지나지 않는다고 한다.

우리는 뫼비우스의 퍼즐을 완전히 버리지는 말아야 한다. 왕궁을 도로로 연결하는 기술은 사실 매우 유용한 것이다. 쾨니히스베르크의 다리 문제와 같이 각 나라의 실제 지형은 무의미하다. 오직 중요한 것은 각 나라 사이의 상대적인 위치뿐이다. 따라서 이 문제는 그래프이론의 용어로 재포장될 수 있는 위상적 문제이다.

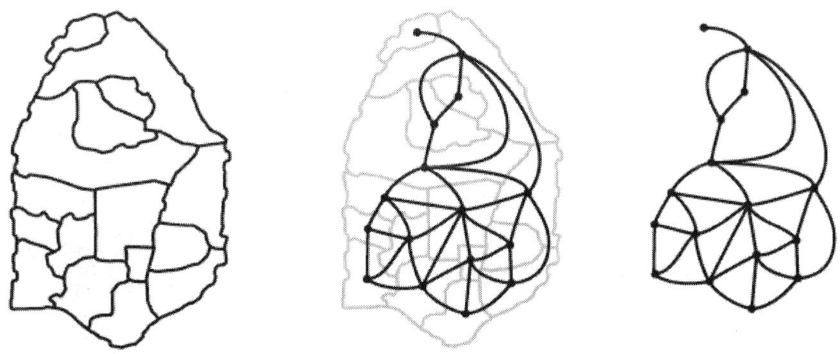

그림 14.4 지도의 인접그래프

이제 지도를 그래프로 표현해보자. 지도의 **인접그래프**(adjacency graph)는 지도상의 각 나라마다 한 개의 꼭짓점을 가지고, 두 나라가 서로 국경을 맞대고 있으면 두 나라에 해당하는 꼭짓점 사이를 연결하는 변이 있는 그래프이다(그림 14.4 참조). 만약 어느 두 나라가 두 군데 이상의 국경에서 서로 만나고 있어도 두 나라 사이에는 오직 한 개의 변만 그리도록 한다.

인접 그래프는 몇 가지 좋은 성질을 가지고 있다. 먼저 모든 인접그래프는 평면그래프가 되어야 함은 어렵지 않게 보일 수 있다. 간단하게 꼭짓점을 그 나라의 수도라고 하고 변을 두 수도 사이를 잇는 도로라고 생각하면 된다. 정의에 의해서 인접그래프는 고리나 평행한 변들을 가지지 않는다. 이러한 그래프를 **단순**(simple)그래프라 부른다.

요약하면 인접그래프는 단순평면그래프이다. 또한 지도가 연결되어 있다면 인접그래프 역시 연결되어 있어야 한다.

어떤 지도를 인접그래프로 만들면, 지도색칠 문제는 그래프색칠 문제로 바뀌게 된다. 각 나라에 색칠을 하는 대신 그래프의 꼭짓점에 색칠하고, 변으로 연결된 꼭짓점은 다른 색으로 칠하는 것이다. 만약 지도(그래프)가 n개의 색으로 인접한 나라(꼭짓점)를 모두 다른 색으로 칠할 수 있으면 우리는 이 지도(그래프)를 n-**채색**(n-colored)이라고 부르자. 그렇다면 4색가설은 다음과 같이 평면그래프에 대한 표현으로 쓰일 수 있다.

평면그래프에 대한 4색가설(Four Color Conjecture for Planar Graphs)

모든 단순평면그래프는 4-채색이다.

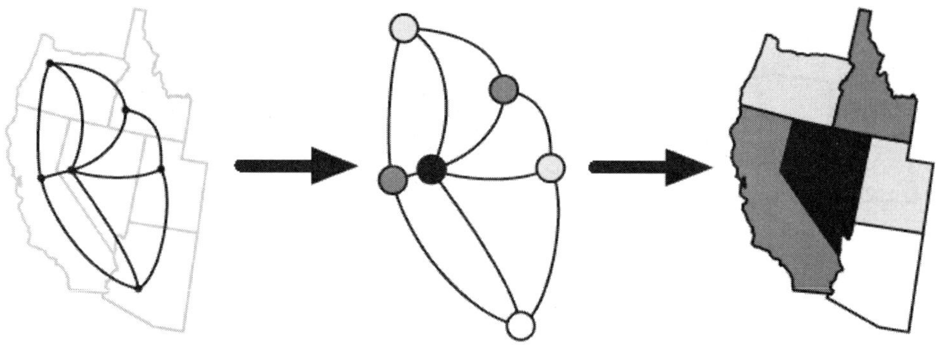

그림 14.5 인접그래프의 색칠은 지도의 색칠을 제공한다.

그림 14.5에서 네바다 주 및 그 인접한 주들의 지도와 인접그래프를 볼 수 있다. 인접그래프를 4색으로 색칠하면, 이 색칠은 원래의 지도로 옮겨질 수 있다.

전형적인 지도에서는 인접 국가를 많이 가진 나라가 있을 수 있다. 하지만 모든 나라가 이런 성질을 만족할 수는 없다. 어떤 지도에서든 반드시 다섯 개, 혹은 그 이하의 인접 국가를 가진 나라는 반드시 존재해야 한다. 이 중요한 사실을 **다섯이웃정리**(five neighbors theorem)라 부른다. 다섯이웃정리의 증명은 오일러 공식과 약간의 수 세기가 필요하다. 이상을 그래프의 용어를 사용하여 정리하면 다음과 같다.

다섯이웃정리(Five Neighbors Theorem)

모든 단순평면그래프는 차수가 5이하인 꼭짓점을 가진다.

이 정리를 증명하기 위해 임의의 단순연결그래프를 생각하자. 이 그래프는 고리와 평행한 변이 없기 때문에 이 그래프에 몇 개의 변을 추가하여 그래프의 모든 면이 정확하게 3개씩의 변을 가지게 만들 수 있다. 우리는 이렇게 더 커진 삼각화된 그래프에 차수가 5이하인 꼭짓점이 있다는 것을 보일 것이다. 만약 그렇다면 원래의 더 작은 그래프 역시 차수가 5이하인 꼭짓점이 있어야만 한다. 삼각화된 그래프가 V개의 꼭짓점, E개의 변, F개의 면을 가지고 있다고 하자(바깥쪽 영역 역시 면으로 헤아린다.). 각 변은 두 개의 면과 만나고 있고, 각 면은 정확히 세 개의 면으로 둘러싸여 있다. 따라서 $3F=2E$이다. 오일러공식에 의하면 $V-E+F=2$ 이고, 혹은 $6E-6F=6V-12$ 라고 할 수도 있다. 이제 $4E$와 $6F$를 소거하면 다음을 얻는다.

$$2E=6V-12$$

모든 변은 두 개의 끝점을 가지고 있으므로 모든 꼭짓점의 차수를 다 더하면 $2E$가 된다. 따라서 꼭짓점이 가진 차수의 평균을 구하면

$$\text{평균 차수}=\frac{2E}{V}=\frac{6V-12}{V}=6-\frac{12}{V}<6$$

따라서 평균 차수가 6보다 작으므로, 반드시 최소 한 개 이상의 꼭짓점은 그 차수가 5이하이다.

이 다섯이웃정리가 그래프색칠 문제에서 얼마나 유용한지를 살펴보기 위해 먼저 다음과 같은 6색정리를 증명해 보겠다.

6색정리(Six Color Theorem)

모든 지도는 6개 이하의 색으로 색칠 할 수 있다.

귀류법을 사용하기 위해, 먼저 이 명제가 틀렸다고 가정하자. 즉, 6개의 색으로 색칠할 수 없는 지도가 한 개 이상 있다고 가정하자. 이 마음에 들지 않는 지도들만 모아놓은 모임을 조사하면 그 중에서는 가장 작은 개수의 나라를 가지고 있는 지도가 있을 것이다. 이 지도가 정확히 N개의 나라를 가지고 있다고 가정하자. 이런 가장 작은 반례를 종종 **최소범인**(minimal criminal)이라 부른다. 이렇게 최소범인을 뽑아내어 생기는 좋은 점은 이제 어떤 지도라도 $N-1$개 이하의 꼭짓점을 가지고 있다면 항상 6개의 색으로 칠할 수 있다고 말할 수 있는 것이다.

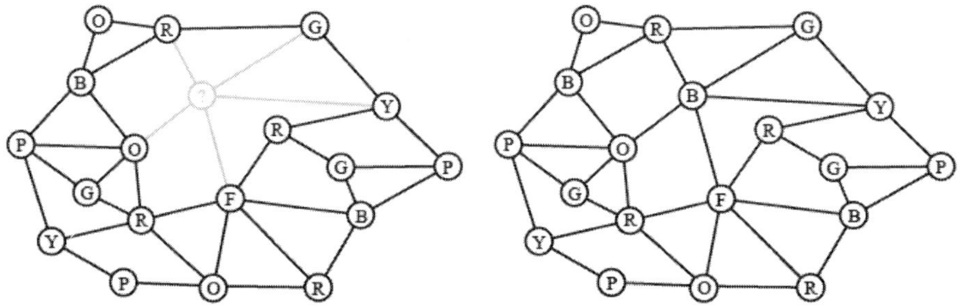

그림 14.6 6색으로 색칠된 최소범인

이제 이 최소범인의 인접그래프 G를 생각하자. 다섯이웃정리에 의하여 G에는 차수가 5이하가 되는 꼭짓점 v가 존재한다. 이 v와 G에서 v를 포함하는 모든 변을 제거하여 새로운 그래프 H를 만들자. H는 $N-1$개의 나라를 가진 어떤 지도의 인접그래프임을 보이는 것은 어렵지 않다. H는 $N-1$개의 꼭짓점을 가지고 있으므로 6색으로 색칠이 가능하다. 이제 H를 6개의 색으로 색칠하고 이 색칠된 그래프에 앞에서 제거했던 꼭짓점과 변들을 다시 추가하여 원래의 그래프 G를 만들자. v는 5개 이하의 다른 꼭짓점들과 인접해 있으므로 이 인접해 있는 꼭짓점들에 쓰이지 않은 색이 최소한 개는 남아 있기 때문에 남은 색으로 v를 칠할 수 있다. 따라서 G 역시 6개의 색으로 색칠할 수 있다. 결론적으로 G는 최소범인이 되지 못하고 따라서 가정에 모순이다. 따라서 모든 그래프는 여섯 개의 색으로 색칠 가능하다. 그림 14.6에서 이러한 방법을 사용하여 빨강(R), 파랑(B), 노랑(Y), 초록(G), 보라(P), 주황(O)색으로 색칠한 그래프의 예를 볼 수 있다.

그러나 불행히도 이 증명은 4색이나 5색 만으로도 색칠 가능하다는 것을 보장하지 않는다. v를 다시 끼워 넣는 과정에서 v에 칠할 수 있는 남아 있는 색이 없을 수 있기 때문이다. 따라서 이 경우들을 증명하기 위해서는 보다 미묘한 기술을 사용해야만 한다.

알프레드 브레이 캠프(Alfred Bray Kempe, 1849~1922)는 재미있는 한 트릭을 발견하였다. 1879년 7월 17일, 케일리의 제자였던 켐프는 4색가설을 증명했다고 발표한다. 캠프의 증명은 일 년 뒤에 출판되었다.[10]

그림 14.7 알프레드 브레이 캠프

이후에 수백 년 동안 쏟아지는 4색정리의 잘못된 증명과는 다르게 캠프의 증명은 매우 설득력이 있었다. 켐프는 매우 기발한 기술을 사용하여 이 최소범인의 남아 있는 꼭짓점에 색칠을 가능하게 했다. 수학계는 이 증명에 전율을 느꼈다.

켐프의 증명은 무려 10년 동안 옳은 증명이라고 인정받고 있었다. 하지만 불행히 이것은 사실이 아니었다. 1889년 퍼시 존 히우드(Percy John Heawood, 1861~1955)는 켐프의 증명에서 오류를 발견하였다. 결론적으로 이 오류는 치명적인 결함이었다. 히우드는 켐프의 논리가 적용되지 않는 지도를 만들어 냈다. 히우드의 1990년 출판된 노트에는 다음과 같이 썼다.

> 이 논문은 4색정리에 대해서 완전한 증명을 보이고자 하는 것이 아닙니다. 오히려 이 논문의 목적은 새로운 것을 만드는 것이 아니라 지금까지 만들어 진 것을 부정하는데 있습니다. 현재 명백하게 인정받고 있는 증명에 결점이 있음을 보일 것입니다.[11]

히우드의 논문 이후에 4색정리는 다시 4색가설이 되었다.

비록 켐프의 증명은 틀렸지만, 켐프가 소개했던 방법은 매우 중요한 것이었다. 히우드는 켐프의 아이디어가 4색정리가 아닌 5색정리를 증명하는 데는 충분하다는 것을 인정하였다. 켐프의 증명은 4색정리를 증명하는데 완전하지는 않지만 관련 이론을 발전시키는 본질적인 성분이 녹아 있었던 것이다. 켐프의 틀린 증명이 켐프를 곤혹스럽게 하긴 했지만, 그의 경력에 영구적으로 치명상을 주지는 않았다. 켐프는 여전히 왕립학회의 일원으로 계속 활동하였고(그는 4색정리와 관계없는 다른 수학 업적으로 선출되었다) 나중에는 기사 작위도 수여받았다.

네 개의 색으로 굉장히 큰 지도를 색칠해 본 적이 있는 사람은 부분적으로 한 나라씩 차례대로 색칠을 해 나가다 보면 어느 순간 어느 색도 칠할 수 없는 상황에 처하게 되는 경험을 해 본 경험이 있을 것이다. 그러면 반드시 뒤로 돌아가서 지도의 일부 부분을 다시 색칠해야만 한다. 켐프가 제시한 트릭은 이렇게 지도를 다시 색칠하는 쉬운 방법에 대한 것이다.

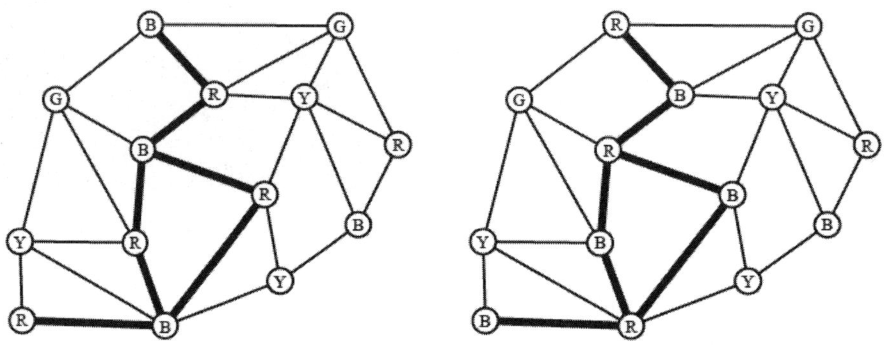

그림 14.8 빨강–파랑 체인을 바꾸면 또 다른 적절한 색칠이 된다.

어떤 색칠된 (혹은 부분적으로 색칠된) 그래프에서 시작하자. 두 개의 색을 고르고 (여기서는 빨강과 파랑을 고른다고 하자), 이 두 색 중 하나로 색칠된 꼭짓점 하나를 고르자. 이 꼭짓점이 빨간색으로 색칠되어 있다고 하면, 이 꼭짓점에서 시작하여 모든 파랑 꼭짓점, 빨강 꼭짓점, 파랑 꼭짓점, ... 이런 식으로 연결되는 모든 경로를 따라가 보자. 이 빨강과 파랑 꼭짓점의 모임을 빨강–파랑 체인 혹은 **켐프체인**(Kempe chain)이라 부르자(그림 14.8 참조). 캠프체인은 선형이 아닐 수 있음에 주의하자. 여러 개의 가지가 있을 수도 있고 고리가 있을 수도 있다. 이 켐프체인과 연결된 모든 꼭짓점은 빨강이나 파랑으로 칠해질 수 없기 때문에 켐프체인에 있는 모든 빨강 꼭짓점을 파랑 꼭짓점으로 바꾸고, 모든 파랑 꼭짓점을 빨강 꼭짓점으로 바꾸어도 여전히 처음의 조건(인접한 두 꼭짓점은 다른 색으로 칠해야 한다)을 만족하는 그래프가 된다는 점은 켐프 아이디어의 가장 중요한 내용이다.

우리는 앞에서 6색정리를 증명하였다. 켐프의 트릭은 5색정리를 증명할 수 있게 만들어 준다.

5색정리(Five Color Theorem)

모든 지도는 5개 이하의 색으로 색칠 가능하다.

5색정리의 증명은 정확하게 6색정리의 증명과 똑같은 방법으로 시작한다. 5색으로 칠할 수 없는 지도 중 가장 작은 나라의 개수 N를 가지고 있는 지도(이를 최소범인이라 불렀다)를 생각하고 이것의 인접그래프를 G라 하자. 다섯이웃정리에 의해 G에도 차수가 5이하인 꼭짓점 v가 존재한다. G에서 v를 제거해서 얻어지는 그래프를 H라 하자. H는 $N-1$개의 꼭짓점을 가지고 있으므로, 5색으로 색칠 가능하다. v와 연결된 모든 꼭짓점을 생각하자. 만약 여기에 4개 혹은 그 이하의 색으로 색칠이 되어 있다면(예를 들어, v의 차수가 4이하라면) 그러면 여기에 쓰이지 않은 한 개의 색을 v에 칠할 수 있고, 이것은 G를 5색으로 칠할 수 있다는 뜻이다. 만약 v와 인접한 꼭짓점들이 다섯 개의 색을 모두 다 사용했다면 우리의 풀이는 보다 복잡해 진다.

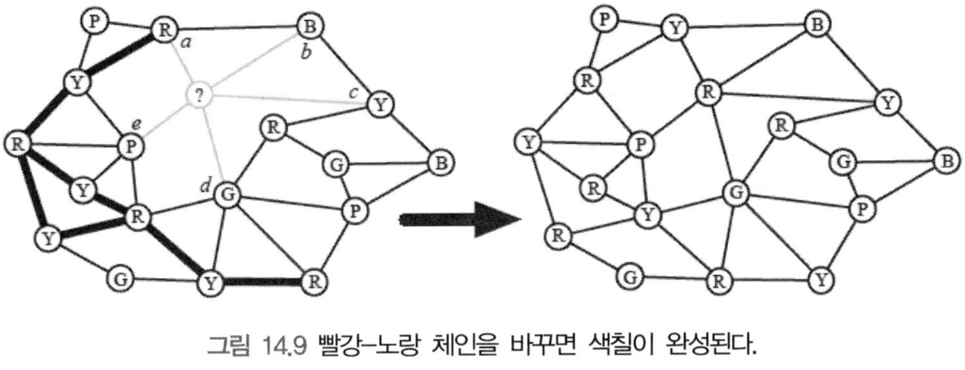

그림 14.9 빨강-노랑 체인을 바꾸면 색칠이 완성된다.

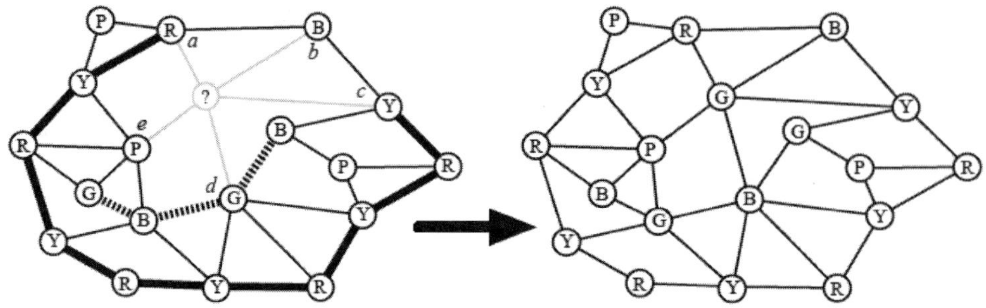

그림 14.10 파랑–초록 체인을 바꾸면 색칠이 완성된다.

v에 인접한 꼭짓점들에 시계방향으로 a, b, c, d, e라고 이름을 부여하고, 이 색이 차례대로 빨강, 파랑, 노랑, 초록, 보라로 색칠 되어 있다고 가정하자. 빨강 꼭짓점 a를 포함한 빨강–노랑 체인을 생각하자. 그렇다면 두 가지 경우가 생길 수 있다. 하나는 그림 14.9와 같이 꼭짓점 c가 이 빨강–노랑 체인에 포함되지 않는 경우이다. 그렇다면 이 켐프체인의 빨강, 노랑 꼭짓점들의 색을 서로 바꾸어도 c의 색은 변하지 않는다. 따라서 이 변형된 색칠에서는 v를 빨간색으로 칠할 수 있으므로 따라서 5색으로 칠해진 G를 얻는다. 두 번째 경우로 그림 14.10과 같이 c가 빨강–노랑 체인에 포함되는 경우다. 이때는 이 켐프체인의 꼭짓점의 색을 서로 바꾸더라도 c도 함께 색이 변하므로 v에는 영향을 주지 못한다. 따라서 이것은 크게 도움이 되지 못한다. 하지만 G는 평면그래프이므로, 꼭짓점 d를 포함하는 파랑–초록 체인은 절대 b를 포함할 수 없다. 따라서 이 파랑–초록 체인의 두 색을 서로 바꾸면 v에게 초록색으로 색칠할 수 있게 해주고 다시 5색으로 칠해진 G를 얻는다. 결론적으로 항상 G는 5색으로 칠할 수 있으므로 G가 최소범인이라는데 모순이므로 모든 그래프는 5색으로 색칠 가능하다.

4색정리에 대한 켐프의 불완전한 증명은 이 5색정리의 증명과 비슷하다. 하지만 이 방법으로 4색정리가 풀리기 위해서는 차수가 5이하이면서 4개 이하의 다른 색으로 인접 꼭짓점이 칠해지는 꼭짓점이 존재해야만 한다. 켐프는 한 개 혹은 두 개의 켐프체인의 색을 바꿔서 v의 인접 꼭짓점을 3개 이하의 색으로 칠할 수 있다는 것을 보일 수 있다고 주장했다. 비록 켐프의 방법은 얼핏 옳아 보였지만, 두 켐프체인의 색을 바꾸면 적절한 색칠이 되지 않는 한 경우를 간과하였기에 완전한 증명이 되지 못했다.

이 매혹적인 문제의 유명세는 전문 수학자와 초심자를 가리지 않고 끊임없이 모두를 매료시켰다. 저명한 수학자인 조지 버코프(George D. Birkhoff, 1884~1944), 해슬러 휘트니(Hassler Whitney, 1907~1989), 앙리 르베그(Henri Lebesgue, 1875~1941), 오즈월드 베블런(Oswald Veblen, 1880~1960) 역시 이 문제를 풀고자 하였다. 이 거장들이 다른 분야에서 얻은 수많은 수학적 성취에도 불구하고, 그 누구도 4색정리를 정복할 수 없었다. 콕서터(H. S. M. Coxeter)를 포함한 어떤 명성 있는 수학자들은 심지어 이 가설이 참이 아닐 것이라고 의심하기도 하였다.

그림 14.11 형태의 피할 수 없는 집합

20세기가 지나가면서 이 문제를 풀기 위한 한 방법으로 피할 수 없는 집합(unavoidable sets)이나 줄일 수 있는 형태(reducible configuration)에 대한 것이 주목받기 시작했다. 그래프의 부분적인 형태의 모임이 피할 수 없는 집합이 된다는 것은, 모든 인접그래프가 이 그래프 모임의 원소를 적어도 한 개는 포함하는 성질을 만족하는 것이다. 예를 들면 그림 14.11에 주어진 그래프의 모임은 피할 수 없는 집합이 된다. 왜냐하면 다섯이웃정리에 의하면 모든 그래프는 차수가 6보다 작은 꼭짓점을 반드시 가지고 있어야하기 때문이다.

한편, 줄일 수 있는 형태는 4색정리에 대한 최소범인에는 등장할 수 없는 꼭짓점과 변의 모임이다. 켐프체인의 방법을 이용하면 그림 14.11의 처음 네 형태는 줄일 수 있다. 이런 형태의 꼭짓점을 제거하고, 그래프의 나머지 부분을 색칠한 후, 필요하다면 켐프체인의 색을 바꾸는 방법으로 다시 색칠하면, 처음 제거한 꼭짓점에도 색칠 할 수 있기 때문이다. 따라서 문제는 다섯 번째 형태이다. 다섯 번째는 줄일 수 있는 형태가 아니다.

이렇게 해서 사색문제를 푼다는 것은 어떤 줄일 수 있는 형태만을 모아놓은 피할 수 없는 집합을 하나 찾는 문제로 바뀌었다. 이러한 집합이 존재한다면 모든 그래프에 줄일 있는 형태가 하나 이상 있지만 최소범인에는 줄일 수 있는 형태가 있을 수 없다. 따라서 이것은 최소범인의 존재성에 대한 모순을 이끌어 낸다.

켐프의 실패한 증명이 제시되고 난 뒤 거의 한 세기가 지난 1976년 7월 22일, 일리노이 대학교(University of Illinois)의 두 연구자 케네스 아펠(Kenneth Appel, 1932~2013)과 볼프강 하켄(Wolfgang Haken, b. 1928)은 줄일 수 있는 형태로 이루어진 피할 수 없는 집합을 찾았다고 발표했다. 이 집합에는 모두 1936개의 줄일 수 있는 형태가 포함되어 있었다. 이듬해 그들의 연구를 보다 보완하여 줄일수 있는 형태를 1482개로 줄일 수 있다는 두 편의 논문을 발표하였다(이 논문에서 수행된 계산에 도움을 준 존 코치(John Koch)도 세 번째 저자로 이름을 올렸다.).[13] 이렇게 4색정리는 정복 되었다!

그림 14.12 케네스 아펠과 볼프강 하켄

4색정리(Four Color Theorem)

모든 지도는 4개 이하의 색으로 색칠 가능하다.

1976년 여름의 끝 무렵 하켄은 미국수학회화 미대륙수학회의 연합 학회에서 이 연구 결과를 발표하였다. 오랫동안 많은 사람을 괴롭힌 문제가 해결되었음에도 불구하고, 강연이 끝난 이후 청중들의 박수갈채가 터지거나, 기쁨에 겨워 감탄하거나, 열정적으로 하켄의 이름을 외치는 이도 없었다. 대신에 조용한 박수가 부분적으로 나왔을 뿐이다. 오랫동안 갈망해오던 가장 흥미로운 이야기의 결론이 너무나도 어처구니없이 끝나버린 것이다.

강연장을 가득채운 이론 수학자들이 이렇게 차가운 응답을 하게 된 이유는 바로 4색정리의 증명의 방법 때문이다. 아펠과 하켄은 손으로 쓴 700페이지를 가득채운 그래프 형태를 수집한 후에, 이것들을 모두 컴퓨터에 입력한 후, 수천가지의 특별한 케이스를 컴퓨터로 확인하였다. 컴퓨터의 계산은 심지어 사람의 손으로 일일이 확인해 볼 수 있는 것도 아니었다. 계산에만 모두 여섯 달이 걸렸고, 컴퓨터의 계산 시간만 1000시간이 넘게 걸렸으며, 계산 결과를 출력하면 4피트 높이의 인쇄물을 만들었다. 비록 많은 사람들이 그들의 증명이 옳다고 믿기 시작 했지만, 대부분의 순수 수학자들은 이 증명이 우아하지 않고 만족스럽지 못했으며 정당하지 못하다고 생각했다. 이건 마치 유명한 스턴트 배우인 에벨 크니벨(Evel Knievel)이 오토바이를 타고 그랜드 캐니언을 건널 수 있다고 자랑하는데, 그랜드 캐니언을 가로지르는 거대한 다리를 만들어 그 다리를 이용하여 건너 버린 것과 같은 것이다. 아마도 이것은 고산 등반에서 산소통에 든 산소를 사용하는 것에 대해 고전적인 등산가들이 어떻게 느끼는 지와도 비슷할 것이다.

과학자들과 공학자들은 수많은 문제를 풀기 위해 컴퓨터를 사용하지만, 수학자들은 그렇지 않다. 컴퓨터는 빠른 계산을 하는 데는 좋지만, 수학적 증명과 같이 정밀하고 미묘한 논리 전개가 필요한 곳에서는 그리 유용하지 않다. 글쓰기, 철학, 미술과 마찬가지로, 수학은 언제나 인간의 노력이었지, 자동으로 되는 것이 아니었다. 아마도 어느 날 누군가는 이론의 정리를 증명하는 블랙박스를 발명할 수도 있다. 명제를 블랙박스에 넣으면 "참" 혹은 "거짓"을 말해 주는 것이다(사실 이러한 기계를 만드는 것은 이미 시도되고 있다.). 누군가는 이런 흐름이 수학의 재미를 가져가고 수학을 훨씬 덜 아름답게 만들 것이라고 말한다.

4색정리의 증명은 컴퓨터의 도움을 받은 첫 번째 증명이다. 이러한 경향은 사라지지 않는다. 또 다른 논쟁거리인 예는 토마스 할스(Thomas C. Hales)의 케플러 가설에 대한 증명이다. 케플러는 식료품 가게가 오렌지를 쌓거나 공예가가 대포알을 쌓는 것과 같이 상자 안에 구체를 채우는 가장 효율적인 방법은 결정패턴(crystalline pattern)으로 쌓는 것이라 주장했고, 할스는 케플러의 생각이 옳았다는 것을 1998년에 증명하였다.[14] 할스의 결과는 수학계 최고의 저널인 애널지(Annals of Mathematics)에 실렸지만, 저널이 이 내용을 출판하는 것을 동의할 때까지 수년의 시간이 필요했다(출판된 해는 2005년이다.). 이 저널의 편집자들은 자신들은 수천 줄이나 되는 컴퓨터 코드를 확인 할 수도 없고, 심지어 확인 하지도 않았다고 얘기하곤 했다.

아펠과 하켄이 4색정리의 증명을 공개한 이후, 많은 논란 속에서도 이 내용에 대한 독립적인 검증이 수년 동안 이루어졌다. 다른 수학자들은 더 작은 줄일 수 있는 형태로 구성된 피할 수 없는 집합을 찾았고, 그 정리를 증명하는 더 효율적인 방법을 발견하였다. 하지만 이 모든 증명은 컴퓨터 검증을 필요로 한다.

괴짜로 유명한 헝가리 수학자 폴 에어디쉬(Paul Erdős)은 종종 "더 북(The book)"을 얘기하곤 했다. 더 북이란 이 세상의 가장 아름답고 우아한 수학 증명들이 담겨있는 가성적인 한 권의 거대한 책이다. 오늘날 4색정리로 향하는 문은 거의 닫혔버렸지만, 우리는 여전히 이 정리에 대한 오래된 스타일의, 종이와 펜으로 이루어진 검증을 기다리고 있다. 우리가 아직 보지 못한 더 북에 포함될 증명을 말이다.

CHAPTER

15 새로운 문제, 새로운 증명

★ 위상수학의 첫 번째 중요한 용어들은 다면체에 대한 수업 중에 얻을 수 있었습니다.

– 앙리 르베그(Henri Lebesgue)[1]

가을에 색이 변하고 나뭇잎도 떨어지는 나무가 무엇인지 질문을 받았다고 생각해보자. 만약 당신이 "단풍나무입니다"라고 대답했다면 이것은 대체로 정답일 것이다. 하지만 10월경에 펜실비니아의 시골 지역을 지나간다면 형형색색의 떡갈나무, 자작나무, 너도밤나무가 수북이 떨어진 잎으로 만들어진 이불을 볼 수 있을 것이다. 그래서 "단풍나무입니다"라는 대답이 비록 정답이긴 하지만 그런 특징이 있는 모든 나무를 다 말한 것은 아니라고 할 수 있다. 그렇다면 모든 나무가 가을에 색이 변한다고 할 수 있는가? 물론 그렇지 않다. 소나무, 전나무, 가문비나무, 개잎갈나무의 잎은 색도 변하지 않고 떨어지지도 않는다. 일반적이고 참인 정답을 찾기 위해서는 수 없이 많은 나무들을 자세히 관찰해야 한다. 낙엽성의 나무가 가을에 색도 변하고 잎도 떨어뜨린다고 대답한다면 보다 완전한 대답이 될 수 있을 것이다.

볼록 다면체는 $V-E+F=2$를 만족한다. 이것은 참인 명제이다. 우리는 이 명제에 대한 오일러, 르장드르, 코시 등의 증명을 이미 알고 있다. 그러나 볼록다면체가 오일러 공식을 적용할 수 있는 최선의 범위는 아니다. 가령, 푸앵소가 지적했듯이 오일러공식은 볼록다면체 뿐 아닐라 별모양-볼록 다면체에서도 성립한다. 수학자 썸머빌(D. M. Y. Sommerville, 1879~1934)은 이와 같은 현상을 "볼록성은 이 공식의 우연한 경계일 뿐입니다. 볼록다면체는 가령 한 개 이상의 꼭짓점을 안으로 밀어 넣어 같은 개수의 꼭짓점, 변, 면을 가지는 비볼록다면체로 만들 수 있습니다"로 표현했다.[2] 그래서 오일러공식을 만족시키는 대상이 단순히 볼록다면체라고 말하는 것은 불필요한 오해를 받기 쉽고, 극단적으로 단순화 시킨 말이다. 종키에르(Ernest de Jonquières)는 "르장드르와 같은 학문의 권위자들이 이 잘못된 편견을 넓게 퍼뜨립니다. 심지어 높은 지성을 가진 학자들도 오일러 공식이 성립하는 범위가 오직 볼록다면체뿐이라는 편견을 가집니다."

라고 일갈하였다.

모든 다면체들이 다 오일러리안이라 할 수 있는가? 그렇지 않다. 모든 나무가 가을에 색이 변하는 것이 아니듯이, 오일러 공식을 만족하지 않는 다면체도 존재한다. 우리는 그렇다면 다면체의 정확히 어떤 성질이 오일러 공식을 반드시 만족시키게 하는지 정확히 결정할 필요가 있다. 우리가 짧게 만나 볼 광물학자 요한 프리드리히 크리스티안 헤셀(Johann Friedrich Christian Hessel, 1796~1872)는 오일러 공식이 성립하는 다면체를 **오일러리안**(Eulerian)이라 불렀다.

앞선 2장에서 논의했던 것처럼, 수학자들은 수세기 동안 다면체에 대한 정확한 정의를 하지 않은 채로 다면체를 다루어 왔다. 어떤 성질이 모든 다면체에 대해 다 성립하는 것을 보이려고 할 때면 대부분의 경우 기대치 않았던 문제에 빠지게 되었기 때문에 암묵적으로 다면체의 볼록성을 가정하는 편이 안전하였다. 다면체에 대한 엄밀한 정의의 필요성은 19세기 초에나 대두되었다.

다면체 공식을 만족하는 다면체의 종류에 대해서 신중히 따져본 첫 번째 사람은 륄리에(Simon-Antoine-Jean Lhuilier, 1750~1840)이다. 아마도 륄리에는 오일러공식을 연구할 운명이었던 것 같다. 오일러와 같이 릴리에도 스위스 인이고, 그가 태어난 해는 오일러가 다면체 공식을 발견한 해이다. 가장 재미있는 사실은 그의 이름인 l'huilier 의 문자 그대로의 뜻은 "기름통"이나 "기름을 붓는 사람"이란 뜻이다. 그래서 륄리에를 영어로 표현하면 "The Oiler"이고 이 단어는 "오일러"로 발음된다.

오일러와 마찬가지로 륄리에는 수학을 공부하기 위해 목사가 되기를 그만 두었다. 륄리에가 어렸을 무렵 한 친척이 륄리에가 교회의 목사가 된다면 그의 재산 중 일부를 남겨 준다고 제안했지만, 륄리에는 이 제안을 받아들이는 대신 수학자가 되기로 결심했다.

륄리에는 바르샤바에서 아담 차르토리스키(Adam Czartoryski) 왕자 아들의 가정교사로서 수학적 경력의 초기를 보냈다. 이후 제네바 아카데미(the Geneva Academy)에 취직하면서 스위스에 다시 돌아온 후에 마지막에는 총장의 지위까지 올랐다. 륄리에는 긴 일생동안 기하학, 대수학, 확률론 등에 기여한 업적으로 국제 훈장을 받았다. 또한 폴란드에서 오랫동안 사용된 인기 있는 교재도 저술하였다. 그의 인간성에 대해서는 한 전기 작가는 다음과 같이 표현하였다. "폴란드 사람들은 륄리에가 명확히 금욕주의적이었다고 하는 것에 반하여, 제네바 사람들은 륄리에가 엄격함이 부족하고 변덕스럽다고 표현하였습니다. 륄리에는 기하 공식을 운문으로 쓰고, 수 3과 $\sqrt{-1}$ 에 대해서 운문시를 쓰는 등의 괴짜 같은 면도 있었습니다."[4]

1813년 륄리에는 다면체 이론과 오일러 공식의 이해해 있어서 중요한 공헌을 하게 된다. 그의 논문에서 그는 세 종류의 오일러 공식이 성립하지 않는 세 다면체 모임을 소개한다. 그는 이것을 "예외(exceptions)"라고 불렀다.

륄리에의 논문은 당시 새롭게 발간된 사설 수학 학회지인 아날즈(Annales de mathématiques pures et appliquées)에 출판되었다. 오직 수학만 전문적으로 다룬 첫 번째 저널인 이 저널은 프랑스 포병장교이자 기성 기하학자인 요셉 디아즈 게르고네(Joseph Diaz Gergonne, 1771~1859)에 의해 창간되고 운영되었다. 수학자 장클로드 폰트(Jean-Claude Pont)가 "게르고네는 출판에 있어 불쾌한 버릇을 가지고 있었습니다. 누군가가 그에게 논문을 투고하면 오직 게르고네 본인이 흥미 있는 부분만 출판하였죠."[5]라고 회상한 것과 같이 게르고네는 륄리에의 논문을 실질적으로 편집했을 뿐 아니라 본인의 의견을 륄리에에 글에 반복적으로 끼워 넣었다. 심지어 이 세 종류의 예외 중 두 종류는 논문을 읽기 전부터 알고 있었다고 까지 주장했다!

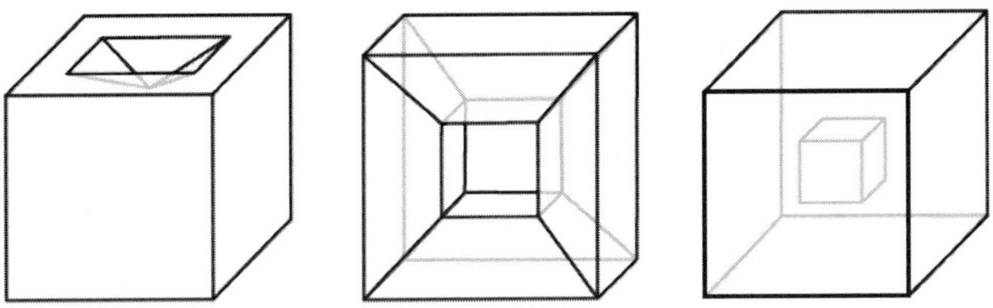

그림 15.1 륄리에의 예외들 : 고리모양면, 터널, 그리고 동공.

륄리에에 의해 주어진 첫 번째 예외는 다면체에 고리모양면이 있는 경우이다. 예를 들어 그림 15.1의 왼쪽 그림과 같이 정육면체의 한 면 중앙을 움푹 파서 사각 나사 모양의 면을 만든다. 이 다면체는 10개의 면 (5개의 사각면, 4개의 삼각면, 1개의 구멍이 있는 면)을 가지고, 20개의 변, 13개의 꼭짓점을 가진다. 이 경우 $13-20+10=3$이므로 오일러 공식은 성립하지 않는다. 륄리에는 이러한 면을 '고리모양면(annular 혹은

ring-shaped)'이라고 부르지 않았다. 대신 이 면이 "내부다각형"을 가지고 있다고 표현하였다.

륄리에가 말한 두 번째 예외는 다면체를 관통하는 한 개 이상의 "터널"을 가지고 있는 다면체이다. 그림 15.1의 가운데 그림에서 도넛 모양의 다면체를 볼 수 있다. 이 예제에서는 16개의 꼭짓점, 32개의 변, 16개의 면을 가지므로 $16-32+16=0$이 성립한다.

륄리에는 친구가 수집한 광물 견본을 보고 세 번째 예외에 대한 영감을 얻었다. 수정광물의 견본 중 하나에서 륄리에는 투명한 수정 내부에 색이 있는 수정이 들어가 있는 것을 보았다(이후 1832년에 광물학자 헤셀도 그와 같은 수정에 의해 염화칼슘결정 내부의 황화물 입방체에 영감을 받은 바 있다.). 륄리에는 다면체 내부에 다면체 모양의 동공이 있는 모양을 생각했다. 물론 이 예외는 다면체가 입체이고 속이 비어 있지 않은 형태라고 가정할 때 해당 하는 모양이다. 그림 15.1의 오른쪽에는 정육면체 내부에 정육면체 모양의 구멍이 있는 다면체가 그려져 있다. 이 다면체는 16개의 꼭짓점, 24개의 변, 12개의 면을 가지고, $16-24+12=4$가 성립한다.

륄리에(와 게르고네)는 이 세 종류의 다면체 집합이 오일러 공식의 모든 예외들을 다 포함한다고 믿었다. 륄리에는 "이 세 가지 특수한 경우만을 제외하면 다면체가 볼록인지 아닌지에 상관없이 오일러 공식이 항상 성립한다는 것을 누구라도 알아차릴 수 있습니다"고 표현하였다.[6]

또한 륄리에는 이 세 가지 예외를 단순히 제외시킨 것이 아니라, 오일러 공식을 변형하여 이 예외들에도 적용할 수 있는 새로운 공식을 만들기 위해 궁리하였다. 륄리에는 T개의 터널, C개의 동공, 그리고 P개의 내부 다각형이 있는 경우에 다음이 성립할 것이라 단언하였다.

$$V-E+F=2-2T+P+2C$$

간단한 계산을 통해서 이 공식이 그림 15.1의 다면체들에게는 성립한다는 것은 쉽게 확인할 수 있다.

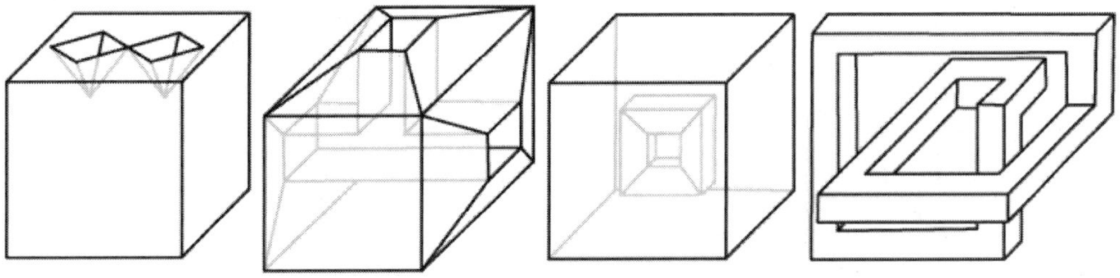

그림 15.2 복잡한 다면체들

그러나 결론적으로 륄리에의 세 종류의 예외는 모든 오일러 공식에 대한 예외를 다 포함하지 않을 뿐만 아니라, 륄리에가 만든 직관적인 식 역시 모든 "이례적인" 다면체에게 적용되지 않는다. 가령 그림 15.2에 주어진 4개의 다면체는 륄리에의 세 종류의 예외에 들어가지 않고, 그의 공식을 어떻게 적용해야 할지도 분명하지 않다. 첫 번째 다면체는 두 개의 내부 다각형을 가지고 있지만 한 개의 꼭짓점을 공유한다. 두 번째 다면체는 T자 모양의 터널을 가지고 있다. 세 번째는 토러스형태의 동공을 가지고 있다. 네 번째는 토러스처럼 생겼으나 터널이 분명하지 않다.

우리는 이 시점에서 다시 한 번 다면체의 정의의 문제로 돌아와야 한다. 다면체의 면밀한 정의를 하지 않는다면 모든 오일러리안 다면체를 분류하는 것은 불가능할 것이다. 그럼에도 불구하고 륄리에의 이 예외에 대한 분류는 매우 중요하고, 그의 공식역시 적절히 수정하여 결론적으로 옳은 식으로 만들 수 있다. 리카토스에 따르면 이 오일러 공식의 수정된 버전과 같은 식은 륄리에의 첫 발견 이후 80여 년간 12번이나 재발견되었다고 한다.

요한 헤셀은 처음에는 제약 교육을 받았으나 저명한 광물학자인 K. C. 폰 레오나르드 (K. C. von Leonard)의 조언을 듣고 직업을 광물학자로 바꾸었다. 결국에는 헤셀은 독일 마르부르크(Marburg) 대학교에서 광물학 및 광산기술의 교수가 되었다. 헤셀은 과학의 많은 분야에서 공헌을 하였는데 특히 광물의 대칭 분류에 대한 수학적 발견이 가장 유명하다.

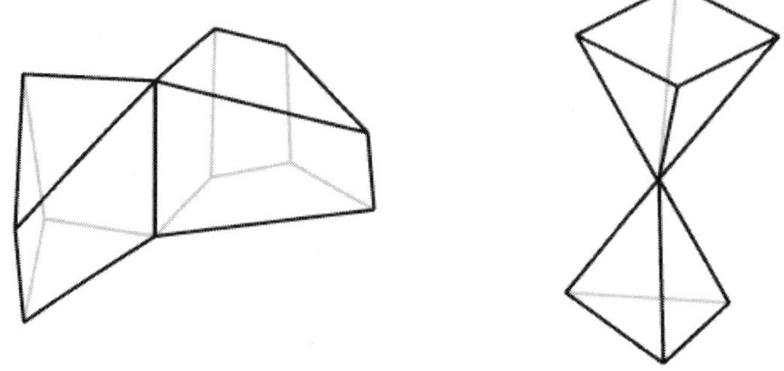

그림 15.3 다면체 공식에 대한 헤셀의 예외

헤셀은 1832년 논문에서 다섯 개의 다면체 공식에 대한 예외를 발표하였다.[7] 헤셀이 논문을 쓰고 투고하였을 때 그는 륄리에의 연구 결과가 20년 일찍 나와 있었다는 것을 알지 못했다. 헤셀은 곧 륄리에의 연구를 배우고 그의 다섯 개의 예외 중 세 개가 륄리에의 예외와 일치한다는 것을 알았다. 헤셀은 많은 사람들이 나머지 두 개의 중요한 예외에 대해서 모르고 있다고 믿었고, 그래서 그의 출판을 취소하지 않기로 결정하였다. 헤셀의 두 개의 새로운 예외는 그림 15.3에 주어져 있다. 하나는 두 개의 다면체가 한 변을 공유하는 형태이고, 또 다른 하나는 두 다면체가 꼭짓점을 공유하는 형태이다. 이러한 다면체 형태가 실제 다면체인지 여부는 논쟁의 여지가 있지만, 이 두 형태는 확실히 다면체 공식을 만족하지 않는다. 첫 번째 것은 12개의 꼭짓점, 20개의 변, 11개의 면($12-20+11=3$)으로 구성되어 있고 두 번째 것은 8개의 꼭짓점, 14개의 변, 9개의 면($8-14+9=3$)으로 구성되어 있다.

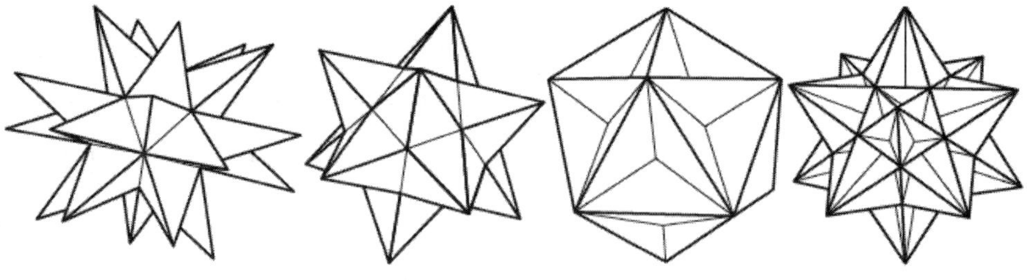

그림 15.4 케플러–푸앵소 다면체 : 큰 별모양 십이면체, 작은 별모양 십이면체, 큰십이면체, 큰이십면체

루이 푸앵소는 1810년에 두 개의 예외를 더 찾아내었다.[8] 르장드르의 증명을 정제한 것을 포함한 이 논문에서 푸앵소는 그림 15.4와 같은 네 개의 별모양 다면체를 제시하였다. 이렇듯 수학은 종종 발견되고, 잊혀지고, 다시 재발견된다. 별모양다면체 중 큰 별모양 십이면체(great stellated dodecahedron)와 작은 별모양 십이면체(small steelated dodecahedron)는 케플러에 의해 묘사된 바 있다(그림 6.6 참조). 그리고 그 이전에 야므니쳐와 우첼로의 예술 작품에 등장하기도 했었다(그림 6.3 참조). 푸앵소는 나머지 두 별모양 다면체, 즉, 큰십이면체와 큰이십면체를 수학적 대상으로 처음으로 다룬 사람이다. 큰십이면체는 그림 6.3에서 보는 것처럼 야므니쳐의 회화에서 그려진 적은 있었다. 이 네 다면체들은 오늘날 '**케플러-푸앵소 다면체**(Kepler–Poinsot polyhedra)'로 불리고 있다.

이러한 다면체들은 명료하게 삼각형 면으로만 이루어진 비볼록다면체라 할 수 있다. 언급했던 것처럼, 별모양볼록다면체는 르장드르의 증명에 의해 다면체 공식을 만족시키는 오일러리안 다면체이다. 하지만 케플러나 푸앵소 그 누구도 이 도형들을 이러한 방법으로 인지하지 않았다. 그들은 그저 이 예외적인 다면체를 새로운 정다면체로만 바라보았다. 이러한 관점은 오히려 새로운 종류의 다면체를 생각할 수 있게 만들어 준다.

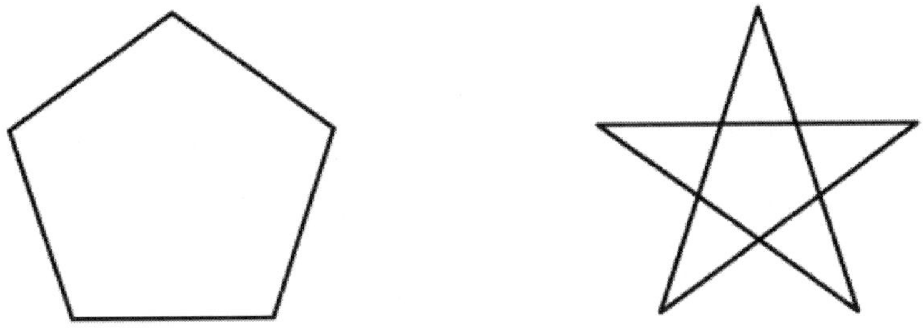

그림 15.5 정오각형과 피타고라스의 펜타그램.

케플러와 푸앵소의 관점을 이해하기 위하여 우리는 평면위의 다각형으로 돌아갈 필요가 있다. 이전에 각각의 $n > 2$에 대하여 오직 한 개의 n개의 변을 가진 정다각형이 있다고 주장하였다. 예를 들어, 그림 15.5의 왼쪽에 정오각형이 있다. 하지만 만약 조건을 약화 시켜서 다각형의 변들이 서로 교차할 수 있다고 한다면 우리는 피타고라스의 펜타그램(pentagram)과 같이 다른 정오각형을 찾을 수 도 있다. 펜타그램을 그릴 때

역시 오직 다섯 번의 펜 놀림만 필요하기 때문이다. 이 펜타그램을 다섯 개의 꼭짓점이 있고 다섯 개의 변이 이 꼭짓점들의 연결하고 있다고 생각하자. 각 변은 다른 두 개의 변과 교차하지만, 이러한 교차는 무시하고 교차점도 꼭짓점으로 헤아리지 않는다. 이 펜타그램은 다섯 개의 같은 길이를 가지는 변으로 구성되어 있으며 두 변이 만들어 내는 각의 크기는 모두 같다. 따라서 이 다각형을 정다각형으로 부르는 것은 합리적이다.

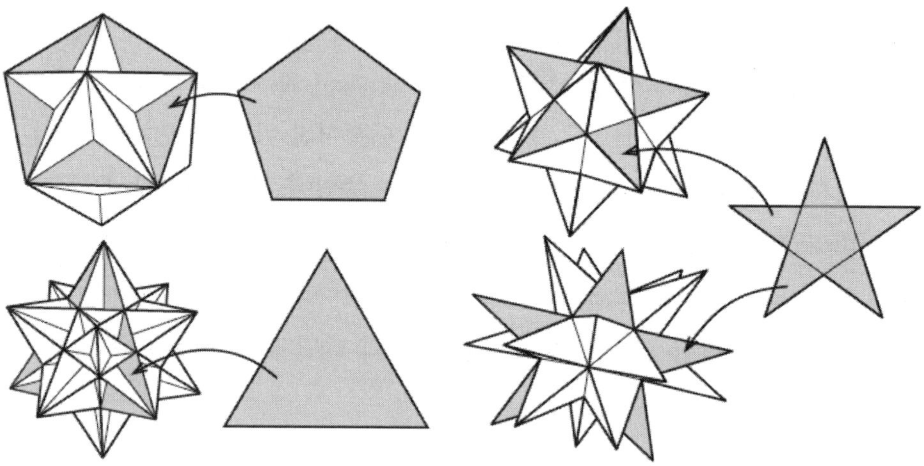

그림 15.6 자기교차면을 가지고 있는 정다면체들

캐플러와 푸앵소는 같은 방식으로 별모양 다면체를 바라보았다. 큰십이면체를 삼각형으로 만들지 않고 그림 15.6과 같이 열 두 개의 자기교차(self-intersecting)하는 오각형 면으로 만들었다. 즉, 한 평면에 있는 모든 면들을 하나의 면으로 묶은 것이다. 이 방법으로 큰십이면체는 서로 합동인 다섯 개의 정오각형으로 만들어지고 각 꼭짓점에서는 같은 수의 면이 서로 만난다. 우리가 볼록 조건을 기꺼이 배제한다면 이 큰십이면체는 플라톤 입체와 같은 정다면체로 생각할 수 있을 것이다. 비슷하게, 다른 세 개의 케플러-푸앵소 입체들도 이 새로 정의된 정칙성(regularity)의 특징을 가지고 있다. 크고 작은 별모양 십이면체는 오각형을 면으로 가지고 있고 큰이십면체는 정삼각형들을 면으로 가지고 있다.

결론적으로 테아에테투스가 오직 다섯 개의 정다면체가 증명했던 것처럼 코시는 1811년 오직 이 네 개의 케플러-푸앵소 다면체만이 이 수정된 정칙성 정의를 만족한다는 것을 증명하였다.[9]

비록 이 케플러-푸앵소 다면체는 일상적인 다면체가 아니라 할지라도 $V-E+F$는 계산할 수 있다. 실제로 큰이십면체($V=12$, $E=30$, $F=20$)나 큰별모양십이면체($V=20$, $E=30$, $F=12$)는 오일러 공식을 만족한다. 그러나 다른 두 개는 그렇지 않고, 또 다른 오일러 공식의 예외가 된다. 실제로 큰십이면체를 열 두 개의 오각형 면을 가진 다면체로 볼 때에는 이것은 다면체 공식을 만족하지 않는다. 30개의 변, 12개의 꼭짓점을 가지고 있으므로 $12-30+12=-6$이다. 작은 별모양 십이면체 역시 12개의 꼭짓점, 30개의 변, 12개의 면을 가지고 있으므로, 이것의 계산값은 −6이다.

19세기 전반부에는 오일러 공식의 많은 예외들이 등장하였고 또한 많은 증명이 등장하였다. 1811년에 오일러, 르장드르, 코시의 증명이 있었다. 1813년에 륄리에의 세 예외를 담은 논문에서는 볼록다면체에 대해 성립하는 다면체 공식의 새로운 증명을 제시하였다.[10] 오일러가 그랬던 것처럼, 륄리에는 다면체를 피라미드 모양의 조각으로 나누었다. 이것을 위해 먼저 다면체 내부에 꼭짓점을 넣고 이 꼭짓점에서 다면체의 꼭짓점과 변으로 가는 면으로 나누어 새로운 변과 면을 만들어 낸다. 이 방법으로 다면체는 여러 개의 피라미드 모양의 조각으로 나누어지고 한 개의 공통된 꼭짓점을 갖는다. 그는 다면체 공식이 어떤 피라미드 모양이나 피라미드 모양을 합쳐서 만드는 입체에 대해서 성립한다는 것을 보이는 방법으로 다면체 공식을 증명하였다.

륄리에의 논문에서 게르고네도 볼록다면체에 대한 증명을 제시하였다(같은 증명이 14년이 지나 야콥 스테이너(Jakob Steiner, 1796~1863)에 의해 재발견된다).[11] 게르고네는 다면체를 평면 위에 사영시키고 다각형의 각에 대한 논의를 사용하였다.

다면체 공식을 증명하는 가장 영리한 방법 중 하나는 카를 게오르그 크리스티안 폰 스타우트(Karl Georg Christian von Staudt, 1798~1867)가 1847년에 발표한 증명이다. 이 증명의 가장 큰 장점은 광대한 비볼록다면체의 모임에도 적용할 수 있다는 것이다.

스타우트는 독일 로텐부르크 지역의 귀족집안에서 태어났다. 그가 스무 살이 되던 해, 천문학과 수학을 가우스와 공부하기 위하여 괴팅겐 대학교(University of Göttingen)에 입학하였다. 그가 쓴 천문학에서의 박사학위논문은 가우스에게 매운 인상적이어서 가우스는 스타우트가 중등학교 교사로 일하는 동안 뷔르츠부르크 대학(University of Würzburg)에서 강의할 수 있도록 도와주었다. 1835년에 스타우트는 탁월한 수학자로서 에를랑겐 대학(University of Erlangen)의 정교수가 되었다. 스타우트는 다작을 하는 수학자는 아니었지만 1847년에 위치의 기하(Geometrie der Lage)라는 사영기하 분야에서의 권위 있는 책을 저술하였다. 이 책은 훗날 세 번 정도 크게 보완되었고, 이 책은 스타우트의 가장 중요한 연구로 기억된다.

푸엥소는 다면체의 볼록성은 오일러 공식의 충분조건이지만 필요조건은 아니라고 했다. 스타우트는 위치의 기하(Geometrie der Lage)에서 오일러리안 다면체를 묘사하는 매우 일반적인 조건을 제시하였다.[12] 스타우트는 코시와 마찬가지로 암묵적으로 다면체가 입체가 아닌 속이 빈 껍질이라고 가정하였을 뿐 아니라 다음과 같은 성질을 만족하고 있다.

1. 어떤 두 꼭짓점을 고르더라도 한 꼭짓점에서 다른 꼭짓점으로 가는 변들의 경로를 찾을 수 있다.
2. 어떤 변들의 경로가 한 꼭짓점을 두 번 지나지 않고 같은 꼭지점에서 시작하여 같은 꼭짓점에서 끝난다면(이러한 경로를 회로라고 부르는 것을 상기하자) 이 경로는 다면체를 두 개의 조각으로 나눈다.

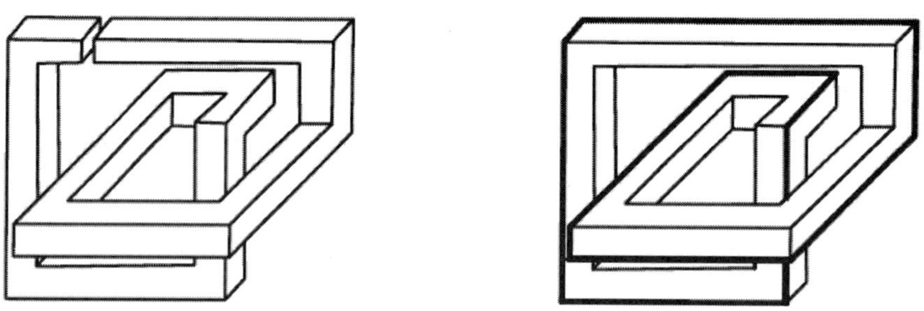

그림 15.7 두 개의 복잡한 다면체

스타우트의 직관적인 조건은 볼록이 아닌 많은 다면체들이 만족한다. 가령 그림 15.7에서 매우 복잡한 두 다면체가 주어져 있다. 첫 번째 다면체는 결론적으로 스타우트의 조건을 만족한다. 실로 $V=48$, $E=72$, $F=26$이고 $48-72+26=2$이다. 두 번째 도형은 스타우트의 조건을 만족하지 않는다. 굵게 칠해진 변의 경로를 따라 잘라내어도 다면체는 쪼개어지지 않는다. 이 다면체는 $V=40$, $E=60$, $F=20$이므로 $40-60+20=0$이다.

스타우트는 이 가정들을 만족하는 다면체들은 반드시 다면체 공식을 만족한다는 것을 증명하는 아름다운 논리를 제공하였다. 지금부터 그 증명의 간단한 스케치를 살펴보자.

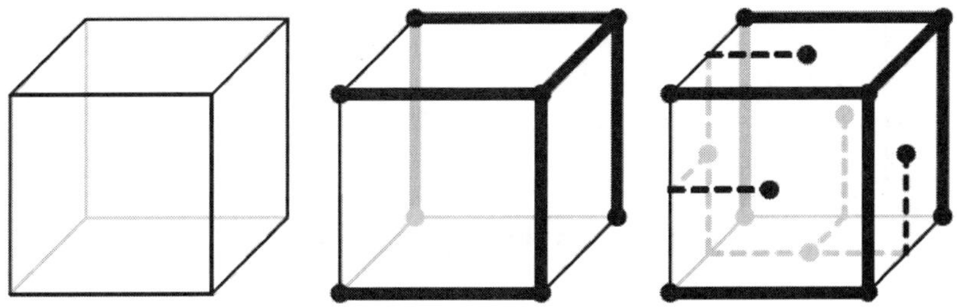

그림 15.8 스타우트 증명에 나타나는 두 수형도

먼저 다면체의 꼭짓점 하나를 빨간색으로 칠하자. 이 꼭짓점과 만나는 한 변을 선택하여 그 변과 그 변의 다른 꼭짓점도 빨간색으로 칠한다. 이제 두 빨간 꼭짓점 중 하나를 골라 이 꼭짓점과 연결된 변과 그 변의 다른 꼭짓점도 빨간색으로 색칠한다. 이 과정을 반복하는데 단, 절대 빨간색 회로는 생기지 않도록 한다. 그림 15.8에서 정육면체 위의 굵은 실선은 이 과정 중에 그려지는 빨간 변을 설명한 그림이다. 결론적으로 이 과정은 끝나야 한다. 스타우트의 조건을 만족하는 모든 다면체는 모든 꼭짓점들이 빨간색으로 색칠 되었을 때 끝날 수밖에 없다. 이 빨간 변들의 모임은 회로를 만들지 않으므로 반드시 수형도 이어야 하고 우리는 앞의 그림 13.3과 글에서 반드시 $V-1$개의 빨간색 변을 가지고 있다.

이제 각각의 면 내부에 파란색 꼭짓점을 찍자. 이제 다면체 위에서 두 파란색 꼭짓점을 연결하는 파란색 변을 그리되, 파란색 변은 빨간색 변과 만나지 않도록 해야 한다. 그림 15.8의 점선이 파란색 변을 의미한다. 스타우트의 가정에 의하여 이 파란색 그래프 역시 수형도가 된다. 이 파란색 수형도는 F개의 꼭짓점을 가지므로 $F-1$개의 변을 가져야 한다. 중대한 관찰은 원래의 다면체에서 모든 변은 빨간색으로 칠해져 있거나 파란색 변과 한번 만난다는 것이다. 따라서 변의 개수는 빨간색 변과 파란색 변

의 수의 합과 같다. 따라서

$$E=(V-1)+(F-1)$$

혹은 $V-E+F=2$를 만족한다.

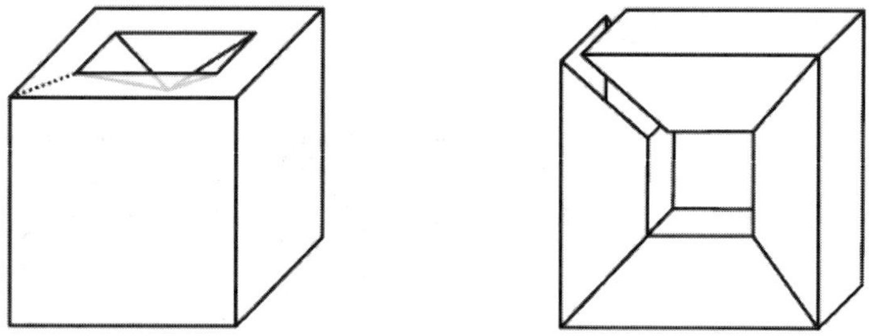

그림 15.9 고리모양면의 변형과 토러스 자르기

이제 우리는 그림 15.1에서 보았던 뤨리에의 예외 들이 스타우트의 다면체 정의를 만족시키지 않는다는 것을 스스로에게 납득시키기 위해 다시 뤨리에의 예로 되돌아가자. 뤨리에의 첫 번째 다면체는 고리모양면을 가진다. 고리모양의 바깥쪽에 있는 변에서 출발하여 안쪽에 있는 변에 도달할 수 없기 때문에 1번 조건이 성립하지 않는다. 스타우트의 조건을 만족하게끔 다면체를 변형할 수 있다는 것을 주목하자. 이를 위해 그림 15.9와 같이 우리는 고리모양면의 바깥쪽 변과 안쪽 변을 연결하는 가상의 변을 간단하게 추가하면 된다.

두 번째 다면체는 도형의 중심을 관통하는 터널을 가지고 있다. 그림 15.9에서와 같이 변의 회로를 잘라도 도형은 여전히 나누어지지 않기 때문에 이 다면체는 2번 조건을 만족하지 않는다. 1879년 R. 호페(R. Hoppe)는 "다면체를 부드러운 점토처럼 자르기 쉬운 재료로 만들고, 터널을 통과하는 실을 잡아당겨 점토를 잘라내더라도 이 둘은 떨어지지 않는다"는 것을 언급하였다.[13] 뤨리에는 터널의 정의를 제대로 하지 않았다는 것을 상기하자. 호페는 스타우트의 논문에 있는 아이디어를 사용하여 이 상황을 개선하고자 하였다. 그는 곡면을 분리시키는데 필요한 자르기 횟수를 사용하여 터널을 정의하였다. 이 아이디어는 17장에서 다시 다루어 질 것이다.

마지막으로 뤨리에의 세 번째 예외는 쉽게 제외할 수 있다. 다면체 속에 다면체 모양의 동공이 있는 경우는 오직 다면체가 입체로 이루어져 있을 때만 성립하는 것이고,

스타우트는 다면체 내부가 비어 있다고 가정했다. 만약 입체로 된 다면체를 허용했다면 다면체 외부의 꼭짓점들은 내부의 꼭짓점들과 항상 만날 수 없으므로 스타우트의 조건1은 성립하지 않을 것이다. 헤셀의 두 예외는 스타우트의 조건을 모두 만족시키지만, 스타우트는 다른 대부분의 수학자와 마찬가지로 이 모양을 다면체로 생각하지 않았다.

직관적으로, 스타우트의 조건을 만족하는 다면체들은 "구형처럼" 생겨야 하고, 각 면은 하나의 다각형 모양의 경계를 가져야 한다. 다면체들은 볼록일 필요는 없지만 어떠한 터널도 가지면 안 된다. 만약 이것이 고무로 만들어져 있고 평평하지 않다면 구형 모양의 풍선으로 부풀릴 수 있을 것이다.

19세기 전반에 이루어진 오일러리안, 비오일러리안 다면체에 대한 이 풍요로운 토론은 위상수학의 탄생의 무대를 마련했다. 이 아이디어들은 다른 이들에 의해 탐사 되다가 19세기 말 푸앵카래(Poincaré)에 의한 환상적인 오일러공식의 일반화에서 정점에 이르게 된다. 이러한 발전에 대해서는 17, 22, 23장에서 다시 논의할 것이다.

CHAPTER

16 고무판, 속이 빈 도넛, 그리고 괴상한 병(crazy bottle)

★ 클라인이란 수학자는 뫼비우스 띠가 신성하다고 생각했습니다.
"만약 두 개의 뫼비우스 띠의 모서리를 따라 붙인다면, 당신은 제가 가진 것과 같은 불가사의 한 모양의 병을 얻게 될 것입니다."

– 성명 미상

19세기 중반부터 다면체에 대한 오일러 공식에 대한 이해도가 급격하게 올라갔다. 이 공식을 다른 대상에도 어떻게 적용할지 질문하기 시작한 것도 이 시기였다. 만약 물체가 평평한 면으로 만들어진 다면체가 아니고 구면이나 토러스처럼 곡면으로 만들어졌다면 어떻게 될까? 그렇다면 구면이나 토러스의 분할은 어떤 것과 비슷하게 생겼을까? 1794년 르장드르가 오일러 공식을 증명하기 위하여 구면을 지오데식 다각형으로 분할 했던 것을 상기하자. 그리고 코시가 오일러 공식을 그래프에 적용시킬 때 변이 일직선으로 곧게 뻗을 필요가 없었던 것도 기억하자.

이러한 논의는 기하학에서 위상수학으로의 이동을 촉진시킨다. 대중적인 인쇄물들은 위상수학이라는 분야를 위상수학이라는 용어에 익숙하지 않은 사람들에게 설명하기 위해 "고무판 기하" 같은 표현을 종종 쓰곤 한다. 비록 무미건조한 수학자들은 이런 식의 극도로 단순화된 표현으로 위상수학을 묘사하는 것에는 반대하는 입장이지만, 사실 이 표현은 위상수학과 기하학의 차이점을 설명하기 위한 일리있는 방법이다. 기하학에서는 다루는 대상은 견고(rigid)하다는 것이 중요하다. 각의 크기나 길이의 측정, 도형의 합동의 증명, 넓이나 부피의 계산 같은 모든 것들은 대상의 정확하고 변하지 않는 기하 구조에 의존한다.

이전 장에서 봐 왔던 것처럼, 어떤 경우에서는 견고하고 굽어지지 않는 기하 도형은 어떤 문제를 해결할 때 필요 없는 정보를 많이 가지고 있고, 다루기가 좋지 않을 뿐 아니라 종종 근원적인 수학을 숨기기도 한다. 오일러의 쾨니히스베르크 다리에 대한 연구에서 오일러는 대상들의 정확한 위치보다 그것을 적당히 움직일 수 있는 것이 더 중요하다는 것을 발견하였다. 이 관찰은 위상수학의 초기 형태 중 하나인 그래프 이론의 창조를 이끌어 내었다. 이후에 우리는 $V-E+F$의 대상이 갖는 면들의 수나 조합적인 모양이 아닌 그것의 일반적인 모양, 즉 위상에 의존한다는 것에 대한 힌트를 보았다. 우리는 어떠한 구형 모양의 다면체는 $V-E+F=2$가 성립하고, g개의 “터널”을 가진 다면체는, $V-E+F=2-2g$가 성립하고, 연결된 평면그래프는 $V-E+F=1$이 성립한다는 것을 관찰하였다.

그래서 오일러의 공식이 다면체 뿐 아니라 다른 모양에 적용할 수 있을 거라고 상상하는 것은 어려운 일이 아니다. 고무로 된 다면체가 $V-E+F=2$를 만족한다고 하자. 이 다면체를 $V-E+F=2$를 계속 만족시키면서 모양을 획기적으로 바꿀 수 있을까? 쉽지 않을 것이다. 만약 이 다면체를 풍선처럼 부풀려서 모든 면과 변을 휘게 만들어도 교대합 $V-E+F$는 변하지 않는다. 만약 이 다면체를 찌그러뜨리거나, 꼬아 버리거나, 잡아 당겨도 꼭짓점, 변, 면 사이의 관계는 여전히 그대로 남을 것이다. 하지만 칼을 이용하여 풍선의 면에 상처를 내는 경우에는 최소한 한 개의 새로운 변이 생겨야 하므로 교대합이 변할 수 있을 것이다. 다음 장에서는 두 모양이 위상적으로 “같다”는 의미에 대해서 자세하게 논의하고, 오일러공식을 다양한 위상적 모양에 대해서 어떻게 적용해야 하는지에 대해 연구할 것이다.

“위상”이라는 수학용어의 기원은 1847년으로 돌아간다(식물학에서 ‘위상’이라는 단어는 그 이전부터 있었다.). 이 용어는 수학자 리스팅의 책 Vorstudien zur Topologie 에서 독일어 형태로 가장 먼저 등장하였다.[1] 리스팅은 이 책을 출판하기 전에도 Topologie라는 용어를 10년 전부터 사용해 오고 있었다. 영어로 가장 먼저 등장한 것은 피터 거스리 테이트(Peter Guthrie Tait, 1831~1901)의 리스팅에 대한 1883년 찬사문이다. 그는 “위상수학(Topology)이라는 용어는 기하학 안에서 정성적인 관계에 대해서만 주로 다루는 정성적인 기하학과 일반적인 기하학을 구별 짓기 위해 리스팅이 만든 용어이다”로 적었다.[2]

“위상수학”이라는 용어는 바로 정착되지는 못했다. 앙리 푸앵카레(Henri Poincaré)나 오즈월드 베블런(Oswald Veblen)같은 영향력 있는 수학자들은 프랑스 어인 위치의 해석학(analysis situs)를 계속 사용하였다. 20세기 초기의 위대한 위상수학자인 솔로몬 렙셰츠(Solomon Lefschetz, 1884~1972)는 이 용어를 썩 좋아하지 않았다. 그는 위치의 해석학(analysis situs)을 “아름답지만 선부른 용어”라고 혹평했다.[3]

렙셰츠가 위대해진 경위는 꽤 흥미롭다. 그는 1884년 터키인 부모 사이에서 러시아에서 태어났고, 프랑스에서 자라면서 학교를 다녔으며, 미국으로 이주하여 필라델피아에서 엔지니어 직업을 택했다. 렙셰츠가 26살이 되던 해 산업사고로 인해 직장에서 양손과 팔뚝을 잃었다. 이후 얼마 되지 않아 렙셰츠는 수학을 해야겠다고 결심한다. 클라크 대학교(Clark University)에서 일 년 만에 박사학위를 받고, 캔자스 대학교(University of Kansas at Lawrence)에 자리를 잡기 전까지 네브라스카에서 잠깐 학생들을 가르쳤다. 그리고 40살이 되던 해, 십여 년간 중요한 연구를 수행한 뒤에, 프린스턴 대학교(Princeton University)에 고용되었다. 그의 길고 탁월한 경력 끝에 국가과학메달(National Medal of Science)를 비롯한 여러 상들을 수상하였다.

렙셰츠의 제자였던 알버트 터커(Albert Tucker, 1905~1995)에 따르면, "위상"이라는 용어가 유명해지게 만든 사람이 렙셰츠였다고 한다. 렙셰츠는 1930년 미국 수학회에서 출판된 책의 이름을 "위상(Topology)"이라고 지었다. 다음은 터커의 이야기이다.

> 렙셰츠는 특이하고 활기찬 이름을 짓고 싶어 했어요. 그래서 독일어로 된 Topologie의 단어를 빌려오기로 결심했죠. 이건 렙셰츠에게 기묘한 일이었어요. 렙셰츠는 프랑스에서 공부했고, 위치의 해석학(analysis situs)은 푸앵카레의 용어였기 때문이죠. 그렇지만 렙셰츠는 Topology란 용어를 쓰기로 결정했고, 모두가 이 용어를 사용하자는 캠패인을 벌였어요. 그의 캠패인은 빠르게 성공했는데, 아마도 제 생각에는 위상수학자(topologist), 위상화하다(topologize), 위상적인(topological) 같이 파생되는 단어들을 만들 수 있었기 때문인 것 같아요. 위치의 해석학은 이런식으로 잘 만들 수 없으니까요.[14]

우리의 위상수학의 탐구는 **곡면**(surface)을 들여다보는 것으로 시작한다. 곡면의 예로는 2차원 평면, 구면(sphere), 토러스(torus), 원판(disk), 원기둥(cylinder) 등이 있다. 곡면은 평면과 국소적으로 비슷하게 생긴 모든 대상이다. 만약 어느 개미가 굉장히 넓은 곡면 위에 살고 있다면, 이 개미는 자기가 2차원의 광활한 대지 위에 서 있다고 생각할 것이다. 이것은 우리의 경험의 영역을 벗어나지 않는다. 지구는 둥근 공 모양이지만, 지구 위에 살고 있는 사람들에게는 너무 크기 때문에 평평한 평면과 구별을 할 수 없다. 영리한 개미는 위험을 무릅쓰고 곡면을 탐험하여 자기가 살고 있는 곡면이 평평하지 않다는 사실을 알게 될 수 있다. 마치 콜럼버스가 "인도"를 찾아 서쪽으로 항해했던 것처럼 말이다. 하지만 개미가 가만히 서 있다면, 개미는 자기가 곡면위에 살고 있다는 사실을 영영 알지 못할 것이다.

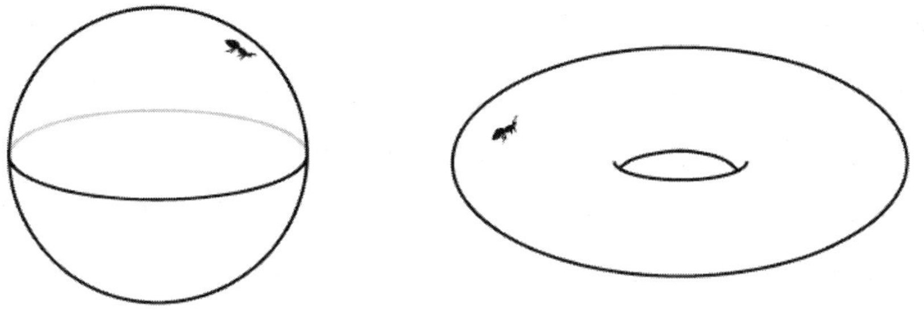

그림 16.1 구면과 토러스로 이루어진 곡면 위에 사는 개미

한편 내적 차원과 외적 차원의 차이를 인지하는 것은 중요하다. 곡면위에 사는 개미는 자신이 평면 위에 살고 있다고 얘기하는 것은 곡면이 국소적으로 2차원이기 때문이다. 즉, 곡면의 내적 차원은 2이다. 하지만 이 곡면을 물리적으로 만들기 위해서는 이 곡면은 분명 어디엔가 존재해야 한다. 이 곡면을 싸고 있는 공간의 차원이 바로 외적 차원이다. 구면과 토러스의 내적차원은 2이지만 그것들은 반드시 3차원 공간 속에 있어야 하므로, 이것의 외적 차원은 3이다. 잠시 후 우리는 3차원 상에 만들 수 없는 기괴한 곡면들을 만나게 될 것이다. 이 곡면들의 외적 차원은 4이다. 우리가 모든 곡면이 2차원이라고 하는 것은 위상적인 관점에서 곡면의 내적 차원이 가장 중요하기 때문이다.

곡면은 국소적으로 간단하고 전체적으로는 복잡하다는 특징이 있다. 가까이 다가가서 곡면을 보면 모든 곡면은 다 동일하다. 모두 유클리드 평면과 비슷하게 보인다. 하지만 멀리서 곡면을 보면 각 곡면을 실제적으로 구별 지을 수 있다. 자기 자신으로 돌아가는 고리 모양일 수도 있고, 구멍을 가질 수도 있고, 꼬여있거나 매듭지어져 있는 등 다양한 형태가 가능하다.

구면과 토러스는 **닫힌곡면**(closed surface)의 예이다. 이것들은 구멍도 없고, 무한히 뻗어나가는 것도 아니며 날카로운 경계를 가지고 있지도 않다. 우리는 가끔씩 닫혀 있지 않은 곡면을 생각하기도 한다. 원판이나 원기둥은 **경계가 있는 곡면**(surface with boundary)의 예이다. 경계가 있는 곡면은 한 개 혹은 그 이상의 1차원 경계곡선을 가지고, 이 경계곡선 위를 제외하고는 여전히 국소적으로 2차원이다. 지구가 평평하다고 믿는 어떤 사람들은 지구가 경계가 있다고 믿을 것이다. 그러한 행성위의 사는 불행한 콜럼버스는 인도에 도착하지 못하고 아마 바다의 경계에서 추락할 수 밖에 없다.

표현의 간결성을 위해, 우리가 "곡면"이라는 용어를 쓸 때는 오직 **콤팩트**(compact) 곡면만을 생각하겠다. "콤팩트"는 곡면이 유계(bounded)이고 모든 경계 곡선을 가지고 있는 것을 의미한다. 즉, 우리는 2차원 평면, 양쪽으로 무한히 뻗어나가는 원기둥 튜브 같은 것들은 생각하지 않는다. 곡면이 모든 경계 곡선을 가지고 있다는 말은, 예를 들어 열린 단위원판($x^2+y^2<1$) 같은 것은 포함하지 않는다는 뜻이다. 열린 단위 원판은 원점으로부터 거리가 1보다 작은 점들의 모임으로, 단위원판($x^2+y^2\le 1$)에서 경계 곡선을 제외한 것과 같다. 비슷한 예로, 낡아빠진 바지의 다리 부분에서 밑단 부분을 잘라내는 게 있다. 우리가 곡면을 생각할 때는 바로 이 밑단이 필요하다.

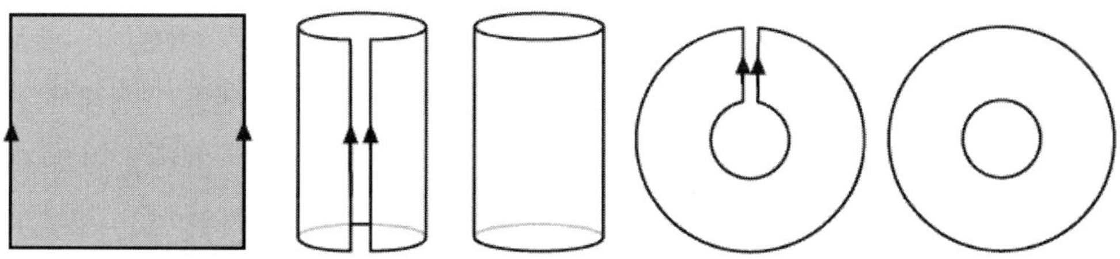

그림 16.2 원기둥과 고리모양면

1882년 펠릭스 클라인(Felix Klein, 1849~1925)는 곡면을 만드는 천재적인 방법을 고안하였다.[5] 먼저 매우 휘기 쉬운 고무 재질로 만들어진 다각형을 상상해 보자. 클라인은 이 다각형의 변을 짝지어 이것을 이어 붙임으로써 곡면을 만들어 냈다. 예를 들어 사각형에서 시작하여, 이것을 한번 말아 두 마주보는 변을 서로 붙인다면 그림 16.2에서 보는 것처럼 원기둥을 얻을 수 있다. 사각형을 말아서 원기둥을 만드는 대신에 사각형은 그대로 평면에 포함시킨 채 그냥 비틀어서 마주 보는 변을 서로 만나게 할 수 있다는 점에 주목하자(이를 위해 도형이 매우 부드러운 고무로 만들어져 있어야 한다!). 그러면 아마 나사모양의 '고리모양면'이 될 것이다. 위상수학자들은 원기둥과 고리모양면은 같은 것으로 생각한다.

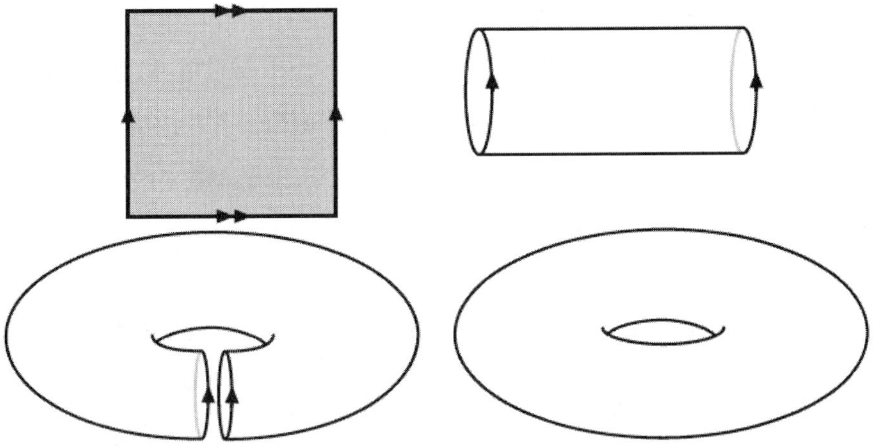

그림 16.3 사각형으로부터 토러스 만들기

어떤 변이 어떤 방향으로 서로 붙을지 분명하게 표현하기 위해, 변에 붙이는 방향을 화살표로 표시하는 것이 일반적이다. 한 쌍의 변을 서로 붙일 때 꼬아 붙이든지, 아니면 꼬지 않고 붙이든지 두 가지 방법이 있다. 그래서 화살표를 사용하여 적당한 방향을 보여주는 것이다. 우리다 복수의 변의 쌍을 붙일 필요가 있을 때는 우리는 화살표에게 다른 숫자를 부여하거나 다른 모양의 화살표를 사용하여 어떤 쌍이 서로 붙어야 할지를 명확히 지정한다. 그림 16.3에서는 사각형의 서로 마주 보는 두 쌍을 각각 붙이려고 한다. 이것을 화살표(→)를 한 쌍의 변에 부여하고, 이중화살표(→→)를 다른 한 쌍에 붙이는 방법으로 시각화한다. 먼저 우리는 한 쌍의 변을 붙여 원기둥을 만들고, 이 원기둥의 두 끝 원이 서로 조화되는 방향을 가졌으므로 이를 그대로 붙여서 토러스를 만들 수 있다.

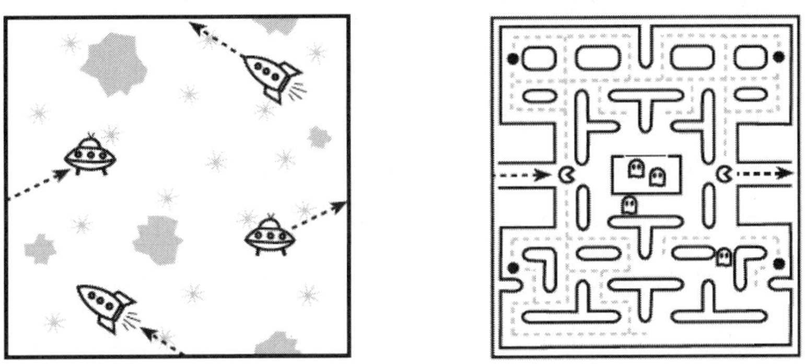

그림 16.4 토러스와 원기둥 위에서 펼쳐지는 아케이드 게임들

게임 Asteroid와 같은 어떤 오래된 아케이드 스타일의 비디오 게임에서는 이런 토러스 표현을 활용하였다. 그림 16.4와 같이 어떤 우주선이 사각형 모양의 화면 오른쪽 밖으로 날아가게 되면 갑자기 왼쪽 변에서 나타나게 된다. 우주선이 위쪽으로 사라지면 아래쪽에서 올라온다. 다른 게임에서도 이런 위상적인 구조를 사용한다. 예를 들어, 팩맨(Pac-man) 게임은 원기둥 위에서 펼쳐지는 게임이다.

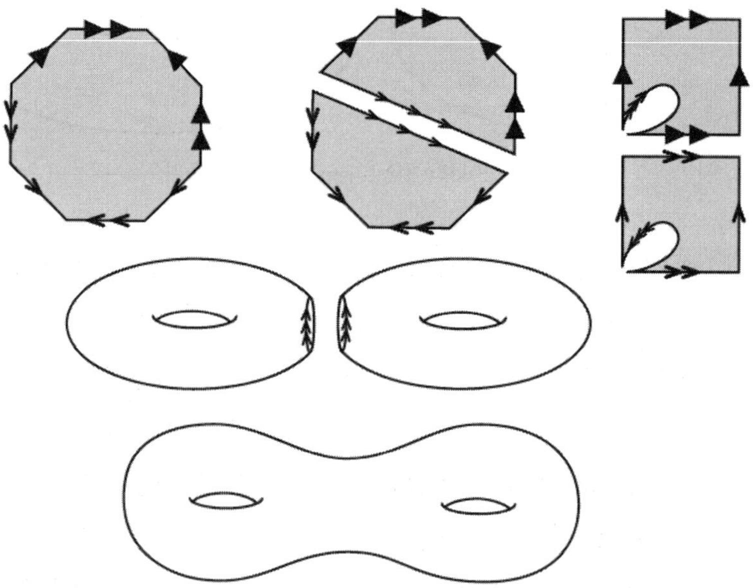

그림 16.5 이중토러스

곡면을 만들 때 반드시 사각형에서 시작한다는 제한을 둘 필요가 없다. 그림 16.5에서 팔각형의 서로 다른 네 변의 쌍을 동일화 한 걸 볼 수 있다(화살표, 이중화살표, 한 개의 삼각형, 두 개의 삼각형으로 대응 되는 변이 표현되어 있다.). 이것으로부터 만들어 지는 곡면의 모양을 보기 위해 팔각형의 대각선을 한 번 더 잘라 주는 것이 도움이 된다. 새로 생긴 변은 나중에 다시 붙일 것이기 위하여 삼중화살표로 표시한다. 이렇게 나눠진 두 오각형을 두 개의 사각형으로 변형하는데, 각 사각형은 한 개의 톱니를 가진다. 이 사각형들은 그림 16.3의 사각형과 비슷하므로, 각 사각형은 한 개의 구멍을 가진 토러스 모양으로 만들 수 있을 것이다. 마지막으로 그리고 이 토러스를 구멍을 따라 서로 붙이면 **'2-구멍 토러스(two-holed torus)'** 혹은 '이중토러스'를 얻는다.

클라인은 어떠한 곡면도 다각형에서 시작해서 변을 짝지어서 서로 붙이는 방법으로 표현할 수 있다는 것을 증명하였다. 하지만 같은 곡면에 대해서 이런 다각형 표현 방법이 여러 개 있을 수 있다. 운이 좋게도, 각각의 곡면은 우리의 예제처럼 "좋은" 다각형 표현 방법을 가지고 있다. 어떤 다각형 표현이라도 이것을 자르고 다시 붙이는 과정을 반복하여 좋은 다각형 표현으로 변형할 수 있다.[6]

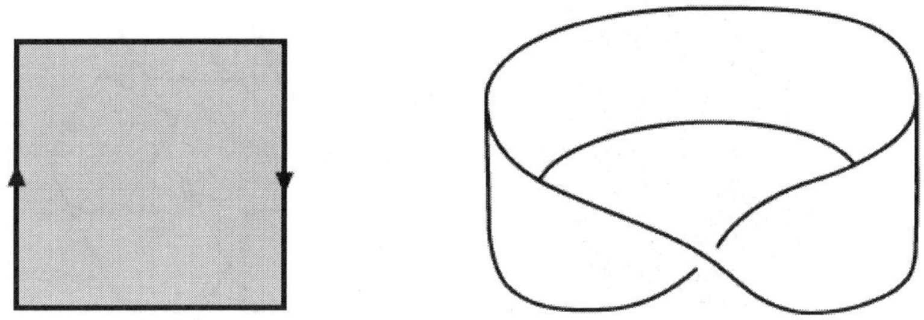

그림 16.6 뫼비우스 띠

우리가 지금까지 봐왔던 각각의 예에서는, 다각형의 변을 서로 꼬임 없이 붙여 왔다. 그림 16.6에서는 사각형의 마주보는 두 변을 한 번 꼬아서 붙이고 있다. 이 사각형은 고무로 만들어 졌기때문에 우리는 이것을 늘리거나, 원기둥을 만들 때처럼 동그랗게 말아서 붙이거나, 아니면 반 바퀴 꼬아서 붙일 수도 있다. 이러한 모양이 그 유명한 **뫼비우스 띠**(Möbius band 혹은 Möbius strip)이다.

비록 뫼비우스 띠를 만드는 것은 간단하지만 이것은 놀라운 성질을 많이 가지고 있다. 원기둥과는 다르게 뫼비우스 띠는 오직 한 개의 면만 가지고 있다. 개미가 뫼비우스의 중앙선을 따라 걷는다면 결론적으로 다시 원래의 자리로 돌아오겠지만 사실은 반대편 면에 서 있는 것이다. 다른 말로 하면, 원기둥의 경우 한 면은 빨간색, 다른 한면은 파란색으로 색칠 할 수 있지만, 뫼비우스 띠의 경우는 전부 빨간색, 혹은 파란색으로만 칠해져야 한다. 또한 원기둥과는 다르게, 뫼비우스 띠는 한 개의 경계만 가지고 있다. 개미는 왼쪽에서도 변을 보고, 오른쪽에서도 변을 보지만, 실제로 이 두 변이 같은 변이라는 것을 알지 못한다.

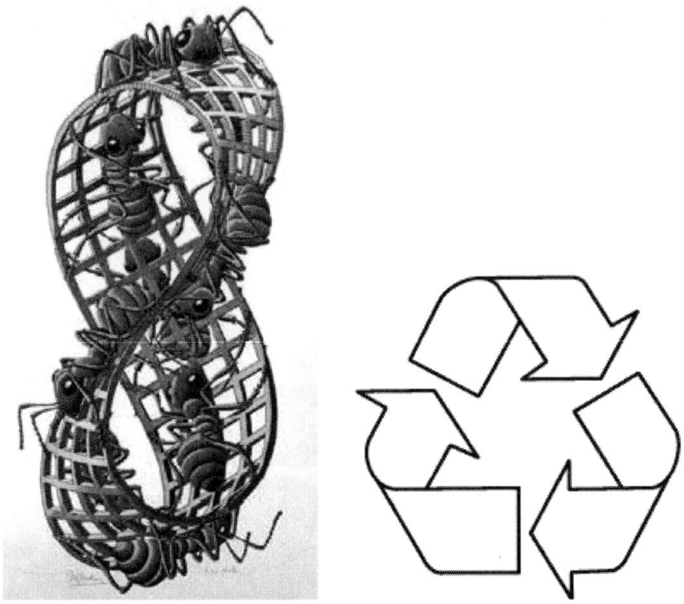

그림 16.7 두 개의 유명한 뫼비우스 띠 : 에셔의 작품 뫼비우스 띠 II (Möbius Strip II, 1963)와 재활용 기호

뫼비우스 띠는 수학 팬들에게 있어서 가장 인기 있는 존재이다. 많은 조각가와 예술가들에 의해 재탄생 되어 왔다. 가장 유명한 예술적 연출물은 아마도 에셔(M. C. Escher, 1898~1972)의 1963년 개미가 뫼비우스 띠를 기어 다니는 것을 표현한 목판화이다(그림 16.7 참조). 또한 주로 과학소설 같은 문학작품에서도 등장하는데 아서 클라크(Arthur C. Clarke)의 1949년 단편 "암흑의 벽(The Wall of Darkness)"같은 것이 예이다. 뫼비우스 띠는 오늘날 여기저기서 사용하는 재활용 기호의 모태이기도 하다. 이 디자인은 1970년 지구의 날 콘테스트에서 개리 앤더슨(Gary Anderson)의 수상작이다. 또한 뫼비우스 띠는 컨베이어 벨트를 만드는 데도 사용하였다. 돌아가는 끈의 양면을 골고루 쓰기 위함이다.

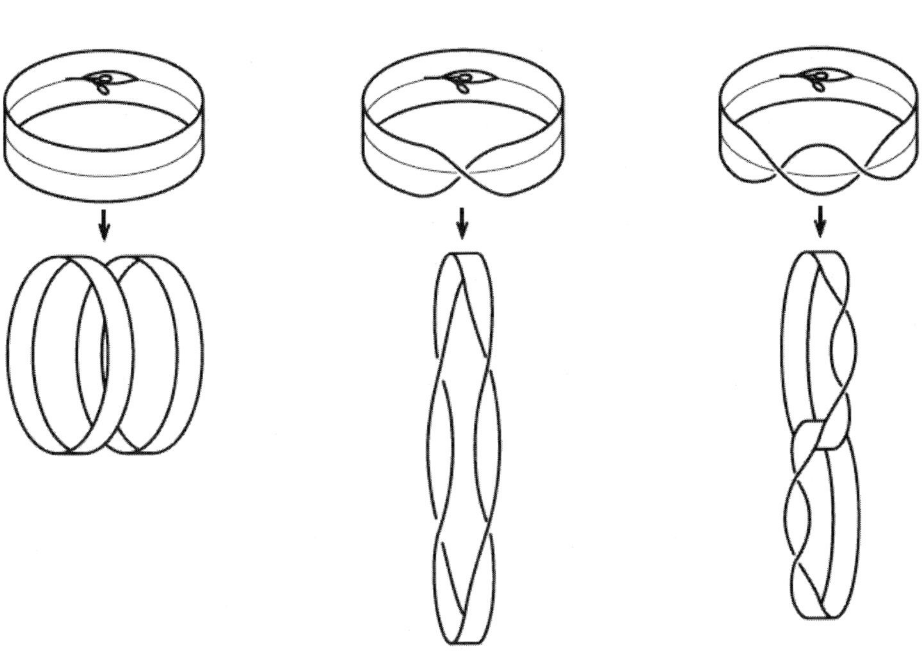

그림 16.8 아프가니스탄 사람의 밴드

뫼비우스 밴드는 심지어는 적어도 1882년 만들어진 "아프간 밴드(Afghan bands)"라는 신비스러운 이름의 마술 트릭의 토대이기도 하다. 서커스의 마술사는 세 개의 옷의 벨트라고 소개한 고리모양의 넓적한 천을 들고 있다. 이 마술사는 두 어릿 광대, 한 명의 뚱뚱한 여인, 그리고 샴쌍둥이를 위한 벨트를 이 세 개의 고리모양의 천을 잘라 만들어야 한다. 마술사는 처음의 천의 중앙을 잘라 두 개로 쪼개는 방법으로 두 어릿광대를 위한 벨트를 만들었다. 마술사는 또한 두 번째 벨트를 들고 같은 방법으로 쪼개었다. 그런데 이번에는 두 개의 벨트가 아닌 뚱뚱한 여인을 위한 두 배의 길이를 가진 한 개의 긴 벨트가 만들어 진다. 마지막 샴쌍둥이를 위한 벨트를 만들기 위하여 마술사는 세 번째 천을 쪼개었는데 이번에는 두 개의 고리가 서로 결합된 상태로 나타나는 것이다. 이 마술의 비밀은 그림 16.8에서 보는 것과 같이 각 천들이 적당히 꼬여 있는 것이다. 원래의 세 천은 차례대로 0번, 1번, 2번 꼬여있다. 가장 극적인 효과를 위해 천이나 종이는 유연성이 있고, 이 천이 긴 것에 비해 매우 가늘어야만 하는데, 이것은 관객들은 천이 꼬여 있는지 눈치 채지 못하기 위함이다.[8] 스티븐 바르(Stephen Barr)는 이 마술쇼를 살짝 변형하여 더욱 드라마틱하게 만드는 것을 제안했다. 마술쇼를 준비할 때,

꼬여진 고리의 중앙선을 따라 타기 쉬운 물질을 비밀스럽게 발라 놓는다. 그리고 관객들 앞에서 고리의 변을 벽에다가 압정 등으로 고정한 후에 천에 성냥으로 불을 놓는다. 화염이 지나간 후에 고리는 우리가 원하는 모양이 되어 있는 것이다.

독자들은 이 책을 옆에 두고 이 마술 트릭이나 다른 변형을 시도해 볼 마음이 들었을 것이다(이 책의 부록 A의 모형을 참조). 가령 끈을 두 번 보다 더 많이 꼬아 보자. 혹은 뫼비우스 띠의 "두 개"의 경계 사이의 $\frac{1}{3}$의 선을 따라 잘라 보자. 저자가 개인적으로 가장 선호하는 트릭은 스탠리 콜린스(Stanley Collins)가 만든 트릭이다.[9] 사각형 띠를 결혼반지를 지나게 한 후 세 번 꼬아서 붙여 보자. 만약 이 띠의 중앙을 따라 자르면 매듭이 만들어 지는데, 이 매듭의 가운데는 결혼반지가 걸려 있게 된다!

뫼비우스 띠라는 이름은 수학자 뫼비우스(Möbius)를 따라 붙여졌지만, 실제로는 거의 같은 시기에 리스팅에 의해서도 발견되었다. 리스팅은 아프가니스탄 사람의 밴드의 트릭을 수학적으로 관찰한 첫 번째 사람이다. 리스팅은 뫼비우스 띠에 대한 설명을 1861년에 출판했는데[10], 이는 뫼비우스가 발표한 것[11] 보다 4년이나 빠른 것이다. 그들의 관계나 노트에 의하면 1858년 7월 리스팅에 의해 이 띠가 발견 된 것이 9월에 발견한 뫼비우스 보다 몇 달 더 빠른 첫 발견이었던 것으로 보인다.

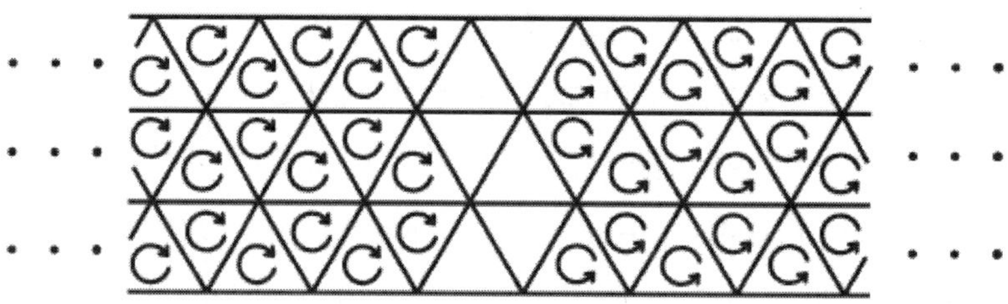

그림 16.9 뫼비우스 띠의 삼각화는 방향을 가질 수 없다.

뫼비우스 띠가 리스팅의 띠가 아니라 뫼비우스 띠가 된 이유는 뫼비우스가 이 띠의 한 면만을 가지는 성질에 대한 수학적인 고찰을 처음으로 했기 때문이다. 오늘날 이러한 곡면을 **비가향적**(nonorientable)이라고 한다. 이러한 현상을 수학적으로 설명하는 여러 방법이 있다. 뫼비우스는 각 삼각형의 방향이 각각의 이웃과 어울릴 수 있도록 뫼비우스의 띠를 여러 개의 삼각형으로 나누는 것이 불가능하다는 것을 보였다(그림 16.9 참조).

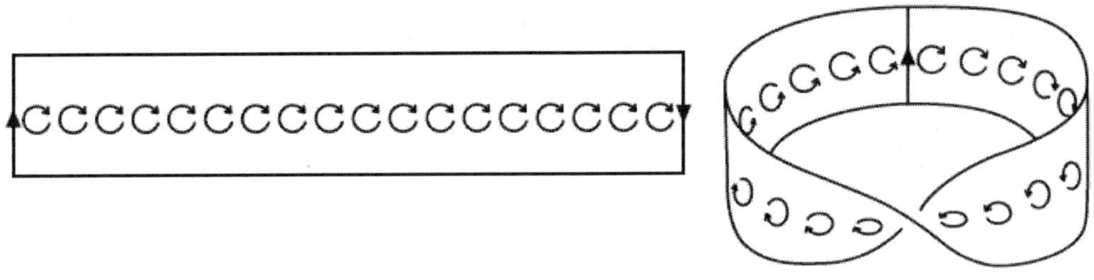

그림 16.10 뫼비우스 띠는 가향적이지 않다.

훗날 클라인은 가향성을 다른 방법으로 정의했다. 곡면에 작은 원을 놓고 방향을 정한다. 이 원은 곡면의 어느 한 면에 그려지는 것이 아니라 곡면 그 자체의 일부이기 때문에 곡면의 양쪽 면 모두에서 볼 수 있다. 한쪽 면에서 시계방향으로 방향이 정해졌으면 다른 쪽 면에서는 반시계 방향의 방향을 가지고 있다. 이 곡면이 아주 얇은 화장지로 만들어 져 있다고 상상하면 된다. 이 중앙에 원모양의 무늬가 그려져 있다면 이 무늬는 반대쪽에서 반대 방향으로 보일 것이다. 클라인은 이 원을 '인디캐트릭스(indicatrix)'라고 불렀다. 이 인디캐트릭스는 곡면을 따라 미끌어질 수 있는데 만약 원래의 자리로 돌아왔을 때 그 방향이 반대가 되어 있다면 그 곡면은 '비가향적'이다. 그림 16.10에서 뫼비우스 띠에서 인디캐트릭스를 중앙 곡선을 따라 이동 시키는 것으로 뫼비우스 띠가 비가향적이라는 것을 보일 수 있다.

클라인의 제자인 발터 폰 다이크(Walther von Dyck, 1856~1934)는 다시 새로운 정의를 제시하였다. 그는 곡면위에 x축, y축으로 구성된 움직이는 좌표축을 잡았다. 만약 이 좌표축을 이동 시킴에 따라 x축과 y축이 서로 바뀔 수 있다면 이 곡면은 비가향적이다. 다이크의 접근이 좋은 점 중에 하나는 이 정의는 높은 차원의 위상공간으로 쉽게 확장이 가능하다는 점이다.

흥미로운 점은 수학자들은 한 면으로 이루어진 성질(한면성, onesidedness property)은 비가향성의 정의할 때 쓰지 않았다는 것이다. 비록 한 면으로 이루어진 곡선이 비가향성과 동치가 될지라도, 클라인과 다이크는 한면성은 높은 차원으로 가면 의미를 잃는 것에 비해 비가향성은 그렇지 않다는 것을 주장했다. 미끌어짐(Slide)은 오직 3차원 공간에 포함되는 곡면에서만 의미가 있다. 또한 곡면의 구면의 경우처럼 곡면의 내부와 외부를 구별하는 것은 4차원에서는 아무런 의미가 없다.

독자들은 지금쯤 위 문장에 들어 있는 4차원을 비롯하여 여러 높은 차원에 대한 이야기를 받아들이기 쉽지 않을 것이다. 이들의 이해는 꽁꽁 묶이지 않은 움직임을 할 수 있는 정신적 단련을 필요로 한다. 수학자 토머스 밴초프(Thomas Banchoff)는 "우리 모두는 우리가 가진 차원에 대한 편견의 노예"라고 적었다.[12]

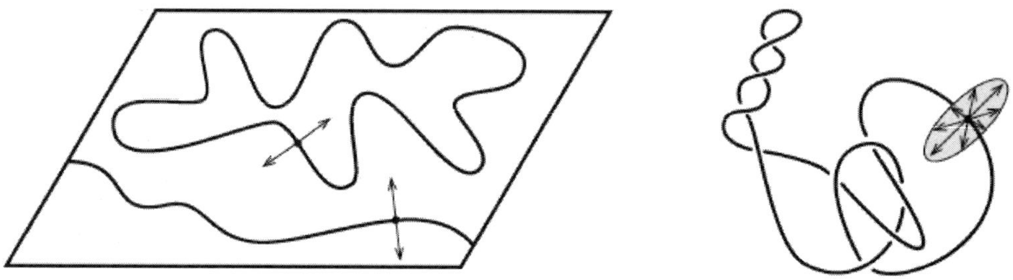

그림 16.11 평면위의 곡선은 두 개의 측면을 가지지만 3차원에 있는 곡선은 측면을 가지지 않는다.

4차원 공간에 있는 곡면은 내 · 외부를 구별하지 않는다는 난처한 주장을 설명하기 위해 우리는 곡면에서 곡선으로 차원을 떨어뜨려 보자. 그림 16.11의 왼쪽 그림에서 보다시피, 평면 곡선의 한 점에서의 법벡터는 오직 두 개의 가능한 방향을 가진다(곡선의 법벡터는 곡선의 접선에 수직한 벡터를 의미한다.). 그래서 평면벡터는 측면을 가지고, 따라서 한 법벡터를 곡선을 따라 이동시켰을 때 원래 있던 자리로 반대 방향이 되어 돌아오는 것은 불가능하기에 평면곡선은 두 개의 측면을 가졌다고 말할 수 있다. 만약 곡선이 단순폐곡선(simple closed curve), 즉 교차점이 없는 닫힌 고리(loop)인 경우라면 이 측면을 각각 안쪽과 바깥쪽이라고 부를 수 있다(사실, 모든 단순폐곡선이 안쪽과 바깥쪽을 가진다는 이 자명해 보이는 명제는 그 증명이 쉽지 않다. 조르당 곡선 정리(Jordan curve theorem)라는 이름으로 알려져 있다.).

한편 3차원상의 곡선의 경우 그림 16.11의 오른쪽 그림에서 원판처럼 묘사된 것과 같이 각각의 점에서 무한히 많은 법벡터를 가지고 있다. 따라서 이 경우는 "측면"이라는 것이 아무런 의미를 가지지 않는다.

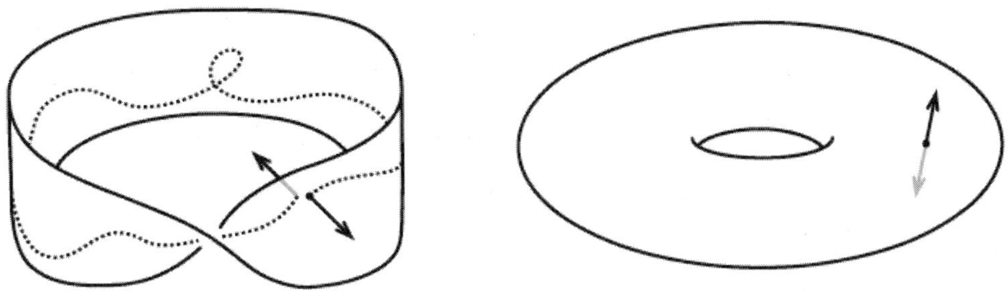

그림 16.12 3차원 공간에서는 뫼비우스띠는 한 면으로 되어 있지만, 토러스는 두 면으로 되어 있다.

비슷하게, 3차원상의 곡면에서 아무 점을 잡으면, 정확히 두 개의 법벡터를 가진다(곡면의 법벡터는 곡면의 접평면에 수직인 벡터이다.). 비가향적인 곡면에 대해서는 이 법벡터를 곡면을 따라 이동시켜서 원래의 방향과는 반대의 방향으로 처음 자리로 돌아오는 것이 가능하므로 한 면으로 되어 있다(그림 16.12 참조). 가향적인 곡면에 대해서는 이것이 불가능하므로 두 면으로 되어 있다. 그러나 곡면을 4차원 공간에 집어넣을 경우에는 한 점에서 무한히 많은 법벡터를 가지게 되고 따라서 곡면의 "면"이라는 것은 의미가 없어지게 된다.

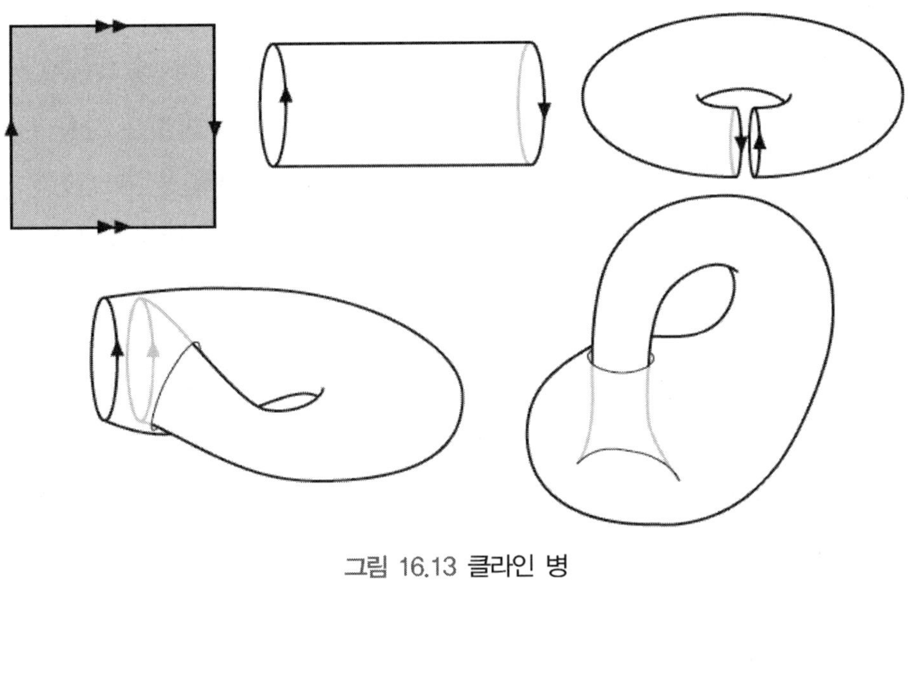

그림 16.13 클라인 병

뫼비우스 띠는 유일한 비가향적인 곡면이 아니다. 1882년 클라인은 경계가 없는 또 다른 곡면을 발견하였는데 이 것이 오늘날 **클라인 병**(Klein bottle)이라 불리우는 것이다.[13] 그림 16.13에서 사각형의 변을 붙이는 방법으로 이것을 표현하였다. 우리는 반드시 마주보는 모서리를 붙여야 하는데 왼쪽과 오른쪽 모서리는 뒤집어서 붙이고, 위와 아래 모서리는 그대로 붙인다. 클라인 병을 만들기 위해 먼저 같은 방향성을 가진 모서리를 먼저 붙여 원기둥을 만든다. 만약 이 원기둥을 토러스와 비슷하게 둥글게 만다면 우리는 양 끝이 서로 반대 방향이 됨을 발견할 수 있을 것이다. 대신에 원기둥을 자기 자신을 통과시켜 한 끝을 다른 하나의 뒤쪽에 오게 한다면 이 양 끝의 두 원은 같은 방향성을 가지게 된다.

그림 16.14 3차원 공간으로 살짝 돌아간다면 우리는 두 직선이 교차하지 않게 지나게 만들 수 있다.

여기에서 "통과시킨다"는 것의 의미는 무엇일까? 이것은 단순히 글자 그대로의 의미가 아니다. 클라인 병은 바로 3차원 상에 만들 수 없는 우리의 첫 번째 곡면의 예이다. 우리가 클라인 병의 곡면이 자기 자신을 통과한다고 말할 때는, 이것은 사실 4차원 상에서 지나치는 것이다. 이 이해할 수 없는 개념을 설명하기 위해 우리는 다시 차원을 하나 떨어뜨려 보자. 우리가 두 개의 평행하지 않은 직선을 교차점이 없게 평면에 그리고 싶다고 가정하자. 분명하게도 이건 불가능하지만 만약 우리가 2차원 종이를 떠나 세 번째 차원을 쓸 수 있다면, 교차하는 순간 바로 직전에 살짝 뛰어서 다른 직선을 넘어갈 수 있을 것이다(그림 16.14 참조). 따라서 이를 위하여 두 직선은 본질적으로 평면에 있지만, 3차원의 아주 조금만 필요로 한다. 이것과 같은 기술을 클라인 병을 만들 때도 쓸 수 있다. 튜브가 자기 자신을 통과해서 지나갈 때 네 번째 차원으로 살짝 뛰어 지나갈 수 있다.

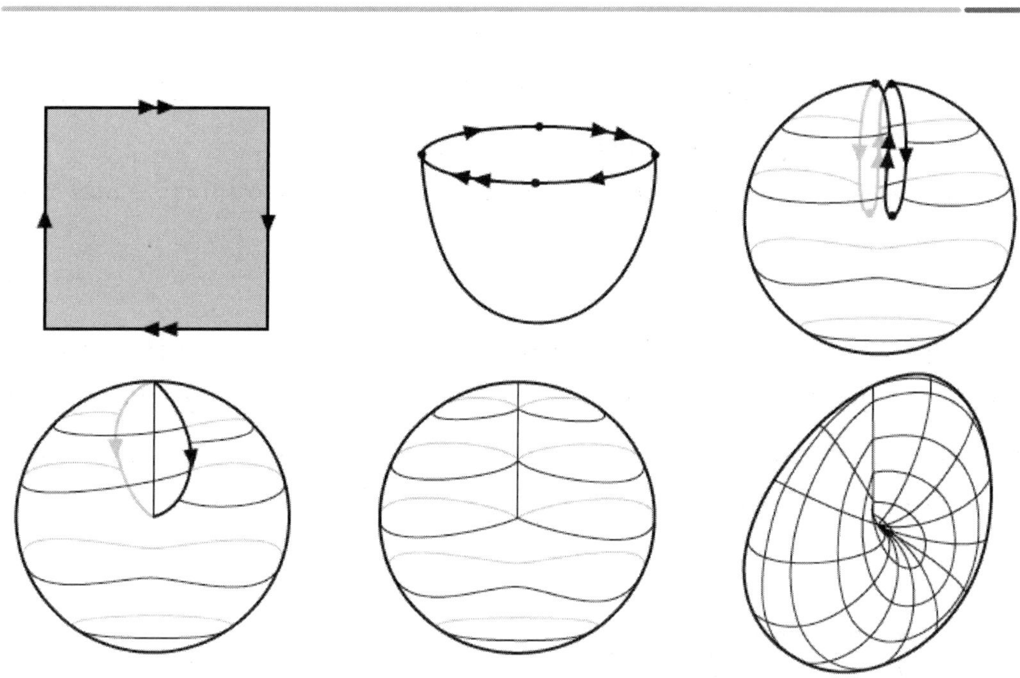

그림 16.15 사영평면

이제 우리의 마지막 곡면을 만들기 위해 다시 사각형으로 돌아가자. 이 마지막 대상은 가장 시각화하기 어려운 곡면이다. 이것은 두 마주보는 모서리가 모두 꼬여진 채로 붙여진 모양을 하고 있다(그림 16.15 참조). 사각형 모양의 고무판에서 시작하여 이것을 먼저 그릇 모양처럼 만들자. 경계의 각 조각들이 다른 어떤 조각하고 붙어야 하는지 매우 신중하게 자국을 만들 필요가 있다. 이 변형을 계속하여 붙여야 하는 모서리들이 서로 이웃하게끔 나란히 만들자. 그 중 한 모서리의 쌍을 서로 붙이자(그림 16.15에서 우리는 이중화살표를 먼저 붙였다.). 보다시피 우리는 약간의 문제에 부딪힌다. 이 붙임은 남아 있는 두 모서리들이 새로운 곡면의 반대되는 측면에 놓이게 만든다. 마지막 붙임을 가능하게하기 위해서 우리는 반드시 네 번째 차원을 써서 곡면이 자기 자신을 지나갈 수 있도록 해야 한다. 그림 16.15에서 **사영평면**(projective plane)이라 불리는 이 기괴한 비가향적인 곡면을 두 가지 방법으로 시각적으로 표현하였다.

사영평면은 곡면을 붙여서 만들어내는 대상으로서 이 분야에서 처음 등장한 것이 아니다. 이름으로부터 유추할 수 있듯 사영평면은 사영기하(proejctive geometry)의 연구 대상이었다. 사영기하는 두 개의 직선이 평행할지라도 한 점에서 만난다는 기하계의 일종이다. 클라인과 루드비히 슐레플리(Ludwig Schläfli, 1814~1895)은 처음으로 사영평면이 비가향적이라는 것을 알아차렸다.

이 책의 부록 A는 원기둥, 토러스, 뫼비우스 띠, 클라인 병, 사영평면을 종이로 만드는 도구를 포함하고 있다.

클라인은 다각형에서 모서리를 짝지어 붙이는 방법으로 간단한 모양에서 복잡한 곡면을 만드는 방법을 제공하였다. 이제 우리는 간단한 것에서 복잡한 것을 만드는 또다른 방법을 소개하겠다. 우리는 구에서 시작하여 원기둥 모양의 핸들(handles)을 붙여가며 가향적인 곡면을 만들고, 뫼비우스 띠를 붙여가며 비가향적인 곡면을 만들 것이다.

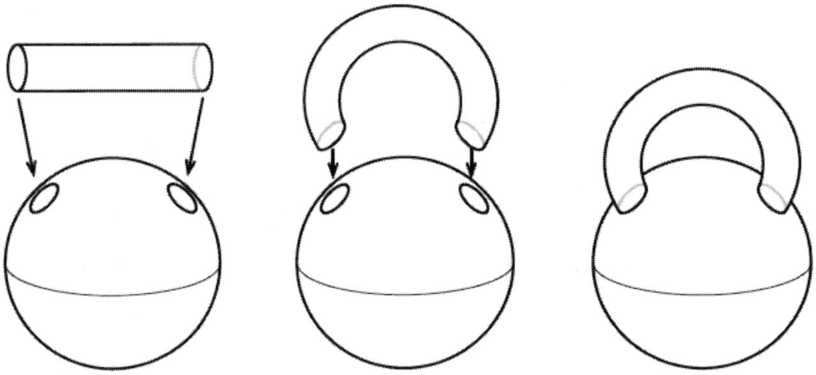

그림 16.16 한 개의 핸들을 가지고 있는 구면(토러스).

그림 16.16에서 보듯, 곡면에 핸들을 더한다는 것은 곡면에서 두 개의 원판을 잘라내고 원기둥의 양 끝을 구멍의 경계에 따라 서로 붙이는 것이다. 한 개의 핸들을 가진 구면은 토러스이다. 우리는 여기에 한 개의 핸들을 더 붙여서 이중토러스를 만들 수 있고, 구면에 g개의 핸들을 붙여 **g-구멍 토러스**(g-holed torus)를 만들 수 있다.

핸들의 개수는 **종수**(genus)라고 불리는 위상적 양과 친밀하게 관련이 있다. 어떤 가향적 곡면(경계의 유무는 관계없다)의 종수란 곡면의 연결성을 유지하면서 곡면에서 잘라낼 수 있는 서로 교차하지 않는 폐곡선의 최대 개수이다.

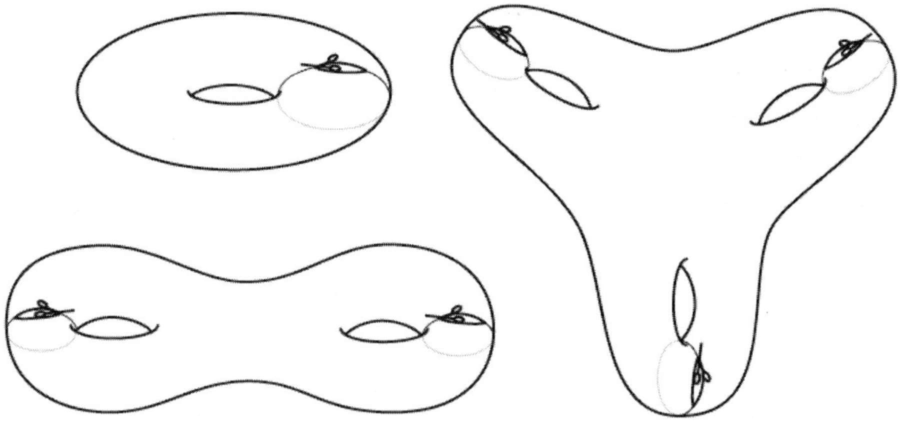

그림 16.17 종수가 1, 2, 3인 곡면들

이 개념을 설명하기 위해 구면을 먼저 생각하자. 이 구면에서 어떤 단순폐곡선을 잘라내면 구면은 나뉘어진다. 이것은 평면에서 조르당 곡선 정리의 또 다른 응용으로, 모든 단순폐곡선은 구면을 두 개의 영역으로 나눈다는 것이다. 따라서 구면의 종수는 0이다. 한편 토러스 곡면의 경우 고리를 잘라내도 여전히 남아 있는 곡면이 연결되어 있도록 할 수 있다(그림 16.17 참조). 하지만 이 첫 번째 컷 이후에는 이런 성질을 갖는 다른 폐곡선을 찾을 수 없다. 따라서 토러스의 종수는 1이다.

핸들이 여러 개 달린 구면의 종수는 간단히 핸들의 수와 같다. 이중토러스는 종수가 2이고, 일반적으로 g-구멍 토러스는 종수가 g이다. 곡면의 종수는 륄리에의 “터널”을 헤아린다는 것의 엄격한 방법을 제공한다. 우리는 또한 비가향적인 곡면의 종수 역시 정의할 수 있고, 여러 사람들이 실제로 수행했다. 그러나, 종수는 토러스의 구멍의 개수와 매우 밀접한 관련이 있으므로 비가향적인 경우에는 그렇게 많이 사용되지 않았다.

핸들을 붙여가며 가향적인 곡면을 순차적으로 만들 수 있는 것과 같이 비가향적인 곡면을 만들기 위해서도 비슷한 시행을 사용할 수 있다. 이 시행을 이해하기 위해서 우리는 뫼비우스 띠로 돌아가야만 한다. 뫼비우스 띠의 중요한 성질 중 하나는 오직 한 개의 원 모양의 경계를 가진다는 점이다. 뫼비우스 띠는 종종 하나의 원을 원기둥에 두 번 감는 듯한 모양으로 그려진다. 우리의 목적은 뫼비우스 띠를 조작하여 이것의 경계가 두 번 감겨 있는 모양이 아니라 하나의 정상적인 원 모양처럼 나오게 하는 것이다. 분명하게도 이 위상적인 요가 묘기를 성공하기 위해서는 4차원이 필요하다.

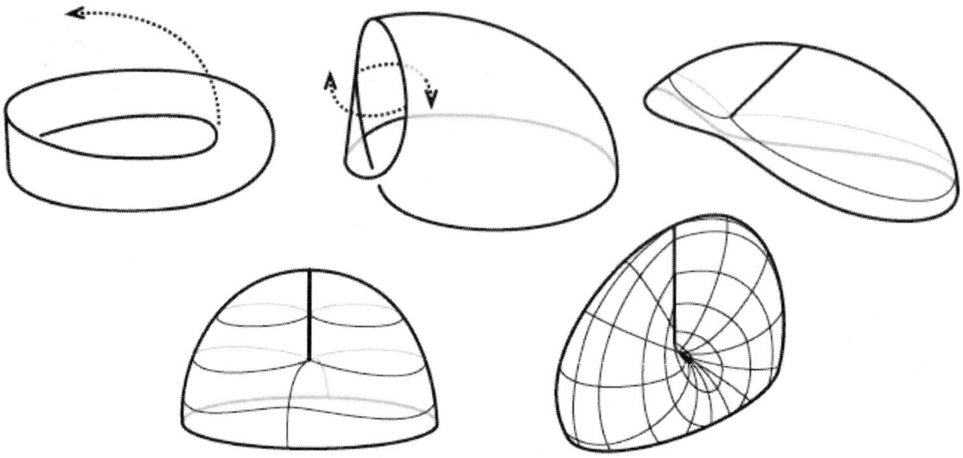

그림 16.18 뫼비우스 띠는 크로스캡과 같다.

그림 16.18에서 이러한 방법으로 뫼비우스 띠를 변형하는 것을 볼 수 있다. 이 그림은 선분 전체를 따라 자기 자신을 통과한다. 뫼비우스 띠의 윗부분에서 생기는 self-intersection은 위쪽에 한 개의 뾰족한 점(cusp)과 그 아래 엇갈린 형태의 곡면으로 만들어 지는데, 이 부분은 종종 위상수학자 해슬러 휘트니(Hassler Whitney)의 이름을 따서 **휘트니우산**(Whitney umbrella)이라 불린다. 뫼비우스 띠의 이 이상한 표현은 **크로스캡**(cross cap)이라 불린다. 이것은 사영평면과 매우 닮았음을 볼 수 있는데, 이것은 크로스캡은 간단히 말해서 사영평면에서 한 개의 원판을 제거한 것이기 때문이다.

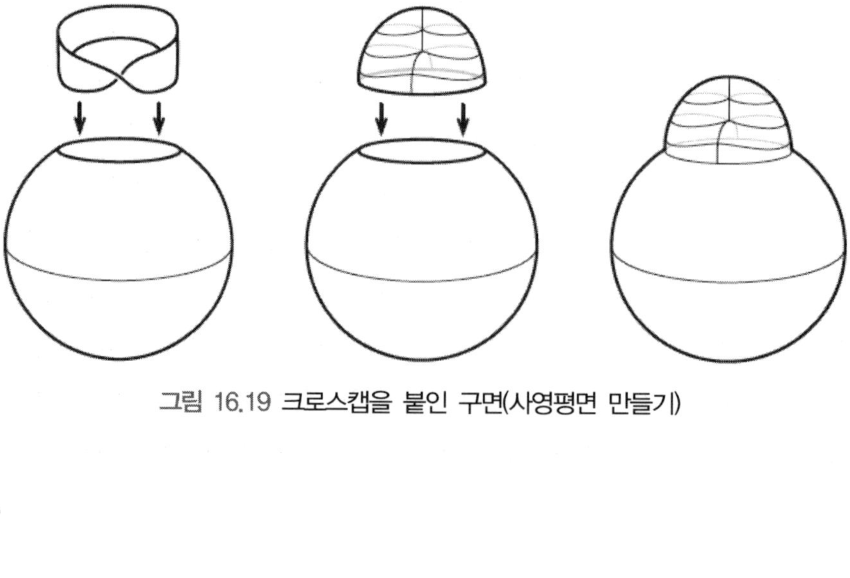

그림 16.19 크로스캡을 붙인 구면(사영평면 만들기)

가향적 곡면들을 핸들을 붙여서 만들 수 있는 것처럼 비가향적인 곡면들은 뫼비우스 띠를 붙여서 만들 수 있다. 이를 위해 곡면에서 원판을 제거하고 난뒤, 이때 생기는 구멍의 가장자리를 따라 뫼비우스 띠의 원모양 가장자리를 붙인다. 그림 16.19에서 볼 수 있듯이 이것은 표준적인 뫼비우스 띠로 시각화 하는 것 보다 크로스 캡으로 하는 것이 더 쉽다. 구면에 한 개의 크로스 캡을 붙여서 사영평면을 만들 수 있다. 다르게 표현하자면 사영평면은 뫼비우스 띠와 원판을 가장자리를 따라 붙이는 것이라 할 수 있다.

보기에는 쉽지 않지만 구면에 두 개의 크로스 캡을 붙이면 클라인 병이 된다. 다른 말로 표현하면 클라인 병은 두 개의 뫼비우스 띠를 가장자리를 따라 붙여서 얻을 수 있다. 따라서 이 장의 시작 부분에 주어진 오행시가 합당하다 할 수 있다. 만약 구면에다가 두 개보다 더 많은 크로스캡을 붙인다면 더욱 이상한 비가향적인 곡면들을 만들 수 있다.

이제 우리는 가향적 곡면과 비가향적 곡면을 만드는 두 가지 방법을 가지고 있다. 다음 장에서는 오일러 공식이 이 곡면들에 대해서 어떻게 적용되는지를 살펴 볼 것이다. 또한 모든 닫힌곡면은 구면에다가 핸들 혹은 크로스캡을 붙여서 만들 수 있다는 **분류정리**(classification theorem)도 소개할 것이다.

CHAPTER 17 서로 같을까? 아니면 서로 다를까?

★ 기하학은 이상하게 생긴 모양에 그럴듯한 이유를 주는 예술로 비유되곤 한다. 이 이상한 모양들은 반드시 어떤 조건을 만족시켜야 한다. 비율은 심하게 찌그러질 수 있지만, 여러 부분의 상대적인 위치는 망가지지 않아야 한다.

– 푸앵카레(Poincaré)의 위치의 해석학(Analysis Situs)을 소개한 글에서[1]

두 수학적 대상 X와 Y는 서로 같은가? 이 질문은 수학에서 자주 제기되는 중요한 질문이다. "같다(the same)"라는 단어는 각각의 상이한 분야에서 서로 다른 기준을 가지고 있다. 우리는 방정식 수업에서 $5\times4+6-2^3$라는 식이 18과 같거나, 혹은 두 다항식 x^2+3x+2과 $(x+2)(x+1)$이 같다는 의미로 "같다(equal)"라는 단어를 사용한다. 하지만 다른 상황에서는 "같다"의 의미가 equal의 의미가 아닐 수 있다. 나침반으로 항해하는 뱃사람들은 두 각이 360° 만큼 차이 나면 이 두 각은 서로 같다고 한다. 즉, 30°는 390°와 서로 같다. 기하학자들은 두 삼각형이 합동이거나, 혹은 가끔씩 닮았을 때도 두 삼각형이 같다고 한다.

위상적으로 같다	같지 않다
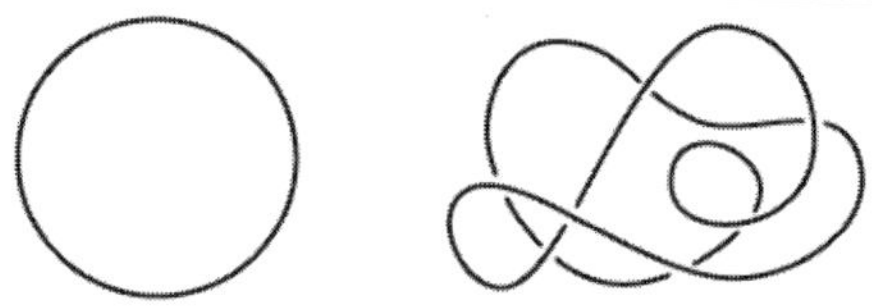	

그림 17.1 실뭉치는 원과 위상적으로 같지만 8자 모양은 같지 않다.

위상수학에서의 "같다"는 기하학에서의 "같다"보다는 느슨한 기준을 가지고 있다. 이것은 말랑말랑한 고무시트를 비유하여 표현될 수 있다. 직관적으로, 하나의 모양이 다른 하나로 연속적으로 변형될 수 있다면 이 둘은 위상수학에서 서로 같다. 모양을 구부리거나, 비틀거나, 늘리거나, 으깨는 것은 위상을 변화시키지 않는다. 가령 그림 17.1의 원은 바로 옆에 있는 실뭉치와 서로 같다. 그에 반해, 모양에 구멍을 뚫거나,

자르거나, 자기 자신의 다른 부분과 붙이거나 해서 얻어지는 모양은 원래의 모양과 위상적으로 다를 수 있다. 그림 17.1의 오른쪽 그림과 같이 원 위의 두 점을 서로 붙여서 8자 모양으로 만들면 더 이상 원과 같지 않다.

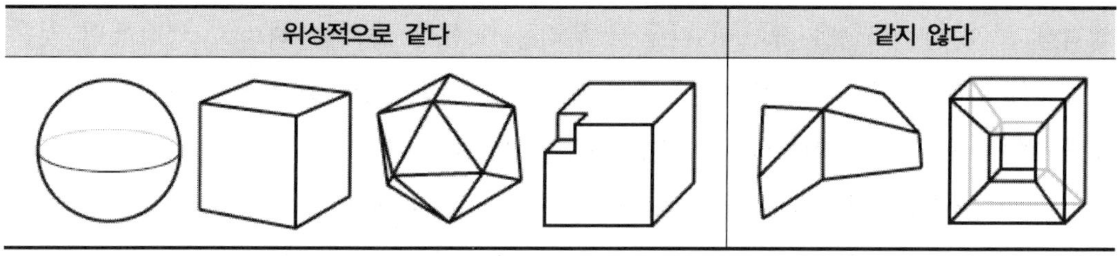

그림 17.2. 구면과 위상적으로 같은 다면체와 그렇지 않은 다면체

19세기 전반부에는 수학자들이 오일러 공식을 만족하는 다면체, 즉 오일러리안 다면체를 분류하기 위해 버둥거렸다. 우리는 이제 '구면 모양(sphere-like)'의 모든 다면체들은 오일러리안이 되고, 륄리에와 헤셀이 제시한 기괴한 모양의 예외들은 구면 모양이 아니라는 것을 어렴풋이 이해하고 있다. 결론적으로 오일러 공식은 구면과 위상이 같은 어떤 다면체에도 적용할 수 있다. 정육면체, 플라톤 입체, 아르키메데스 입체, 그리고 심지어 특정한 비볼록 다면체도 모두 둥근 구형의 공으로 만들 수 있다(그림 17.2 참조). 두 다면체를 변을 따라 연결시켜서 만든 다면체나 토러스와 비슷한 모양의 비오일러리안 다면체들은 모두 구면과 위상적으로 같지 않다.

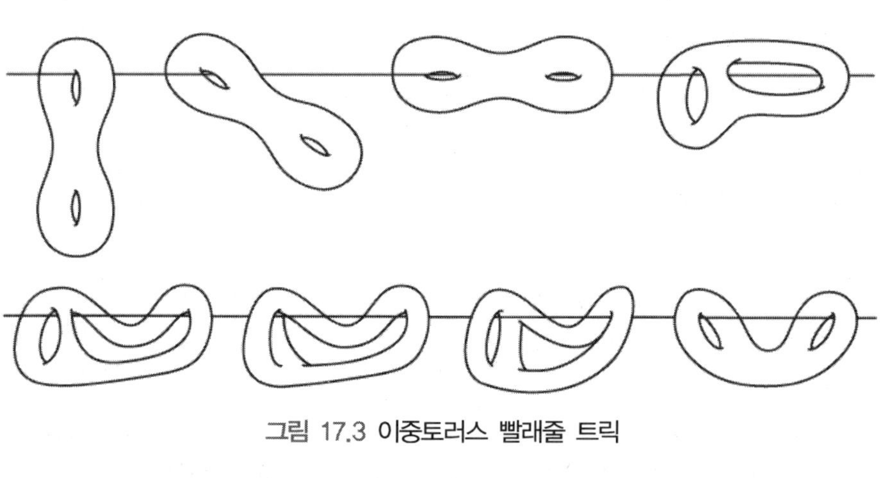

그림 17.3 이중토러스 빨래줄 트릭

어떤 도형이 주어졌을 때, 그 도형의 모양을 직관적으로 알 수 있는 것처럼 보이지만 그 동안 우리가 직관에 반하는 수많은 경우 때문에 어떤 고생을 했는지를 떠올린다면 도형을 파악하는 것 역시 쉽지 않다는 것을 알 수 있을 것이다. 예를 들어, 그림 17.3과 같이 이중토러스가 빨래 줄에 한쪽 구멍만 들어간 채로 매달려 있는 모양을 생각해 보자. 이 도형을 교묘히 다루어 우리는 처음에 불가능 하다고 생각했던 것을 가능하게 만들 수 있다. 이중토러스를 자르거나 구멍을 새로 뚫지 않고 위상이 변하지 않게 변화시켜 이중토러스의 두 구멍 모두를 빨래 줄에 거는 것처럼 말이다.

지난 16장에서는 내적 차원과 외적 차원의 차이점에 대해 알아보았다. 비슷한 용어를 여기에서도 사용할 수 있다. 이 장에서 지금까지 보았던 모양이 서로 같은 예들은 모두 두 외적 위상이 서로 같은 것이라 할 수 있다. 왜냐하면 하나가 다른 하나로 변할 때, 3차원 내에서만 움직일 수 있기 때문이다. 수학자들인 이렇게 외적위상이 같은 두 모양을 서로 **아이소토픽**(isotopic)하다고 부른다. 이러한 "아이소토픽하다"를 위상적으로 "같다"라고 정의하는 것은 올바른 선택일 수 있다. 하지만 결론적으로 위상수학자들은 더 많은 자유를 원했다. 즉, "같다"라는 것의 기준을 심지어 더 낮추고자 한 것이다.

두 모양이 위상적으로 서로 같기 위하여, 그 둘은 반드시 내적 위상이 같을 필요가 있다. 두 곡면이 서로 같다면 그 곡면 위에 살고 있는 개미가 얼마나 똑똑한지 와는 상관 없이 곡면을 떠나지 않고서는 개미는 두 곡면의 차이를 알아차릴 수 없다. 하지만 두 곡면의 외적 위상은 다를 수 있다. 두 곡면이 서로 같으면서도 한 곡면을 다른 곡면으로 3차원 상에서 변형시키는 게 불가능한 예는 얼마든지 찾을 수 있다. 그래서 고무시트로 비유하여 위상적으로 같다는 것을 설명하는 것은 충분하지 않다.

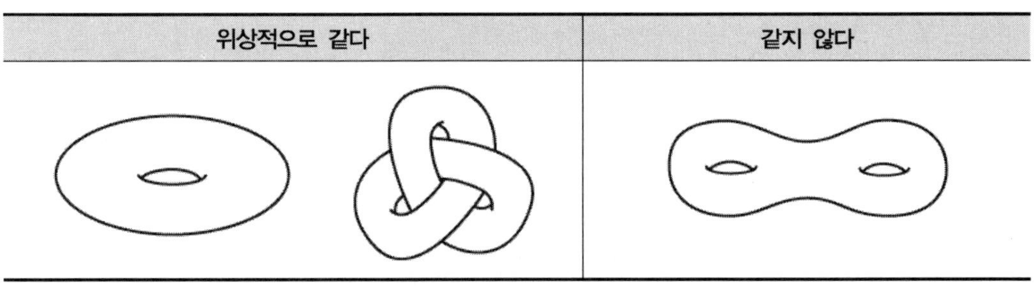

그림 17.4 토러스와 위상적으로 같은 모양(왼쪽) 다른 모양(오른쪽)

이 새로운 정의를 이해하기 위해서, 우리의 자르고 붙이는 방침으로 다시 돌아가야만 한다. 자르거나 붙이는 것이 곡면의 위상을 변화시킬 수 있긴 하지만 항상 변화시키는 것은 아니다. 중요한 예외로 주어진 모양을 자르고 난 뒤, 끊어진 조각들은 처음 잘라지기 전의 위치에 정확히 다시 붙이는 경우가 있다. 이 경우는 원래의 위상을 변화시키지 않는다. 그림 17.4와 같이 토러스를 잘라 원기둥 모양의 튜브를 만들고 이 원기둥을 매듭으로 만들어 다시 붙인다면, 결과적으로 얻는 모양은 여전히 위상적으로 토러스와 같다. 이 매듭형태의 토러스는 원래의 토러스로부터 3차원 상에서 변형(deformation)시켜서는 얻을 수 없다는 것에 주의해라. 즉, 이 둘은 아이소토픽하지는 않다. 내적 위상이 같지만 외적 위상은 다른 것이다. 한편 토러스를 자르고 그 위치에 다시 붙이거나 혹은 연속적인 변형만 가지고는 이중토러스를 얻을 수 없다. 충분히 똑똑한 개미라면 이 두 개가 위상적으로 다르다는 것을 증명할 수 있다(우리는 이 사실을 어떻게 증명하는지 곧 배우게 된다.).

위상수학자가 사용하는 "같다"라는 것의 엄밀한 정의는 이 책에서 추구하고자 하는 내용의 범위를 벗어나므로 여기서는 다루지 않기로 한다. 본질적으로 두 위상적 대상이 같다는 것은 하나에서 다른 하나로 거리상으로 가까움이 보존되도록 일대일 대응을 잡을 수 있다는 것을 의미한다. 즉, 한 점의 근처의 점과 대응되는 점들은 모두 원래 점의 대응되는 점과 가깝게 있어야 한다. 이러한 의미의 "같다"는 뫼비우스에 의해 소개 되었고, 뫼비우스는 이러한 관계를 "기초적인 관계"라고 불렀다. 오늘날에는 이런 관계를 "**위상동형사상**(homeomorphism)"이라 부른다.[2] 즉, 위상수학자의 전문 용어를 빌려서 표현하면 두 모양이 서로 **위상동형**(homeomorphic)일 때 두 도형은 서로 같다.

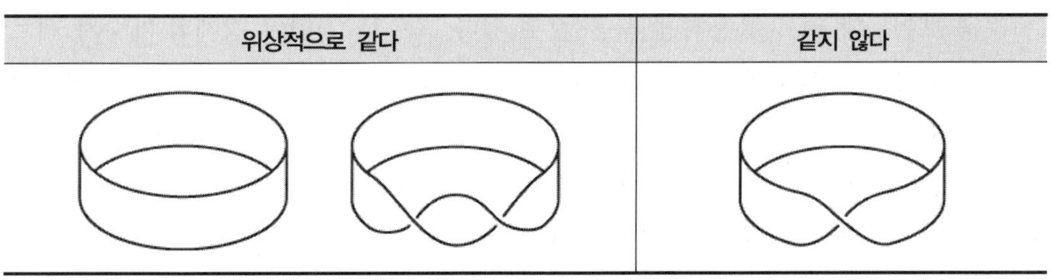

그림 17.5 두 번 꼬여진 띠는 원기둥과 위상동형이지만 한번 꼬여진 띠는 위상동형이 아니다.

지난 16장에 소개 했던 아프간 밴드 마술의 트릭에서 세 개의 벨트를 다시 떠올려 보자. 하나는 꼬이지 않았고, 하나는 한 번만 꼬였고, 하나는 두 번 꼬인 것이다. 분명하게도 이 세 개 중 어느 두 개도 같은 외적 위상을 가지고 있지 않다. 그러나, 우리의 "모양을 자르고 같은 곳에 다시 붙이는 것은 위상을 변화시키지 않는다"는 규칙에 따라 세 번째 모양은 처음의 꼬이지 않은 원기둥 모양의 띠와 위상동형이다. 왜냐하면 처음 원기둥 모양을 잘라내어 두 번 꼬게 되면 그림 17.5와 같이 잘려진 변이 다시 원래대로 돌아오게 되어 정확하게 다시 붙일 수 있다. 이 세 번째 모양을 꼬여진 원기둥이라고 부르자. 하지만 이런 방법은 뫼비우스 띠에는 적용할 수 없다. 원기둥을 잘라서 한번 꼬게 되면, 잘려진 변은 원래의 모양과 같을 수 없다. 비슷하게 뫼비우스 띠와 이 꼬여진 원기둥이 외견상으로는 닮아 보임에도 불구하고 이 둘은 서로 위상동형이 아니다.

우리의 직관이 뫼비우스 띠와 원기둥은 (꼬여 있건 꼬여 있지 않건) 서로 위상동형이 아니라고 얘기하고 있지만, 아직 이 사실을 증명 하지는 않았다. 이 둘이 서로 달라 보인다고 하더라도, 생각지도 못한 멋진 자르기 설계를 통해 하나가 다른 하나가 될 수도 있다. 옷걸이에 걸린 이중토러스 트릭의 경우에서 배울 수 있듯이 우리는 직감을 마냥 신뢰해서는 안 된다. 다행스럽게도 뫼비우스 띠와 원기둥의 경우는 우리의 직관과 같이 서로 위상동형이 아니다. 그렇다면 이 사실을 어떻게 증명할 수 있을까?

위상적 불변량(topological invariant)이란 오직 곡면의 위상에만 의존하는 곡면과 관계있는 성질이나 수학적 실재(entity)를 의미한다. 위상적 불변량은 경계를 이루는 성분의 개수의 경우처럼 수의 형태일 수 있다. 만약 두 곡면이 위상동형이라면, 이 두 도형은 경계의 개수가 같아야 한다. 이 명제의 대우명제를 생각한다면 두 도형이 서로 다르다는 것을 보이는데 더욱 유용하게 사용할 수 있다. 즉, 두 곡면이 경계의 개수가 서로 다르면 두 곡면은 위상적으로 같지 않다. 가령 원기둥은 두 개의 경계 성분을 가지고 있지만 뫼비우스 띠는 한 개만 가지고 있으므로 이 둘은 위상동형이 아니다.

내적 차원은 또 다른 위상적 불변량이다. 이것은 2차원 구면과 1차원 곡선을 구별짓게 해 준다. 이 차원에 대한 개념은 22장에서 더욱 자세히 논의할 것이다.

가향성은 또 다른 위상적 불변량이다. 보다 정확하게는 위상적 성질이다. 위상적으로 같은 두 곡면은 둘 다 가향적이거나 둘 다 비가향적이어야 한다. 다른 말로 하면,

한 곡면은 가향적이고 다른 곡면이 비가향적이라면, 그 둘은 절대 위상동형이 될 수 없다. 원기둥이나 꼬여진 원기둥은 둘 다 가향적이지만 뫼비우스 띠가 가향적이 아니라는 것은 어렵지 않게 보일 수 있다.

우리의 자르고 붙이는 규칙에 따라서, 종이로 된 띠를 짝수 번 꼬은 후 붙여서 만든 곡면은 모두 원기둥과 위상적으로 같고, 홀수 번 꼬아서 만든 곡면은 뫼비우스 띠와 위상적으로 같다. 짝수 번 꼬아서 만들어진 띠들은 모두 가향적이고 두 개의 경계 성분을 가지고 있지만, 홀수 번 꼬아서 만들어진 띠들은 비가향적이고 한 개의 경계 성분을 가지고 있다. 따라서 이 두 종류의 띠는 서로 위상동형이 아니다. 말이 나온 김에 각각의 꼬여진 밴드는 거울 쌍둥이(mirror twin)를 가지고 있음을 주목하자. 이 띠를 꼬아서 붙이는 것을 반복할 때, 띠를 오른쪽으로 꼬거나, 왼쪽으로 꼬는 두 가지 선택지가 있다.

가향성, 차원, 그리고 경계 성분의 개수는 중요한 위상적 불변량이다. 논의할 수 있는 가장 중요한 또 다른 위상적 불변량은 바로 $V-E+F$ 라는 수량이다. 어떤 곡면 S가 V개의 꼭짓점, E개의 변, F개의 면으로 분할되어 있을 때, S의 오일러 지표(Euler number)를 $V-E+F$로 정의한다. 물론 우리는 고리모양의 면은 생각하지 않는다. 오일러 지표는 종종 오일러 특성수(Euler characteristic)로 불리기도 한다. 오일러 지표는 관례적으로 그리스 문자 카이(χ, chi)로 나타내어진다. 즉, $\chi(S)=V-E+F$이다.

오일러 지표는 곡면에 대한 위상적 불변량이다.

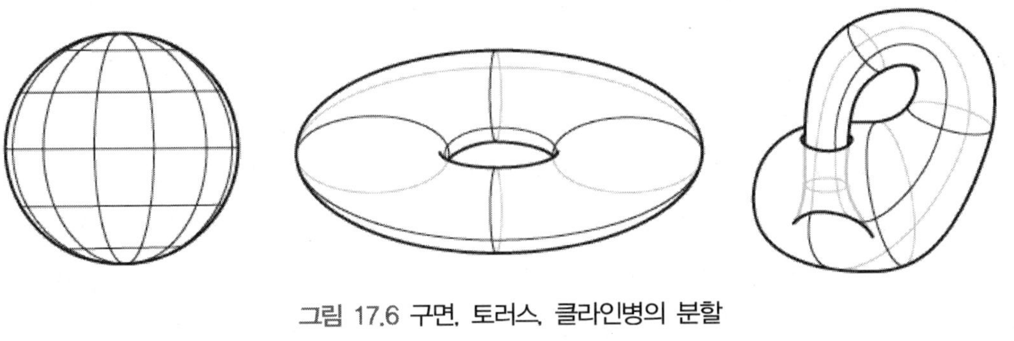

그림 17.6 구면, 토러스, 클라인병의 분할

오일러 지표가 위상적 불변량이라고 말한다는 것은 각 곡면이 각자의 오일러 지표를 가지고 있다는 것을 의미한다. 예를 들어, 그림 17.6의 구면은 62개의 꼭짓점, 132개의 변, 72개의 면을 가지고 있으므로, 이것의 오일러 지표는

$$\chi(\text{구면}) = 62 - 132 + 72 = 2$$

이다. 알다시피 이것은 구면의 분할이나 구면과 위상동형인 어떤 것에 대해서도 성립하는 사실이다.

그림 17.6의 토러스는 8개의 꼭짓점, 16개의 변, 8개의 면을 가지고 있으므로, 오일러 지표는

$$\chi(\text{토러스}) = 8 - 16 + 8 = 0$$

이다.

비슷하게 그림 17.6의 클라인병은 8개의 꼭짓점, 16개의 변, 8개의 면을 가지고 있으므로

$$\chi(\text{클라인 병}) = 8 - 16 + 8 = 0$$

이다.

오일러 지표가 위상적 불변량이라는 것을 증명하기 위해서는 몇 개의 필요한 중간 과정이 있다. 먼저 우리는 모든 곡면들이 유한개의 꼭짓점, 변, 면으로 분할 될 수 있음을 반드시 보여야 한다. 즉, 유한한 분할을 가지지 않는 기괴한 모양의 곡면이 존재하지 않는다는 것을 보여야 한다는 뜻이다. 이 점이 바로 우리가 16장에서 곡면을 콤팩트 하다고 가정했던 것이 필요한 이유이다. 유클리드 평면이나 열린 원판은 유한한 분할을 가지지 않지만, 이런 것들은 모두 콤팩트가 아니므로 제외 된다. 우리가 다면체에 대해서 다루고 있을 때는 이미 분할이 주어져 있다. 간단하게 다면체의 꼭짓점, 변, 면이 분할을 구성한다. 일반적인 곡면은 특정한 분할형태로 주어진 것이 아니기에 유한한 분할이 존재하는지가 분명하지 않다. 놀랍게도 1924년이 되어서야 모든 곡면이 유한개의 꼭짓점, 변, 면으로 분할할 수 있다는 첫 번째 증명이 등장하였다.[3]

두 번째로 우리는 오일러 지표가 분할의 선택과는 독립적이라는 것을 주장해야 한다. 주어진 분할에 꼭짓점과 변을 추가하는 것은 $V - E + F$를 변화 시키지 않는다는 사실은 그리 어렵지 않게 보일 수 있다. 그렇다면 한 곡면의 두 개의 분할 P와

P'이 주어져 있을 때, P와 P'에 꼭짓점과 변들을 적당히 추가해서 두 분할이 꼭짓점, 변, 삼각형 모양의 면, 사각형 모양의 면, 오각형 모양의 면 등의 개수가 모두 같고, 이 들의 서로에 대한 상대적인 위치도 모두 같도록 만들 수 있겠는가? 이 문제는 일찍이 인지되어져 오고 있었고 "조합적 위상수학의 주요 가설"이란 뜻을 가진 Hauptvermutung이란 별명도 있었다. 이 가설이 참이라면 오일러 지표를 변화시키지 않는 채로 두 분할을 같게 만들 수 있기 때문에 두 분할의 오일러 지표가 같다는 것을 증명할 수 있다. 이 가설의 증명은 뒤늦게 1943년에 이르러서야 등장하였고,[4] 23장에서 보게 될 이 가설의 높은 차원에서의 증명은 그렇게 멋지지는 않다. 어쨌든 Hauptvermutung은 모든 곡면에 대해서 참이기 때문에, 오일러 지표는 분할의 선택과는 무관하다.

마지막으로, 우리는 두 위상동형인 곡면이 반드시 같은 오일러 지표를 가져야 한다는 것을 반드시 보여야 한다. 두 곡면 S와 S'이 위상동형이고 P가 S의 분할이라면, 위상동형사상은 S와 S'사이에 일대일대응 관계를 주기 때문에 S의 분할 P를 옮기는 것에 위상동형사상을 사용할 수 있을 것이다. 그러면 당연하게도 $\chi(S)=\chi(S')$이다. 따라서 이런 방식으로 우리의 정리, 즉 오일러 지표가 위상적 불변량이라는 것에 대한 증명의 스케치를 완성할 수 있다.

다면체의 오일러 공식에 대한 공부에서 가장 큰 도전 중 하나는 $V-E+F$에서 "터널"이 가지는 효과를 이해하는 것이다. 륄리에와 헤셀은 만약 다면체가 g개의 "터널"을 가지고 있다면 $V-E+F=2-2g$가 된다고 주장한 바 있다. 우리의 현대적인 용어로 표현한다면 이 다면체의 오일러 지표가 $2-2g$라고 주장한 것이다. 다만 륄리에와 헤셀이 터널이라는 개념을 제대로 정의하지 않았기에 문제가 되었다. 이 위상적인 현상을 설명하기 위하여 이제 터널이란 개념 대신 16장에서 소개했던 핸들을 사용하는 것이 훨씬 편리하다. 륄리에와 헤셀이 도형의 구멍에 관심을 가졌던 것도 흥미로운 사실이다. 우리의 핸들은 터널 뿐 아니라 구멍의 개념까지 함께 설명해 준다.

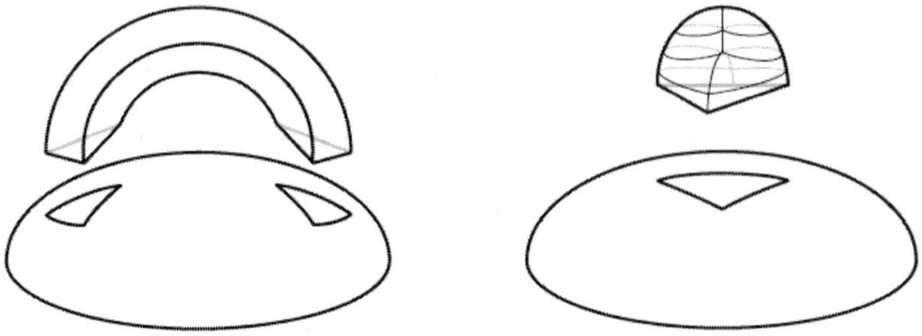

그림 17.7 구면에 핸들 혹은 크로스캡 붙이기

구면에 핸들을 붙이는 것이 오일러 지표를 어떻게 변화 시키는지 시험해 보자. 핸들의 양 끝을 붙이기 위하여 구면에서 두 개의 원판을 잘라내야 한다. 그림 17.7에서처럼 이 두 개의 원판을 삼각형 모양의 면이라 놓을 수 있을 것이다. 만약 분할이 삼각형 면을 가지고 있지 않다면 하나의 면을 삼각형으로 분할하면 된다. 구면의 오일러 지표는 2라는 것을 알고 있고, 핸들은 원기둥이므로 오일러 지표가 0이다. 그래서 자르고 붙이기 등을 시행하기 전에는

$$V-E+F=\chi(\text{구면})+\chi(\text{핸들})=2+0=2$$

이다. 두 삼각형을 잘라내고 나면 두 개의 면을 잃는다. 그리고 핸들을 구면에 붙이고 나면 여섯 쌍의 변이 합쳐진다. 즉, 이 열 두 개의 변이 여섯 개의 변이 되는 것이다. 비슷하게 열 두 개의 꼭짓점이 여섯 개의 꼭짓점이 된다. 자르고 붙이는 과정을 하고 나면, V와 E는 각각 6씩 감소하고, F는 2가 감소한다. 따라서 $V-E+F$의 값은 2가 감소하게 된다. 따라서

$$V-E+F=\chi(\text{구면})+\chi(\text{핸들})-2=2-2=0$$

이 된다.

물론 한 개의 핸들을 가진 구면은 토러스라는 것을 알기 때문에 이것은 놀라운 사실이 아니다.

같은 이유로, 핸들을 곡면에 하나씩 붙일 때마다 오일러 지표는 2씩 줄어들게 된다. 따라서 우리는 다음과 같은 륄리에의 관찰에 대한 증명을 완료 할 수 있게 되었다.

$$\chi(g\text{개의 핸들을 가진 구면})=2-2g.$$

같은 방식으로, 크로스캡을 붙이는 효과에 대해서도 계산할 수 있다. χ(크로스캡) $=\chi$(뫼비우스 띠)$=0$이라는 사실을 상기하자. 각각의 크로스캡은 한 개의 원을 경계로 가지고 있기 때문에, 구면에 크로스캡을 붙이기 위해서는 크로스캡 하나 당 한 개의 구면위의 면을 반드시 제거해야 한다. 앞에서와 같은 원리로 크로스캡을 하나 추가하고 나면 꼭짓점과 변의 수는 둘 다 3씩 줄어들고 면의 수는 1이 감소한다. 따라서 크로스캡을 붙이고 나면 $V-E+F$는 1이 감소하게 된다. 따라서 한 개의 크로스캡을 가진 구면은 다음을 만족한다.

$$V-E+F=\chi(\text{구면})+\chi(\text{크로스캡})-1=1$$

즉, 사영평면(한 개의 크로스캡을 가진 구면)의 오일러 지표는 1이다. 만약 c개의 크로스캡을 붙였다면

$$\chi(c\text{개의 크로스캡을 가진 구면})=2-c$$

이다. 이제 우리는 구면에 핸들이나 크로스캡을 붙여서 만들 수 있는 곡면의 오일러 지표를 어떻게 계산하는지 안다. 이제 중요한 질문이 하나 남았다. 혹시 이러한 방법으로는 만들 수 없는 곡면이 있지 않을까? 다른 말로, 우리는 핸들과 크로스캡을 사용하여 모든 가능한 곡면들을 설명할 수 있을까? 수학적 표현을 사용한다면 이렇게 질문할 수 있다. 모든 곡면을 **분류**(classify)하는 것은 가능할까?

수학에서의 분류 문제는 대체적으로 어렵고 불가능하다. 오일러가 모든 다면체의 분류를 완성하지 못한 것처럼 말이다. 그러나 가끔씩은 수학적 대상들을 분류하는 것이 가능할 때도 있다. 테아에테투스는 모든 정다면체를 분류하였고 아르키메데스는 모든 준정다면체를 분류하였다.

훌륭하게도 모든 곡면을 위상적으로 분류하는 것은 가능하다. 모든 닫힌곡면은 핸들을 가진 구면이나 크로스캡을 가진 구면 중 하나와 위상동형이다. 즉, 모든 가향적인 곡면은 위상적으로 몇 개의 구멍을 가진 토러스와 위상적으로 같고, 모든 비가향적인 곡면은 구면에 한 개 혹은 그 이상의 뫼비우스 띠를 붙인 것과 같다. 사실 곡면의 분류정리는 더 많은 결과를 알려준다. 만약 임의의 닫힌곡면에 대해서 이 곡면의 오일러 지표와 이것이 가향적인지 여부만 알 수 있다면, 우리는 이 곡면이 정확히 무엇인지 알아낼 수 있다.

곡면의 분류 정리

닫힌곡면은 오일러 지표와 가향성으로 유일하게 결정된다. 가향적인 곡면은 적당한 $g \geq 0$에 대해서 g개의 핸들을 가진 구면과 위상동형이다. 비가향적인 곡면은 적당한 $c > 0$에 대해서 c개의 크로스캡을 가진 구면과 위상동형이다.

예를 들어, S가 오일러 지표가 -6이고 가향적인 닫힌곡면이라 가정하자. S가 가향적이므로 S는 종수가 g인 곡면, 즉 g개의 핸들을 가진 구면과 위상동형임을 알 수 있으므로 $-6 = \chi(S) = 2 - 2g$이다. 따라서 S는 4-구멍 토러스와 위상동형이다. 마찬가지로, 만약 T가 오일러 지표가 -4인 비가향적인 닫힌곡면이라면, 이것은 c개의 크로스캡을 가진 구면과 위상동형이므로 $-4 = \chi(T) = 2 - c$가 성립한다. 다른 말로, T는 6개의 크로스캡을 가진 구면과 위상동형이다.

| 표 17.1 | **여러 곡면의 오일러 지표, 가향성, 경계의 수**

곡면 S	$\chi(S)$	가향성	경계의 개수
구면	2	O	0
토러스	0	O	0
2-구멍 토러스	-2	O	0
g-구멍 토러스	$2-2g$	O	0
원판	1	O	1
원기둥	0	O	2
클라인병	0	X	0
사영평면	1	X	0
c개의 크로스캡을 가진 구면	$2-c$	X	0
뫼비우스 띠	0	X	1

비슷한 분류 정리가 경계를 가진 곡면에도 성립한다. 경계를 가진 곡면은 위의 표준적인 곡면들에서 한 개 혹은 그 이상의 원판을 제거한 것과 같다. 오일러 지표, 가향성, 경계 성분의 개수는 곡면을 정확하게 결정한다. 원기둥만이 유일한 가향적이고 오일러 지표가 0이고 두 개의 경계 성분을 가진 곡면이다. 오일러 지표가 0이고 한 개의 경계 성분을 가지고 비가향적인 곡면은 뫼비우스의 띠가 유일하다(표 17.1 참조).

이러한 관점으로 곡면의 분류 작업을 처음 시작한 사람은 1850년대의 베른하르트 리만(Bernhard Riemann, 1826~1866)이다. 리만은 19세기의 탁월한 수학자 중 한명이다. 리만은 괴팅겐 대학교에서 말년의 경력을 보내고 있던 가우스로부터 박사학위를 받았지만 당시에 괴팅겐 대학교는 독일에서 수학의 중심이 아니었다(가우스는 오직 기초과목만 가르치고 있었다.). 그래서 리만은 그의 졸업 연구의 대부분은 베를린 대학교(University of Berlin)에서 수행하였다.

그림 17.8 베른하르트 리만

그의 명민함은 일찍부터 알려져 있었는데 누군가에 대한 극찬을 한 적이 없던 가우스 조차 1854년 리만의 첫 번째 공개 강연에서 깊은 인상을 받았다고 한다. 프로이덴탈은 이 강연을 이렇게 묘사하였다.

> 수학의 역사에서 가장 빛나는 순간 중 하나는 젊고 소심한 리만이 전설적인 가우스 앞에서 강연을 한 것입니다. 다음 봄을 넘기지 못한 이 늙은 노인은 리만이 오랫동안 비밀스럽게 생각해 오던 고유한 아이디어의 중요성을 금새 알아차렸습니다. 가우스는 강연이 끝나고 집으로 돌아가는 길에 매우 흥분한 모습으로 리만의 심오함에 대해 격렬한 칭찬을 했다고 웨버(W. Weber)는 회고하곤 했습니다.[5]

리만의 연구의 대부분은 복소수와 복소함수를 연구하는 분야인 복소해석학에서 이루어 졌다. 복소수는 $a+bi$ (단, a, b는 실수, $i=\sqrt{-1}$) 꼴로 이루어진 수이다. 복소함수에 대한 완전한 이해를 위한 그의 탐구는 함수해석학, 기하학, PDE(partial differential equations)와 위상수학 분야와도 밀접한 관련이 있었다. 어떤 연구 결과는 리만이 죽은 이후에 알려졌는데, 이 중에는 오늘날 기초 미적분학 시간의 주 내용으로 다루어지는 적분을 다루는 방법 등도 포함되어 있다. 불행하게도 이 독창적인 사색가의 삶은 결핵으로 인해 40살의 나이로 짧게 끝난다.

리만의 곡면에 대한 관심은 다면체 이론이 아닌 복소해석학에서 비롯된 것이다. 복소수는 2차의 자유도 (a와 b)가 있었기 때문에 복소수를 모두 모으면 2차원 평면이 된다. 이 복소평면은 한 축은 실수, 한 축은 허수를 나타낸다는 것을 제외하면 유클리드 평면과 닮았다.

리만은 다변수 복소함수에 대해서 공부하고 있었다. 예를 들어, $f(z)=\sqrt[4]{z}$와 같은 함수를 생각하자. $f(16)$의 값은 얼마인가? 이것은 $w^4=16$라는 성질을 만족하는 수 w일 것이다. 어렵지 않게 그러한 복소수는 모두 네 개, 즉 2, -2, $2i$, $-2i$가 있다는 것을 보일 수 있다. 따라서 하나의 입력 값은 하나 보다 많은 결과 값을 가질 수 있다. 이것을 생각하는 한 방법은 여러 층을 가지는 함수의 그래프를 떠 올리는 것이다. 리만은 영리하게도 이러한 층이 있는 그래프를 곡면으로 해석하였다. 이러한 곡면은 오늘날 **리만 곡면**(Riemann surface)이라 불린다. 리만 곡면은 매우 재밌는 위상을 가지고 있지만 항상 가향적이다.

이러한 연유로 리만의 위상수학 연구가 시작되었다. 리만은 곡면의 종수(genus)를 소개하였다(그리고 22장에서 소개할 연결성과 관련된 개념도 소개 하였다.). 리만은 가향적인 곡면을 종수에 따라서 분류하였고, 직관적으로 두 개의 위상적으로 동등한 곡면은 반드시 같은 종수를 가진다는 것을 알아차렸다.[6] 이런 비슷한 곡면들의 분류에도 불구하고, 리만은 그 역, 즉 두 곡면이 같은 종수를 가지면 위상적으로 서로 같다는 것은 알아차리지 못하였다.

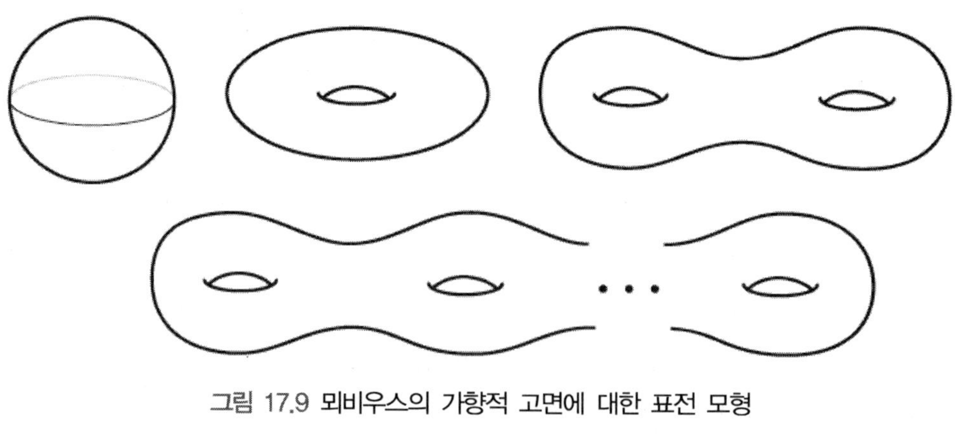

그림 17.9 뫼비우스의 가향적 고면에 대한 표전 모형

뫼비우스는 가향적인 곡면들에 대한 분류 정리를 서술하고 증명한 첫 번째 사람이다. 뫼비우스는 리만이 가지지 못했던 도구를 가지고 있었다. 1863년 뫼비우스는 기초적인 관계(본질적으로 우리가 위상동형사상이라고 부르는 것이다)에 대한 아이디어를 발전시켰다. 그래서 적당한 정밀성을 가지고 두 곡면이 서로 같다라는 것을 얘기할 수 있었다. 뫼비우스는 모든 가향적인 곡면들은 그림 17.9에 보이는 것처럼 구면, 토러스, 이중토러스 등 중 하나와 위상적으로 같다는 것을 보였다.[7]

1866년 카미유 조르당(Camille Jordan)은 어떤 두 개의 경계를 가진 가향적 곡면들이 위상동형인 것과 이 둘이 같은 종수를 가지고 같은 경계 선분을 가지는 것과 동치라는 것을 증명하였다.[8] 비가향적 곡면을 포함한 분류 정리에 대한 완전한 문장과 증명은 1888년 다이크(Dyck)에 의한 것이다.[9] 그러나 이것은 여전히 곡면과 위상동형사상의 현대적인 정의가 나오기 전의 일이다. 분류정리에 대한 첫 번째 엄밀한 증명은 막스 덴(Max Dehn, 1878~1952)와 폴 히가드(Poul Heegaard, 1871~1948)에 의해서 1907년에 완성되었다.[10]

우리는 이 분류정리를 여기서 증명하지는 않겠지만 읽어 볼만한 증명은 많이 있다. 어떤 것들은 곡면으로부터 핸들과 크로스캡을 가진 구면을 만들어가는 방법을 제시한다. 가령, 존 콘웨이의 "ZIP(zero irrelevancy proof)" 증명은 삼각화된 곡면의 조립되지 않은 퍼즐 조각 삼각형 더미에서부터 시작한다. 각 삼각형을 확장하는 곡면에 압축되어 있는 것처럼 변형하면 핸들을 가진 구면이나 크로스캡이나 경계만 남게 된다.[11] 다른 증명들은 반대 방향으로 작용한다. 그들은 곡면에서 시작하여 구면이나 뫼비우스 띠, 즉 핸들과 크로스캡을 잘라내고, 새로 생기는 구멍은 원판으로 매꾸는 방식으로 구면이 나올 때까지 반복한다.

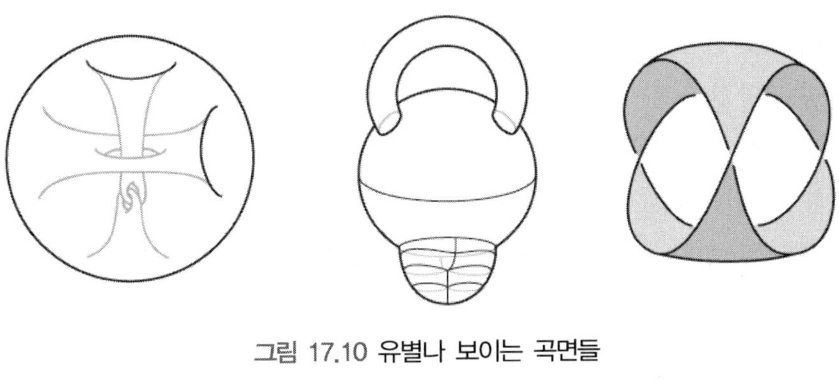

그림 17.10 유별나 보이는 곡면들

얼핏 보기에는 가향적 곡면은 그저 핸들을 가진 구면일 뿐이기 때문에 종수를 결정하는 것은 쉬운 일인 것처럼 보인다. 무엇보다도 이건 그저 핸들을 가진 구면일 뿐이다. 그러나 그것은 항상 뫼비우스의 표준 모형 중 하나와 비슷해 보이는 것은 아니다. 예를 들어, 그림 17.10의 첫 번째 그림은 4개의 핸들을 가진 곡면, 즉 4-구멍 토러스와 위상동형인 예이다.

분류 정리는 모든 곡면은 핸들을 가진 구면이나 크로스캡을 가진 구면과 위상동형이라는 것을 말해준다. 이 둘을 섞은 것에 대해서는 어떤 것도 이야기 하고 있지 않다. 가령 그림 17.10의 두 번째 그림은 한 개의 핸들과 한 개의 크로스캡을 가진 구면이다. 이것은 우리의 분류에 어떻게 넣어야 할까? 앞서의 계산에 의해 구면은 오일러 지표가 2이고, 핸들을 붙이면서 지표가 2 작아지고, 크로스캡을 붙이면서 지표가 1작아진다는 것을 알고 있다. 그래서 이 곡면의 오일러 지표는 −1이다. 크로스캡이 있으므로 이 곡면은 비가향적이다. 따라서 분류 정리에 의하여 이 곡면은 세 개의 크로스캡을 가진 구면과 위상동형이 되어야 한다. 이 곡면은 **다이크의 곡면**(Dyck's surface)으로 알려져 있다.[12]

그림 17.10의 세 번째 그림을 빠르게 훑어보면 이것은 두 면을 가지고 있고 (즉, 가향적이고) 그리고 오직 한 개의 경계 성분을 가지고 있다. 흥미롭게도 이 경계성분만을 살펴보면 세잎매듭(trefoil knot)으로 알려진 모양을 하고 있다. 다음 장에서 보게 되겠지만 모든 매듭은 한 개의 경계 성분을 가진 가향적 곡면의 경계로 얻어질 수 있다. 곡면을 분할하고, 꼭짓점, 변, 면의 개수를 헤아려 보면 이 곡면의 오일러 지표는 −1임을 알 수 있다. 경계를 가진 곡면에 대한 분류 정리에 따르면 이 곡면은 한 개의 원판을 제거한 토러스와 위상동형이 된다.

마지막 예제로 우리는 15장에서 소개했던 큰이십면체와 큰십이면체, 즉, 삼각형 모양과 오각형 모양의 면을 가진 케플러-푸앵소 다면체로 돌아간다. 이 두 다면체는 그렇게 보이진 않더라도 모두 3차원 공간에서 교차하는 모양을 가진 가향적 곡면이다. 큰이십면체의 오일러 지표는 2이기 때문에 이것은 구면과 위상동형이고, 큰십이면체의 오일러 지표는 −6이기 때문에 이것은 4-구멍 토러스와 위상동형이다.

CHAPTER

18 매듭 문제

★ 이 것을 푸는 것은 내가 아닌 시간. 이 매듭을 푸는 일은 나에겐 너무 어려워.

– 윌리엄 세익스피어(William Shakespeare), 열두 번째 밤(Twelfth Night)[1]

초기의 위상 수학에 관한 연구 중 하나는 매듭에 대한 것이었다. 우리는 모두 매듭에 친숙하다. 배는 안전하게 해변가에 매듭지어진 줄에 묶여 있고, 신발은 발에 딱 맞게 신발끈으로 조여져 있고, 전선이나 각종 선은 우리 컴퓨터 뒤 안 보이는 곳에 어찌할 수도 없게 엉켜 있다. 엄격하게 말하면 이런 매듭은 수학적 매듭이 아니다. 수학적 매듭은 양 끝이 없어야 한다. 즉, 수학적 매듭이란 3차원 공간상에 존재하는 위상적 원이다. 가령 연장선이 달린 콘센트를 수학적 매듭으로 만들기 위해서는 간단하게 한쪽 끝의 플러그를 반대쪽 콘센트에 꼽으면 된다.

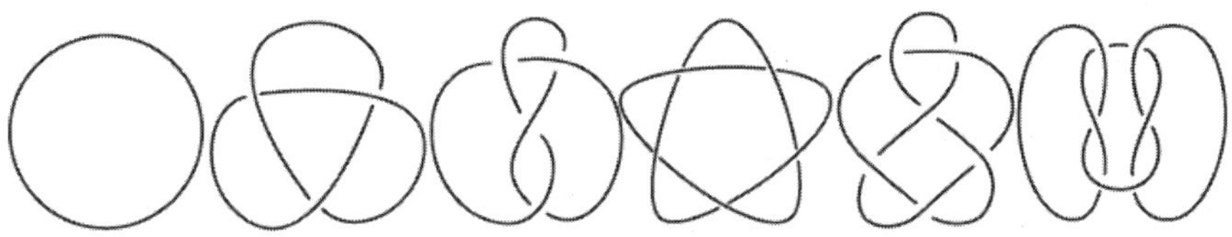

그림 18.1 풀린매듭, 세잎매듭, 8자모양매듭, 다섯닢매듭, 생강맨매듭, 사각매듭

그림 18.1에서 우리는 여섯 개의 수학적 매듭이 평면에 사영된 그림을 볼 수 있다. 각각 풀린매듭(unknot), 세잎매듭(trefoil knot), 8자모양매듭(figure eight knot), 다섯닢매듭(pentafoil knot), 생강맨매듭(gingerbread man knot), 사각매듭(square knot)으로 알려져 있다(생강맨매듭은 아직 일반적으로 받아들여진 이름은 아니다.).

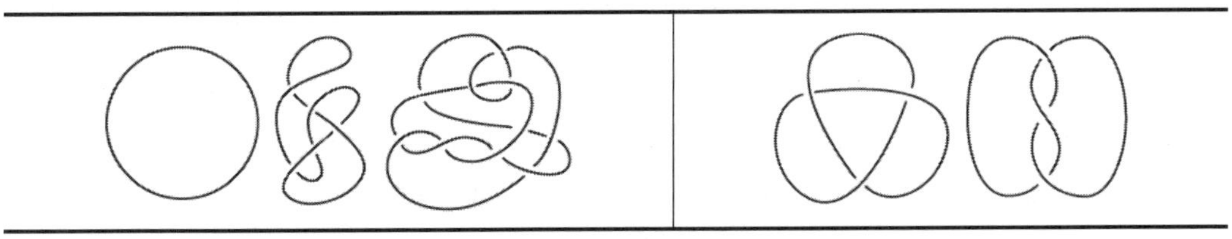

그림 18.2 풀린매듭의 세 가지 사영과 세입매듭의 두 사영

앞에서 위상수학자는 위상적 대상의 외적 성질이 아닌 내적 성질에 주로 관심 있다는 사실을 다룬바 있다. 매듭이론은 똑같은 위상수학이지만 전혀 다른 성질을 가진다. 매듭에 대해서 관심은 원이 3차원 공간에 어떻게 들어가는지, 즉 외적인 배치에 있다. 내적으로는 모든 매듭은 원과 위상동형이므로 모두 동일하다. 그래서 매듭이론에 있어서만큼은 "같다"라는 것이 위상동형을 의미하지 않는다. 대신에 두 개의 매듭이 있을 때, 한 매듭을 3차원 공간상에서 연속적으로 변형시켜 다른 매듭이 된다면 두 매듭을 서로 같다고 한다. 즉 두 매듭 사이에 아이소토피(isotopy)가 있을 때 같다고 하는 것이다. 그림 18.2의 처음 세 매듭은 모두 다 아이소토픽하므로 모두 풀린매듭과 같다. 마지막 두 매듭도 서로 아이소토픽하므로 세잎매듭과 같은 매듭이다. 하지만 곧 다루게 되겠지만 풀린매듭은 세잎매듭과 아이소토픽하지 않다.

매듭이론의 주요 목적은 매듭을 분류하는 것이다. 우리가 곡면에서 했던 것과 같이, 우리는 두 개의 매듭이 서로 같은지 다른지 판단할 수 있게 해주는 도구를 찾고자 한다. 이상적으로는 곡면과 같이 정확하고 중복되는 것 없는 모든 매듭들의 목록을 만드는 것을 꿈꾼다. 현재 이 시점에서는 그러한 목록은 존재하지 않지만 이런 방향으로 꽤 많은 것들이 성취되어 왔다. 이번 장의 보다 가벼운 목적은 그림 18.1의 매듭들이 서로 다르다는 것을 증명할 수 있는 충분한 도구를 개발하는 것이다. 이러한 도구 중 하나는 곡면의 분류 결과와 오일러 지표를 필요로 한다.

매듭의 이용이나 매듭에 대한 일상적인 연구는 인류의 역사만큼이나 오래 되었다. 매듭은 빗장, 고리, 접합, 올가미 등 생각할 수 있는 모든 사용처를 위해 연구 되어 왔다. 많은 문화에서 매듭과 그들의 사영된 그림은 보석류나 예술작품에서 공통된 주제로 사용되었다. 또한 직물의 생산에도 중요하게 쓰인다. 옷의 연결된 한 조각은 하나의 거대의 매듭이라 할 수 있다. 이에 반해서 매듭의 수학적인 연구는 매우 젊은 편이다. 이것의 수학적 탐구는 18세기에 이르러서야 처음으로 이루어졌다.

오일러의 쾨니히스베르크 다리에 관한 논문이 나온지 불과 5년 뒤에, 수학자 알렉상드르 테오필 방데르몽드(Alexandre-Théophile Vandermonde, 1735~1796)는 매듭의 위상수학적 의의를 알아차렸다. 방데르몽드의 "위치의 문제에 관한 고찰들(Remarques sur les problèmes de situation)"이라는 짧은 논문의 서두는 다음과 같다.

> 공간 안에서 실 꾸러미가 어떻게 꼬여있고 얽혀 있던 간에 이것의 정확한 위치에 대한 계산은 할 수 있습니다. 하지만 실제적으로 이 계산은 거의 사용되지 않을 것입니다. 노끈, 그물이나 어떤 매듭의 모양을 만드는 장인은 측량에 대한 질문을 하지 않고 오직 이것들의 상대적 위치만 생각할 것입니다. 오직 그가 보고 있는 실 뭉치가 짜 맞춰진 방식만 말이죠.[2]

그 시작은 신뢰성이 높았음에도 불구하고, 그의 논문은 매듭에 중점을 두지 않고 체스판의 "나이트 투어(knight's tours)"라고 불리는 것의 위상적 접근에만 관심을 가졌다. 그래도 그는 특정한 직물 패턴을 어떻게 기호적으로 표현하는지 간단한 표현을 제공하였다.

방데르몽드의 그림과 메모에 의하면, 가우스 역시 이르면 1794년에 매듭에 대해 생각했다는 것을 알 수 있지만, 안타깝게도 가우스는 이 주제에 대해서 어떤 것도 출판하지 않았다. 1833년에 가우스가 수기로 남긴 귀중한 메모에는 이중적분이 두 폐곡선의 연환수(linking number)를 계산하는데 쓰일 수 있다는 것이 남겨져 있다. 연환수는 두 폐곡선이 서로의 주변에 얼마나 많이 감겨 있는지에 대한 위상적 양이다.[3]

그렇기 때문에 가우스의 제자 중 한 명이었던 리스팅이 매듭에 대한 수학적 연구를 시작한 것은 그리 놀라운 일이 아닐 것이다. 리스팅의 연구 업적은 위상수학적 호기심에 대한 귀중한 발견으로 종종 인용되는 1847년 출판된 그의 Topologie 책에서 발견할 수 있다.[4] 비록 리스팅이 모든 매듭을 분류하는 문제를 제안 하지는 않았지만, 리스팅은 분명하게도 두 개의 매듭이 서로 다르다는 것을 발견하는 기술에 관심이 있었다. 가령, 리스팅은 세잎매듭과 이것의 거울상이 서로 다른 매듭이라는 것을 명시하였다. 하지만 뫼비우스 띠에 대한 리스팅의 접근이 무시당한 것과 마찬가지로 그의 매듭에 대한 연구도 잊혀졌다. 최종적으로 매듭이론의 부흥은 리스팅에 의한 것이 아니라 두 명의 스코틀랜드 물리학자들의 새로운 원자이론에 대한 연구에서 비롯되었다.

그림 18.3 윌리엄 톰슨(켈빈 남작)과 피터 거스리 테이트

1867년 윌리엄 톰슨(William Thomson, 1824~1907)은 원자는 소용돌이나 매듭형태로 이루어져 있다고 주장하였다. 아마도 켈빈 남작(Lord Kelvin)이란 호칭으로 더 많이 알려진 톰슨은 절대온도계의 고안과 최초의 대서양을 횡단하는 전화선을 디자인하는데 도움을 준 학자로 유명하다(켈빈은 이 공로로 기사 작위를 수여 받았다.). 켈빈에 따르면 각각의 원자는 서로 다른 매듭이나 고리형태로 얽힌 매듭들의 모임과 관련이 있고, 원자의 안정성은 이 매듭의 위상적 변형에 대한 안정성과 관련이 있다. 이 천재적이긴 하지만 결과적으로 잘못된 믿음은 20여년 동안 유행하였다.

톰슨의 원자이론은 그의 친구 피터 거스리 테이트(Peter Gothrie Tait)로 하여금 매듭을 분류하는 작업을 시작하게 하였다. 1877년 테이트는 모든 매듭을 표를 만드는 작업을 시작하였다. 그의 눈에는 매듭의 표는 원소의 주기율표처럼 반복성을 가진 것처럼 보였다. 결론적으로 이러한 화학적 관점은 실패하였지만, 테이트는 매듭에 대한 연구를 그만 두지 않았다. 1900년에 테이트와 그의 동료인 인도 출신 미국 수학자 찰스 뉴튼 리틀(Charles Newton Little, 1858~1923)은 10개 이하의 교차점을 가지는 매듭의 거의 완벽한 목록을 제공하였다. 여기서 매듭의 교차점이란, 매듭을 평면에 그렸을 때 생기는 교차점을 의미한다. 우리는 이 용어에 대해서 곧 다시 다룰 것이다.

테이트는 매듭을 분류하기 위해 그의 놀라운 직관에만 주로 의존하였지만 이후의 수학자들은 매듭을 엄격하게 구별하기 위한 무수히 많은 천재적인 도구를 궁리하였다. 이러한 도구는 '매듭불변량(knot invariant)'이라 불린다. 17장에서 곡면에 대한 위상적 불변량에 대해서 논의했던 것처럼 매듭불변량은 매듭에 대하여 똑같은 역할을 수행한다. 매듭불변량은 수량 일수도 있고 매듭과 관계된 또 다른 형태일 수도 있다. 두 개의 매듭의 불변량이 서로 다르다면 이 매듭들은 분명히 다른 매듭이다.

수많은 매듭불변량이 알려져 있고, 이 중에는 매우 쉽게 설명되는 것도 있다. 이번 장에서는 몇 개의 매듭불변량을 소개할 것이다. 이 중 하나는 곡면과 곡면의 오일러 지표와 밀접한 관계가 있다.

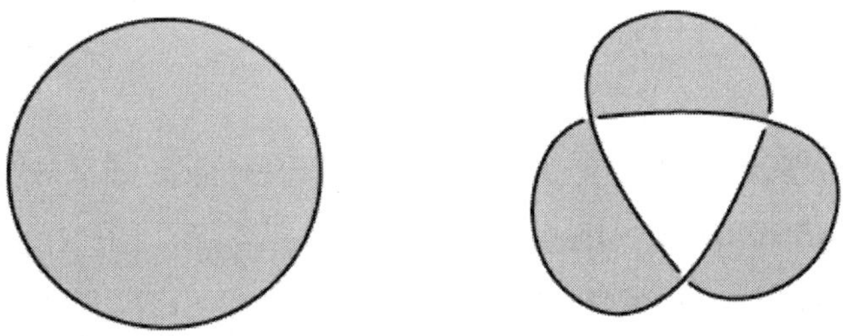

그림 18.4 풀린매듭은 원판의 경계이고, 세잎매듭은 세 번 꼬여진 뫼비우스 띠의 경계이다.

매듭은 위상적으로 원이고, 원은 곡면의 경계로 나타난다. 놀랍게도 매듭형태로 만들어진 경계를 가지는 많은 곡면을 찾을 수 있다. 그림 18.4에서 풀린매듭은 원판의 경계이고 (이것은 별로 놀랍지 않지만) 세잎매듭은 세 번 꼬아서 만든 뫼비우스 띠의 경계임을 볼 수 있다. 세잎매듭 경계를 가지는 또 다른 곡면은 이미 그림 17.10에서도 본 적이 있다.

주목할 만한 것은 매듭지어진 경계를 가지는 곡면을 단순히 찾을 수 있는 것 뿐 아니라, 모든 매듭이 사실 어떤 곡면의 경계로 나타내어진다는 사실이다.

재미있는 실험의 일환으로, 매듭지어진 경계를 가지는 비눗방울로 만들어진 곡면을 만들어 보자. 이를 위해 먼저 뻣뻣한 철사를 이용하여 매듭을 만들자(작은 매듭을 위해서는 옷걸이로 충분하지만 복잡한 매듭을 만들기에는 옷걸이는 너무 딱딱하고 충분히 길지 않다.). 그리고 이 것을 비누방울액에 담궜다가 빼고 난 후, 하나의 곡면을 만들기 위해 필요한 만큼 다른 비눗방울을 제거하자.[4)]

그림 18.5 헤르베르트 자이페르트

그림 18.4의 세잎매듭은 비가향적 곡면의 경계이다(3차원 공간에서 비가향적이라는 것과 한 면으로 이루어진 것은 동의어라는 것을 기억해라.). 이런 상황을 피하는 것이 가능하다. 주어진 매듭에 대해서 우리는 항상 주어진 매듭을 경계로 가지는 가향적인 곡면을 만들 수 있다. 이러한 곡면을 수학자 헤르베르트 자이페르트(Herbert Seifert, 1907~196)의 이름을 따라 **자이페르트 곡면**(Seifert surface)라 부른다. 아마도 이 정리의 가장 놀라운 점은 이러한 곡면을 만드는 방법의 간결성이다. 자이페르트가 1934년에 발견한 이 우아한 알고리듬을 보다 자세히 알아보자.[5]

여기에서는 세잎매듭을 경계로 하는 곡면을 만드는 것을 예로 들어 자이페르트의 알고리듬을 설명하고자 한다. 시작을 위해 먼저 매듭의 두 가지 가능한 방향 중 하나를 고른다. 즉, 매듭을 따라 여행하는 방향을 고르는 것이다. 그 다음으로 이 매듭을 평면에 사영시킨다. 대부분의 사영형태는 허용될 것이나 어떤 "나쁜" 사영은 피하려 한다. 나쁜 사영이란 한 점에서 세 가닥의 선이 교차하도록 사영시키거나 혹은 두 가닥의 선이 점이 아닌 형태로 겹쳐지게 사영시키는 것이다. 이런 경우를 제외한다면 사영은 우리가 원하는 만큼 얼마든지 복잡해져도 상관없다.

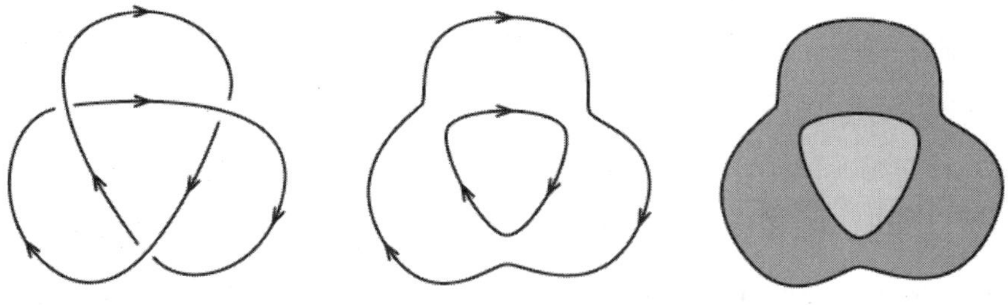

그림 18.6 세잎매듭에 대한 자이페르트 원과 관련된 원판

4) 오래 견디고 큰 비눗방울을 만들기 위해 1갤런의 물과 2/3컵의 접시비누, 그리고 1스푼의 글리세린을 섞는 것을 추천한다(글리세린은 약국에서 찾을 수 있다.). 최상의 결과를 위해, 용액을 사용하기 전에는 가만히 두는 것이 좋다.

다음으로, 이 사영을 이용하여 **자이페르트 원**이라 불리는 원들의 모임을 만든다. 어떤 점에서 시작하여 매듭에 주어진 방향을 따라 매듭을 따라가 보자. 도중에 교차점을 만날 때마다 다른 가닥으로 옮겨 가지만 매듭의 방향을 따라서만 계속 이동해야 한다. 이렇게 다시 원래 시작했던 점으로 돌아오면 원이 얻어 진다(그림 18.6 참조). 지나가지 않은 매듭의 모든 가닥에 대해서 이런 방식을 반복하여 매듭을 여러 개의 원으로 분할한다. 이렇게 얻어진 자이페르트 원으로 이 원들을 경계로 가지는 원판들을 만든다. 처음 매듭을 사영하는 방식에 따라서 어떤 원들은 다른 원들을 포함할 수도 있을 것이다. 그림 18.6의 경우와 마찬가지로 이 경우는 한 원판이 다른 원판의 위에 올라가 있다고 생각한다.

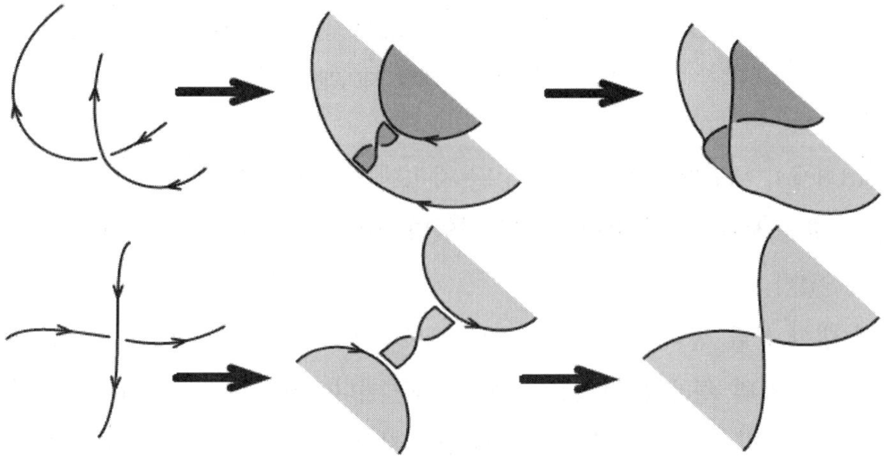

그림 18.7 꼬여진 밴드를 붙이기

이제 하나의 사각형 모양의 밴드를 반쯤 꼬아서 붙이는 방법으로 모든 원판을 연결한다. 정확히 교차점이 있던 위치에서 꼬여진 밴드를 붙이되 밴드가 꼬여지는 방향은 처음의 교차점의 모양에 의해서 결정된다(그림 18.7 참조). 비록 당장 자명하게 받아들여지지 않더라도 이 시행이 항상 경계가 있는 가향성이 있는 곡면을 만드는 것을 보이는 것은 그리 어렵지 않다.

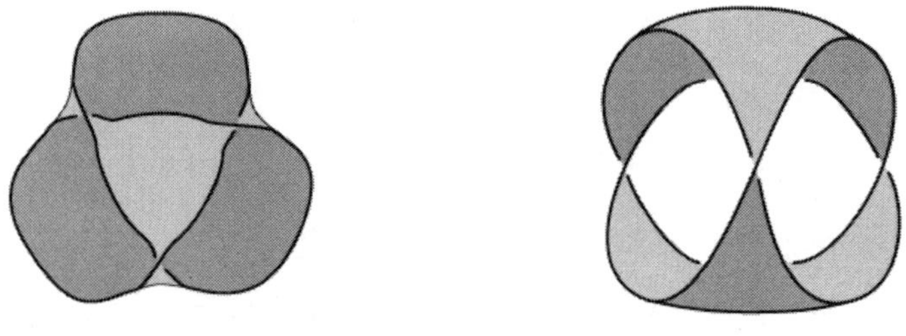

그림 18.8 세잎매듭에 대한 자이페르트 곡면

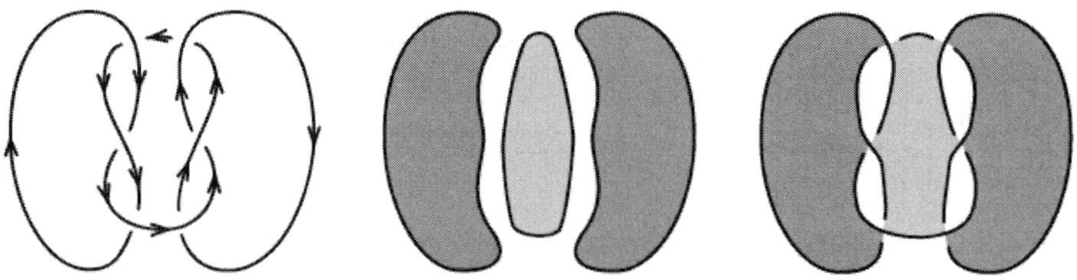

그림 18.9 사각매듭에 대한 자이페르트 곡면

그림 18.8에서 세잎매듭에 대한 완성된 자이페르트 곡면을 볼 수 있다. 그림 18.9에서 같은 과정을 사각매듭에 대해서 반복하였다. 이 곡면은 3개의 원판과 6개의 밴드로 얻어질 수 있다.

곡면에 대한 분류 정리에 의해서 우리는 모든 가능한 곡면을 "알고" 있다. 자이페르트 곡면은 한 개의 경계를 가지는 가향적 곡면이다. 따라서 이 곡면은 반드시 구면 혹은 g-구멍 토러스에 원판 한 개를 제거한 것과 위상동형이어야 한다. 자이페르트 곡면은 구멍 뚫린 토러스처럼 생기지 않았기에 이 분류 정리의 강력함을 진심으로 느낄 수 있다. 이론적으로, 자이페르트 곡면의 경계와 원판의 경계를 붙이면 닫힌곡면을 얻을 수 있지만, 이렇게 붙이는 것은 4차원을 필요로 한다.

자이페르트 곡면이 가향적이고 한 개의 경계를 가지고 있다는 것을 알고 있기 때문에, 우리는 이것을 분류하기 위하여 오직 오일러 지표만을 필요로 한다. S가 d개의 원판, b개의 밴드로 만들어진 자이페르트 곡면이라 가정하자. 원판의 오일러 지표는 1이고, 따라서 d개의 분리된 원판의 오일러 지표는 d이므로, 이제 밴드를 곡면에 붙이는 효과만 결정하면 오일러 지표를 계산하기에 충분하다.

우리가 밴드의 양쪽 끝을 경계가 있는 (연결되어 있지 않을수도 있는) 곡면에에 붙인다고 하자. 이 과정에서 한 개의 면과 두 개의 변, 그리고 0개의 꼭짓점을 꼭지점에 붙이는 것이다. 오일러 지표의 익숙한 교대합 공식에 따르면, 이 밴드는 오일러 지표를 1 줄이게 된다. 따라서 b개의 밴드를 더하는 것은 오일러 지표를 b만큼 줄이는 효과가 있다.

> d개의 원판, b개의 밴드로 만들어진 자이페르트 곡면 S의 오일러 지표는 $\chi(S)=d-b$이다.

그림 18.8의 세입매듭에 대한 자이페르트 곡면은 두 개의 원판과 세 개의 밴드를 이용해서 만들어 졌다. 따라서 이것의 오일러 지표는 −1이다. 비슷하게 사각매듭에 대한 자이페르트 곡면은 세 개의 원판과 여섯 개의 밴드를 이용해서 만들어 졌으므로 이것의 오일러 지표는 −3이다.

만약 원판을 경계가 있는 자이페르트 곡면에 붙인다면, 우리는 종수가 g인 닫힌곡면을 얻을 것이다. 이 과정에서 한 개의 면을 더하는 것이므로 우리의 닫힌곡면의 오일러 지표는 자이페르트 곡면의 오일러 지표보다 1 클 것이다. 그림 18.8의 세잎매듭에 대한 자이페르트 곡면의 오일러 지표는 −1이다. 만약 이 곡면의 경계에 원판을 붙인다면, 만들어진 곡면은 오일러 지표가 0이 된다. 이것은 종수가 1인 곡면, 즉 토러스이다. 이 경우 자이페르트 곡면의 종수가 1이라고 말하자.

이것과 같은 논리를 어떤 d개의 원판과 b개의 밴드로 만들어진 자이페르트 곡면에도 적용할 수 있다. 자이페르트 곡면의 경계에 원판을 붙여서 만들어 지는 닫혀있는 가향적 곡면 S의 오일러 지표는 $\chi(S)=d-b+1$이다. S가 종수가 g인 곡면이라고 하면 $\chi(S)=2-2g=d-b+1$을 얻는다. 이를 g에 대해 풀어서 S의 종수 g를 계산할 수 있다.

> d개의 원판, b개의 밴드로 만들어지는 자이페르트 곡면의 종수는 다음과 같다.
>
> $$g=\frac{1-d+b}{2}$$

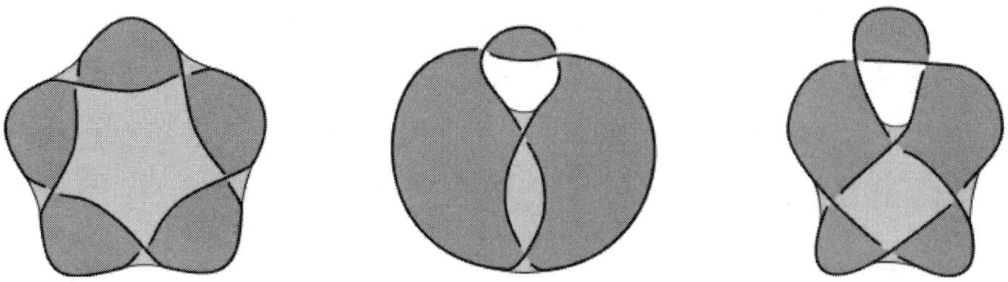

그림 18.10 다섯닢매듭, 8자모양매듭, 생강맨매듭의 자이페르트 곡면들

사각매듭의 자이페르트 곡면의 종수는 $g=\dfrac{1-3+6}{2}=2$이다. 즉, 자이페르트 곡면은 한 개의 원판이 제거된 2-구멍 토러스이다. 그림 18.10에서 다섯닢매듭, 8자모양매듭, 생강맨매듭의 자이페르트 곡면을 볼 수 있다. 다섯닢매듭의 자이페르트 곡면은 두 개의 원판과 다섯 개의 밴드로 만들어 졌다. 따라서 이것의 종수는 $\dfrac{1-2+5}{2}=2$이다. 8자모양매듭의 자이페르트 곡면은 세 개의 원판, 네 개의 밴드로 만들어 져 있으므로 이것의 종수는 $\dfrac{1-3+4}{2}=1$이다. 생강맨매듭의 자이페르트 곡명는 세 개의 원판, 여섯 개의 밴드로 만들어 져 있으므로 이것의 종수는 $\dfrac{1-3+6}{2}=2$이다.

만일 자이페르트 곡면의 종수가 매듭불변량이라면 매우 좋을 것이다. 문제는 주어진 매듭이 한 개 보다 많은 위상적으로 다른 자이페르트 곡면을 만들 수 있다는 점이다. 자이페르트 곡면을 만드는 과정의 처음에서 서로 다른 사영을 선택하면 다른 자이페르트 곡면이 나오기 때문이다. 그러나 이 아이디어를 완전히 폐기하는 것은 이르다. 우리는 매듭의 **종수**를 가능한 주어진 매듭의 모든 자이페르트 곡면의 종수 중 가장 작은 것으로 정의할 수 있다. 이렇게 정의 된 매듭 K의 종수를 $g(K)$라 표기하자.

풀린매듭은 원판의 경계가 되므로, 즉 구면에서 한 개의 원판을 제거한 것과 같으므로 풀린매듭의 종수는 0이다. 원판의 경계가 될 수 있는 것은 풀린매듭 뿐이므로 풀린매듭을 제외한 다른 모든 매듭의 종수는 양수가 되어야 한다.

이 정의는 다소 좌절감이 생기게 한다. 이렇게 정의된 종수가 완벽한 매듭불변량일지라도, 실제로 이것을 계산하기는 매우 어렵다. 앞에서 우리는 생강맨매듭의 자이페르트 곡면을 만들었고, 이것의 종수가 2가 된다는 것을 확인했다. 이 수가 생강맨매듭의 종수일까? 그럴 수도 있고, 아닐 수도 있다. 생강맨매듭의 또 다른 자이페르트 곡면의 종수가 1일 가능성도 분명히 있다. 이러한 자이페르트 곡면이 존재하지 않는다는 것을 어떻게 증명할지 명확하지 않다.

반가운 소식은 교대매듭이라고 불리는 굉장히 큰 매듭의 모임에 대해서는 종수를 쉽게 계산할 수 있다는 점이다. 그림 18.1에서 8자모양매듭에 손가락을 대고 가닥을 따라가면서 교차점에서 어떤 현상이 벌어지는 관찰해 보자. 매듭은 위로, 아래로, 위로, 아래로, 위로, 아래로, 위로, 아래로, 위로, 아래, 즉, 사영 그림에서 위, 아래 교대로 교차점을 지나게 된다. 이러한 사영을 '교대사영(alternating projection)'이라 부른다. 세잎매듭, 다섯닢매듭, 생강맨매듭의 사영들도 모두 교대사영이다. 하지만 사각매듭의 사영은 교대사영이 아니다. 어떤 매듭을 교대사영으로 표현할 수 있을 때 그 매듭을 **교대매듭**이라 부른다. 사각매듭의 주어진 사영이 교대사영이 아닐지라도, 이것이 사각매듭이 교대매듭이 아니라는 뜻은 아니다. 왜냐하면 사각매듭은 또 다른 교대사영이 되는 사영을 가지고 있을 수 있기 때문이다.

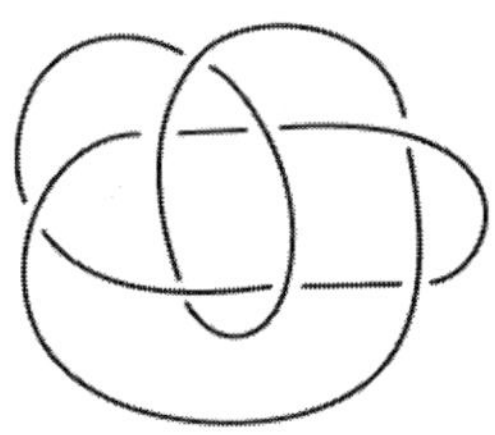

그림 18.11. 교대 매듭이 아닌 8-교차 매듭

대부분의 간단한 형태의 매듭은 교대매듭이다. 7개 이하의 교차점을 가지고 있는 매듭은 교대매듭이고, 8개의 교차점을 가진 매듭들 중에서도 오직 세 개만 교대매듭이 아니다(그 중 하나가 그림 18.11의 매듭이다.). 그러나 교차점의 개수가 늘어나면, 교대매듭의 상대적 수는 작아진다. 12개 이하의 교차점을 가진 2404개의 소매듭(prime knot, 소매듭에 대해서는 곧 소개할 것이다) 중 63%가 교대매듭이다. 16개 이하의 교차점을 가진 1.7백만 개의 소매듭 중에서는 오직 29%만이 교대매듭이다.[6]

우리를 구원한 정리는 바로 1950년대에 리차드 크로웰(Richard H. Crowell)과 쿠니오 무라수기(Kunio Murasugi)가 증명한 다음의 정리이다.[7]

> 교대사영으로부터 얻어지는 자이페르트 곡면은 항상 최소의 종수를 가진다.

다른 말로 하면, 세잎매듭, 8자모양매듭, 다섯닢매듭, 생강맨매듭은 교대매듭이고, 이것들의 교대사영으로 자이페르트 곡면을 계산하였으므로, 이 네 매듭의 종수는 차례대로 1, 1, 2, 2 라고 확실하게 말할 수 있다. 따라서 이 네 매듭은 모두 풀린매듭이 아니고, 세잎매듭과 8자모양매듭은 다섯닢매듭과 생강맨매듭과 다르다는 것을 알 수 있다. 이러한 점에서, 독자들은 이 책의 서장에 소개되었던 두 개의 매듭 (그림 I.5 참조)이 서로 다르다는 것을 증명할 수 있다.

이제 우리는 사각매듭의 종수를 계산하기 위한 방향을 가볍게 전환해 보자. 소수는 양의 정수를 만들기 위한 기본적인 요소이다. 만일 $p>1$에 대해서 p가 두 양의 정수 m과 n의 곱으로 표현이 될 때 반드시 $m=1$이거나 $n=1$이 되어야 한다면 수 p를 '소수(prime number)'라고 하고, 그렇지 않다면 합성수라고 한다. 이것과 비슷한 방법으로, 모든 매듭을 만들기 위한 기본적인 요소로서 소매듭을 정의할 수 있다. 이것을 위해 매듭을 "곱한다"는 것을 먼저 정의할 필요가 있다.

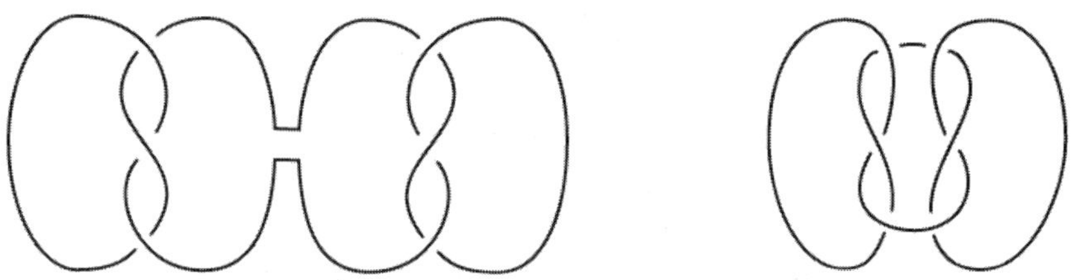

그림 18.12 세잎매듭과 이것의 거울상을 합성하면 사각매듭이다.

주어진 매듭 K와 L에 대하여 K와 L의 곱(product)은 $K\#L$로 표기하고 다음과 같은 모양으로 생겼다. 먼저 K와 L의 사영을 서로 겹치지 않도록 나란히 놓자. 두 매듭의 가닥을 하나씩 자르고, 이때 새로 생기는 네 개의 끝을 새로운 교차점이 생기기 않도록 서로 연결한다. 그림 18.12는 사각매듭이 세잎매듭과 그것의 거울상의 곱으로 표현된다는 것을 보여준다(두 동일한 세잎매듭의 곱은 할머니매듭이란 이름으로 알려져 있다.).

매듭 M이 두 매듭 K와 L의 곱 $M=K\#L$으로 표현이 될 때 반드시 K와 L중 하나가 풀린매듭이 되어야 한다면 M을 소매듭(prime knot)이라 한다.[5] 다른 말로 하면,

5) 풀린매듭은 이 정의를 무조건 만족하지만, 수 1을 소수로 간주하지 않듯이 풀린매듭도 소매듭으로 생각하지 않는다.

어떤 매듭이 여러개의 풀리지 않은 매듭의 곱으로 표현할 수 없으면 매듭은 소매듭이다. 풀린매듭이 아니면서 소매듭이 아닌 매듭을 **합성매듭**이라 한다. 소매듭성(primality)은 매듭불변량인 것은 명확하다. 앞에서 봤던 것과 같이 사각매듭은 합성매듭이다. 우리는 여기서 증명하지는 않겠지만 세잎매듭, 8자모양매듭, 다섯닢매듭, 생강맨매듭은 모두 소매듭 임을 밝힌다. 따라서 이 네 매듭은 모두 사각매듭과 아이소토픽하지 않다.

만약 두 매듭 K와 L의 종수를 모두 알고 있다고 가정하자. 그렇다면 $K\#L$의 종수를 쉽게 결정할 수 있을까? 만약 S_K와 S_L이 각각 K와 L의 최소종수를 가지는 자이페르트 곡면이라고 가정하자. 이때 K와 L의 사영을 사용하여 $K\#L$의 사영을 만들 수 있고, 이것으로부터 자이페르트 곡면 $S_{K\#L}$을 만들 수 있다. 만약 S_K가 d_K개의 원판, b_K개의 밴드로 만들어 져 있고, S_L이 d_L개의 원판, b_L개의 밴드로 만들어 져 있다면 $S_{K\#L}$은 d_K+d_L-1개의 원판, b_K+b_L개의 밴드로 만들어 져 있다는 것을 보이는 것은 어렵지 않다. 따라서 $S_{K\#L}$의 종수는

$$\begin{aligned}\frac{1}{2}[1-(d_K+d_L-1)+(b_K+b_L)] &= \frac{1}{2}(1-d_K+b_K)+\frac{1}{2}(1-d_L+b_L)\\ &= g(K)+g(L)\end{aligned}$$

이다. 문제는 $S_{K\#L}$이 매듭 $K\#L$의 최소 종수를 가지는지 여부를 모른 다는 점이다. 따라서 우리가 내릴 수 있는 결론은 $g(K\#L)\le g(K)+g(L)$ 이다. 여기서는 자세한 증명을 생략하지만, 실제로는 $S_{K\#L}$이 최소 종수를 가진다는 점을 밝힌다. 즉, 종수는 더해지는 성질이 있다.

> 두 매듭 K와 L에 대하여, $g(K\#L)=g(K)+g(L)$ 이 성립한다.

이 공식은 사각매듭의 우리가 종수를 계산하는 것을 가능하게 만들어 준다.

$$g(\text{사각매듭})=g(\text{세잎매듭})+g(\text{세잎매듭})=1+1=2$$

이 공식으로부터 추론되는 재미있는 결과는 K나 L 중 하나 라도 풀린매듭이 아니라면 $K\#L$도 풀린매듭이 아니라는 점이다. 왜냐하면 $g(K)\ne 0$나 $g(L)\ne 0$ 중 하나라도 성립한다면 $g(K\#L)\ne 0$이기 때문이다. 이러한 현상을 이해하는 구체적인 방법

이 있다. 만약 신발끝이 매듭져 있다면 신발 끝의 양 끝을 어떠한 모양으로 다시 묶어도 원래의 신발끈이 풀리지 않는다. 즉, 매듭은 그 매듭을 풀어 버리는 "역매듭 (inverse knots)"을 가지고 있지 않다.

K와 L이 교대매듭이라면 $K\#L$도 교대 매듭이 된다는 것을 주목하는 것은 가치가 있다. 이 사실이 성립하는 이유를 알 수 있겠는가? 사각매듭은 이 책에서 그것의 교대사영을 구체적으로 보여주지 않았어도 반드시 교대사영을 가지고 있다.

매듭의 종수가 우리로 하여금 많은 매듭을 구별지을 수 있게 할지라도, 이것이 완전한 불변량은 아니다. 왜냐하면 두 개의 매듭이 같은 종수를 가진다는 것이 두 매듭이 같다는 것을 의미하는 것은 아니기 때문이다. 예를 들어, 세잎매듭의 종수와 8자모양매듭의 종수는 서로 같다. 하지만 이 두 매듭은 서로 같던가(실제로는 같지 않다), 아니면 다른 방법으로 구별 지을 수 있어야 한다. 비슷하게, 다섯닢매듭과 생강맨매듭, 그리고 사각매듭의 종수는 모두 서로 같다.

이 장의 나머지 부분에서는 우리는 두 개의 매듭 불변량을 더 소개할 것이다. 이 매듭불변량 들은 위의 매듭들을 구별할 수 있게 만들어 준다. 하지만 이 매듭불변량은 굉장히 많은 알려진 매듭불변량 중 아주 작은 일부일 뿐이다.

이 불변량 중 첫 번 째 것은 색칠가능성이다. 색칠가능성을 확인하기 위해 매듭의 사영을 서로 다른 세 가지 색의 크래파스를 사용하여 그린다. 만약 각각의 교차점에서 하나의 색만 나타나거나, 아니면 이 세 가지 색 모두가 나타난다면 우리는 매듭을 **색칠가능한 매듭**(colorable knot)이라고 하겠다. 단, 모든 사영 전체가 한 가지 색으로 칠하는 것은 고려하지 않는다. 이 색칠가능성이 매듭불변량이라는 것을 보이는 것은 매우 어렵기 때문에 이 책에서 다루지 않도록 하겠다. 중요한 사실은 색칠가능성은 사영의 선택에 의존하지 않는다는 점이다.

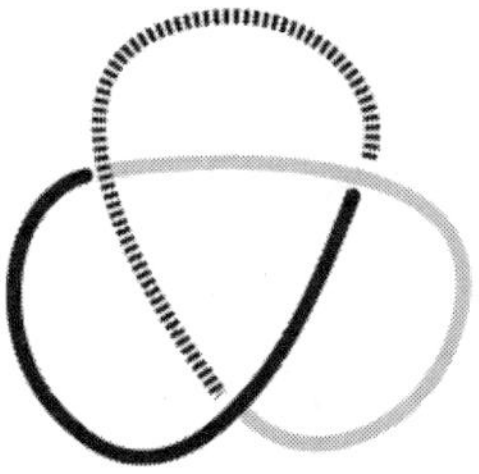

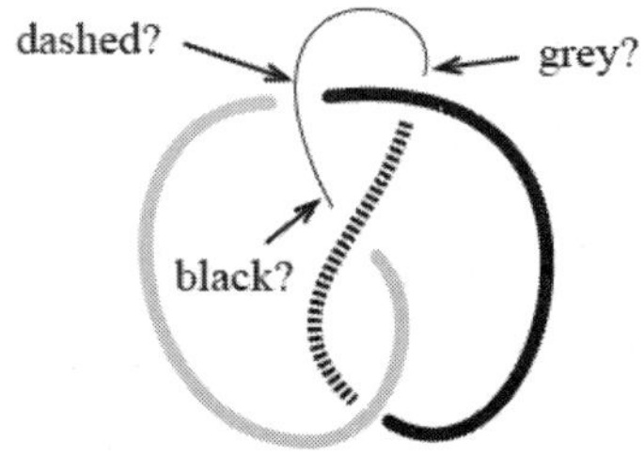

그림 18.13 세잎매듭은 색칠가능하고, 8자모양매듭은 색칠가능하지 않다.

그림 18.13은 세잎매듭이 색칠가능하다는 것을 보여 준다(검정, 회색, 점선으로 우리의 세 가지 색을 표현하였다.). 그러나 작은 실험을 통해서 8자모양매듭은 색칠가능하지 않다는 것을 볼 수 있다. 그림 18.13의 오른쪽 예제에서, 정해진 룰에 따라 처음 세 가닥을 색칠하면 위쪽 가닥에 문제가 생긴다는 것을 알 수 있다. 이 가닥과 만나는 모든 교차점은 각각 이 가닥이 다른 색을 가지도록 요구한다. 즉, 어떤 색도 이 매듭을 바르게 색칠할 수 있는데 사용될 수 없는 것이다. 따라서 세잎매듭과 8자모양매듭은 서로 다른 매듭이다.

사각매듭이 색칠 가능하지만, 다섯닢매듭이나 생강맨매듭은 그렇지 않다라는 것을 증명하는 것은 독자에게 남기고자 한다. 이것은 사각매듭이 다섯닢매듭이나 생강맨매듭과는 다르다는 것을 의미하기도 한다.

소매듭성, 종수, 색칠가능성을 사용하여 우리가 다루고 있는 매듭의 예제들 중 다섯닢매듭과 생강맨매듭만을 제외하고는 모두 다 다르다는 것을 증명할 수 있게 되었다. 다섯닢매듭과 생강맨매듭은 둘 다 소매듭이고, 종수가 2이며, 색칠가능하지 않다. 이 두 매듭을 구분짓기 위해서는 **교차점개수**(crossing number)라고 하는 또 다른 매듭불변량을 소개해야만 한다.

매듭의 교차점 개수는 매듭의 모든 사영 중에서 가장 작은 교차점의 개수를 의미한다. 매듭 K의 교차점개수를 $c(K)$로 표현하도록 하겠다. 풀린매듭의 일반적인 사영은 교차점을 가지고 있지 않으므로 풀린매듭의 교차점개수는 0이다. 세잎매듭과 풀린매듭이 서로 다르다는 것은 알고 있다. 세잎매듭은 3개의 교차점을 가지고 있다. 교차점이 없거나, 한 개 혹은 두 개의 교차점이 있는 매듭은 모두 풀린매듭이다. 따라서 세잎매듭의 교차점 개수는 3이다.

| 표 18.1 | 주어진 교차점개수를 가진 소매듭의 개수

$c(K)$	3	4	5	6	7	8	9	10	11	12	13	14
매듭	1	1	2	3	7	21	49	165	552	2176	9988	46972

매듭은 종종 같은 교차점개수를 가진 매듭 끼리 묶인다. 작은 교차점개수를 가진 매듭들은 많은 다양성을 가지고 있지 않다. 표 18.1에서 볼 수 있듯이 세잎매듭은 크로싱

개수가 3인 유일한 매듭이고 (세잎매듭과 그것의 거울상은 같은 매듭으로 헤아린다) 6개 이하의 교차점을 가지는 소매듭은 오직 7개 밖에 없다. 교차점개수가 증가할수록 매듭의 다양성은 빠르게 증가한다.[8]

종수와 마찬가지로, 정확히 같은 이유로 교차점개수는 계산하기가 매우 어렵다. 매듭의 사영이 주어져 있으면 그것의 교차점을 헤아리는 것은 쉬운 일이다. 하지만 교차점개수가 더 작은 사영이 존재하지 않는다는 것을 보증할 수 없다. 만약 우리가 n개의 교차점을 가지는 매듭 K의 사영이 있으면 우리가 말할 수 있는 것은 $c(K) \leq n$ 일 뿐이다. 운이 좋게도, 종수와 마찬가지로 교대매듭에 대해서는 교차점개수를 쉽게 계산할 수 있다.

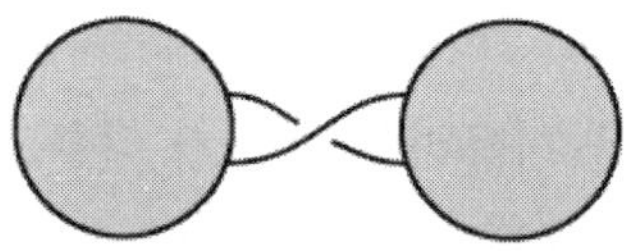

그림 18.14 본질적이지 않은 교차점

100년 전에 테이트는 매듭의 줄여진 교대사영이 가장 작은 교차점 개수를 나타낼 것이라는 것을 추측하였다. 여기서 "줄여졌다"는 것의 의미는 교차점을 헤아리기 전에 그림 18.14와 같은 본질적이지 않은 교차점들을 모두 제거하였다는 뜻이다. 이러한 교차점들은 한 매듭의 한 부분을 반만 꼬아서 없앨 수 있다. 이런 본질적이지 않는 교차점을 다 제거하고 나면 남아있는 교차점들의 개수가 최소가 될 것이라고 테이트는 추측했다. 테이트의 추측은 여러 해 동안 미해결 문제로 남아 있었다가 1980년대 중반에 이르러 루이스 카푸만(Louis Kauffman), 쿠니오 무라수기(Kunio Murasugi), 몰웬 티스틀레트와이테(Morwen Thistlethwaite)에 의해 독립적이지만 거의 동시에 증명이 되었다.[9]

매듭의 줄여진 교대사영은 가장 작은 교차점의 개수를 가진다.

이 정리는 우리가 교대매듭의 교차점개수를 편하게 계산할 수 있게 만들어 준다. 우리가 가지고 있는 세잎매듭, 8자모양매듭, 다섯닢매듭, 생강맨매듭의 사영은 이미 줄여져있는 교대사영이므로, 이 사영들로 자명하게 교차점개수를 결정할 수 있다. 각각 차례대로 3, 4, 5, 6 이다. 따라서 이 하나의 불변량만 가지고도 우리는 이 네 매듭이 모두 다르다고 결론지을 수 있다. 당연히 다섯닢매듭과 생강맨매듭도 서로 다르다.

교차점개수가 매듭의 곱하기와 어떤 관계가 있는지 질문하는 것은 가치가 있다. $c(K)$, $c(L)$, $c(K\#L)$사이에 좋은 관계가 있을까? 만약 K와 L이 모두 교대매듭이라면 $K\#L$도 교대매듭이다. 더욱이, K와 L의 줄여진 교대사영을 적절하게 잘 가지고 온다면 이 둘을 연결하여 얻어지는 $K\#L$의 사영도 줄여진 교대사영이 되도록 만들 수 있다(이것은 앞에서 사각매듭에 했던 것과는 다르다.). 따라서 이 특별한 경우에서 교차점개수는 서로 더해지는 성질이 있음을 알 수 있다.

> K와 L이 교대매듭이라면 $c(K\#L)=c(K)+c(L)$이 성립한다.

가령, $c(\text{사각매듭})=c(\text{세잎매듭})+c(\text{세잎매듭})=3+3=6$이다.

이 교차점개수의 더해지는 성질은 종수의 경우와 마찬가지로 모든 매듭에 대해서 성립할 수 있을까? 모든 매듭에 대해서 등호가 성립할 거라는 것은 매우 오래된 추측이다. 놀랍게도 아직 아무도 증명을 발견하거나 이 명제가 거짓이라는 예를 찾지 못하였다.

| 표 18.2 | 주요 매듭이 가지는 성질 요약

매듭	소매듭성	교차점개수	종수	색칠가능성
풀린매듭	no	0	0	yes
세잎매듭	yes	3	1	yes
8자모양매듭	yes	4	1	no
다섯닢매듭	yes	5	2	no
생강맨매듭	yes	6	2	no
사각매듭	no	6	2	yes

이번 장에서는 수많은 중요한 매듭불변량 중 몇 개만 소개하였다. 이러한 도구들로 우리는 이 장의 도입부에서 소개한 여섯 개의 매듭을 서로 구별할 수 있게 되었다. 우리가 발견한 것들은 표 18.2에 요약되어 있다.

그림 18.15 생강맨매듭과 63매듭은 서로 같을까?

이런 도구들은 우리의 매듭 분류 작업에 도움을 주지만 사실 딱 이 정도의 분류만 가능하게 한다. 그림 18.15에 있는 두 개의 사영은 생강맨매듭과 63매듭이라고 불리는 두 개의 서로 다른 매듭의 사영이다. 하지만 우리의 불변량들은 이 두 매듭이 서로 다르다고 얘기해 주지 못한다. 이 둘 모두 소매듭이고, 6개의 교차점개수를 가지고 있으며, 교대매듭이고, 색칠가능하지 않고, 종수가 2이다. 우리는 이 둘을 구별하기 위해서 더 많은 도구가 필요하다.

또한 두 매듭이 서로 같은 매듭이라는 것을 보여주는 어떠한 기술도 소개하지 않았다. 이 장은 오직 두 개의 사영이 서로 다른 사영이라는 것을 보이는 것에만 전념하였다. 우리는 독자에게 이 재미있는 매듭이론을 다루고 있는 책을 더 읽어보기를 권한다.

수학자들과 과학자들은 양방향으로 주고받는 관계를 가지고 있다. 정확하게 말한다면 이 들은 서로 협력하면서 일한다고 생각할 수 있다. 과학자는 수학자에게 풀어야할 문제를 주고, 수학자는 과학자가 유용하게 사용할 수 있는 이론을 창조해 낸다.

켈빈의 소용돌이 원자모델이 매듭이론의 탄생에 영감을 주었듯이, 이따금 과학자의 필요에 의해 새로운 수학의 창조에 박차가 가해질 때가 있다. 하지만 수학자는 과학의 하수인이 되는 것에는 흥미가 없다. 심지어 어떤 수학 이론 자체가 실험적인 응용에서 탄생한 경우라 할지라도, 이 이론은 금방 자기만의 삶을 가지고, 자기만의 고유 성질을 위해 발전한다. 이론적인 수학자는 어떤 이론의 응용보다 그 이론이 가지는 아름다움, 진실, 우아함, 웅대함에 훨씬 더 많은 흥미를 느끼는 고집쟁이이다.

켈빈의 원자모델이 틀렸다고 입증되었을 때, 과학자들은 매듭에 흥미를 잃어버렸지만 수학자들은 그것에 대한 연구를 지속하였다. 매듭이론은 순수 수학의 한 영역으로서 자기 자신만의 생명을 얻었다. 20세기 전반에 걸쳐 매듭이론은 수학자만의 전유물이 되었다. 매듭이론은 수학의 다른 분야에는 많은 응용을 주는 활기찬 연구 영역이었지만 과학에는 그러지 못했다.

그러나 수학이 가장 추상적이고 이론적인 분야라고 과학적인 유용성이 없는 것만은 아니다. 응용이 가능한 수학은 종종 결정적으로 응용이 불가능한 영역에서 탄생하는 경우가 있다. 특정 이론의 유용성이라는 것은 오랫동안 명확하지 않을 수 있기 때문이다. 그 누구도 소수에 대한 연구가 훗날 신용카드 정보의 암호화에 쓰여 인터넷으로 안전하게 통신 할 수 있게 만들 것이라고 예견하지 못했다. 19세기 수학자들은 그 어느 누구도 그들의 비유클리드 기하에 대한 연구가 훗날 아인슈타인의 상대성이론의 기초를 제공하게 될지 알지 못했다.

20세기 후반으로 향하면서 매듭이론의 유용성이 자연과학에서 다시 나타나기 시작했다. 물리학자, 생물학자, 화학자들은 매듭에 대한 수학적 이론이 그들 영역에 새로운 통찰을 준다는 것을 발견했다. DNA에 대한 연구나 고분자, 자기장선, 양자장론, 혹은 통계역학 등에서 매듭이론은 현재 중요한 역할을 하고 있다.

수학자는 도구를 만들고 파는 가게에서 일한다. 가끔씩 과학 분야의 고객으로부터 특별한 주문을 받기도 하지만, 대부분의 시간은 어떻게 쓰일지 모르는 우아한 도구를 만들기 위해 고군분투 한다. 과학자는 이런 도구 가게에 방문하여, 선반위에 쳐 박아둔 도구 중 하나가 그들의 필요에 딱 맞아 떨어지길 희망하는 마음으로 여기저기 구경한다. 이 가게의 매듭이론이라는 창고는 오랫동안 과학자들에게 외면 받아 왔지만 지금은 활기차게 분주하다. 다음 장에서는 우리가 위상수학의 아이디어들과 오일러 지표가 어떻게 합쳐지는지를 살펴볼 것이다. 이것은 과학자들이 기대하지 못했던 또 다른 유용한 도구가 된다.

CHAPTER

19 코코넛의 털을 빗질하기

무질서를 붉게 하라!
구름 모양을 만들 어라!
나는 모양이 생기길 기다린다.

– 로버트 프로스트(Robert Frost)의 시 "Pertinax" 중에서

많은 과학자는 어떤 대상의 움직임이나 상황을 예측하는 도구로서 수학을 사용하고 있다. 과학자들은 그들이 가지고 있는 모델 내부의 여러 양들의 상호작용을 설명하기 위해서 방정식이나 연립방정식을 사용한다. 이러한 식은 의미 있는 결과를 도출하기 위해 사용된다.

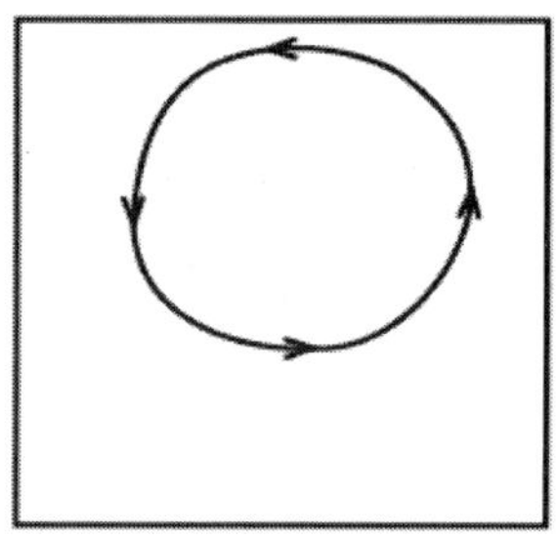

그림 19.1 포식자 – 피식자 모델

많은 경우 이때 사용되는 수학적 모델은 **미분방정식**(differential equation)이다. 미분방정식은 다양한 양들이 상호적으로 변화하는 비율을 묘사한다. 예를 들어 생태학자는 야생에서 살고 있는 토끼와 여우 개체 수가 포식자–피식자 관계(predator–prey relationship)에 따라 변화되는 모델을 설며하기 위하여 연립 미분방정식을 사용한다. 토끼의 수가 많아지면 여우는 풍부한 먹이 공급을 받을 수 있다. 따라서 여우의 개체수는 증가할 것이고, 이 여우가 토끼를 잡아먹음으로써 토끼의 수는 감소할 것이다. 이 결과로 다시 여우의 먹이 공급이 줄어들 것이고, 이것은 여우의 개체수 감소의 원인이 된다. 이것은 다시 토끼가 번영할 수 있게끔 한다. 그림 19.1에서 이 순환적인 변화를 시각적으로

묘사한 것을 볼 수 있다.

미분방정식은 변수들과 그들의 변화율에 관한 대수적인 관계식으로 표현된다. 미분방정식의 해(solution)에 의해 주어진 초기 조건 하에서 이 계의 미래 움직임을 정확히 예측하는 것이 가능하다. 다른 말로 하면, 만약 우리가 토끼와 여우가 지금 이 순간 어떤 특정 장소에 정확히 몇 마리 살고 있는지를 알고 있다면, 지금으로부터 일 년 뒤 토끼와 여우가 각각 몇 마리나 살고 있을지 예측할 수 있다. 그림 19.1의 곡선은 **해곡선**(solution curve)을 도식적으로 나타낸 것이다. 그림에서 화살표가 의미 하는 것은 시간이 흐르는 방향이다. 이 곡선이 그려진 곳은 **페이즈공간**(phase space)에 그려져 있다. 페이즈공간은 변수들이 가질 수 있는 모든 가능한 값을 표현해 놓은 위상적 공간이다. 토끼와 여우의 개체수 예제에서, 토끼와 여우의 개체수는 음의 값을 가질 수 없으므로 이 경우의 페이즈공간은 평면의 제1사분면이 된다. 보다 복잡한 경우에서는 페이즈공간이 보다 복잡한 위상공간이 될 수 있다.

가끔씩은 미분방정식의 특정한 해를 찾는 것이 과학자에게 충분하지 않을 때도 있다. 때로는 질적인 결론을 이끌어 내는 것이 더 중요하다. 가령, 앞의 토끼-여우의 예를 생각해 보자. 주어진 계가 평형을 이루는가? 즉 토끼와 여우, 두 종 모두 출생률과 사망률이 같아지는가? 한 종 혹은 두 종 모두 멸종하는 결과를 이끄는 초기 조건이 존재하는가? 혹은 인구 폭증이 일어나는가? 두 종의 인구가 실제로 순환적으로 변화하게 될 것인가? 아니면 매우 무질서 하게 변화하게 될 것인가? 미적분학을 사용하여 관련된 미분방정식을 풀 수 있다고 하더라도 위와 같은 중요한 "전체적"인 질문에 대답하기는 아마도 쉽지 않을 것이다.

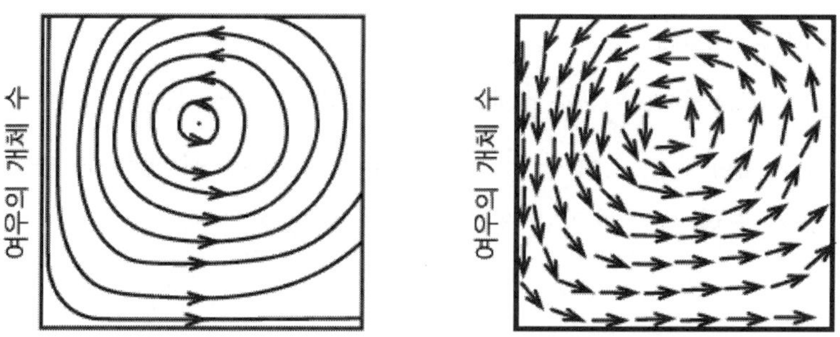

그림 19.2 포식자-피식자 모델의 연관플로우와 벡터장

연립미분방정식의 해를 더 잘 이해하기 위해서, 이 해를 기하학적인 방법으로 표현하여 보다 시각적으로 받아들이는 것이 도움이 될 것이다. 일반적인 두 가지 방법은 **플로우**(flow)나 벡터장(vector field)을 페이즈공간에 만드는 것이다. **연속동역학계**(continous dynamical system)로도 알려져 있는 플로우는 페이즈 공간의 각 점과 그 점이 움직이는 궤도와 관련이 있다. 이 궤도는 간단히 말해서 미분방정식의 해곡선을 의미한다. 포식자-피식자 모델이 가지는 여러 개의 플로우선을 그림 19.2에서 볼 수 있다. 이 그림은 평형을 이루지 않는 초기 인구 조건에 대해서는 인구 증가와 감소가 순환적으로 일어난다는 것을 보여준다.

미분방정식을 대수적으로 표현하거나 플로우로 표현하는 것 대신에, 벡터장의 개념들을 활용하여 이 관계를 묘사할 수도 있다. 온도, 시간, 밝기, 질량 등과 같이 어떤 수량 하나로 설명할 수 있는 **스칼라**(scalar)양과는 대조적으로, **벡터**(vector)는 수량과 방향을 모두 가지고 있는 양이다. 물리에서는 벡터를 사용하여 속도를 묘사한다. 벡터의 화살표는 움직이고 있는 방향을 향하고, 벡터의 수량은 그 물체가 움직이는 속력을 나타낸다. 물론 다른 예를 제공할 수도 있지만, 속도가 아마도 가장 직관적인 예일 것이다. 사실 우리가 어떤 입자의 움직임을 플로우로 생각한다면 벡터장의 벡터는 그 페이즈공간속에서 입자에 대한 속도 벡터가 된다.

그림 19.2에서 우리는 한 개의 평형점을 볼 수 있다. 이 점은 여우와 토끼의 수가 시간이 흐름에 따라 변하지 않고 그대로 남아 있는 점이다. 이 평형점에서의 벡터는 크기가 0이어야 하고, 그래서 이 벡터장은 이 점에서 제로(zero)를 가진다. 같은 의미를 가지는 표현으로 플로우는 여기에서 **고정점**(fixed point) 혹은 **휴식점**(rest point)를 가진다고 한다. 벡터장에서의 제로들은 어떤 계의 평형점을 표현하기 때문에 일반적으로 매우 중요한 의미를 가진다.

지금부터는 곡면위에서의 벡터장에 대한 조사에 초점을 두고, 이 벡터장이 나오게 된 미분방정식에 대해서는 전혀 관심을 두지 않을 것이다. 우리의 주 목적은 벡터장에서의 제로들과 곡면의 위상과의 관계를 이해하는 것이다.

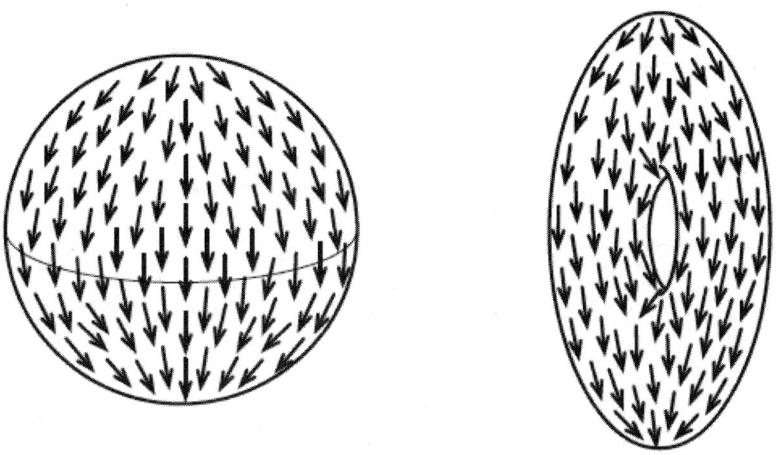

그림 19.3 구면과 토러스 위의 기울기벡터장

곡면위에서 벡터장을 얻는 가장 쉬운 방법 중 하나는 곡면을 3차원 공간에 두고, 벡터들을 "아래쪽으로 향하게"하고, 더 가파르게 내려가는 부분은 더 긴 벡터를 지정하는 것이다. 이러한 벡터장을 **기울기벡터장**(gradient vector field)라고 부른다. 그림 19.3에서 구면과 토러스의 기울기벡터장을 볼 수 있다. 이 벡터장과 관련된 플로우를 생각하는 한 방법은 이 곡면위에 당밀이 칠해져 있다고 생각하는 것이다. 플로우 선은 간단히 말해서 이 끈적이는 시럽이 곡면의 아래로 질금질금 흘러내리는 경로라고 할 수 있다.

그림 19.3에서 볼 수 있듯이, 구면과 토러스의 기울기벡터장은 제로를 가지고 있다. 구면은 북극과 남극에 해당하는 점에서 각각 제로를 가지므로 모두 두 개의 제로가 있고, 토러스는 토러스의 맨 위와 맨 아래, 그리고 구멍 부분의 맨 위와 아래의 점에서 제로를 가지므로 모두 네 개의 제로가 있다. 그렇다면 구면 위의 모든 벡터장은 제로를 가져야만 할까? 토러스 위의 모든 벡터장은 반드시 제로를 가져야 할까? 만약 어떤 곡면 S위에서의 대답을 항상 "그렇다"라고 할 수 있으면 이는 매우 강력한 결과일 것이다. 이것은 어떤 계의 페이즈공간이 곡면 S가 된다면 반드시 평형점을 가지고 있다는 것을 의미하기 때문이다.

이 질문들에 대한 부분적인 대답으로 **푸앵카레-호프 정리**(Poincaré–Hopf theorem)로 불리는 아름다운 정리가 있다. 이 정리는 벡터장의 제로들과 오일러 지표의 놀라운 관계를 설립하는 것이다. 이 정리를 이해하기 위해서 우리는 벡터장의 제로에 좀 더 가까이 다가갈 필요가 있다.

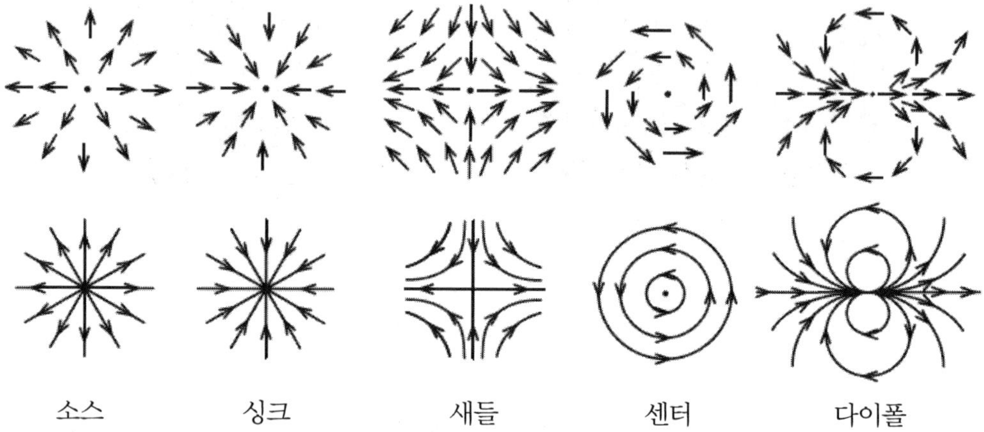

그림 19.4 제로 근처의 벡터장과 관련된 플로우들

모든 제로들이 다 같은 것은 아니다. 그림 19.4에서 우리는 다섯 가지 서로 다른 종류의 제로와 관련된 플로우의 고정점을 볼 수 있다. 각 제로 근방의 움직임은 모두 매우 다르다. 소스(source)는 근처에 있는 점들을 다 쫓아내고, 싱크(sink)는 다 끌어들이며, 새들(saddle)은 쫓아내기도 하고 끌어들이기도 한다. 센터(center) 근방의 모든 점들은 고정점 근처를 빙글빙글 돌고, 다이폴(dipole) 근처의 모든 점들은 멀어졌다가 다시 돌아오는 것을 반복한다(막대자석 근처의 자기장 선과 닮았다.).

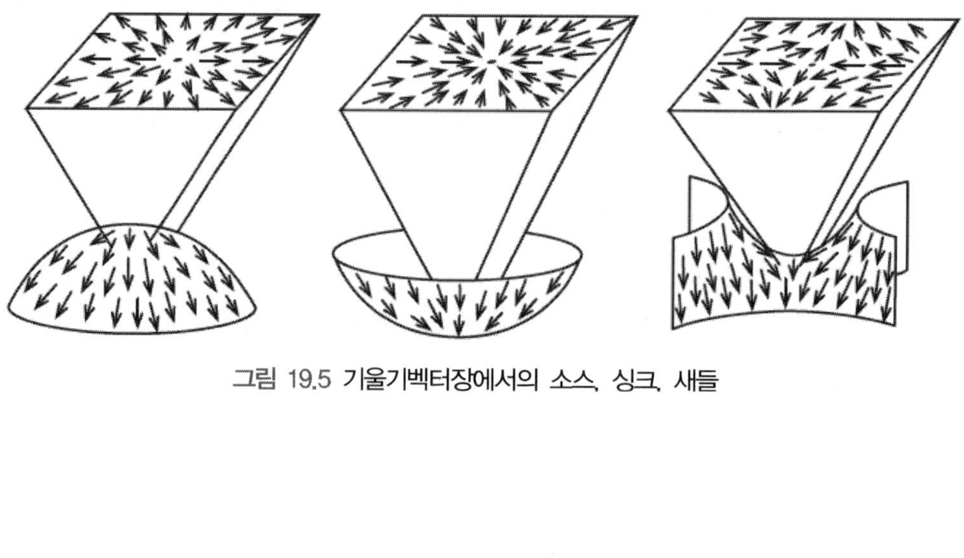

그림 19.5 기울기벡터장에서의 소스, 싱크, 새들

소스, 싱크, 새들은 종종 기울기벡터장의 제로로서 등장한다. 그림 19.5에서 소스는 뒤집어진 그릇의 정상에서 나타나는 것을 볼 수 있고, 싱크는 그릇의 바닥에서, 새들은 말안장모양(saddle-shaped)의 곡면의 중앙에서 나타난다는 것을 볼 수 있다. 그림 19.3에서 구면의 기울기벡터장은 한 개의 소스와 한 개의 싱크를 가지고 있고, 토러스의 기울기벡터장은 한 개의 소스, 한 개의 싱크, 그리고 두 개의 새들을 가지고 있다는 것을 주목하자.

우리의 직관은 싱크, 새들, 소스는 어쨌든 구별이 된다는 것과 함께 각 타입의 제로의 수를 통제하는 규칙이 반드시 있을 거라는 것을 말해준다. 우리가 앞서 보았던 기울기-플로우의 예에서 구면은 두 개의 제로를 가지는 벡터장을 가질 수는 있지만, 구면위의 벡터장이 한 개의 싱크와 한 개의 새들을 가진다는 것은 상상하기는 어렵다. 이렇게 제로를 구별하는데 필요한 핵심 아이디어가 바로 **인덱스**(index)이다.

제로의 인덱스는 다음과 같이 계산할 수 있다. 먼저 제로 근처에 작은 원을 그린다. 이때 원은 반드시 다음 두 조건을 모두 만족시켜야 한다. (1) 원 안에는 정확히 한 개의 제로만 있어야 하고, (2) 이것은 반드시 원판의 경계여야 한다. 예를 들어, 토러스 위에 있는 원은 튜브나 가운데 구멍을 감싸고 있으면 안 된다. 이제 가상의 다이얼을 원의 어떤 점에 놓아보자. 다이얼의 표시된 부분은 반드시 벡터장과 같은 방향을 가리키고 있어야 한다(만약 벡터장이 자기장의 방향을 표현하고 있는 것이라면 우리는 나침반을 다이얼로 사용할 수 있을 것이다.). 이제 이 다이얼을 원을 따라 이동시키면, 다이얼의 표시된 부분도 함께 돌아갈 것이다. 다이얼을 원을 따라 반시계 방향으로 정확히 한 바퀴 이동시키자. 그 동안 다이얼의 표시된 부분이 반시계방향으로 한 바퀴 돌때마다 인덱스를 1 증가 시키고, 시계 방향으로 한 바퀴 돌때마다 인덱스를 1씩 줄이자. 인덱스는 종종 제로에서의 벡터장의 **회전수**(winding number)라고 불리기도 한다.

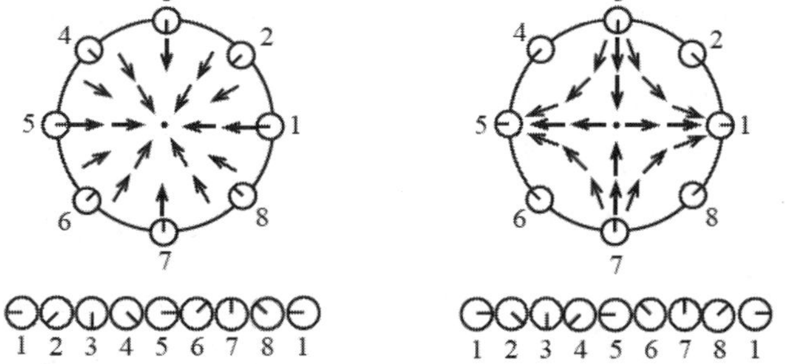

그림 19.6 싱크의 인덱스는 1이고 새들의 인덱스는 −1이다.

그림 19.6의 싱크를 생각하자. 원을 따라 가면서 여덟 군데에서 다이얼을 관찰해 보면, 다이얼이 원을 따라 반시계 방향으로 한 바퀴 도는 동안 다이얼의 손잡이 또한, 반시계 방향으로 한 바퀴 돌게 된다. 따라서 싱크의 인덱스는 1이다. 새들의 경우, 다이얼이 제로 주변의 원을 따라 반시계 방향으로 한 바퀴 돌게 되면, 다이얼의 표시된 부분은 시계 방향으로 한 바퀴 돌게 된다. 따라서 새들의 인덱스는 −1이다. 이것과 비슷한 방법으로, 우리는 19.4에 표시된 제로들의 인덱스를 계산할 수 있다. 다이폴의 인덱스가 2인 것에 반하여 싱크와 센터의 인덱스는 1이다.

그림 19.7 새들의 인덱스는 $2(-1)+1=-1$이고 싱크의 인덱스는 $6(-1)+7(1)=1$이다.

이제 벡터장의 제로의 인덱스를 계산하는 두 번째 방법을 살펴보자. 이 방법은 나중에 매우 유용해 질 것이다. 먼저 제로를 다각형 모양의 면 내부에 집어 넣는다고 가정하자. 이 다각형 면은 휘어진 변을 가질 수도 있다. 어떠한 다각형이라도 약간의 조건만 만족한다면 자유롭게 고를 수 있다. 전과 마찬가지로, 제로가 다각형 내부의 유일한 제로이어야 하고 다각형은 어떤 원판의 경계가 될 수 있도록 다각형을 골라야 한다. 여기에 더해서, 다각의 한 변 위에 있는 점들에 놓여 있는 모든 벡터는 모두 도형의 내부를 향하든지, 아니면 모두 외부를 향해 있어야 한다. 벡터가 변을 향하지도 말아야 한다(자명한 사실은 아니지만, 이러한 다각형은 항상 존재한다는 것이 알려져 있다.). 그림 19.7에서 우리는 새들이 사각형 내부에 있는 것을 볼 수 있고 싱크는 육각형 위에 있는 것을 볼 수 있다. 각 다각형의 같은 변위에 있는 모든 벡터들은 내부만을 향하거나 외부만을 향한다.

이제 모든 변과 꼭짓점 중에서 벡터장에 있는 벡터들이 도형의 내부를 향하는 것만 골라낸다. 이렇게 골라진 변에는 -1이라는 수를 각각 부여하고, 이렇게 골라진 꼭짓점에는 1이란 수를 각각 부여한다. 마지막으로 다각형의 내부에도 1이란 숫자를 부여한다. 결론적으로 이렇게 부여된 모든 수의 합이 바로 제로의 인덱스이다. 그림 19.7에서 이 사실이 새들과 싱크에 대해서 성립한다는 것을 볼 수 있다.

이제 우리는 푸앵카레-호프 정리를 서술할 수 있게 되었다. 이 정리는 우리에게 벡터장이 제로를 가지는지, 혹은 동치적으로 플로우가 고정점을 가지는지 여부를 판단할 수 있는 위상적인 방법을 제공한다. 이 정리는 또한 특정한 곡면 위에서 각 타입에 해당하는 제로의 상대적인 개수에 대한 통찰을 제공한다.

푸앵카레-호프 정리(Poincaré-Hopf Theorem)

닫힌곡면 S위의 유한한 개수의 제로를 가진 어떤 벡터장에 대해서도, 모든 제로의 인덱스의 합은 S의 오일러지표 $\chi(S)$와 같다.

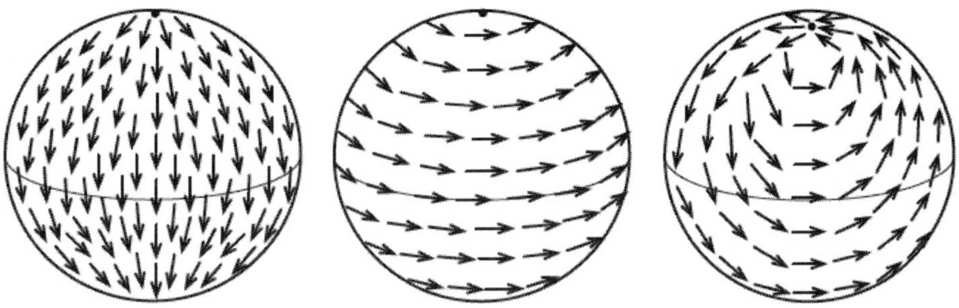

그림 19.8 구면 위의 세 종류의 벡터장

이 정리를 증명하기 전에, 몇 개의 예제를 먼저 살펴보고자 한다. 그림 19.8에서 구면위의 주어진 세 종류의 벡터장을 볼 수 있다. 첫 번째는 기울기벡터장으로 한 개의 싱크와 한 개의 소스를 가지고 있다. 각각은 인덱스가 1이다. 두 번째는 인덱스가 1인

두 개의 센터를 가지고 있고, 세 번째는 인덱스가 2인 한 개의 다이폴을 가지고 있다. 세 경우 모두 다 인덱스의 합은 2이고, 이 값은 구면의 오일러 지표와 같다.

그림 19.3에서 한 개의 소스, 두 개의 새들, 한 개의 싱크 등 모두 네 개의 제로를 가지고 있는 토러스 위의 기울기벡터장을 보았다. 모든 제로의 인덱스의 합은 $1+2(-1)+1=0$이고, 이 값은 토러스의 오일러지표와 같다.

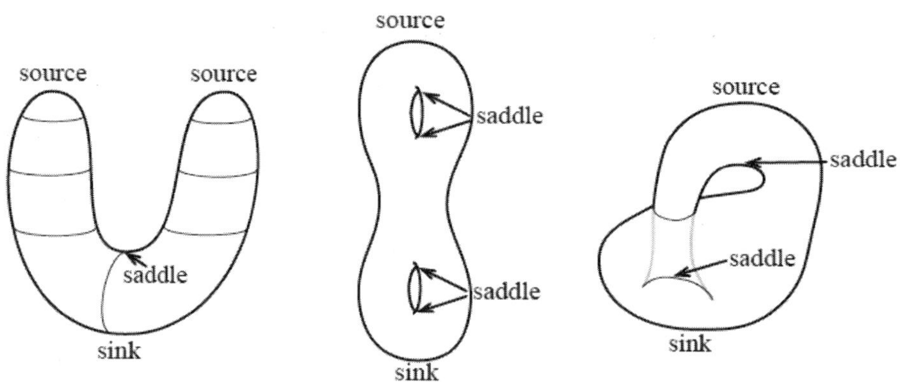

그림 19.9 구면, 이중토러스, 클라인병의 오일러지표는 차례대로 2, −2, 0이다.

이를 이용하면 기울기벡터장은 곡면 위에 꼭짓점, 변, 면을 그리지 않고도 그 곡면의 오일러지표를 계산할 수 있다. 그림 19.9에서 U모양으로 휘어진 구면을 살펴보자. 이 곡면의 기울기벡터장은 한 개의 새들, 한 개의 싱크를 가지고 있다. 따라서 모든 인덱스의 합은 $2(1)+1(-1)+1(1)=2$이다. 이중토러스는 한 개의 소스, 네 개의 새들, 한 개의 싱크를 가지고 있으므로 χ(이중토러스)$=1+4(-1)+1=-2$이다. 클라인병은 한 개의 소스, 두 개의 새들, 한 개의 싱크를 가지고 있으므로 χ(클라인병)$=1+2(-1)+1=0$이다. 이 상황을 정리하면 다음과 같다.

> 어떤 곡면 S 위의 기울기벡터장의 제로가 소스, 새들, 싱크로만 이루어져 있으면, $\chi(S)=$(소스의 개수)$-$(새들의 개수)$+$(싱크의 개수)이다.

푸앵카레-호프 정리는 만약 곡면 위의 벡터장이 유한개의 제로를 가지고 있다면 그 제로들의 인덱스의 합이 오일러지표가 된다는 것이다. 이것으로부터 만약 벡터장이 제로를 가지고 있지 않다면 곡면의 오일러지표는 반드시 0이어야 한다는 결론을 내릴 수 있다. 따라서 0이 아닌 오일러지표를 가지는 곡면이라면 그 위의 어떤 벡터장이라도 반드시 최소 한 개의 제로는 가지고 있어야 한다! 구면의 오일러지표는 2이다. 따라서 구면 위의 모든 벡터장은 반드시 제로를 가져야 한다. "베르투스" 브라우어르 (L. E. J. "Bertus" Brouwer, 1881~1966)에 의해 1911년에 처음으로 증명된 이 유명한 정리는 기억하기 쉬운 이름인 **털 달린 공 정리**(the hairy ball theorem)이라고 불린다. 이런 이름이 붙은 이유는, 만약 우리가 테니스공이나 고슴도치와 같이 털이 달린 공 모양을 생각해 보면 일어선 머리카락(cowlick)을 만들지 않고서는 완전히 빗질하는 게 불가능하기 때문이다. 또한 이렇게 표현할 수도 있을 것이다. "당신은 코코넛 열매 위의 털을 모두 빗질할 수 없을거에요."

털 달린 공 정리(Hairy Ball Theorem)

구면위의 모든 벡터장은 제로를 가진다.

그림 19.10 지구의 곡면위에 있는 바람벡터들

이 정리로부터, 이 책의 서두에 언급된 결론을 이끌어 낼 수 있다. 지구 위에는 어느 순간에도 바람이 불지 않는 위치가 항상 존재한다. 만약 지구를 구면으로 본다면, 바람이 부는 것은 벡터장이라고 간주할 수 있다. 털 달린 공 정리에 의해서 지구 위의 벡터장에는 벡터가 제로가 되는 지점이 있어야만 한다. 그림 19.10에서 보이는 예제에서는 남미대륙 연안에 있는 사이클론의 중심에서 바람이 불지 않는 점을 가지고 있다(사실, 이 제로의 인덱스가 1이기 때문에 지구의 반대쪽 면에 최소한 한 군데 이상의 바람이 불지 않는 지점이 더 있어야만 한다.).

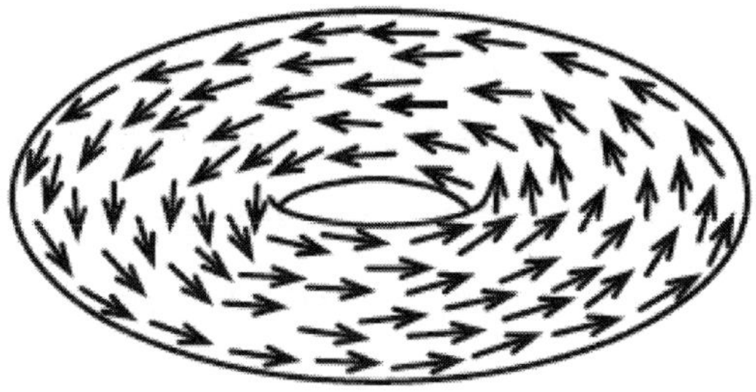

그림 19.11 토러스 위의 제로가 없는 벡터장

토러스의 경우 오일러지표가 0이기 때문에 푸앵카레-호프 정리는 토러스 위의 모든 벡터장이 제로를 가진다는 것을 보장해 주지 않는다. 사실, 그림 19.11에서 우리는 토러스 위에 제로가 없는 벡터장의 경우를 볼 수 있다.

털 달린 공 정리는 "존재성 정리"의 일종이다. 존재성 정리는 이론적인 수학 어디에서든 볼 수 있다. 이들은 매우 강력함과 동시에 좌절감을 낳을 정도로 불명확하다. 어떤 간단한 가정(구면 위의 벡터장)이 주어졌을 때, 어떤 대상(제로 벡터)의 존재성을 확신하는 주장을 할 수 있다. 그러나 대부분의 경우 존재성 정리의 명제나 증명 어디에서도 그러한 대상을 찾는 방법을 가르쳐 주지 않는다. 우리는 그저 그림 19.10에서 지구의 반대쪽 면 어딘가에 바람이 불지 않는 위치가 있다는 것은 알지만, 그 위치가 어디인지는 알 수 없을 뿐 아니라 더욱이 한 개가 있을지 아니면 더 많이 있을지도 알 수 없다. 이것은 마치 어린이가 잘못 놓아둔 테디베어를 아이가 잠자는 시간에 찾는 것과 닮았다. 당신은 이 곰인형이 집안 어딘가 존재하는 것은 알고 있다. 이것은 침대 밑, 찬장, 혹은 전자렌지 등 집안 어디에도 있을 수 있다. 이러한 대상을 정확히 찾아내기 위해서는 더 많은 기술을 갖추어야 하지만, 가끔씩은 이러한 대상의 존재성만으로도 당면한 목적을 위해 충분할 수 있다.

푸앵카레-호프 정리는 이 정리를 발전 시키는 데 가장 공헌한 두 수학자의 이름을 따랐다. 이 두 수학자는 이 정리 외의 다른 분야에서도 중요한 공헌을 많이하였다.

그림 19.12 앙리 푸앵카레

앙리 푸앵카레(Henri Poincaré)는 1854년 프랑스 낭시에서 존경받는 중상류층 집안에서 태어났다(그의 사촌 레몽 푸앵카레(Raymond Poincaré)는 훗날 프랑스 공화국의 대통령이 된다.).

앙리의 수학적 재능은 일찍부터 드러났다. 그를 가르친 선생님 중 한명은 그를 가리켜 "수학 괴물"이라고 부르기도 했다. 푸앵카레는 이십대의 나이에 중요한 수학적 결과를 만들어 내기 시작했고, 겨우 33살의 나이에 프랑스 과학 아카데미(Académie des Sciences)의 회원으로 선출 되었다. 그는 (나쁜 의미의) 전형적인 수학 천재의 모습을 가지고 있었다. 세련되지 않았고, 시력은 나빴으며, 멍한 상태로 있을 때가 많았다. 하지만 탁월한 지능을 가지고 많은 추상적인 개념을 머릿속에 담아 둔 채로 절묘하게 다룰 수 있었다.

푸앵카레는 그의 시대에서의 탁월한 수학자로 인정받고 있다. 그는 마지막 위대한 만능 수학자이다. 오일러와 가우스 같이, 푸앵카레는 순수 수학, 응용 수학 할 것 없이 수학의 거의 모든 영역에서 전문가로 활동하였다. 그는 최신 결과 모두를 섭렵하는 탐욕스러운 공부벌레였다. 오일러와 마찬가지로, (하지만 가우스와는 다르게) 푸앵카레는 그의 연구 결과를 다방면으로 출판하였다. 거의 500여 편에 해당하는 논문과 함께 많은 책, 강의 노트를 저술하였다. 함수이론, 대수기하, 정수론, ODE와 PDE 등의 미분방정식이론, 천체역학, 동역학계, 그리고 당연하게도, 위상수학에 이르기까지 가지각색의 수학 영역에서 중요하고도 역사에 길이 남을 공헌을 세웠다. 푸앵카레는 이론 물리학에서도 많은 논문을 출판 하였다. 푸앵카레의 끊임없는 호기심은 그를 다양한 주제로 옮겨가게 만들었다. 그는 수학의 새롭게 시작되는 분야에 대한 연구에 착수하여 지울 수 없는 흔적을 남기고 난 뒤, 다음 분야로 넘어간다. 동시대에 수학자들은 푸앵카레를 "이주민이 아니라 정복자"라고 불렀다.

푸앵카레가 높은 수준의 수학적 결과를 만들어 낼 수 있었다는 것 뿐 아니라 비전문가들이 접할 수 있을 수준의 글쓰기에도 능했다는 사실은 주목할 만하다. 푸앵카레는 평범한 독자를 위한 과학과 수학에 대한 명료하고도 매력적인 글을 많이 저술하였다. 그의 글들은 널리 읽혔고 다양한 언어로 번역되었다.

푸앵카레의 전문성은 수학의 모든 영역으로 뻗어 나갔지만, 그의 경력 전반에 걸쳐 지속적으로 미분방정식에 대한 연구로 되돌아 왔다. 이 분야에서의 그의 성공은 매우 뿌리가 깊다. 수학자 장 디외도네(Jean Dieudonné, 1906~1992)는 "푸앵카레의 가장 비범한 결과는.... 미분방정식의 질적 이론(qualitative theory) 일 것입니다. 이 이론은 사실상 무에서 시작하여 창조자의 손에 의해 거의 순식간에 완성에 다다른 얼마 되지 않는 수학 이론의 예일 것"이라고 말했다. 바로 푸앵카레의 인덱스 공식의 발견이 바로 대표적인 예라고 할 수 있다.

푸앵카레의 첫 번째 공헌은 1881년에 완성되었다. 이 연구에서, 푸앵카레는 미분방정식을 가지고 구면 위의 벡터장을 만들어냈다. 그는 제로의 인덱스를 정의하고 모든 인덱스의 합이 2라는 것을 증명하였다. 물론, 이 합이 2가 된다는 것은 우연이 아니라 2라는 수가 구면의 오일러지표이기 때문이다. 푸앵카레는 이 관찰을 보다 정밀하게 다듬어, 1885년에 어떤 곡면 위에 주어진 벡터장의 모든 인덱스의 합이 그 곡면의 오일러지표와 같아진다는 것을 증명하였다. 이듬해에 푸앵카레는 n-차원 공간 위에 주어진 벡터장에서도 제로의 인덱스라는 것을 정의하고, n-차원 인덱스 정리의 아이디어에 대한 개략적인 계획을 세웠다. 이 프로그램을 수행하는데 따르는 어려운 점은 당시만 해도 위상적인 장치가 아직 존재하지 않았다는 점이다. 이러한 장치는 훗날 푸앵카레 본인이 만들어 낸다(23장 참조).

1911년 브라우어르는 푸앵카레의 인덱스 정리를 n-차원 구 S^n으로 확장했다. 우리는 평면 속의 단위원 S^1 $(x^2+y^2=1)$이나 3차원 공간 상의 단위구면 S^2 $(x^2+y^2+z^2=1)$에 친숙하다. 보다 일반적으로 S^n은 $(n+1)$차원 공간에서 원점과 거리가 1만큼 떨어진 점의 모임이다$(x_1^2+x_2^2+\cdots+x_{n+1}^2=1)$. 브라우어르는 S^n위에 주어진 어떠한 벡터장에 대해서도 제로의 인덱스 합이 n이 홀수일 때는 0, n이 짝수일 때는 2라는 것을 증명하였다. 22장, 23장에서 우리는 고차원 위상공간의 오일러지표에 대해서 논의할 것이다. 미리 얘기하자면, $\chi(S^n)$은 n이 홀수일 때는 0, n이 짝수일 때는 2이다.

그림 19.13 하인즈 호프

푸앵카레-호프정리의 두 번째 주요 공헌자는 하인즈 호프(Heinz Hopf, 1894~1971)이다. 호프는 독일의 브레슬라우(Breslau, 현재는 폴란드의 보르츠와프 지역이다)에서 태어났다. 호프가 만든 위상수학 연구는 20세기 수학에 깊은 영향을 끼쳤다. 호프의 제자 중 한 사람은 "호프는 어려운 문제를 정확한 직감을 가지고 고른고 난 뒤 이 문제가 성숙해 질 수 있도록 그저 가만히 놔둡니다. 그러다 갑자기 새로운 생각이나 방법을 보여주는 해답의 한 조각을 불쑥 제안하곤 합니다."고 서술하였다.

호프는 본인의 생애에서, 1917년, 제1차 세계대전에 참전했다가 돌아온 이후의 두 주를 그의 수학적 경력에 가장 중요한 순간으로 꼽았다. 호프는 브레슬라우 대학에서 브라우어르가 만든 위상수학의 정리를 소개하는 수학 교실에 앉아 있을 수 있었기 때문이다. 두 번의 상처를 입고, 칠십자 훈장을 받은 서부전선의 전투에서 돌아온 뒤, 호프는 브레슬라우 대학에서 다시 수학 공부를 시작하였다. 호프의 수학분야에서의 탁월한 업적은 그를 독일의 여러 대학과 미국의 프린스턴 대학, 그리고 스위스의 취리히공과대학(ETH)에서 일할 수 있게 만들어 주었다.

그가 스위스에 도착한 이후 2년 동안은 나치 세력이 독일을 장악하던 시기였다. 그는 신교도로 자랐지만, 그의 아버지는 유대인이었다. 프린스턴 대학의 솔로몬 렙세츠(Solomon Lefschetz)을 비롯한 여러 사람들은 호프의 안전을 위해 호프가 프린스턴 대학으로 돌아오기를 재촉하였다. 하지만 호프와 그의 부인은 스위스를 떠나는 것을 거절하였다. 대신에 독일에서 탈출한 피난민들을 돕기 위해 활동하였다. 마침내 독일 정부는 그가 독일로 돌아오지 않는다면 그의 시민권을 박탈한다고 협박하였다. 내키지는 않았지만, 호프는 독일 시민권을 포기하고 스위스 인이 되었다. 전쟁이 끝난 후, 호프는 스위스에 그대로 남은채, 독일의 수학을 재건할 수 있게 열심히 일했다.

호프의 수많은 위상수학에서의 업적 중에서, 초기의 업적은 벡터장의 위상에 관한 것이었다. 1925년 초, 호프는 푸앵카레의 인덱스 정리를 확장하는 일련의 논문들을 출판하였다. 우리는 푸앵카레-호프 정리를 오직 곡면에 대해서만 서술했지만, 사실 호프는 이 정리가 **다양체**(manifold)로 불리는 곡면의 일반화된 형태의 수학적 대상에 대해서도 적용할 수 있다는 사실을 증명하였다. 다양체에 대해서는 22장에서 더 많이 다룰 것이다.

비록 푸앵카레-호프 정리는 닫힌곡면에 대해서만 서술되지만, 수학자들은 이 정리를 여러 방향으로 일반화 하였다. 경계가 있는 곡면에 대한 훨씬 일반적인 내용이 알려져 있긴 하지만, 여기서는 다음과 같은 간단한 형태의 정리로 서술하고자 한다.

경계가 있는 곡면에 대한 푸앵카레-호프 정리

경계가 있는 곡면 S가 유한한 개수의 제로를 가진 벡터장을 가지고 있다고 가정하자. 만약 벡터장의 벡터들이 모든 경계 성분에서 안쪽으로 향하고 있다면, (혹은 모든 경계 성분에서 바깥쪽으로만 향하고 있다면) 모든 제로의 인덱스의 합은 곡면의 오일러 수 $\chi(S)$와 같다.

털 달린 공 정리는 우리의 머리카락에는 적용할 수 없다. 왜냐하면 머리카락이 우리 머리에서 덮고 있는 영역은 위상적으로 구와 같은 것이 아니라 원판과 같기 때문이다. 사실 머리를 "모두 뒤로 넘기거나(slicked-back)"나 "포니테일(머리카락을 후두부에서 하나로 묶고 머리끝을 망아지 꼬리처럼 늘어뜨린 형태, ponytail)" 스타일의 머리는 곧추선 머리카락이 없다. 그러나 "상고머리(crew cut)" 머리에서는 머리의 중심에서 자라는 머리카락의 뿌리를 볼 수 있다. 이 스타일에서의 머리카락은 머리 뒤쪽에서는 아래로 향하고, 측면에서는 귀 쪽으로 향하고, 앞쪽에서는 얼굴 쪽으로 향한다. 이 털로 만들어지는 벡터장은 모든 경계에서 바깥쪽으로만 향하고 있기 때문에, 이 벡터장의 제로의 인덱스의 합은 $\chi(\text{원판})=1$과 같다. 따라서 거기에는 반드시 곧추선 머리카락이 있어야만 한다. 저자의 어린 딸은 아직 복숭아의 잔털 같은 머리카락을 가지고 있지만, 세 개의 곧추선 머리를 가지고 있다. 두 개는 바깥쪽으로 향하는 스파이럴(각각의 인덱스는 1이다)과 그 둘 사이에 새들(인덱스 -1)을 하나 가지고 있다.

이제 경계가 없는 곡면에 대한 푸앵카레-호프 정리의 증명을 간결하게 소개하고자 한다(이 증명을 경계가 있는 곡면에 대한 증명으로 수정하는 것은 그리 어려운 일이 아니다.). 여기서 소개될 증명은 윌리엄 서스턴(William Thurston, 1946~2012)의 증명을 기본으로 한다.

먼저 곡면의 적절한 분할을 생각한다. 먼저 벡터장의 각 제로는 정확히 한 개의 다각형 모양의 면 내부에 들어간다. 이 면은 어떤 모양이든 가질 수 있지만, 즉 변의 개수 등은 중요하지 않지만 변 위에 있는 어떤 벡터들도 변과 평행하게 있지는 않아야 한다. 즉, 면의 경계 위에 있는 점에서의 벡터의 방향은 반드시 면의 내부 혹은 외부로 향해야 한다. 한편 각 변에 있는 벡터들은 모두 같은 방향을 향해야 한다.

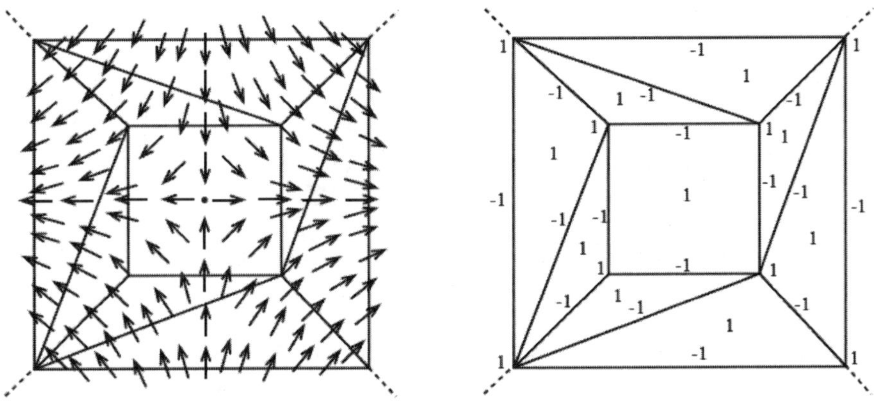

그림 19.14 각 면에 많아야 한 개의 제로를 가지는 곡면의 분할(좌)과 각 꼭짓점, 변, 면에 부여된 수

이제 우리는 벡터장의 모든 점을 둘러싸는 면을 가지고 있다. 곡면의 분할을 완성하기 위해 곡면의 나머지 부분을 삼각형으로 분할하자. 삼각형의 분할은 어떤 방식이든 상관없지만, 앞에서 다루었던 면들과 마찬가지로 각 삼각형의 경계에 있는 벡터들은 삼각형 내부나 외부로만 향하고 변과 평행한 것은 존재하지 않아야 한다. 또한 삼각형의 각 변에 있는 벡터들 역시 모두 같은 쪽을 향해 있어야 한다.(그림 19.14 참조)

이제 각 꼭짓점에 수 1을 부여하고, 각 변에는 수 −1, 면의 중심에는 수 1을 부여하자. 이 전체 곡면에 적혀 있는 모든 수를 다 더하면, 우리는 $V-E+F$, 즉 $\chi(S)$를 얻는다. 좀 더 명확하게, 각각의 변은 두 면과 만나고 있고 그 변 위에 있는 모든 벡터는 한쪽으로만 향해 있으므로, 변에 부여하는 -1이란 수는 그 변 위에 있는 벡터들이 향하는 면의 방향으로 부여하도록 하자. 비슷하게, 각각의 꼭짓점은 여러 면이 만나는 위치에 있지만 꼭짓점에 있는 벡터가 향하는 면은 하나 밖에 없다. 이 면에 수 1을 부여하자 (그림 19.14 참조).

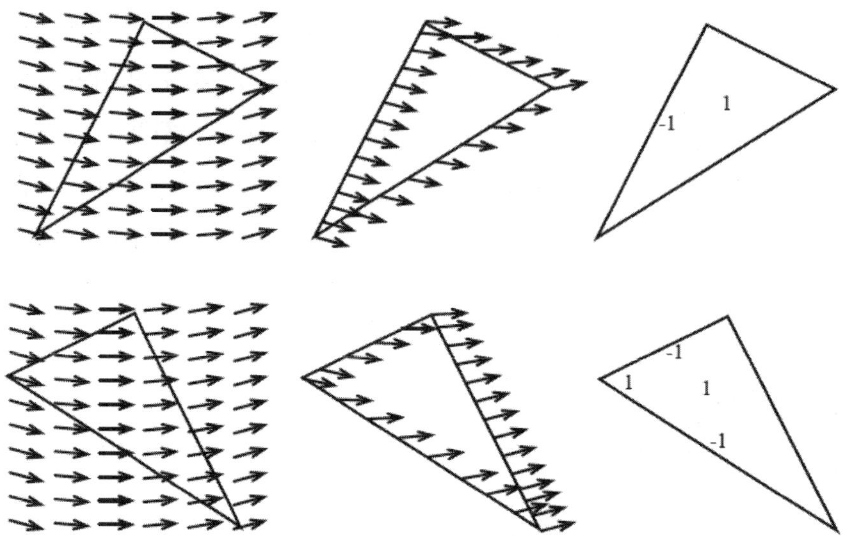

그림 19.15 제로를 포함하지 않는 삼각형들은 오일러지표에 영향을 끼치지 않는다.

먼저 벡터장의 제로를 포함하고 있지 않은 각 삼각형을 확인해보자. 그림 19.15에서 보다시피, 오직 두 가지 경우만 가능하다. 첫 번째 경우는 하나의 변 위의 모든 벡터는 삼각형 내부를 향하고 꼭짓점의 벡터는 모두 외부를 향하는 경우이다. 두 번째 경우는 두 변 과 그 두 변 사이의 꼭짓점 위에 있는 벡터들만 삼각형 내부로 향하는 경우이다. 각각의 경우에 대해서 1과 -1의 합은 0이다. 따라서 이 삼각형들은 오일러지표에 어떠한 영향도 끼치지 않는다.

한편, 제로를 포함한 다각형 모양의 면을 상기해보자. 이 경우는 정확히 인덱스를 계산하는 방법과 같다. 따라서 제로를 포함하는 각 면에 적혀 있는 숫자의 합은 그 면의 내부에 있는 제로의 인덱스만큼 공헌하게 된다. 따라서 푸앵카레-호프정리에서 주장하는 것과 같이, 모든 1과 -1의 합은 오일러지표와 같고, 동시에 제로들의 인덱스의 합과 같다.

앞에서 서술했듯이, 푸앵카레-호프 정리는 벡터장에 대한 정리이지만, 모든 벡터장은 플로우를 만들 때 쓰일 수 있으므로 이 정리는 연속동역학계에 대한 고정점정리로 해석될 수도 있다. 이 장의 남은 부분은 유명한 고정점정리를 소개하면서 마치도록 하겠다.

그림 19.16 점 y는 f의 고정점이지만 x는 고정점이 아니다.

곡면의 플로우는 입자들의 연속적인 움직임을 설명하기 위한 수학적인 방법이다. 이제 우리는 서로 연관 되어 있지만 분명히 다른 상황을 살펴보고자 한다. 어떤 곡면 S 위의 각 점이 흘러가는 것이 아니라 새로운 위치로 점프를 한다고 생각해보자. 수학적으로, 이러한 움직임은 정의역 S와 공역 S를 가지는 연속함수 f로 설명한다(여기서 연속이 의미하는 것은 근처에 있는 점들은 서로 근처의 위치로 점프하는 것으로 간단히 이해하자.). 한 점이 x의 위치에서 시작하여, 점프한 후 새로 도착한 위치를 $f(x)$라 하자. 플로우의 경우와 마찬가지로, 우리는 특별히 점프를 해도 움직이지 않는 점에 관심이 있다. 곡면 S의 점 y가 $f(y)=y$를 만족한다면, 점 y를 f의 **고정점**(fixed point)이라고 부른다(그림 19.16 참조).

아마도 가장 유명한 고정점정리는 **브라우어르 고정점정리**(Brouwer fixed point theorem)일 것이다. 이것은 n-구체(n-ball)에서 자기 자신으로 가는 연속함수에 적용된다. 기호 B^n으로 표현되는 n-구체는 n차원 공간에서 원점으로부터 거리가 1이하인 점의 모임, 즉 부등식 $x_1^2+x_2^2+\cdots+x_n^2+1 \le 1$을 만족하는 점의 모임이다. 혹은 간단히 B^n은 $n-1$차원 구 S^{n-1} 내부에 포함되는 점들의 모임이다. 브라우어르는 1909년에 B^3에 결과를 증명했고, 1912년에 $B^n(n>3)$에 대한 결과를 증명했다.

> **브라우어르 고정점정리(Brouwer Fixed Point Theorem)**
>
> 모든 B^n에서 자기 자신으로 가는 연속 함수는 고정점을 가진다.

이 인상적인 정리를 생각하기 위한 한 가지 방법이 있다. 먼저 $n=2$인 경우에 대해 생각해 보자. B^2는 평면에서 원판이고, 단위원인 S^1에 의해 둘러싸인다. 동그랗게 생긴 접시를 생각해 보라. 이제 최소한 이 접시만큼 큰 종이조각을 준비하여 이 접시를 완전히 덮자. 그리고 접시의 둘레를 따라 종이를 잘라서 접시와 크기를 똑같이 맞추자. 이제 종이를 다시 집어 들고 이것을 막 구긴 후에 뭉개서 납작하게 만든다(이때 종이가 찢어지지 않게 조심해야 한다.). 그리고 이걸 다시 접시 위에 올려둔다. 브라우어르 고정점 정리는 이때 종이의 어떤 부분은 정확히 원래 자기가 있던 위치에 그대로 있어야 한다는 것을 말해 준다. 같은 원리로 어떤 한 층짜리 쇼핑몰의 디자이너가 몰의 지도를 건물의 어떤 위치에 놓더라도 지도에 "당신의 위치는 여기입니다(you are here)"라고 하는 표시를 항상 할 수 있다.

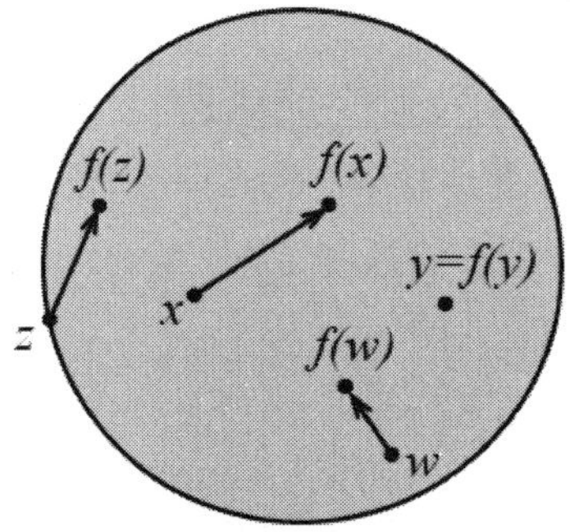

그림 19.17 B^2에서 자기 자신으로 가는 함수의 벡터장

이 정리의 증명은 경계가 있는 곡면에서의 푸앵카레-호프 정리로부터 쉽게 유도할 수 있다. 여기에서는 $n=2$인 경우를 생각할 텐데, 일반적으로 모든 n에 대해서도 똑같은 논리를 사용할 수 있다. 먼저 B^2에서 자기 자신으로 가는 함수 f를 생각하자. B^2 위의 벡터장을 다음과 같이 정의하자. B^2의 각 점 x에 대해 벡터의 꼬리는 x, 벡터의 뾰족한 부분은 $f(x)$인 벡터를 부여한다(그림 19.17 참조). B^2는 경계가 있는 곡면이고 경계에 있는 모든 벡터는 B^2의 안쪽을 향할 것이다. 따라서 우리는 푸앵카레-호프 정리를 적용할 수 있다. $\chi(B^2)=1\neq 0$이므로, 이 벡터장은 반드시 최소 한 개의 제로를 가져야 한다. 이 경우, 제로 벡터는 $f(y)=y$를 만족하는 점 y에 대응된다. 따라서 f는 반드시 최소 한 개의 고정점을 가져야 한다.

사실, 브라우어르 고정점정리는 B^n과 위상동형인 어떠한 모양에 대해서도 정확히 똑같은 방법으로 적용할 수 있다. 커피 잔 속의 커피는 B^3와 위상동형이다. 커피가 넘치지는 않게 하면서 커피를 격정적으로 휘저어 보자. 그렇다면 커피가 안정이 되고 난 뒤에, 브라우어르 고정점정리에 의해서 어떤 커피 분자는 처음 시작할 때와 정확히 똑같은 위치에 있다는 것을 알 수 있다.

이 장에서는 플로우나 함수의 고정점의 존재성과 같이 그 대상이 가지는 위상과는 얼핏 관계없이 보이는 현상이 그 대상의 오일러지표로 간단히 측정되는 것을 관찰하였다. 이어지는 두 개의 장에서는, 어떤 모양의 위상이 특정 대상 전체의 기하학적인 성질을 결정할 수도 있다는 것을 다룰 것이다.

CHAPTER

20 위상이 기하를 조종할 때

★ 남는 문제는 여사한 결과의 원인을 아니, 여사한 결함의 원인을 알아내는 일이잖습니까.
글쎄, 여사한 결함적 결과에는 반드시 원인이 있기 마련이거든요.

– 윌리엄 세익스피어(William Shakespeare), 햄릿(Hamlet)중에서

이 책에서는 지금까지 기하학에서 요구하는 견고성에 대한 제한에서 다소 벗어나 위상수학이라는 훨씬 유동적인 환경에서 수학적 대상을 다루어 왔다. 이 장과 다음 장에서는 잠깐 원래의 기하학으로 다시 돌아가고자 한다. 이 두 장에서는 고무가 아닌 단단한 강철로 만들어진 다각형, 다면체, 곡선, 곡면을 다룬다. 그러나 이러한 기하학적인 대상도 여전히 위상적인 관점에서 바라볼 수 있다. 다각형과 곡선은 원과 위상동형이고, 다면체와 곡면은 구면 혹은 g-구멍 토러스와 위상동형이다.

지금부터 어떤 모양이 가지는 위상과 기하 사이의 놀라운 관계를 보여주는 일련의 정리를 소개하고자 한다. 이러한 정리들은 오일러지표가 어떤 대상의 특정한 기하학적인 성질을 예견하는데 어떻게 쓰일 수 있는지 보여 준다. 우리의 궁극적인 목표는 세 개의 정리를 소개하는 것이다. 이 장에서는 다면체에 대한 데카르트 공식(Descartes' formula), 곡면에 대한 각잉여정리(angle excess theorem)를 소개하고, 다음 장에서는 곡면에 대한 가우스–보네 정리(Gauss–Bonnet theorem)를 소개할 것이다. 이 세 정리는 각이나 곡률과 같은 특정한 기하학적 성질이 오일러지표에 의해 결정되는 위상에 의해 완전히 정해진다는 것을 보여준다. 우리는 이런 관점에서 위상이 기하를 어떻게 조종할 수 있는지 보게 될 것이다.

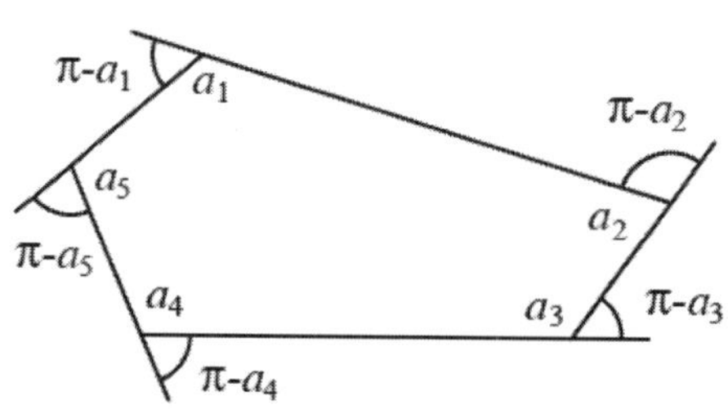

그림 20.1 다각형의 외각들

다면체와 곡면에 대한 정리를 살펴 보기 전에, 1차원에서의 유사한 결과에 대해서 먼저 조사하자. 다면체와 곡면의 1차원 유사체는 각각 다각형과 폐곡선이다. 우리가 다루게 될 첫 번째 정리는 초등학교 기하 수업에서 쉽게 만날 수 있다(그림 20.1 참조).

외각정리(Exterior angle theorem)

다각형의 모든 외각의 합은 2π이다.

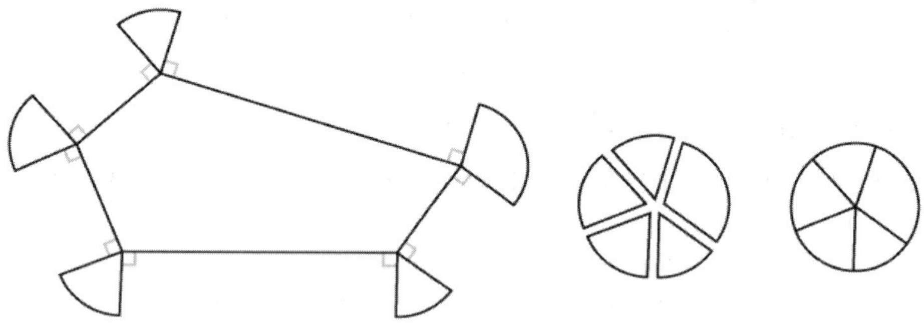

그림 20.2 다각형의 모든 외각의 합은 2π이다.

조지 폴리아(George Pólya, 1887~1985)는 다음과 같은 볼록다각형에 대한 외각정리의 짧지만 우아한 증명을 발견하였다. 다각형의 두 변이 만나는 지점에서, 각 변마다 변에 수직이 되는 선분을 바깥쪽을 향하여 그린다(그림 20.2 참조). 각 꼭짓점을 중심으로 하고, 그 꼭짓점에서 그려진 두 변을 양 옆으로 가지는 단위원의 일부가 되는 부채꼴을 그린다. 이때 두 변에 의해 만들어지는 각은 정확히 그 꼭짓점에서의 외각과 같음을 관찰하자. 왜냐하면 두 직각을 서로 더하면 π가 되고, 그래서 내각과 부채꼴의 중심각의 합은 반드시 π가 되어야하기 때문이다. 한편 인접한 부채꼴의 마주보는 옆 선분은 서로 평행하다. 따라서 이 부채꼴들을 원의 모양으로 다시 모을 수 있다. 따라서 이 다각형의 외각의 합은 2π이다. 비볼록다각형에 대해서는 증명은 생략한다. 하지만 비볼록다각형은 여러 개의 볼록다각형으로 분할될 수 있다는 관찰로부터 비볼록다각형에 대해서도 같은 명제를 증명할 수 있다.

사실 외각정리는 그리 놀라운 것이 아니다. 어떤 차가 다각형 모양의 길을 따라 간다고 할 때 각 귀퉁이에서 반드시 방향을 바꾸어야 한다. 이때 각 귀퉁이에서 회전하는 정도는 정확히 그 꼭짓점의 외각이다. 처음의 자리로 돌아오기 위해서, 이 차는 반드시 360°만큼 회전하여야 한다.

피타고라스 정리에서의 이차식 공식과 같은 수학 정리는 평범한 성인이 기억하거나 유도해 내기가 부담스럽겠지만, 누구라도 쉽게 떠올릴 수 있는 수학 공식이 있다. 바로 삼각형의 세 내각의 합이 180°, 혹은 π라는 것이다. 이 180°정리는 이 외각정리의 쉬운 부산물이다. 만약 삼각형의 세 내각이 각각 a, b, c라면, 이 삼각형의 세 외각은 $\pi-a$, $\pi-b$, $\pi-c$이다. 외각정리에 의해서 $(\pi-a)+(\pi-b)+(\pi-c)=2\pi$ 이다. 이를 정리하면 $a+b+c=\pi$를 얻을 수 있다.

삼각형이 아닌 다른 다각형이라면 내각의 합은 항상 180°보다 크게 되겠지만, 그 크기는 역시 오직 변의 개수에 의해 정해지게 된다. 만약 이 다각형의 내각이 각각 $a_1,\cdots,\ a_n$이라면, 외각정리에 의해

$$2\pi=(\pi-a_1)+(\pi-a_2)+\cdots+(\pi-a_n)$$

가 성립한다. 이 식을 정리하면 다음과 같은 유용한 정리를 얻는다.

내각정리(Interior angle theorem)

n개의 변을 가진 다각형의 모든 내각의 합은 $(n-2)\pi$이다.

다각형에 대한 외각공식을 다면체에 대한 데카르트 공식으로 쉽게 전환하기 위하여, 외각공식을 조금 다른 방법으로 바라보는 것이 도움이 된다. 다각형의 귀퉁이를 "불완전한" 직선이라고 생각해보자. 이제 각각의 각을 바라보면서 이 꺾인 직선이 원래의 직선과 얼마나 다른지를 질문할 수 있다. 내각이 a인 귀퉁이에 대해서, 이 꺾인 선은 원래의 직선과 $\pi-a$만큼 다른 것이라 할 수 있다. 이러한 관점에서 $\pi-a$는 이 귀퉁이의 **각결손**(angle deficit 혹은 angle defect)이라 부를 것이다. 이제 외각정리를 다음처럼 고쳐서 말할 수 있다.

(다르게 표현된) 외각정리

다각형의 전체각결손은 2π이다.

부드러운 곡선에 대한 외각정리도 있다. 앞에서 다루었던 자동차의 상황을 다시 떠올려 보자. 그랑프리 경주의 트랙은 구부러진 곡선으로 된 도로이고, 한 바퀴 돌고 난 뒤 처음의 위치로 돌아오게 되어 있다. 포뮬라 원 경주용 차는 트랙을 따라 오른쪽으로 왼쪽으로 다시 오른쪽으로 왼쪽으로 돌다가, 결국에는 처음 출발 위치로 돌아오게 된다. 이 차의 경로는 반시계 방향으로 돌아가는 하나의 완전한 원을 만든다. 다르게 표현하면, 만약 왼쪽과 오른쪽으로 도는 것을 서로 상쇄시키는 것을 허용한다면, 차는 결국 왼쪽으로만 360°만큼 돌았다고 할 수 있다.

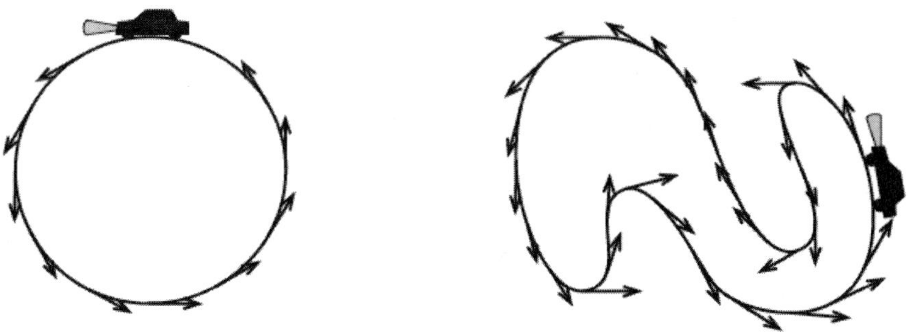

그림 20.3 단순폐곡선의 접벡터는 2π만큼 돌아야 한다.

이제 그림 20.3의 자동차 경주 트랙과 같이 평면에 있는 부드러운 단순 폐곡선을 생각해보자. 이제 이 곡선의 방향을 하나 고르고, 곡선의 각 점 위에 곡선의 방향과 일치하는 방향을 가진 접벡터를 놓자(자동차의 헤드라이트를 생각하자.). 처음 고른 곡선의 방향대로 폐곡선을 따라 한 바퀴 도는 동안, 이 접벡터들이 어떻게 움직일지에 대해서 흥미를 가지고 있다. 만약 커브가 원이라면 우리가 원을 따라 반시계 방향으로 한 바퀴 도는 동안, 벡터들도 역시 반시계 방향으로 한 바퀴 돌 것이다. 따라서 이 벡터가 돌아간 각의 크기는 2π이다. 여기서 우리의 접벡터들이 나침반과 같은 다이얼의 바늘이라고 생각하면 도움이 될 것이다. 우리가 이 다이얼을 들고 원을 한 바퀴 도는 동안 다이얼의 바늘 역시 반시계 방향으로 한 바퀴 돌아가게 된다. 좀 더 복잡한 곡선에 대해서도, 다이얼이 곡선을 따라 여행하는 동안, 바늘 역시 앞으로, 혹은 뒤로 움직일 것이다. 하지만 최종적으로는 다이얼에서 정확히 한 바퀴 돌아가야만 한다.

이러한 관찰은 우리의 직관만큼이나 당연해 보일지 몰라도 이것을 엄밀하게 수학적으로 증명하는 것은 쉽지 않다. 1935년에 호프는 이 정리를 증명하였다. 이것은 호프의 **순환속도정리**(Umlaufsatz theorem)라고 알려져 있고, 보다 간단히는, **회전하는 접벡터 정리**(theorem of turning tangents)로 불린다.

회전하는 접벡터 정리(Theorem of turning tangents)

평면위의 부드러운 단순 폐곡선을 따라 접벡터는 2π 만큼 회전한다.

외각정리와 회전하는 접벡터 정리가 서로 연관 있을 것임을 유추하는 것은 어렵지 않다. 사실 이 두 정리의 혼종을 생각하는 것도 가능하다. 즉, 유한한 몇 개의 점에서만 뾰족한 부분을 가지고 나머지에서는 부드러운 모양을 가진 곡선에 대해서도 같은 정리가 성립해야 한다. 간헐적으로 날카롭게 방향을 틀어야 하는 곡선 도로 위의 자동차 역시, 도로를 따라 한 바퀴 돌고 난 뒤 원래의 자리로 돌아온다면 전체적으로는 360°만큼 회전하여야 한다.

이제 다시 처음의 주장으로 돌아가 보자. 어떻게 이 정리들이 수학의 두 영역을 잇는 다리가 될 수 있을까? 이것들은 위상이 기하를 조종하는 현상을 보여준다. 위상수학자는 다각형과, 부드러운 단순폐곡선을 구별하지 않는다. 그저 원일 뿐 이다. 위상수학자는 각과 직선여부, 접벡터 같은 것들을 따지지 않는다. 이에 반해 기하학자들은 모든 다각형과 모든 부드러운 단순폐곡선은 서로 다르다고 생각한다. 기하학자는 각, 곡률, 혹은 다른 기술적인 차이를 말하면서 이 대상들의 차이를 설명할 것이다. 외각정리와 회전하는 접벡터 정리는 원과 위상동형이 되는 것과 같은 위상적 성질이 모양의 전체 각의 손실과 같은 기하학적 성질을 완전히 결정짓는다는 것을 말해준다. 원래의 곡선이 얼마나 많은 굴곡을 가지고 있는지와 무관하게 전체 각의 손실은 항상 2π이다.

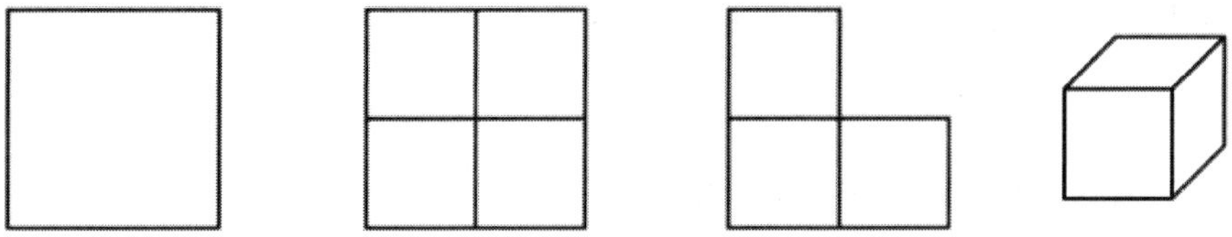

그림 20.4 정육면체의 전체각은 $\frac{3\pi}{2}$ 이다.

이제 우리는 이 정리들이 다면체에 대한 데카르트 공식이나 곡면의 각잉여정리로 어떻게 일반화 되는지를 조사할 것이다. 정사각형 모양의 종이 조각 하나와 가위, 테이프를 준비하자. 그림 20.4와 같이 종이를 두 번 접어 같은 모양의 네 개의 작은 정사각형이 나오게 한 후, 가위를 이용해서 그 중 하나를 제거하자(제거된 한 조각은 잠시 후에 다시 쓰인다.). 이제 테이프로 잘라서 생긴 두 변을 붙여서 정육면체 상자의 귀퉁이 모양처럼 만든다. 우리는 다각형에서 각 귀퉁이를 이루는 두 선분이 하나의 직선이 되기 위해 필요한 꺾이는 정도의 크기를 그 귀퉁이의 각결손이라 정의 했었다. 이것과 비슷하게, 우리는 평평한 평면이 되기에 부족한 정도를 입체각의 각결손이라 정의하자. 우리의 예에서, 네 개의 직각(2π)이 종이의 중심에서 만나고 있다가 그 중 한 개를 빼서 $\frac{3\pi}{2}$만큼 남았다. 따라서 이 정육면체 코너의 각결손은 $2\pi-\frac{3\pi}{2}=\frac{\pi}{2}$이다.

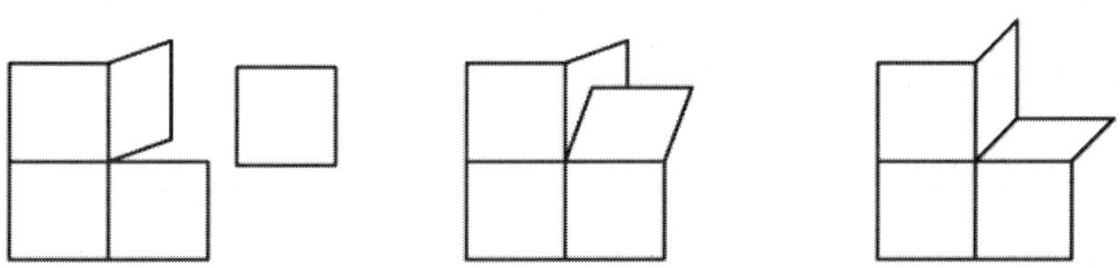

그림 20.5 이 코너의 전체각은 $\frac{5\pi}{2}$ 이다.

이제 또 다른 정사각형 모양의 종이조각을 준비하자. 앞과 마찬가지로 이것을 네 개의 작은 정사각형으로 나누고 중심과 연결된 한 변을 잘라내자(그림 20.5 참조). 이렇게 잘려진 변에 의해 새로 생긴 두 개의 변과 방금 전에 잘라냈었던 작은 정사각형 조각의 인접한 두 변을 차례대로 테이프로 붙인다. 이 과정을 수행하면서, 우리는 너무 많은 각이 한 꼭짓점에 붙어 있다는 것을 알 수 있다. 마치 큰 벽돌에서 작은 벽돌

조각을 제거한 것과 닮은 모양의 형태를 얻을 수 있다. 이 모양의 중심 꼭짓점은 전체 각이 $\frac{5\pi}{2}$이다. 즉, 평면을 이루기 위한 각보다 $\frac{\pi}{2}$만큼 더 크다. 이 경우 각결손을 $-\frac{\pi}{2}$라고 하거나 각잉여(angle excess)가 $\frac{\pi}{2}$라고 부르자.

다면체는 많은 꼭짓점을 가지고 있고, 각 꼭짓점은 자신의 각결손 혹은 각잉여를 가지고 있다. 한 다면체에서 모든 꼭짓점의 각결손을 다 더하여 이 다면체의 **전체각결손**(total angle deficit)을 얻는다.

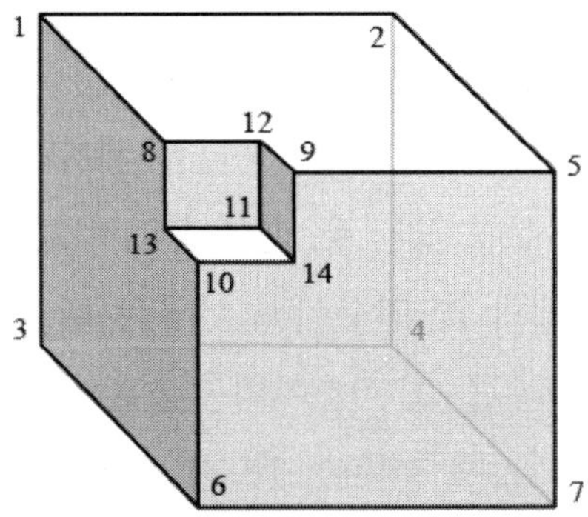

그림 20.6 이 비볼록다면체의 전체각결손은 여전히 4π이다.

몇 개의 예를 생각해보자. 정육면체의 여덟 개의 코너의 각결손은 모두 $\frac{\pi}{2}$이다. 따라서 전체각결손은 4π이다. 정사면체의 네 개의 면은 모두 정삼각형이다. 세 개의 정삼각형이 만나 정사면체의 한 꼭짓점을 이루므로, 한 각의 각결손은 $2\pi-3\left(\frac{\pi}{3}\right)=\pi$이다. 모두 네 개의 꼭짓점이 있으므로, 정사면체의 전체각결손은 4π이다. 마지막으로 그림 20.6에 있는 것과 같은 비볼록다면체를 생각하자. 커다란 정육면체의 한 코너에서 작은 정육면체 조각 하나를 뺀 것이다(루빅스 큐브에서 코너 조각 하나가 떨어져 나간 모양을 생각하면 쉽다.). 1부터 10까지 표시가 된 코너들은 모두 각결손이 $\frac{\pi}{2}$이다. 11로 표시가 된 코너는 "잘못된 방향"으로 바라보고 있지만 여전히 각결손은 $\frac{\pi}{2}$이다. 남아있는 코너, 즉 12, 13, 14로 표시된 코너들은 모두 각잉여가 $\frac{\pi}{2}$이다. 따라서 전체각결손은 $11\left(\frac{\pi}{2}\right)+3\left(-\frac{\pi}{2}\right)=4\pi$이다.

이 지점에서 패턴이 분명히 정해진다. 우리는 모든 다면체의 전체각결손이 4π가 될 것임을 추측할 수 있다. 이러한 관측은 9장에서 다룬바 있는 데카르트의 출판하지 않은 노트인 입체의 원소(On the Elements of Solids)에 대하여 처음으로 등장하였다. 데카르트의 노트의 세 번째 문장은 다음과 같다.

> 평면 그림(다각형)에서 모든 외각을 동시에 택하면 그 크기는 네 개의 직각(2π)과 같은 것처럼 입체(다면체)에서 모든 외입체각(각결손)을 동시에 택하면 여덟 개의 입체직각(4π)과 같습니다.

데카르트가 말한 것처럼, 데카르트 공식이 외각정리와 유사하다는 것은 자명하다. 그저 다각형의 각의 결손의 합이 2π인 것처럼, 다면체의 각의 결손의 합도 4π이다.

이 정리의 약간 다른 정리가 오일러에 의해 재발견 되었고, 이 정리는 오일러의 다면체공식을 다루고 있는 논문에 함께 소개되었다. 오일러는 V개의 꼭짓점을 가진 다면체의 모든 평면각의 합은 $2\pi(V-2)$과 같다는 것을 증명하였다. 데카르트 공식이 외각공식을 일반화 한 결과인 것처럼, 이 오일러의 공식도 내각공식을 확장한 것이다. 오일러의 결과와 데카르트의 결과는 서로 동치라는 것은 쉽게 확인 할 수 있다. 각의 결손은 간단하게 $2\pi V$에서 전체 평면각을 빼서 얻을 수 있다. 즉 $2\pi V-2\pi(V-2)=4\pi$이다.

물론 오일러와 데카르트는 둘 다 볼록다면체에 대해서만 생각했다. 약간의 수정을 거쳐 이 정리는 위상적으로 구와 같지 않은 다면체에 대해서도 적용할 수 있게 만들어졌다. 결론적으로 전체각결손은 위상적불변량이고, 이것은 다면체의 오일러지표와 간단한 관계가 있다.

데카르트 공식(Descartes' Formula)

어떤 다면체 P의 전체각결손은 $2\pi\chi(P)$이다.

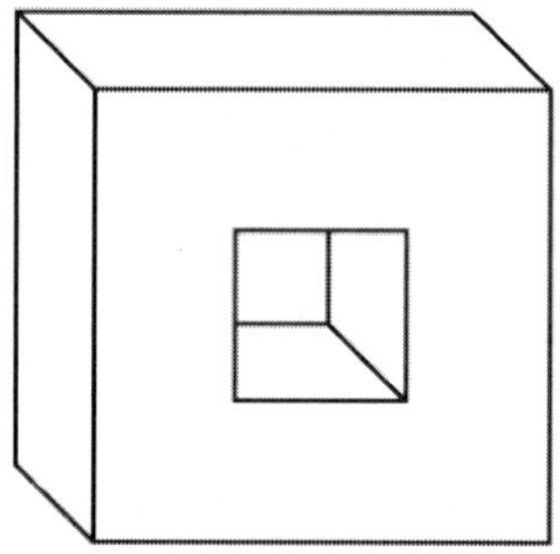

그림 20.7 토러스의 전체각결손은 0이다.

정육면체, 정사면체나 부서진 정육면체 같은 경우는 위상적으로 구와 같고 오일러지표가 2이다. 따라서 전체각결손은 $2\pi\chi(P)=2\pi\cdot 2=4\pi$이다. 비구면의 예로, 그림 20.7과 같은 토러스 형태의 다면체를 생각해보자. 이것은 열여섯 개의 코너를 가지고 있다. 그 중 여덟 개의 각결손은 $\frac{\pi}{2}$이고, 나머지 여덟 개는 각잉여가 $\frac{\pi}{2}$, 즉 각결손이 $-\frac{\pi}{2}$이다. 따라서 전체각결손은 0이고, 이는 토러스의 오일러지표와 같다. 이 책의 부록 A에 주어진 종이 다면체를 가지고 독자들은 데카르트 공식을 직접 확인해 볼 수 있다.

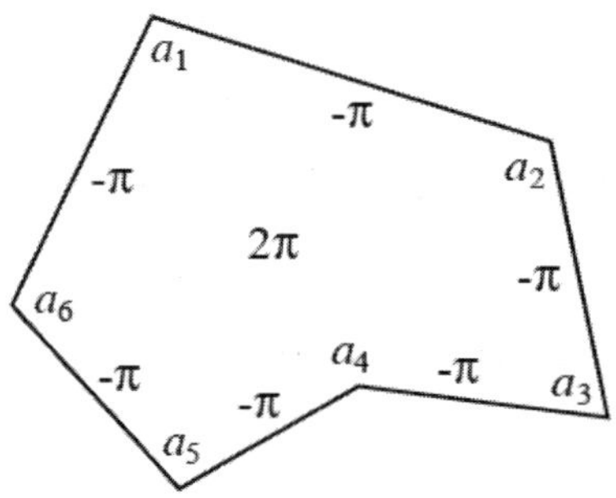

그림 20.8 n각형에서 $(a_1+\cdots+a_n)-n\pi+2\pi=0$가 성립한다.

이제 데카르트 공식을 증명해보자. 다면체 P는 V개의 꼭짓점, E개의 변, F개의 면을 가지고 있고, T는 P의 전체각결손이라고 하자. 우리는 $T=2\pi\chi(P)=2\pi V-2\pi E+2\pi F$가 됨을 보여야 한다.

다면체의 아무 면이나 고르고, 이 면의 내각을 $a_1, \cdots, a_n$이라 하자. 내각 공식에 의하여

$$a_1 + \cdots + a_n = (n-2)\pi$$

가 성립한다. 이 식의 항들을 재배열하여 다음을 얻는다.

$$(a_1 + \cdots + a_n) - n\pi + 2\pi = 0$$

우리는 이 식을 그림 20.8과 같이 시각화 할 수 있다. 먼저 다면체의 각 변에 $-\pi$를 적고 각 코너에 각의 크기, 그리고 면의 중앙에 2π라고 적는다. 이 값들의 합은 0이 되어야 한다.

이제, 똑같은 작업을 P의 모든 면에서 수행하고, P위에 적혀 있는 모든 값들을 더해보자. 각각의 면은 2π만큼 기여하고, 각각의 변은 -2π만큼을 기여한다(한 변은 두 개의 면에서 $-\pi$만큼씩 기여한다.). 그래서 S는 P의 모든 내각의 합이라고 할 때

$$S - 2\pi E + 2\pi F = 0$$

가 성립한다. 이제 이 식의 양 변에 전체각결손 T를 더한다.

$$(T+S) - 2\pi E + 2\pi F = T$$

T는 전체각결손이므로 이 T를 모두 더하면 모든 각에서 정확히 2π씩 더하는 것과 같아진다. 따라서 $T+S$는 $2\pi V$가 되어야 한다. 이상을 정리하면 다음과 같은 데카르트 공식을 얻을 수 있다.

$$T = 2\pi V - 2\pi E + 2\pi F = 2\pi\chi(P)$$

데카르트 공식은 위상과 기하 사이의 놀라운 관계를 묘사하는 아름다운 그림이다. 전체각결손이 오일러지표와 관련이 있기 때문에, 다면체의 위상은 이 다면체의 전체적인 기하의 외관을 완전히 결정하는 것을 볼 수 있다.

이 정리의 응용의 일환으로 독자들은 오직 다섯 개의 플라톤 입체만 존재한다는 명제에 대한 새로운 증명을 찾을 수도 있다.[6)]

---

6) (역자주) 원문에는 없지만, 해당 증명을 궁금해 할 독자를 위해 증명을 남긴다. 점의 개수를 V라 하고, 각 면이 n각형, 그리고 한 점에 붙어 있는 면의 수를 m이라고 하면, 전체각손실이 4π이므로 각 점의 각손실은 $4\pi/V$이고 이 값은 0보다 크다. 그런데 n과 m으로 각손실을 구해보면 $2\pi - \frac{(n-2)\pi}{n} \times m$ 이므로 $2 - m + \frac{2m}{n} = \frac{4}{V} > 0$이다. 이 부등식을 풀면 $2n + 2m - nm = -(2-n)(2-m) + 4 > 0$이므로 $(n,m) = (3,3),(3,4),(3,5),(4,3),(5,3)$을 얻게 된다.

이 책에서는 주로 곡면을 면으로 분할할 수 있게 해주는 변이 위상적인 대상이라고 가정해 왔다. 그래서 변이 이상하게 뒤틀려서 굉장히 기괴하게 생긴 면을 만들어 내는 것도 가능하였다. 이 장에서는 이런 상황을 다소 적게 다루고자 한다. 이상적으로 우리의 면을 이루는 다각형들이 직선의 변으로만 이루어져 있는 것만 생각하려 한다. 하지만 휘어진 곡면에서는 모든 변이 직선이 되는 것이 불가능하기에, 우리는 **지오데식곡선**(geodesic curve)라는 것을 대신 생각해야 한다.

지난 10장에서 구면의 지오데식에 대한 개념을 소개하였다. 이것은 대원의 일부로 나타났었다. 결론적으로 모든 견고한 곡면 위에서 지오데식곡선을 정의할 수 있다. 이것은 길이의 최소화로 특징지을 수 있다. 즉, 곡면 위의 두 점을 잇는 가장 짧은 경로는 바로 지오데식곡선을 따라 여행하는 것으로 실체화 된다. 잘 알려진 표현인 "두 점을 잇는 가장 짧은 경로는 바로 직선이다"라는 것은 "두 점을 잇는 가장 짧은 경로는 지오데식곡선이다"로 바뀌어야만 한다. 이 장의 나머지 부분에서는 곡면위의 변은 두 꼭짓점을 잇는 지오데식곡선을 의미하는 것으로 가정한다. 이렇게 만들어진 면은 **지오데식다각형**(geodesic polygon)으로 불린다.

지오데식다각형으로 가정하면서 생기는 하나의 장점은 우리는 어떤 꼭짓점에서 각의 크기를 측정할 수 있다는 점이다. 비유적으로 표현하여 한 꼭짓점을 굉장히 성능 좋은 현미경으로 확대하여 바라본다면 이 꼭짓점에 연결된 변들은 직선으로 표현될 것이다. 따라서 비록 변들이 휘어져 있더라도 각의 크기를 측정하는 것이 가능하다.

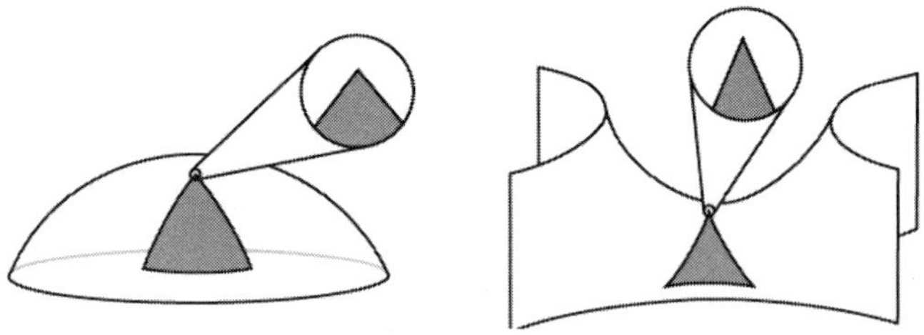

그림 20.9 각잉여를 가지고 있는 삼각형(왼쪽)과 각결손을 가지고 있는 삼각형(오른쪽)

평면 위의 삼각형은 반드시 180° 법칙을 따라야 하지만, 일반적인 곡면 위의 삼각형에는 180° 법칙이 적용될 필요가 없다. 구면 위의 지오데식삼각형의 모든 내각의 합은 항상 180° 보다 크다는 사실을 해리엇과 지라드가 보인바 있다(10장 참조). 또한 지오데식삼각형의 모든 내각의 합이 108°보다 작아지게끔 하는 곡면도 있을 수 있다. 말안장 모양과 같은 곡면이 바로 그 예이다(그림 20.9참조).

따라서 평면삼각형의 세 내각의 합(180°)과 지오데식삼각형의 세 내각의 합의 다른 정도를 이용하여 지오데식삼각형의 각잉여와 각결손을 이야기 할 수 있다. 즉, 세 내각의 크기가 각각 a, b, c인 지오데식삼각형의 **각잉여**란 $(a+b+c)-\pi$를 의미한다. 만약 $(a+b+c)-\pi$가 음수라면, 지오데식삼각형은 **각결손**을 가지고 있다고 한다.

비슷하게 우리는 n개의 변을 가진 지오데식다각형에 대해서도 각잉여와 각결손을 정의할 수 있다. 내각정리에 의하여, 평면 n각형의 모든 내각의 합은 $(n-2)\pi$이다. 내각의 크기가 각각 $a_1,\cdots,a_n$인 지오데식 n각형의 각잉여는 $a_1+\cdots+a_n-(n-2)\pi$로 정의된다.

각잉여와 각결손에 대한 다면체나 곡면 위에서의 서로 다른 정의로부터 오는 혼동은 사실 중요하지 않다. 다면체에서는 각잉여나 각결손이 다면체의 꼭짓점에서 정의가 되는 반면 곡면 위에서는 곡면의 면이 각잉여나 각결손을 가진다. 이 서로 다른 개념이 같은 이름을 가지고 있는 것이 매우 혼동스럽지만, 사실 다음 논의에서 이 둘은 굉장히 밀접한 관련이 있다는 것을 알 수 있다.

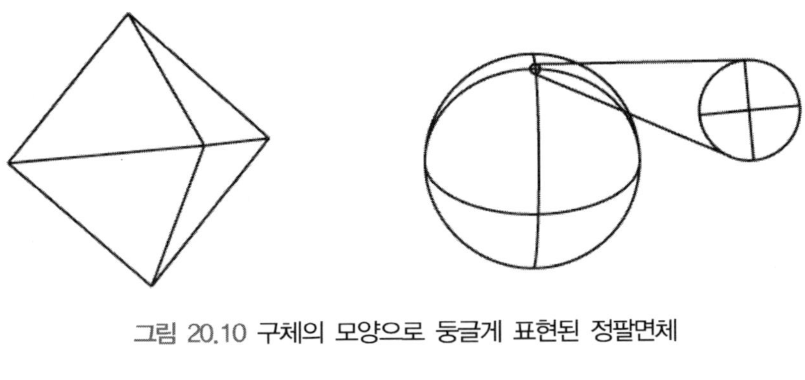

그림 20.10 구체의 모양으로 둥글게 표현된 정팔면체

지점토 한 덩이를 준비하여 정팔면체 모양을 만들어 보자. 모든 면은 정삼각형이므로, 각 꼭짓점에서의 각결손은 $2\pi-4\left(\frac{\pi}{3}\right)=\frac{2\pi}{3}$이다. 정팔면체는 모두 여섯 개의 꼭짓점을 가지고 있으므로 전체각결손은 $6\times\frac{2\pi}{3}=4\pi$가 되고, 이는 데카르트 공식과 일치하

는 결과이다. 이제 두꺼운 펜을 사용하여 정팔면체의 각 변을 진하게 표현하자. 이 다면체를 책상 위에다 놓고 구 모양이 될 때까지 둥글게 말아보자(그림 20.10 참조). 정팔면체의 삼각형 모양의 변들은 이제 휘어져 있을 것이다. 만약 우리가 이 도형을 굉장히 신중하게 말아서 각 직선 변들이 이 도형 위에서 지오데식선분이 되게끔 하였다면, 모든 삼각형 면들은 지오데식삼각형이 되어있을 것이다.

정팔면체를 구체로 말고난 뒤에, 더 이상 각 꼭짓점의 각결손은 없어지게 된다. 평평한 책상 위에서 지점토 덩이를 둥글게 말면서 모든 코너들을 평평하게 만들었기 때문에, 각 꼭짓점에서 만나는 각의 합은 2π가 된다. 그렇다면 원래 있던 각결손은 어디로 간 것일까?

이 과정을 수행하는 중에 삼각형의 내각은 삼각형의 크기를 변화 시켰다는 것은 어렵지 않게 볼 수 있다. 각 꼭짓점에서 만나는 각들은 처음에는 60° 이었지만 지금은 직각이 되어 있다. 지점토 구체 위에서의 삼각형은 세 개의 직각을 가지고 있으므로 모든 내각의 합은 $\frac{3\pi}{2}$이다. 즉, 이 삼각형은 각잉여를 가지고 있다. 정팔면체의 각 꼭짓점에서의 각결손은 지점토 구체의 각 면에 지오데식삼각형의 각잉여로 골고루 분배가 된 것이다. 비슷하게, 곡면을 지오데식다각형으로 나눈 분할에 대해서, 각각의 꼭짓점은 더 이상 각결손이나 각잉여를 가지고 있지 않지만, 지오데식다각형 모양의 면들은 각결손이나 각잉여를 가지고 있다.

어떤 곡면이 면, 지오데식변, 그리고 꼭짓점으로 분할이 된다면, **전체각잉여**(total angle excess)는 모든 면의 각잉여의 합으로 정의된다. 데카르트 공식에 따라 다면체의 전체각결손이 이 다면체의 오일러지표와 관련있는 것처럼, 곡면의 전체각잉여도 이 곡면의 오일러지표와 연관이 있다. 따라서 다음과 같은 곡면에 대한 데카르트 공식에 해당하는 정리가 있다.

곡면에 대한 각잉여정리(Angle Excess Theorem for Surfaces)

곡면 S의 전체각잉여는 $2\pi\chi(S)$이다.

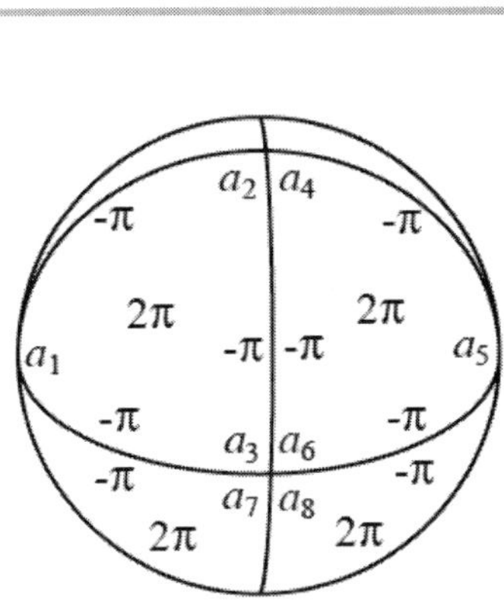

그림 20.11 곡면의 각 면에는 2π, 각 변의 양 측면는 $-\pi$, 그리고 꼭짓점에는 그 각의 크기를 표시한다.

이 정리의 증명은 이제는 꽤나 친숙해 진 방법으로 할 수 있다. 곡면 S가 꼭짓점, 지오데식변, 그리고 면으로 분할되어 있다고 하자. 이 곡면에서 각 면의 중앙에는 2π, 각 지오데식변의 양 측면에는 $-\pi$, 그리고 꼭짓점에서 나타나는 각들에는 그 각의 크기를 부여하는 방식으로 곡면을 장식하자(그림 20.11 참조). 이제 이 곡면의 한 n개의 변을 가진 면의 내각이 $a_1, a_2, \cdots, a_n$이라 하면, 이 면 위에 표시된 모든 수를 더하면 이 면의 각잉여

$$2\pi - n\pi + (a_1 + a_2 + \cdots + a_n) = (a_1 + a_2 + \cdots + a_n) - (n-2)\pi$$

를 얻는다. 따라서 곡면 위에 표시된 모든 수를 다 더하면 이 곡면의 전체각잉여를 계산할 수 있다.

한편 이 덧셈에서 각각의 면은 2π, 각각의 변은 -2π, 그리고 각각의 변은 2π만큼을 공헌한다. 즉, 곡면 위에 표시된 모든 수를 다 더하면 $2\pi F - 2\pi E + 2\pi V = 2\pi\chi(S)$를 얻을 수 있다. 따라서 전체각잉여 정리가 증명된다.

데카르트 공식과 전체각잉여정리는 위상이 기하를 어떻게 조절할 수 있는지를 보여주는 아름다운 정리이다. 다음 장에서는 또 다른 예제를 살펴볼 것이다. 우리는 곡면의 **총곡률**(total curvature)이 곡면의 위상에 의존한다는 것을 보게 될 것이다. 즉, 곡면의 총곡률은 그 곡면의 오일러지표와 밀접한 관련이 있다.

CHAPTER 21 굽은 곡면의 위상

★ 만약 다른 수학자들이 내가 한 것과 같이 수학적 진실에 대해서 깊숙하고 지속적으로 생각했다면, 그들 역시 내가 발견한 것을 찾을 수 있었을 것이다.

– 카를 프리드리히 가우스(Carl Friedrich Gauss)

평면 위의 곡선을 다루는 기하학에서 가장 근본적인 주제 중 하나는 바로 곡률이다. 어떤 점 x에서의 **곡률**(curvature)이란 그 점에서 곡선이 얼마나 "날카로운지"를 나타내는 수이다. 즉, 그 점 근방에서 접벡터들의 방향이 얼마나 빨리 변하는지를 나타내는 정도이다. 곡률은 주로 그리스 문자 카파(κ)를 사용해서 나타낸다. 간략하게 말해서, 어떤 곡선의 점 x에서의 법벡터 $\vec{n}$이 주어져 있을 때, 만약 이 곡선이 법벡터 $\vec{n}$의 방향으로 휘어져 있으면 $\kappa > 0$이고, 만약 반대 방향으로 휘어져 있으면 $\kappa < 0$이다. 어느 경우에도 해당하지 않는다면 $\kappa = 0$이다(그림 21.1 참조). 만약 더 뾰족하게 휘어져 있다면 κ의 절대값이 커지게 된다.

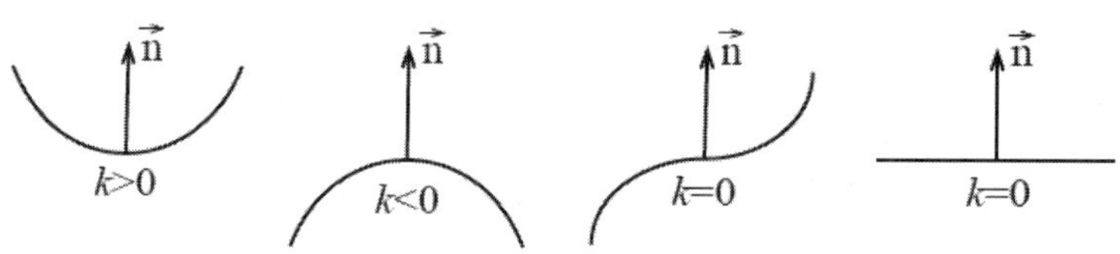

그림 21.1 곡률이 각각 $\kappa > 0$, $\kappa < 0$, $\kappa = 0$, $\kappa = 0$인 곡선들

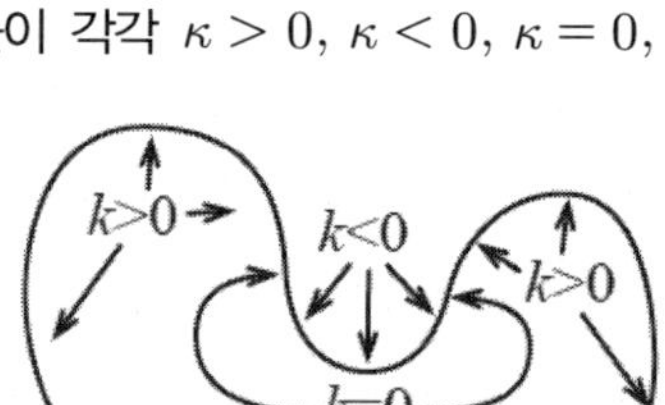

그림 21.2 내부로 향하는 법벡터에 대하여 양의 곡률, 음의 곡률, 0의 곡률을 모두 가지는 곡선

조르당 곡선정리에 의해서 평면 위의 단순폐곡선은 내부와 외부를 가져야 한다. 따라서 모든 법벡터가 내부를 향하도록 곡선 전체를 따라가며 법벡터를 고를 수 있고, 이제 곡선의 각 점에서 곡률 역시 계산할 수 있다. 전형적으로 곡률은 점이 변함에

따라 다양한 값을 가져야 한다(그림 21.2 참조). 이 곡선 전체를 따라가며 모든 곡률을 더해 **총곡률**(total curvature)을 계산하는 것이 가능하다. 이 계산의 자세한 부분은 이 책에서 지향하는 범위를 벗어나지만, 미적분학을 배운 학생이라면 이것이 가능하다는 것을 눈치챌 수 있을 것이다. 왜냐하면 곡률은 반드시 연속적으로 변하기 때문에, 곡률을 모두 적분하면 원하는 값을 얻을 수 있다. 따라서 우리는 다음의 정리를 얻는다.[7)]

곡선에 대한 총곡률정리(Total Curvature Theorem for Curves)

어떠한 부드러운 폐곡선의 총곡률은 반드시 2π이다.

다른 말로 표현하면, 모든 부드러운 폐곡선의 총곡률은 같은 값을 가진다는 것이다! 어떤 끈으로 만들어진 고리를 책상에 교차점이 생기지 않도록 어떤 방식으로든 늘어뜨려 놓으면, 이 끈에서 곡률이 음수가 되는 부분은 양수가 되는 부분으로 서로 상쇄되고, 최종적으로는 모든 곡률의 합이 2π가 되어야 한다. 즉, 폐곡선이 원과 위상동형이라는 사실이 이 곡선의 총곡률을 완전히 결정하는 것이다. 우리는 여기서 다시 위상이 기하를 조종하는 모습을 볼 수 있다.

우리는 이 정리의 증명을 하지는 않을 것이다. 하지만 이 정리는 앞선 장에서의 회전하는 접벡터정리와 밀접한 관련이 있다. 미적분학을 공부한 학생이라면 총곡률이란 단지 회전하는 접벡터들의 변화하는 비율을 더하는 것이기 때문에, 총곡률은 단순히 회전하는 접벡터의 총 변화량과 다르지 않다는 것을 눈치 챌 수 있을 것이다. 따라서 이 값은 회전하는 접벡터 정리에 의해 2π이다.

따라서 우리는 이 정리를 다각형에 대한 외각정리의 또 다른 확장이라고도 생각할 수 있다. 다각형은 이것의 모서리에서는 곡률이 없고, 각 코너에서는 그것의 외각만큼의 곡률을 가진다고 생각할 수 있다. 따라서 다각형에 대한 외각정리에 의해 총곡률은 2π이다.

---

7) 수학자는 이 정리를 다음과 같은 방법으로 표현한다.

부드러운 단순폐곡선 C에 대하여 $\int_C \kappa \, ds = 2\pi$가 성립한다.

이제 우리의 관심을 곡선에서 곡면으로 옮겨 간다. 지금 우리는 곡면에 대한 기하 성질에 대해 공부하고 있기 때문에, 우리가 다루는 곡면은 반드시 견고하다고 가정한다. 즉, 앞에서 다루었던 위상적 곡면과는 다르게 고무로 만들어진 것이 아니라고 해야만 한다. 또한 곡면이 뾰족한 부분이나 접힌 부분을 가지지 않는 부드러운 곡면이라고 가정한다.

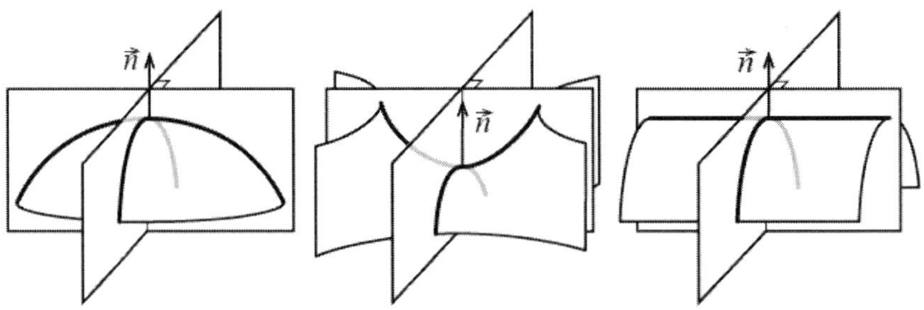

그림 21.3 곡률이 각각 $\kappa_1, \kappa_2 < 0$ (왼쪽), $\kappa_1 > 0, \kappa_2 < 0$ (가운데), $\kappa_1 = 0, \kappa_2 < 0$ (오른쪽)인 곡면들

평면 위의 곡선에 대한 경우와 마찬가지로, 3차원 공간 속의 곡면의 곡률에 대해서 알아보자. 곡면위의 점 x에서 법벡터 $\vec{n}$을 고른다. 그리고 이 점 x를 지나면서 $\vec{n}$과 평행한 평면을 바라보면 이 평면과 곡면에 공통으로 포함되는 부분은 곡선이 될 것이다. 따라서 이 곡선의 곡률을 계산할 수 있다. 전형적으로 이러한 곡선의 곡률은 x를 지나는 평면을 어떻게 고르냐에 따라 그 값이 많이 달라질 것이다. 이 곡률들 중 가장 큰 것과 가장 작은 것을 차례대로 κ_1, κ_2라 표기하고 이 두 곡률을 곡면의 점 x에서의 **주곡률**(principal curvature)이라 부른다(그림 21.3 참조). 1760년 오일러는 주곡률은 서로 직교인 두 평면에서 나온다는 것을 증명하였다.

기하학자들이 곡면의 곡률을 측정할 때 쓰는 방법은 가우스가 만든 것을 개선한 것이다. 가우스는 두 주곡률을 서로 곱해서 한 개의 곡률 값, 즉 $\kappa = \kappa_1\kappa_2$로 만들었다. 이 κ를 곡면의 **가우스곡률**(Gaussian curvature)라 부른다. 가우스곡률은 얼핏 보면 두 주곡률을 따로 생각하는 것보다 손실된 정보를 갖고 있는 하찮은 값처럼 보인다. 하지만 두 주곡률을 곱하는 연산은 수학자들이 곡면에 대한 곡률을 이해하는데 지대한 도움을 주는 중요한 수치로 된 값을 만들어 낸다.

그림 21.4 카를 프리드리히 가우스

놀랍게도, 대부분의 위대한 수학자는 어릴 때부터 비범한 신동이 아니라고 한다. 그들의 천재성은 성장과 성숙을 거친 후에 나타나는 경우가 많았다. 하지만 가우스의 경우는 그러한 일반적인 양상과는 달랐다. 가우스가 어린 나이일 때부터 무시무시한 수학적 능력을 가지고 있었음은 분명하다. 그는 1777년 독일의 브런스윅에서 태어났다. 겨우 세 살 나이의 가우스는 그의 아버지 게르하르트가 자신의 회계장부에 써 놓은 산술 계산에 오류가 있음을 지적함으로써 게르하르트를 놀라게 했다. 이후 가우스는 매주 토요일마다 어린이용 높은 의자에 앉아 그의 아버지의 회계 계산을 도와야만 했다.

성인이 된 가우스는 종종 그가 일곱 살이 되던 해 잔인하고 권위적인 학교 선생을 어떻게 놀라게 했는지 이야기하곤 했다. 그 선생님은 자신의 학급의 학생들에게 산술급수를 종종 시키곤 했다. 가령, 이야기의 편의성을 위해 $1+2+3+\cdots+100$을 계산시켰다고 하자. 가우스는 그의 글자판에 5050이란 수를 금방 적었다. 의심 많은 선생님은 가우스를 앞에 불러 놓고 "ligget set(거짓말)"을 했다고 공개적으로 의심할 정도였다. 가우스는 지루한 계산을 하는 대신에 이 급수의 첫 수와 마지막 수의 합, 두 번째 수와 뒤에서 두 번째 수, 이런 방법으로 대응되는 두 수를 더하면 모두 101이 된다는 것을 알아차렸다(즉, $1+100$, $2+99$, $3+98$, ...). 이제 이런 수의 쌍이 모두 50개가 있으므로 전체 수의 합은 $50\times101=5050$이 되어야 한다. 가우스는 이런 방법으로 계산을 빨리 할 수 있었던 것이다.

학급에서 흔하게 벌어졌던 이런 일련의 사건으로 인해 브런스윅의 카를 빌헬름 페르디난트(Carl Wilhelm Ferdinand) 공작은 가우스에게 관심을 가지게 되었다. 이 공작은 당시 14살의 소년에게 교육에 관한 전폭적인 지원을 하겠다고 약속하였다. 이 자비로운 공작은 카를리농 대학(Collegium Carolinium)과 괴팅겐 대학(University of Göttingen)에서의 모든 교육비를 납부하였고, 1807년 나폴레옹의 군대에 의해 공작이 죽을 때까지 가우스에게 월급을 지속하여 지불하였다.

결과적으로 이 소년에 대한 공작의 직감은 옳았다. 가우스의 첫 번째 중요한 업적은, 그가 19살이 되던 해 발견한 **이차상호법칙**(quadratic reciprocity law)의 증명이었다. 가우스가 **황금정리**(theorema aureum)로 불렀던 이 정리는 오일러와 르장드르 모두풀기를 시도하였지만 성공하지 못했던 문제이다.

가우스는 그의 인장으로 pauca sed matura(드물지만 성숙하게)라고 적혀 있는 문장과 함께 몇 개의 과일이 달려있는 나무를 골랐다. 이러한 신조는 참으로 가우스의 경력을 잘 표현하고 있다. 논문을 다작하던 오일러와는 다르게, 가우스는 출판을 서두르지 않았다. 그는 평범한 내용에 대해서는 절대 출판하지 않고, 명작이라 할 수 있을 만한 내용만 출판하였다. 가우스는 "당신은 내가 천천히 저술한다는 것을 알고 있습니다. 나는 많지 않은 단어로 가능한 많은 것을 말할 수 있을 때 까지는 만족한 적이 없기 때문에 이렇게 느리게 저술할 수밖에 없습니다. 간략하게 적는 것은 길게 적는 것보다 훨씬 많은 시간이 걸립니다."라고 말했다. 가우스는 죽기 전까지, 천문학, 측지학(geodesy), 곡면, 등각사상(conformal mapping)에 대한 이론, 수리물리학, 정수론, 확률론, 위상수학, 미분기하학, 복소해석학 등 수많은 수학 영역에서 흔적을 남겼다.

가우스의 이러한 완벽주의적인 성향 탓에, 그의 수많은 위대한 업적은 출판되지 못한 채로 남았다. 그의 사후 45년 뒤에 발견된 수학 **일기**(Notizenjournal)에는 수많은 수학적 내용이 담겨 있었다. 가우스가 이 중의 일부만이라도 출판하였다면 더 큰 영향을 미치는 수학자로 기억 되었을 것이다. 가우스가 알고 있었던 수학적 내용을 다시 발견하는 것 정도만을 위해서도 수많은 수학자들이 수년 동안 노력을 기울여야만 했다는 사실은 너무나도 안타깝다. 만일 가우스가 살아 있는 동안 그의 결과물을 더 많이 출판했더라면 19세기 수학은 훨씬 더 많이 발전했을 것이다.

공작이 죽은 후, 가우스는 괴팅겐 천문소의 소장으로 자리를 옮겼다. 그리고 그의 마지막 20년 동안의 시간을 천문 현상을 다루며 보냈다. 그는 78살 까지 살고 1855년 2월 23일 평화롭게 세상을 떠났다.

가우스가 고안한 한 개의 값으로 계산되어 지는 가우스곡률 $\kappa=\kappa_1\kappa_2$를 사용하여 우리는 어떤 점에서 곡률이 양수다, 음수다, 혹은 0이다는 것을 얘기할 수 있다. 그림 21.3으로 돌아가서, 만약 곡면이 그릇의 바닥처럼 생겼다면 두 곡선은 모두 법벡터 쪽으로 휘거나 혹은 그 반대쪽으로 휘어야 하므로 κ_1과 κ_2는 같은 부호를 가지고 있어야 한다. 따라서 양의 곡률을 가진다. 반면, 곡면이 말안장 모양처럼 생겼다면 하나의 곡선는 법벡터 방향으로 휘어야 하고 다른 곡선은 법벡터 반대 방향으로 휘어야 한다. 즉, κ_1과 κ_2는 부호가 다르고, 곡률은 음수가 된다. 만약 원기둥이나 평면의 경우처럼, 두 개의 주곡률 중 어느 하나 혹은 둘 다 모두 0이 된다면, 곡면의 곡률은 0이 된다.

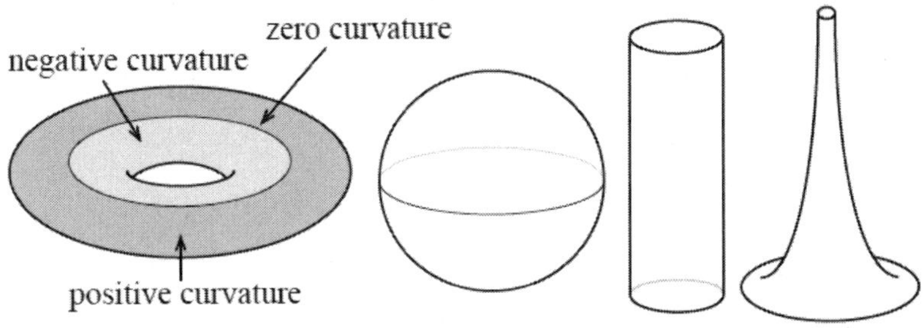

그림 21.5 곡면(토러스)는 양수, 음수, 0 모두에 해당하는 곡률을 가진다. 그림 상의 다른 곡면들은 일정한 양의 곡률만을 가지거나 (구면), 0의 곡률만을 가지거나 (원기둥), 일정한 음의 곡률만을 가진다 (유사구면).

곡면의 곡률은 각각의 점에서 측정된다는 사실을 강조하는 것은 의미가 있다. 전형적인 곡면은 양의 곡률, 음의 곡률, 0의 곡률에 해당하는 영역을 모두 다 가지고 있다. 가령 그림 21.5의 토러스는 중앙에서 가장 멀리 떨어진 부분은 양의 곡률을 가지고, 중앙 근처의 영역은 음의 곡률을 가진다. 그리고 이 두 영역의 경계에 해당하는 지역에서는 곡률이 0이 된다. 일정한 곡률을 가지는 곡면도 있다. 구면(위상적인 구면이 아니라, 실제 구)은 양의 곡률만을 일정하게 가지고, 평면이나 원기둥은 오직 0의 곡률만 가진다. 일정한 음의 곡률만을 가지는 가장 유명한 곡면의 예는 트럼펫 모양의 곡면인 **유사구면**(pseudosphere)이다. 이 곡면은 비록 구면과 닮지는 않았지만 구면과 마찬가지로 일정한 곡률을 가지고 있기 때문에 유사구면으로 불린다.

가우스곡률, 곡면의 넓이, 그리고 각잉여는 밀접한 관계가 있는 수량들이고, 이 밀접한 관련성이 바로 우리가 이 책에서 이해하고자 하는 것이다. 우리는 가우스곡률과 각잉여가 관계있다는 것을 이미 관찰하였다. 그림 20.9는 각잉여를 가지는 구면의 지오데식삼각형과 각결손을 가지는 말안장 모양 곡면의 삼각형을 보여준다. 더 평평한 곡면, 즉, 평면과 더 가까운 곡면위의 지오데식삼각형들은 평면삼각형들과 보다 비슷하게 생겼을 것이다. 따라서 양의 곡률은 각잉여를 만들어 내고, 음의 곡률은 각결손을 만들어 낸다는 것을 알 수 있다.

크기에 대한 문제 역시 명확하게 다루어 져야 한다. 매우 작은 삼각형은 곡면의 곡률에 매우 작은 영향만을 받는다(지구 위에 있는 두 개의 정삼각형을 생각하자. 하나는 한 변의 길이가 1000마일이지만 나머지 하나는 한 변의 길이가 1인치라고 하면 큰 삼각형의 모양이 지구의 곡률에 영향을 훨씬 많이 받게 될 것이다.). 이 곡면을 확대하면 할수록 곡면은 점점 평면에 가까워 질 것이다. 곡면 위의 아주 작은 삼각형은 각잉여가 거의 0에 가까워진다.

곡률과 넓이 사이의 관계를 나타내는 또 다른 설명이 있다. 양파껍질의 조각이나 양배추 잎과 같이 양의 곡률을 가지는 곡면의 일부를 가지고 있다고 가정하자. 우리가 이것을 식탁위에 평평하게 피려 한다면, 이 곡면 중앙에 너무 넓은 영역이 있다는 것을 발견하게 된다. 양파 껍질을 평평하게 만들기 위해 세게 누른다면 의심할 여지없이 양파의 가장자리는 찢어지게 될 것이다. 이것은 지구의 지도를 만들 때 주로 쓰이는 메르카토르(Mercator) 도법으로 그린 지도에서 그린란드가 미국대륙만큼 커지는 이유이다. 사실 그린란드를 이루는 세 섬의 크기는 미국의 48개 주만 합쳐도 그 안에 안정적으로 들어가는 크기이다. 이 문제를 음의 곡률을 가진 곡면으로 가져가면 정반대의 문제가 발생한다. 만약 테이블 위에 평평하게 놓여있던 원판을 말안장모양의 곡면으로 만든다고 하면 이번엔 원판에 너무 많은 영역이 있다는 것을 알게 된다. 원판의 가장자리는 반드시 접히고 구겨져야 한다.

우리는 곡률과 넓이, 그리고 각잉여가 가지는 관계를 개발하여 가우스곡률의 또 다른 대체정의를 얻을 수 있다. 먼저 점 x를 포함하는 지오데식삼각형 $\triangle$의 세 내각의 크기가 각각 a, b, c라 하자. 이 삼각형의 각잉여 $E(\triangle)=a+b+c-\pi$는 x에서의 곡률을 계산하는 좋은 도구이지만, 문제는 앞에서 살펴 본대로 삼각형의 크기가 작아지면 $E(\triangle)$의 값은 0에 가까워진다는 것이다. 이것은 각잉여를 삼각형의 넓이를 사용하여 크기를 조정할 필요가 있다는 것을 의미한다. 즉, 삼각형 $\triangle$의 넓이를 $A(\triangle)$로 표현한다면, 곡률을 각잉여를 사용하여 표현할 때 $E(\triangle)$보다는 $\dfrac{E(\triangle)}{A(\triangle)}$라는 개념을 사용해야 한다. 결론적으로 $\triangle$을 x로 축소시키면 $\dfrac{E(\triangle)}{A(\triangle)}$은 x에서의 가우스곡률에 가까워 진다.

이 공식을 사용하면 일정한 곡률을 가지는 곡면에 대해서는 그 곡면의 가우스곡률을 특히 쉽게 계산할 수 있다. 왜냐하면 곡률이 일정한 상수이므로, 이 값은 아무 지오데식삼각형의 $\dfrac{E(\triangle)}{A(\triangle)}$과 같아지게 된다(이 삼각형을 한 점으로 축소시킬 필요도 없다.). 예를 들어 반지름이 r이 구면에서 한 팔분면 $\triangle$을 고르자. 이 삼각형은 3개의 직각으로 구성되어 있으므로 이 삼각형의 각잉여는 $E(\triangle)=3\times\dfrac{\pi}{2}-\pi=\dfrac{\pi}{2}$이고, 이 삼각형의 넓이는 $A(\triangle)=\dfrac{1}{8}\times 4\pi r^2=\dfrac{\pi r^2}{2}$이다. 따라서 이 구면의 모든 점에서의 가우스곡률은 $\dfrac{\frac{\pi}{2}}{\frac{\pi r^2}{2}}=\dfrac{1}{r^2}$이다. 이것은 구면의 반지름이 증가할수록, 곡률은 줄어든다는 것을 보여준다. 당구공의 곡률은 쉽게 볼 수 있지만, 지구의 곡률은 쉽게 가늠할 수 없는 것은 바로 이러한 사실에 기인한다.

이러한 가우스곡률의 새로운 정의로부터 우리는 또 다른 재미있는 결론을 도출할 수 있다. 평평한 책상의 위에 종이 한 장이 놓여 있다고 생각하자. 분명하게도 이 종이의 가우스곡률은 0이다. 만약 이것을 말아서 원기둥을 만든다면, 이것의 기하는 변하였지만 가우스곡률은 여전히 0이다. 하지만, 우리가 이미 경험하여 알고 있는 것처럼, 아무리 노력해도 이 종이를 말아서 절대로 양의 곡률을 가지는 구면이나 음의 곡률을 가지는 말안장모양의 곡면을 만들 수 없다. 이 종이는 우리가 어떻게 변형하더라도 반드시 0의 곡률만을 가져야 한다. 보다 전문적인 용어를 사용하면, 우리는 종이의 **외적곡률**(extrinsic curvature)은 자유롭게 변형할 수 있지만 이 종이의 **내적곡률**(intrinsic curvature)은 절대 바꿀 수 없다.

두 개의 주곡률 κ_1과 κ_2는 곡면의 외적곡률에 해당하는 값이다. 이 곡률은 곡면이 3차원 공간에 어떻게 포함되어 있는지에 따라 다르게 계산이 되기 때문이다. 평평한 종이가 만들어내는 곡면은 $\kappa_1=\kappa_2=0$를 가지지만, 원기둥의 주곡면 중 하나는 0이 아니다. 주곡률은 외적곡률이다. 왜냐하면 곡면 위에 살고 있는 개미는, 곡면 위에서의 측량을 통해서는 절대 이 곡면의 주곡률을 계산할 수 없기 때문이다. 이 개미는 곡면을 떠나서 이 곡면이 공간에 어떤 모양으로 들어가 있는지를 직접 봐야만 주곡률을 계산할 수 있다. 가우스곡률은 이 주곡률의 곱($\kappa = \kappa_1 \kappa_2$)으로 계산되는 값으로 생각하면 가우스곡률은 얼핏 외적곡률에 해당하는 값이라 할 수 있다.

그러나 넓이나 각잉여의 값은 그 곡면 위에 사는 개미가 직접 측량할 수 있기에 곡면의 내적성질에 해당한다. 이 값들을 계산할 때 곡면을 공간속에 견고하게 박아 둘 필요가 없다. 종이에 그려진 삼각형의 넓이나 각잉여의 측정값은, 종이를 원기둥 모양으로 말아도 변하지 않기 때문이다. 따라서 가우스곡률을 넓이나 각잉여로 표현할 수 있는 값이라 생각한다면 가우스곡률은 사실 곡면의 내적인 성질인 것이다!

외적곡률에 해당하는 두 개의 주곡률을 서로 곱하면 곡면의 내적곡률에 해당하는 값을 얻을 수 있다는 사실을 처음으로 발견한 사람은 가우스였다. 그는 이 발견의 아름다움을 알아차리고, 이 정리의 이름을 훌륭한 정리라는 뜻의 theorema egregium라고 불렀다.

가우스곡률은 내적곡률이기 때문에, 대상이 전체 공간속에 고정되어 있지 않더라도 계산할 수 있다. 그러나 이 문장이 가우스곡률이 위상적인 값이라는 의미는 아니다. 만약 우리의 고무 재질로 만들어진 종이와 같은 위상적 곡면이었다면, 우리는 이것을 잘 움직여서 곡률을 바꾸고, 종이 위에 그려진 삼각형도 비약적으로 왜곡시킬 수 있을 것이기 때문이다.

1827년 가우스는 곡률, 넓이, 각잉여 사이의 관계를 더 잘 알 수 있게 만들어 주는 또 다른 중요한 정리를 증명하였다. 단순 폐곡선의 총곡률을 계산했던 것처럼 가우스는 곡면 위의 주어진 영역의 총곡률을 계산하고 싶었다. 일정한 곡률을 가지를 가지는 곡면에 대해서는 이 계산은 간단하다. 이 곡면의 가우스곡률이 κ라면, R이라는 영역의 총곡률은 $\kappa \times A(R)$이 된다. 단, $A(R)$은 R의 넓이를 의미한다. 만약 이 영역이 지오데식삼각형 모양이었다면, 이 영역의 총곡률은 $\kappa \times A(R) = \dfrac{E(R)}{A(R)} \times A(R) = E(R)$, 즉 삼각형의 각잉여와 같아진다.

가우스의 놀라운 정리는 이러한 사실이 일정하지 않은 곡률을 가진 곡면 위의 삼각형에 대해서도 성립한다는 것을 말해준다.[8)]

---

8) 국소 가우스-보네 정리는 다음과 같이 쓸 수 있다.

지오데식삼각형 $\triangle$의 세 내각이 각각 a, b, c라면 $\int_{\triangle} k\,dA = a + b + c - \pi$이다.

국소 가우스–보네 정리(The Local Gauss–Bonnet Theorem)

어떤 곡면의 지오데식삼각형의 총곡률은 이 삼각형의 각잉여와 같다.

다르게 표현하면, 이 정리는 지오데식삼각형 $\triangle$의 세 내각의 크기가 a, b, c일 때, $\triangle$의 총곡률은 $a+b+c-\pi$와 같아진다는 것이다.

이 정리의 이름에 포함된 또 다른 수학자의 이름은 프랑스의 기하학자 피에르 오시안 보네(Pierre Ossian Bonnet, 1819~1892)이다. 이 책에서 자세히 다루지는 않겠지만 1848년 보네는 가우스의 정리를 확장시켜 지오데식 선분으로 둘러 싸이지 않은 영역에 대한 경우의 정리를 증명하였다. 즉, 가우스는 지오데식삼각형의 총곡률에 대해서 계산하였고 보네는 곡면 위의 임의의 닫힌영역의 총곡률을 계산한 셈이다. 이 책에서는 자세히 다루지는 않는다.

놀랍게도, 가우스나 보네 둘 모두 다음과 같은 굉장히 자연스러운 질문을 하지 않았던 것으로 보인다. 곡면 전체의 총곡률은 얼마가 될까? 가우스와 보네는 심지어 구면의 총곡률에 대해서도 궁금해 하지 않았다. 곡면 전체의 총곡률은 국소 가우스–보네 정리와 각잉여정리의 조합으로 자명하게 계산 할 수 있다(단, 기술적인 이유로 곡면이 반드시 가향적이어야 한다는 조건이 필요하다.).

곡면을 지오데식삼각형으로 분할하자. 국소 가우스–보네 정리에 의해 각 삼각형의 총곡률은 이 삼각형의 각잉여와 같아진다. 따라서 곡면 S의 총곡률은 곡면 전체의 각잉여와 같아지고, 각잉여정리에 의해 이 값은 $2\pi\chi(S)$가 된다. 다음은 우리가 가우스–보네정리라고 부르는 정리이다.[9)]

가우스–보네 정리(The Global Gauss–Bonnet Theorem)

가향 곡면 S의 총곡률은 $2\pi\chi(S)$이다.

9) 가우스–보네 정리는 다음과 같이 쓸 수 있다.

곡면 S의 총곡률은 $\int_S k\ dA = 2\pi\chi(S)$이다.

간략하게 이야기해서, 가우스-보네 정리는 어떤 곡면을 가지고 늘리거나 줄여서 이것의 국소곡률은 바꿀 수 있을지언정 전체 곡률의 큰 틀은 바꿀 수 없다는 것을 말해준다. 양의 곡률을 가지는 새로운 영역은 음의 곡률을 가지는 새로운 영역과 반대의 현상을 나타내어야 한다. 이 모든 것은 곡면의 위상에 관여한다.

당구공과 지구는 같은 모양을 가지고 있지만 단지 크기가 다르다는 관점에서 당구공위에서 각 점이 가지는 곡률과 지구위에서 각 점이 가지는 곡률이 굉장히 다른 것이 가우스-보네 정리를 확인하는데 문제를 일으킨다고 있다고 보여질 수 있다. 하지만 비록 지구의 각 점에서의 곡률이 당구공의 곡률보다 굉장히 작음에도 불구하고, 지구는 당구공보다 훨씬 넓은 면적을 가지고 있기 때문에 당구공과 지구의 총곡률은 서로 같다. 작은 양을 많이 더하는 것과 큰 양을 적게 더하는 것은 같을 수 있기 때문이다.

가우스 보네정리와 17장에서의 가향적 '곡면의 분류 정리'를 조합하면, 우리는 새로운 흥미로운 결론에 도달할 수 있다. 가령, 구면은 유일하게 양의 오일러지표를 가지고 있는 닫힌곡면이다. 따라서 만약 어떤 경계가 없는 곡면이 양의 총곡률을 가지고 있다면 이 곡면은 반드시 구면과 위상동형이 되어야 한다. 비슷하게 어떤 닫힌곡면의 총곡률이 0이 된다면, 이 곡면은 반드시 토러스와 위상동형이어야 한다. 모든 다른 종류의 닫혀있는 가향적 곡면(즉, 종수가 $g>1$인 곡면)은 반드시 음의 총곡률을 가져야 한다.

가우스와 보네가 이 전체적인 성격을 가지는 정리에 대해 인지하지 못했다고 하더라도, 빌헬름 블라쉬케(Wilhelm Blaschke, 1885~1962)는 그가 쓴 1921년 교재에서 그들의 명예로운 이름을 이 정리에 부여하였다. 그의 책에서도 가우스-보네 정리는 국소 가우스-보네 정리로 증명되어 있다. 사실 가우스-보네 정리의 첫 번째 증명은 1888년으로 되돌아가야 한다. 다이크는 이 정리를 완전히 다른 방법으로 증명하였다. 우리는 이 정리에 예상치 못한 이름이 붙었다는 것을 볼 수 있다.

이 책의 20장, 21장에서는 위상과 기하의 기대할 수 없었던 아름다운 관계에 대해서 살펴보았다. 오일러지표는 단순히 위상적불변량일 뿐 아니라 위상과 기하라는 서로 다른 두 분야를 묶어주는 연결 고리도 된다. 오일러공식의 수학의 근본적인 관계라고 불리는 또 다른 이유이다. 다음 두 장에서는 우리는 오일러지표를 고차원 공간으로 확장시킬 수 있다는 것을 보일 것이다.

CHAPTER 22 n차원으로의 탐험

★ **리사** : 아빠 어디 계신다구요?
프링크 교수 : 흠.. 쌍곡위상수학에서 박사학위를 받은 사람으로서 확신을 가지고 판단하건데.. 호머 심슨 씨가 계신 곳은 3차원 세계입니다. [칠판에 그림을 그린다] 여기 보통의 정사각형이 있습니다–
경찰서장 위검 : 워.. 워.. 천천히 해. 어렵잖아!
프링크 교수 : – 하지만 만약 이 사각형을 우리 우주의 2차원 너머로 확장시켜 봅시다. 바로 가상의 z–축으로 말이죠. [모두 숨을 죽인다] 이것은 "정육면체"라고 알려진 3차원 물체가 됩니다. 혹은 이것의 발견자를 따서 "프링크입체"라고 부르죠.

– 심슨 가족, "공포의 집 VI"

지금까지는 우리가 다뤄왔던 모든 위상적 대상은 곡선이나 곡면이었다. 이 국소적으로 1차원 혹은 2차원 대상들은 각각 2, 3, 4차원 공간속에서 존재하고 있었다. 곡면은 다면체를 위상적으로 일반화한 것이다. 그리고 오일러의 다면체 공식은 곡면에 대한 오일러공식으로 훌륭하게 일반화 된다. 이런 점에서 더욱 높은 차원의 위상 모양에 대해서도 어떤 이야기를 하고 있을지 묻는 것은 매우 자연스럽다. 고차원 위상공간이란게 무엇이며, 그리고 그 공간의 오일러지표란 또 무엇인가?

다음 23장에서 보게 되겠지만, 푸앵카레는 오일러지표를 높은 차원의 위상공간에 대해서도 정의하였고, 이것 역시 위상적불변량이란 것을 증명하였다. 하지만 푸앵카레의 업적에 대해 논의하기 전에, 우리는 반드시 차원에 대해서 논의해야 하고, 오일러지표를 확장하기 위한 초기의 시도들에 대해서 알아보아야 한다.

모든 사람들은 0, 1, 2, 3차원 공간에 대해서 친숙할 것이다. 3차원 공간은 우리가 살고 있는 환경이다. 나무, 집, 사람, 강아지들은 모두 3차원의 존재이다. 3차원 공간은 2차원 대상을 포함하고 있다. 칠판, 종이조각, 텔레비전 화면은 모두 2차원 존재들이다. 실, 평균대, 전기선 등은 1차원이다. 이 문장의 끝에 찍히는 마침표는 0차원의 존재이다.

차원을 점, 선, 면과 같은 기하학적인 그림과 연관시키는 것은 일반적인 일이다. 그러나 이전부터 봐 왔던 것처럼, 이렇게 딱딱한 기하학적인 대상보다는 보다 느슨한 차원의 정의를 원한다. 차원을 생각하는 보다 건강한 방법은 이것을 자유도의 정도로 표현하는 것이다. 즉, 그 대상이 움직일 수 있는 독립적인 방향의 개수를 차원으로 정의하는 것이다.

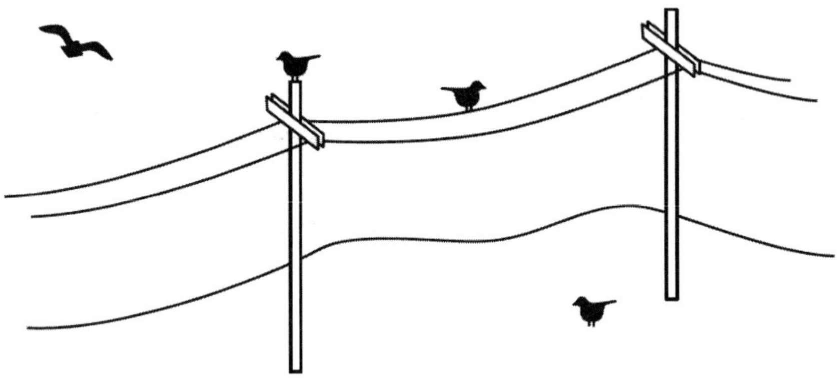

그림 22.1 0, 1, 2, 3차원을 경험하고 있는 새의 무리

그림 22.1에서 보이는 새의 무리를 생각해 보자. 각 새들은 움직일 수 있는 범위에 제한을 가지고 있다. 새들 각각은 움직일 수 있는 방향의 자유로운 정도가 서로 다르다. 그림에서 전봇대 위에 앉아있는 새는 어느 방향으로도 움직일 수 없다. 따라서 이 새는 0차원 공간을 경험하고 있다. 전깃줄 위에 앉아있는 새는 선을 따라 옆으로만 움직일 수 있다. 따라서 이 새는 한 개의 자유로운 정도를 가지고 있으므로, 1차원 공간에 살고 있다고 할 수 있다. 땅에 앉아 있는 새는 2차원 공간에 살고 있고, 하늘을 날고 있는 새는 3차원 공간속에 있다. 우리는 직선, 평면을 이야기 하고 있는 것이 아니라, 그저 자유로운 정도만 이야기하고 있음을 기억하자. 매달려 있는 줄은 확실하게 직선이 아니고, 지면 역시 언덕과 계곡을 가지고 있다.

우리는 3차원 공간속에서 살고 있기 때문에, 0, 1, 2, 3차원을 개념화 하는 일은 비교적 쉬운 일이다. 하지만 4차원이나 혹은 그것보다 높은 차원의 일은 우리 경험의 범위 밖에 일이다. 사실 크로스캡, 클라인 병, 사영평면을 조사할 때, 네 번째 차원의 필요성을 이미 알아차린 바 있다. 이때 이 네 번째 차원으로의 도약을 상상하는 것이 쉽지는 않았지만, 이 곡면들을 시각화 하는 것은 그렇게 어렵지 않았다. 무엇보다도 이 4차원 공간은 거의 3차원이나 마찬가지였다. 하지만 실제 4차원 이상의 공간을 들여다보는 것은 이렇게 간단하게 우회하는 것보다 훨씬 복잡한 이해를 요구한다.

사람들이 시간이 네 번째 차원이라고 이야기하는 것을 듣는 것은 흔한 일이다. 이런 시각은 1788년 무렵부터 조제프루이 라그랑주(Joseph-Louis Lagrange)에 의해 비롯된 것이다. 시간은 우리에게 매우 친숙한 양이고, 아마도 4차원 공간에 대한 이해의 실마리를 얻는데 도움이 될 수 있을 것이다. 하지만 거기에는 허점이 있다. 우리는 "시간의 화살"을 무시하지 못한다. 우리가 만나고 있는 3차원 물리공간은 방향이 없다. 입자는 직선 위에서 물리법칙과 모순되지 않으면서 뒤로, 앞으로 마음껏 움직일 수 있는 것에 반하여, 이 입자는 시간 안에서는 뒤쪽이나 앞쪽으로 갈 수 없다. 따라서 시간은 다른 세 개의 차원과 비교하였을 때 고유한 어떤 다른 성질을 가지고 있다. 일반적으로 우리의 네 번째 차원이 이와 같은 제한적인 성질을 가지고 있는 것을 바라지 않는다.

실제 고차원 공간은 우리 주변에서 자연스럽게 등장한다. 우주왕복선의 움직임에 대한 예측은 6차원을 필요로 한다. 3차원은 이 우주선의 위치에 대한 것이고 나머지 3차원은 이것의 속도에 대한 것이다. 태양, 지구 달의 위치와 속도를 정화하게 표현하기 위해서는 우리는 18차원이 필요하다. 경제학자의 금융모델이나, 경제학자의 인구 연구, 그리고 물리학자의 양자역학 등은 훨씬 많은 변수를 가지고 있고, 각 변수는 차원 하나를 만들어 낸다. 수학적인 관점에서, 우리는 굉장히 많은 차원을 우리가 원하는 만큼 더할 수도 있다.

고차원에 대한 이러한 원천과는 무관하게도, 우리는 이 논의에서 각 차원이 반드시 물리적인 것, 우리가 살고 있는 공간과 같은 3차원과 다르지 않아야 한다고 가정하고 있다. 이러한 물리적인 3차원보다 더 많은 물리적인 차원이 존재한다고 주장하는 것이 아니다. 그럴 수도 있고, 그렇지 않을 수도 있다(끈이론을 공부하는 물리학자들은 최소한 10개의 차원이 존재해야 한다고 주장하기도 한다.). 수학적으로 말해서 이것은 필요없는 논의다.

우리는 n차원 유클리드공간을 $\mathbb{R}^n$으로 표시한다. $\mathbb{R}^1$은 실수 집합, 혹은 중학교에서 배우는 수직선(數直線)이다. 수직선위의 한 점은 한 개의 x값을 나타낸다. $\mathbb{R}^2$는 무한평면이다. 이 평면은 좌표축으로 쓰이는 x축과 y축을 가지고 있다. 평면 상의 한 점은 순서쌍 (x, y)에 의해 표현될 수 있다. 삼차원 유클리드공간은 $\mathbb{R}^3$로 표시되고, $\mathbb{R}^3$상의 모든 점은 세 개의 실수 순서쌍 (x, y, z)에 의해 유일하게 표현된다. 수학적으로, 이러한 개념이 n차원 유클리드 공간으로 수학적으로 확대될 수 있는 것은 자명하다.

유클리드 공간 $\mathbb{R}^n$상의 각 점은 n개의 실수 순서쌍 $(x_1, x_2, \cdots, x_n)$으로 유일하게 표현될 수 있다. 이제 우리는 고차원 공간이 실제로 존재하는 물리적인 차원여부와는 상관없이, 고차원 공간을 다룰 수 있게 되었다.

우리는 많은 시간을 곡면을 배우기 위해 소비하였다. 우리는 곡면을 국소적으로 2차원인 대상으로 묘사하였다. 이 곡면위에 살고 있는 개미는 두 개의 자유의 정도를 가지고 있다. 우리는 같은 아이디어를 일반적인 고차원으로 확장할 수 있다. **n차원 다양체**(n-dimensional manifold) 혹은 **$n-$다양체** (n-manifold)는 국소적으로 n차원 유클리드공간과 매우 닮은 위상적인 대상이다. $n-$다양체 속에 살고 있는 거주민들은 n개의 자유의 정도를 가지고 있다. 곡면의 경우와 마찬가지로, 다양체는 국소적인 간단함과 전체적인 복잡함을 가지고 있다. 이것은 구멍을 가지거나, 혹은 자명하지 않은 위상적 성질을 가질 수도 있다. 이러한 전체적인 성격과는 무관하게도 가까이에서 쳐다보는 모든 $n-$다양체는 $\mathbb{R}^n$과 닮았을 뿐이다.

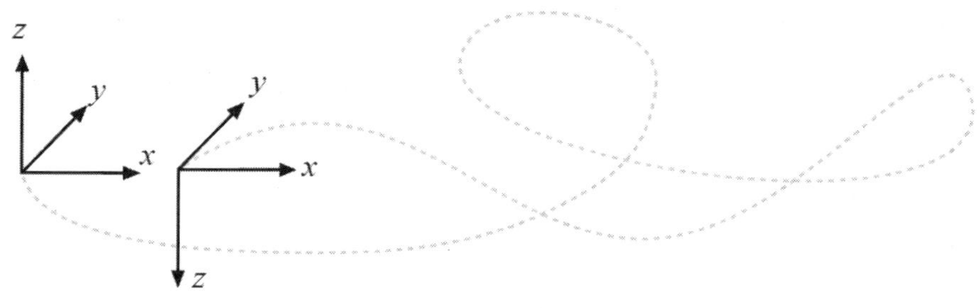

그림 22.2 비가향적 3-다양체안에서의 좌표축 들

또한 곡면과 마찬가지로, $n-$다양체는 가향적이 될 수도 있고 비가향적이 될수도 있다. 다양체에서 비가향성을 확인하는 가장 쉬운 길은 16장에서 소개했던 다이크의 방법을 사용하는 것이다. 먼저 비가향적인 $n-$다양체의 한 위치에 두 개의 완전히 일치하는 좌표계가 있다고 하자. 이때 어느 하나의 좌표계를 다양체를 따라 적당히 이동시킨 후 원래의 자리로 되돌아 왔을 때, 이 좌표계의 모든 축들의 순서를 올바르게 정렬시킬 수 없도록 만들 수 있다. 가령 예를 들어, 비가향적 3-다양체 안에서 x, y축을 순서에 맞게 배열하면 z축은 반대방향으로 향하는 식이다(그림 22.2 참조).

어떤 차원의 다양체라도 경계를 가질 수 있으며, 이 경계는 n-다양체보다 차원이 하나 낮은 다양체이다. 1-다양체의 경계는 0-다양체(두 개의 점)이고, 2-다양체(곡면)의 경계는 1-다양체(한 개 혹은 그 이상의 원들)이다. 3-다양체(입체)의 경계는 곡면이다. 예를 들어 3차원 속이 꽉 찬 입체토러스의 경계는 일반적으로 속이 빈 토러스이고, 속이 꽉 찬 구체의 경계는 구면이다. 더 일반적으로 B^n으로 표시되는 n-구체는 n-다양체이고 이것의 경계는 $(n-1)$차원의 구 S^{n-1}이다(S^n과 B^n의 정의에 대해서는 19장을 참조하라.).

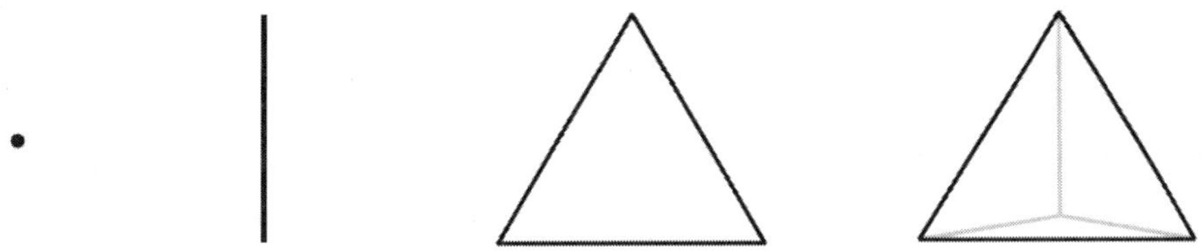

그림 22.3 0, 1, 2, 3,차원의 단체

다양체 역사의 시작은 리만의 다변수복소함수와 이것과 관계된 리만 곡면에 대한 연구로 되돌아가야하지만, 19세기에서 20세기로 넘어가는 무렵에, 푸앵카레는 다양체가 매우 중요한 연구 대상이라는 것을 주장하는 동시에 다양체를 묘사하는 여러 방법을 제안하였다. 아마도 가장 쉬운 방법은 $\mathbb{R}^n$의 부분집합으로서 어떤 방정식이나 연립방정식의 해집합으로 표현하는 것일 것이다. 가령 $x^2+y^2+z^2=1$은 구면을 나타내는 식이고 $\left(3-\sqrt{x^2+y^2}\right)^2+z^2=1$는 토러스를 의미한다. 이 둘 모두는 $\mathbb{R}^3$에 존재한다. 가끔씩 푸앵카레는 다양체를 **단체복합체**(simplicial complex)로 불리는 n-차원 다면체로서 표현하곤 하였다. 단체복합체에서, 꼭짓점, 변, 면의 일반화는 **단체**(simplex) 이다. 모든 단체들은 삼각형이거나, 혹은 높은 차원에 해당하는 삼각형의 유사체로 가정한다. 그림 22.3에서 보듯이 k-단체는 $k+1$개의 점으로 결정되는 k차원 대상이다. 0-단체는 점이고, 1-단체는 선분이며, 2-단체는 삼각형이다. 3-단체는 삼각피라미드(정사면체)모양이다. 단체복합체에서는 우리는 두 이웃한 단체가 서로 만날 때는 그것들보다 더 낮은 차원의 단체에서 만나야 한다고 가정한다(15장에서 주어진 헤셀의 다면체가 곡면이 아니듯이, 모든 단체 복합체가 다양체 인 것은 아니다.).

그림 22.4 서로 대응되는 면을 붙여 3차원 토러스를 얻을 수 있다.

푸앵카레가 다양체를 묘사한 다른 방법으로는 클라인의 곡면을 만드는 방법을 일반화 하는 것도 있다. 클라인이 다각형의 모서리를 서로 붙여서 곡면을 만든 것처럼, 푸앵카레는 n-차원 다면체의 면을 서로 이어 붙여 n-다양체를 만들어 냈다. 가령 사각형의 서로 마주보는 모서리를 꼬지 않고 서로 이어 붙이면 토러스를 얻는다. 이와 마찬가지로, 토러스의 3차원 유사체에 해당하는 3-토러스는 정육면체의 마주보는 세 쌍의 면을 서로 꼬임 없이 붙여서 얻을 수 있다(그림 22.4 참조). 3-토러스는 닫혀있는 가향적 3-다양체의 예이다.

다양체의 추상적인 정의는 다양체가 어디에서 "살고" 있는지 명시하지 않는다. 우리는 클라인병이 $\mathbb{R}^3$에 존재할 수 없다는 사실을 알지 못하더라도 클라인병을 정의할 수 있고, 이것의 성질에 대해 이해할 수 있다. 그렇다면 어떤 일반적인 n-다양체가 주어져 있을 때, 우리는 항상 이 다양체를 어떤 유클리드 공간 $\mathbb{R}^m$에 자기교차(self-intersection) 없이 잘 집어넣을 수 있을까? 만약 그게 사실이라면, m은 얼마나 커야 할까? 해슬러 휘트니(Hassler Whitney)는 모든 n-다양체가 $2n$차원의 유클리드 공간에 잘 포함될 수 있다는 것을 증명하였다. 이 정리는 이후 **휘트니 매장정리**(Whitney embedding theorem)이란 이름으로 불린다.

지난 17장에서 우리는 곡면의 분류정리에 대해 다루었었다. 모든 곡면은 핸들을 가진 구면이나 크로스캡을 가진 구면이 되어야 한다. 그렇다면 n이 2보다 큰 경우에 대해서도 n-다양체를 분류하는 것이 가능한지를 묻는 것은 합리적이다. 결론적으로 이것은 매우 어려운 문제이다. 17장에서, n-다양체의 차원이 위상적불변량이라는 것을 주장하였다. 즉, 5-다양체와 7-다양체는 서로 위상동형일 수 없다. 심지어 이 사실도 정당화하기 어려운 결과이다. 브라우어르가 **차원의 불변성 정리**(invariance of dimension theorem), 즉 $m \neq n$이면 $\mathbb{R}^m$과 $\mathbb{R}^n$은 서로 위상동형하지 않다는 사실을 증명한 것은 1911년의 일이다. 나중에 우리는 유명한 분류에 관한 질문에 대해 소개할 것이다. 이 문제의 옳은 풀이에는 100만 달러의 상금이 걸려 있었다.

분류 문제의 중요성은 쉽게 이해되지 않을 것이다. 근본적인 미해결 문제 중 하나는 우주의 생김새에 관한 것이다. 끈이론 학자들의 주장을 잠깐 제쳐놓으면, 우리는 3차원의 우주에 살고 있다고 할 수 있다. 이 우주는 (추측컨대, 경계가 없는) 굉장히 큰 3-다양체일 것이다. 이 다양체의 성질은 뭘까? 이것의 지름은 유한할까? 아니면 영원히 뻗어나가는 모양일까? 위상적으로 $\mathbb{R}^3$와 같을까 아니면 다른 자명하지 않은 위상적 성질을 가지고 있을까? 훨씬 더 기괴하게 생겨서 비가향적이 될 수도 있지 않을까? 그게 사실이라면, 오른손잡이 우주인이 우주를 여행하고 지구로 돌아왔을 때 왼손잡이가 되어 있을 수도 있다.

이제 모든 차원의 다양체에 대한 개념을 가지게 되었을 것이다. 그렇다면, 오일러 공식을 이 일반적인 다양체에도 적용할 수 있는지 질문하는 것은 매우 자연스러운 일이다. 이를 위해 우리는 다시 다면체로 돌아가야만 한다. 코시는 처음으로 오일러 공식을 고차원으로의 일반화에 대한 가능성을 흘끗 본 사람이다. 오일러 공식을 다면체를 평면으로 옮겨서 증명을 한 논문에서 코시는 오일러 공식의 고차원 버전에 대한 특수한 경우를 다루는 명제를 진술하고 증명하였다. 그가 주장하기를, 꼭짓점, 변, 면들이 볼록다면체의 내부에도 있어서 다면체를 S개의 볼록다면체로 분할하고 있다면, 그리고 내부의 것을 포함하여 꼭짓점의 개수가 V, 변의 개수가 E, 면의 개수가 F라면 다음이 성립한다고 하였다.

$$V-E+F-S=1$$

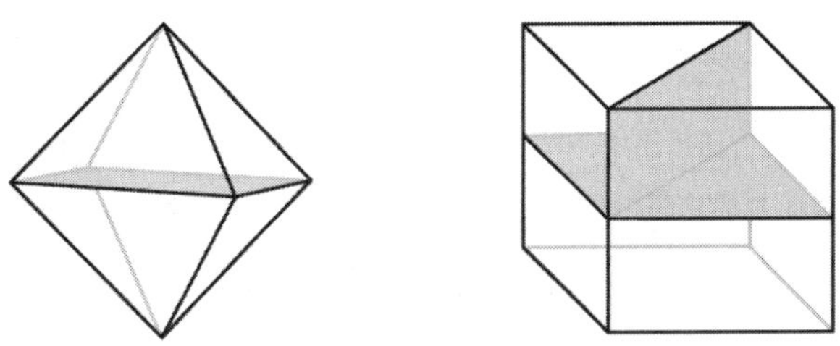

그림 22.5 정팔면체와 정육면체의 분할

코시의 정리를 설명하기 위해 그림 22.5에서 주어진 정팔면체와 정육면체의 분할을 보라. 왼쪽의 정팔면체 내부의 한 새로운 면은 정팔면체를 두 개의 다면체로 나눈다. 따라서 $S=2$이다. 모두 6개의 꼭짓점과 12개의 변과 9개의 면이 있으므로, 코시의 주장에 따라서 $6-12+9-2=1$이다. 이와 비슷하게 오른쪽의 정육면체의 경우에는 3개의 다면체로 나뉘어져 있고 12개의 꼭짓점, 22개의 변, 14개의 면이 있다. 역시 $12-22+14-3=1$이다.

1852년 루드윅 스취라프리(Ludwig Schläfli)는 모든 차원의 다면체에 대해 성립하는 일반적인 오일러공식을 발견하였다. 하지만 그의 연구는 출판되지 않다가, 1901년 다른 이들에 의해 재발견 되었다. n차원 다면체 P가 b_0개의 꼭짓점, b_1개의 변, b_2개의 면, 즉 일반적으로 b_k개의 k차원 면을 가지고 있다고 가정하자. 스취라프리는 n차원 다면체를 $(n-1)$차원 면으로 둘러싸여 있는 속이 비어 있는 것으로 간주하였다. 즉, $b_n=0$이라고 할 수 있다. 모든 차원의 다면체에 대한 오일러지표를 각 차원 면의 개수의 교대합으로 일반화하여 정의하자. 즉,

$$\chi(P)=b_0-b_1+b_2-\cdots\pm b_{n-1}$$

이다. 스취라프리는 n이 홀수는 $\chi(P)=0$이고 n이 짝수면 $\chi(P)=2$가 된다는 것을 관찰하였다.

이제 현대적인 위상수학 관점에서 코시와 스취라프리의 결과를 확인해보자. 먼저 코시와 스취라프리는 모두 볼록다면체만을 생각하였다. 즉, 이 다면체는 구멍이나 터널을 가지고 있지 않다. 위상적으로 스취라프리의 속이 빈 n차원 다면체는 $(n-1)$차원 단위구 S^{n-1}과 위상동형이다. 따라서 스취라프리의 정리는 n이 홀수이면 $\chi(S^n)=0$이고, n이 짝수이면 $\chi(S^n)=2$가 된다는 것을 보여준다. 한편, 코시의 다면체는 입체, 즉 속이 꽉 찬 것이라고 볼 수 있다. 이러한 다면체는 위상적으로 3-구체 B^3와 같다. 따라서 코시가 증명한 것은 $\chi(B^3)=1$이고, 오늘날 우리는 모든 n에 대해서 $\chi(B^n)=1$가 됨을 알고 있다. 이 사실을 증명하기 위해서 n차원 구체 B^n을 스취라프리의 속이 빈 다면체에 "내부를 채우는" n차원 면을 하나 추가하여 만들었다고 생각하자. 따라서 $\chi(B^n)=\chi(S^{n-1})+(-1)^n$이다. n이 짝수라면 $\chi(B^n)=0+1=1$이고 n이 홀수라면 $\chi(B^n)=2-1=1$이다.

그림 22.6 요한 리스팅

다음에 나타난 오일러 공식의 고차원 일반화는 요한 베네딕트 리스팅(Johan Benedict Listing)에 의해 만들어진 것이다. 우리는 리스팅을 이미 여러 번 다룬 바 있다. 그는 그래프이론에도 업적을 나겼고(11장), 그는 매듭을 공부한 첫 번째 수학자이며(18장), 그리고 뫼비우스보다 먼저 뫼비우스 띠를 발견하였다. 심지어 위상이라는 용어를 만들기도 하였다(16장). 사실 그는 오일러공식을 진정한 위상적인 관점에서 바라본 첫 번째 사람이기도 하다. 리스팅은 오늘날 위상수학자로 불리는 사람들과 같은 방식으로 수학적 대상을 생각하기 시작한 초기 수학자 중 한명이다. 독자는 그가 위상수학의 거인 중 한 명으로 인정받았을 것이라고 기대하고 있을 것이다. 하지만 실제로는, 그의 생애 동안에는 아무런 인정을 받지 못했고, 그가 죽고 난 이후에도 오랫동안 무명으로 남았다. 심지어 오늘날 **과학인명사전**(Dictionary of Scientific Biography)이라고 하는 수학과 과학의 역사의 중요한 업적을 남긴 인물들의 짧은 생애정보를 담고 있는 18권짜리 책에도 리스팅의 이름을 찾아 볼 수 없다.

리스팅이 그의 합당한 역사적 지위를 부여 받지 못한 이유는 명확하지 않다. 리스팅의 학문적 계통도 훌륭하다. 리스팅은 가우스로부터 박사학위를 받았고, 가우스가 죽기 전까지도 가우스의 측근 그룹의 일원으로 남았다(리스팅은 실제로 가우스가 죽는 순간에도 함께 있었다.). 8년 동안이나 그는 리만의 옆방에서 살았다(놀랍게도 리만과 리스팅이 꽤 오랫동안 많은 것을 공유해 온 것에 비해, 서로 협력을 했다거나 의미 있는 대화를 나누었다는 증거가 없다. 아마도 리스팅은 리만의 가족을 망가뜨린 결핵이 전염 될까봐 두려워했을 것이라는 이야기가 신빙성을 얻고있다.). 리스팅은 광학과 같은 과학 영역에서도 중요한 업적들을 남겼다. 리스팅은 또한 위상수학을 포함하여 오늘날에도 사용되는 여러 과학 및 수학 용어를 만들었다. 가령 백만분의 일 미터의 단위를 의미하는 "마이크론(micron)"은 리스팅이 제안한 용어이다.

아마도 그가 이토록 세상에 알려지지 않은 것은 그의 개인적인 상황에 기인한 것으로 생각된다. 그는 사교적이고 친절한 사람이었지만, 조울증을 앓고 있었고, 많은 빚으로 인한 경제적인 어려움에 지속적으로 시달리고 있었을 뿐 아니라, 그의 부인은 자주 법적인 문제를 일으켰다. 아마도 이러한 쉴 틈 없는 정신적 상황이 그를 수학으로부터 오랫동안 떨어져 있게 만들고, 리스팅이 그의 경력에 불리한 결정을 하거나 학계의 정치 게임에 참여하는 것을 거부하게 된 이유가 되었을 것이다. 또한 그의 수학을 표현하는 방법이 원인이었을 수 있다. 그의 저술방법은 너무 세부적인 것에 집착하는 경향이 있었으며, 이는 그가 발견한 중요하고 깊은 수학 이론을 전달하는데 방해가 되었다.

리스팅은 위상수학에 관한 두 편을 글을 썼다. 하나는 1847년에, 다른 하나는 1861년에 출판되었다. 첫 번째 책은 여기서도 많이 언급되었던, 리스팅의 많은 위상적 생각으로 구성된 Topologie 이다. 두 번째는 '공간 복합체에 대한 조사와 다면체에 대한 오일러 정리의 일반화에 대한 조사'(Der Census räumlicher Complexe oder Verallgemeinerung des Euler'-schen Satzes von den Polyedern)라는 긴 이름을 가진 글로, 비볼록 3차원 도형에 대한 오일러공식의 일반화가 포함되어 있다. 1884년 테이트(P. G. Tait)는 리스팅의 위상수학에 관한 저술에 대해 다음과 같이 한탄하였다.

> 그 책은 아직도 가치가 없는 난해함으로부터 구출되지 않았고, 영어로 출판되지도 않았습니다. 중요하지 않은 내용에 대해서 너무 많이 할애하고 있습니다.

이 책에서는 도형의 견고한 다면체적인 관점을 과감히 포기하였다. 대신에 도형의 구성요소를 위상적으로 취급하여 다루었다. 리스팅은 꼭짓점, 변, 면, (3차원의) 공간을 헤아렸지만, 이 대상은 자명하지 않은 위상을 가질 수도 있었다. 리스팅은 이를 원형질(cyclosis)라고 불렀다. 가령, 원을 변으로 취급하고, 구면을 면으로 취급했다. 하지만 이 대상들을 헤아릴 때는 면이 가지는 위상에 따라 적절하게 수정을 가했다. 리스팅은 원기둥을 하나의 면으로 헤아렸지만, 이것은 자명하지 않은 고리를 가지고 있었으므로 1을 뺐다. 만약 A, B, C, D가 각각 이렇게 변형을 가한 원형질로 구성된 꼭짓점, 변, 면, 공간의 개수라고 하면 다음이 성립한다.

$$A - B + C - D = 0$$

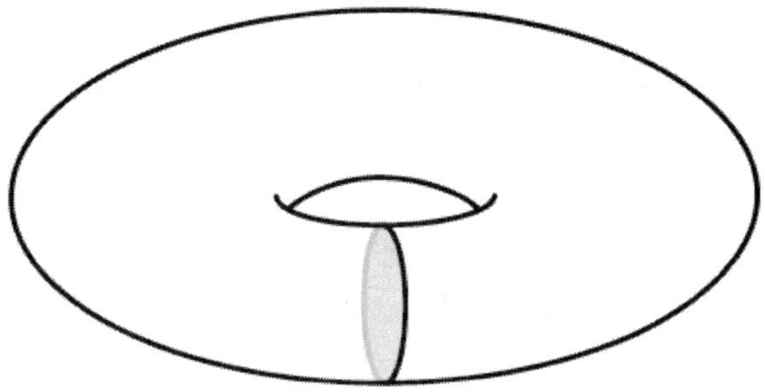

그림 22.7 토러스입체의 분할

리스팅의 분할이 어떻게 작용하는지 그 풍미를 느끼기 위해, 그림 22.7에 보이는 것과 같이 분할된 입체 토러스에 리스팅의 결과를 적용해 보자. 이 토러스는 꼭짓점이 없고, 한 개의 원형 모양의 변을 가지고 있다. 그리고 두 개의 면 (하나는 원기둥 모양이고 하나는 원판 모양이다)이 있고, 두 개의 공간 (하나는 원기둥 내를 포함하는 공간이고 다른 하나는 바깥쪽에 해당하는 공간)을 가지고 있다. 이 분할은 꼭짓점이 없기 때문에 $A=0$이다. 그리고 한 개의 변을 가지고 있지만 한 개의 닫힌 고리도 가지고 있기 때문에 $1-1=0$이다. 이 분할은 두 개의 면을 가지고 있지만 원기둥 모양의 면을 돌아가는 한 개의 자명한 고리가 있기 때문에 C는 1이 작아져야 한다. 따라서 $C=2-1=1$이다. 마지막으로, 이 분할은 두 개의 공간을 가지고 있다. 하지만 바깥쪽 공간은 한 개의 자명하지 않은 고리를 가지고 있으므로 $D=2-1=1$이다. 리스팅이 예견한 바와 같이 $A-B+C-D=0-0+1-1=0$이다.

리스팅의 이 문제에 대한 접근은 놀라울 정도로 영리하고 통찰력이 있다. 이것은 3차원 오일러공식을 진정으로 위상적인 방법으로 다룬 첫 번째 시도이다. 그러나 이 공식은 완벽과는 거리가 멀었다. 당장 A, B, C, D를 계산하는 것도 혼란스럽다. 리스팅은 오일러의 꼭짓점, 변, 면의 아름다운 간결성을 포기하였다. 리스팅의 공식을 적용하기 위해선 리스팅 분할의 각 조각의 위상을 반드시 이해하여야 한다.

n차원 위상수학 이론에서의 두 번째 주요한 추가사항은 리만과 이탈리아 수학자 엔리코 베티(Enrico Betti, 1823~1892)에 의해 만들어졌다. 이들의 업적을 이해하기 위하여, 리만의 곡면에 대한 연구로 되돌아가야만 한다.

리만의 1851년 박사 학위 논문에서는 가향적 곡면의 구멍의 개수를 헤아리는 위상적불변량이 소개되고 있다. 리만은 이 불변량을 곡면의 **연결수**(connectivity number)라고 불렀다. 곡면이 경계를 가지는 것과는 상관없이, 곡면이 비연결이 되지 않도록 절단하는 최대 절단 가능 횟수가 n이라면 곡면은 n**의 연결수를 가졌다**, 혹은 n**–연결이다** 라고 부른다. 만약 곡면이 경계를 가지고 있다면, 곡면을 절단할 때 시작하는 점과 끝나는 점은 반드시 경계 위에 있어야 한다. 만약 곡면이 경계를 가지고 있지 않다면, 곡면을 절단할 때 시작하는 점과 끝나는 점은 반드시 서로 같아야 한다(이 작업 이후에는 곡면은 경계를 가지게 된다.).

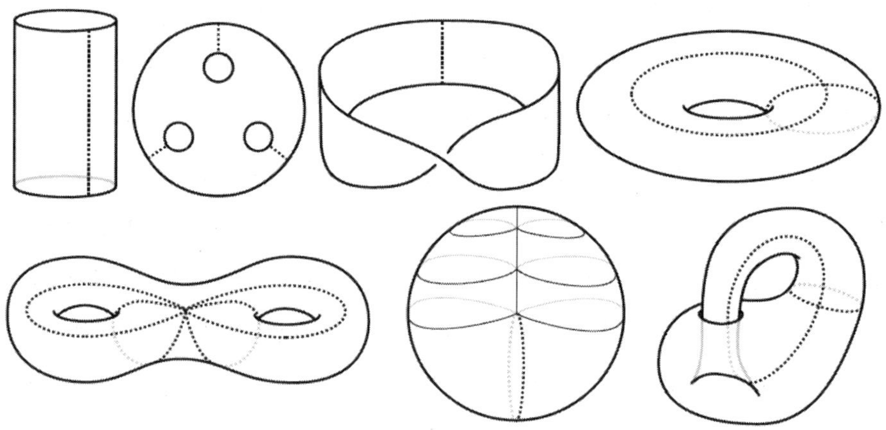

그림 22.8 다양한 곡면에 대한 경계수를 결정하는 절단

그림 22.8에 경계를 가진 세 종류의 곡면(원기둥, 세 개의 구멍이 있는 원판, 뫼비우스의 띠)이 주어져 있다. 그림에서 점선은 절단을 나타낸다. 원기둥과 세 개의 구멍이 있는 원판은 차례대로 연결수가 1과 3이다. 리만의 연결수에 대해 연구는 뫼비우스의 비가향적 곡면의 발견 이전의 일이라 리만 본인는 비가향적 곡면을 다루지 않았지만, 우리는 비가향적 곡면에 대해서도 정확히 같은 방법으로 연결수를 계산할 수 있다. 따라서 뫼비우스 띠는 1–연결이다.

가장 간단한 닫힌곡면은 구면이다. 구면 위의 어떤 폐곡선을 따라 절단을 하더라도 구면은 반드시 분리가 된다. 따라서 구면은 0–연결이다. 만약 토러스를 튜브를 따라 한번 자른다면 이것은 원기둥이 된다. 원기둥의 두 경계를 잇는 선분을 따라 두 번째 절단을 할 수 있고, 절단 이후에는 직사각형이 된다. 따라서 토러스의 연결수는 2이다. 비슷하게 다른 곡면에 대해서도 연결수를 계산할 수 있다. 이중토러스는 4-연결이고, 사영평면은 1-연결, 클라인 병은 2-연결이다.

연결수가 새로운 중요한 위상적불변량처럼 보일 수 있지만, 사실 이것은 오일러지표를 살짝 변장한 것일 뿐이다. 기민한 독자들은 가향적 폐곡면의 연결수와 종수와의 관계를 알아차릴 수 있을 것이다. 리만 역시, 곡면의 연결수는 정확히 종수의 두 배라는 사실을 깨달았다. 만약 우리가 종수, 오일러지표, 연결수 중 하나를 알고 있다면, 사실 나머지 둘도 금방 알 수 있을 것이다.

연결수와 오일러지표와의 관계에 대해 보다 더 자세히 알아보자. 절단하기 전의 n-연결인 곡면 S를 생각하고 이 위에 절단선을 그린다. 이것은 매우 간단한 곡면의 분할을 제공한다. 간결성을 위해, 모든 절단의 시작과 끝이 같은 점에서 이루어 졌다고 가정하자. 즉, $V=1$이다. 모든 절단 이후에 한 개의 면이 남으므로 $F=1$이다. 더욱이 각 절단선은 변이 되므로 $E=n$이다. 이것으로부터 절단수와 오일러지표 사이의 관계를 나타내는 간단한 식을 얻을 수 있다.

$$\chi(S)=1-n+1=2-n$$

리만의 생애 말기에, 리만의 건강은 급격히 나빠졌다. 1862년과 그가 죽었던 1866년 사이에, 리만은 건강 회복을 위해 자주 이탈리아 여행을 갔다. 리만이 이탈리아에 머무는 동안에는 1858년 괴팅겐 대학에서 만났던 친구인 베티의 집에서 머물렀다. 베티는 피사대학(University of Pisa)의 교수였다. 또한 고등학교에서도 강의를 했고, 이탈리아 의회의 일원이었으며, 원로원의 일원으로도 봉사하였다. 베티는 명성 있는 수학자이자 통일 이후의 이탈리아에서 수학이 재탄생할 수 있도록 기여한 재능 있는 교육자이었다.

그림 22.9 엔리코 베티

리만이 이탈리아에 머무는 동안, 리만은 베티에서 연결수가 고차원의 다양체로 어떻게 확장될 수 있는지에 대해 말해 주었다. 이 부분이 연결수에 대한 이론에서 누가 어떤 공헌을 했는지 분명하게 이야기하기 어려운 점이다. 1871년, 연결수의 일반화된 결과에 대한 논문을 출판한 사람은 베티이지만, 리만의 편지나 노트는 리만이 이미 1852년 초반에 관련 내용을 잘 알고 있다는 것을 보여주기 때문이다.

이 일반화 뒤에 숨어 있는 아이디어는 리만이 곡면에서 1차원 곡선 모양으로 되어 있는 절단의 최대가능수를 헤아린 것처럼, n차원 다양체에서도, 각각의 $m \le n$에 대하여, 어떤 복잡한 조건을 만족하는 최대한의 m차원 다양체의 수를 헤아릴 수 있다. 이 아이디어는 모든 $0 \le m \le n$에 대하여 연결수 b_m을 정의할 수 있게 해준다. 이 표현에서 b_1은 리만의 연결수이다.

베티는 b_m이 다양체의 위상적불변량이라는 것을 증명하였다. 그러나 n-다양체에 대한 작업은 교묘하게 이루어 졌고, 이후 베티의 정의나 논리에는 미묘한 오류가 있음이 밝혀졌다. 그럼에도 불구하고, 베티의 연구는 n-다양체의 위상에 대한 이해를 돕는데 굉장히 중요한 발걸음이다.

베티의 오류를 바로 잡은 사람은 푸앵카레다. 푸앵카레는 그 뿐만 아니라 더 많은 것을 이루어냈다.

CHAPTER

23 헨리 푸앵카레와 위상의 지배

★ 수학자의 패턴은 화가나 시인의 그것처럼 반드시 아름다워야 한다. 화가의 색과, 시인의 단어처럼 수학자의 아이디어는 조화롭게 어울려야 한다. 아름다움은 첫 번째 조건이다. 아름답지 못한 수학을 위한 영원한 장소는 이 세상에 존재하지 않는다.

– G. H. 하디 (G. H. Hardy)

쾨니히스베르크의 다리와 다면체에 대한 오일러 공식이 위상수학의 탄생을 의미하고, 리스팅, 뫼비우스, 리만, 클라인, 그리고 다른 19세기 수학자들의 업적이 위상수학의 청춘기를 이끌었다면, 다가오는 위상수학의 전성시대는 헨리 푸앵카레의 연구에 의해 시작되었다. 오늘날 "위상적"이라고 분류할 수 있는 정리들이 이전에도 많이 있긴 하지만, 이 분야가 체계화 된 것은 19세기가 끝나는 무렵의 푸앵카레에 의해서였다.

푸앵카레의 연구 전체를 되돌아보면 공통된 테마를 발견할 수 있다. 바로 수학의 모든 것에 대한 위상수학적인 관점이다. 이러한 푸앵카레의 수학적 대상에 대한 질적인 접근은, 아마 그의 단순 계산에 대한 혐오에 기인했을 것이다(혹은, 그가 말한 대로 계산을 어려워했기 때문일 수도 있다.). 아마 그의 부족한 예술적 재능에 대한 대답이었을 수도 있다(푸앵카레가 기하학을 "잘못 만들어진 도형에 이유를 잘 부여하는 예술"이라고 불렀던 것을 기억해라.). 이유야 어쨌든 간에 푸앵카레는 결론적으로 이 공통된 특징을 알아차렸고 "내가 풀려고 했든 모든 문제들은 나를 Analysis Situs로 이끕니다."라고 썼다.

푸앵카레는 1895년 123페이지짜리의 긴 논문 Analysis Situs을 발표하였다. 그 다음 10년간 그가 보충논문이라고 불렀던 5개의 근간을 흔드는 후속 연구를 발표하였다. 이 여섯 개의 논문에 대하여 진 디에우돈느(Jean Dieudonné)는 다음과 같이 썼다.

> 푸앵카레는 상상하는 힘과 탁월한 직관에게 자유로운 고삐를 주어 그가 아주 가끔만 길을 잃도록 하였습니다. 이 논문들의 대부분의 단원은 원천적인 아이디어로 구성되어 있습니다. 우리는 자세한 정의를 보고 있으면 안 됩니다. 문맥을 해석해서 그의 마음속에 있는 것을 상상할 필요가 있습니다. 많은 결과에 대해서 푸앵카레는 조금도 증명을 제공하지 않았습니다. 그가 힘들게 증명을 쓰려고 노력할 때는 한 문장도 의심을 불러

일으키지 않습니다. 이 논문은 건전한 기반에 놓이기 위해 새로운 기술의 발전을 요구하는 완전히 새로운 아이디어들이 미래에 발전할 수 있기 위한 청사진이 될 것입니다.

메마른 땅을 헤매면서 훗날 과일이 열리게 될 나무의 씨를 드문드문 뿌리는 조니 애플시드(Johnny Appleseed)[10)]를 상상해보자. 과장을 보태지 않고도 1930년 초기까지 위상수학의 거의 모든 연구는 푸앵카레의 연구에서 온 것이라 할 수 있다.

그의 동시대에 쓰여진 글 중 하나는 "Analysis Situs의 영역에서는 최근에 푸앵카레가 풍부하게 많은 새로운 결과를 가지고 왔습니다. 하지만 그와 동시에 여전히 풍부하게 많은 새로운 문제들이 나타나 새로운 정착민들을 기다리고 있습니다"라고 하고 있다. 푸앵카레의 논의에 나타난 논리의 빈틈이나 구멍들은 사실이었고 그것이 정리되기까지는 시간이 걸렸다. 이 주제에 대한 푸앵카레나 그의 선임자들의 직관적인 접근은 단단한 수학적인 논리의 도움을 받을 필요가 있었다. 위상수학에서의 증명에 대한 엄격하고 일관적인 표준은 1910년 경에 나타났고, 푸앵카레의 청사진으로부터 단단한 구조를 건설하기가지 수십년의 시간이 더 필요했다.

푸앵카레의 수많은 업적 중 하나를 꼽으면 **호몰로지**(homology)의 발명을 들 수 있다. 이것은 리만의 연결수나 베티의 고차원으로 일반화된 연결수를 형식화 하는 천재적인 방법이다. 오늘날 호몰로지는 다양체를 분석하는 가장 기본적인 방법이다. 푸앵카레는 Analysis Situs에서 호몰로지를 처음 소개하였고, 이어지는 각 보충논문에서 정교하게 다듬어 나갔다. 호몰로지 이론이 오늘날 쓰이는 현대적인 형식을 가지기 까지는 거의 30년의 시간이 걸렸다.

호몰로지 이론을 자세하게 소개하는 것은 푸앵카레의 설명이나 현대적인 형식을 빌린 설명, 그 어느 쪽이든 이 책이 지향하는 범위를 벗어난다. 대신 직관적인 면에 초점을 두고 표면상으로 계산 하는 것은 이 책에 담길 예정이다. n차원 버전을 제공하는 대신 우리는 곡면의 1차원 호몰로지의 계산에 대해서만 논의할 것이다.

1차원 호몰로지를 바라보는 한 방법으로 곡면 위에 고리들을 바라보는 것이다. 우리는 고정된 고리에 관심을 가지는 대신 고리가 자유롭게 곡면을 떠다니는 것을 허용할

10) (역자주) 조니애플시드 (본명 존 채프먼)은 미국인 묘목상으로, 개척시대에 여러 지역에서 사과를 소개하는 선구자적인 활동을 했다. 그가 살아 있을 때 그의 친절, 관대함, 리더쉽과 사과의 상징적인 중요성 때문에 미국의 전설이 되었다고 한다.

것이다. 이것은 곡면을 파괴하거나, 곡면을 벗어나지만 않는다면 얼마든지 늘어나거나 줄어들 수 있고 또한 뒤틀릴 수 있다.

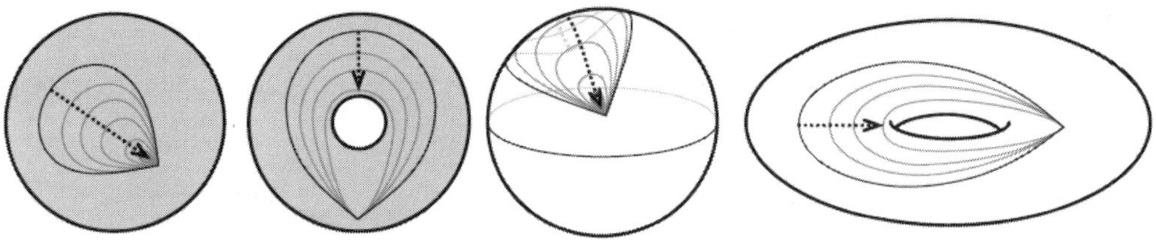

그림 23.1 원판과 구면은 단순연결이지만 고리모양면이나 토러스는 단순연결이 아니다.

가장 간단한 가능한 고리는 위상적으로 자명한 것, 즉 한 점으로 축소시켜 모으는 게 가능한 것이다. 이 고리는 곡면 위에서 격렬하게 지그재그 형태로 되어 있을 수도 있지만, 어떠한 구멍 주변도 감고 있지는 않다. 가령 구면에서는 구멍이 없기 때문에 구면 위의 어떻게 고리를 그려도 한 점으로 축소가 가능하다. 가장 단순화된 곡면은 구면과 같이 이런 성질, 즉 어떤 고리도 위상적으로 자명하게 되는 성질이 있는 곡면이다. 이런 곡면을 **단순연결**(simply connected) 곡면이라 부른다. 그림 23.1에서 볼 수 있듯 원판이나 구면은 단순연결되어 있지만 고리모양면(annulus)이나 토러스는 단순연결이 아니다.

우리는 곡면의 분류로부터 구면은 오직 유일한 단순연결된 닫힌곡면이란 것을 알고 있다. 다른 곡면들은 모두 무한히 많은 자명하지 않은 고리를 가지고 있다. 푸앵카레는 곡면 위의 자명하지 않는 고리들 중에서 본질적인 것, 다른 표현으로 독립적인 것들을 헤아리는 게 중요하다는 것을 알아차렸다. 가향적 곡면들에 대한 이 개수는 베티에게 경의를 표하며 1차원 **베티수**(Betti number)라는 이름으로 불렀다. 이 수를 계산하기 위하여, 푸앵카레는 고리들 사이에서 다음과 같은 우리에게 다소 낯선 계산법을 정의하였다.

호몰로지에서는 모든 고리를 사이클(cycle)이라 부르고, 이 고리 각각은 고유의 방향을 가지고 있다. 따라서 사이클 a와 $-a$는 같은 고리지만 서로 반대의 방향성을 가지고 있는 것으로 생각한다. 두 개의 고리 a와 b의 합이란 두 사이클의 합집합이다. 따라서 $a+b$와 $b+a$는 서로 같다. 이렇게 두 사이클이 서로 같은 경우를 $a+b \equiv b+a$와 같은 방법으로 표현하도록 하자. 한편 $a+b$나 $b+a$를 고리로 생각하고 싶을 수 있다.

각각은 차례대로 고리 a를 먼저 따라가고 b를 따라가는 고리와 b를 먼저 따라가고 a를 따라가는 고리로 대응된다. 두 고리는 서로 다른 고리일 수 있지만 우리의 산술에 따르면 $a+b \equiv b+a$이므로 이 둘은 같은 사이클을 표현한다. 두 개의 사이클이 서로 반대의 방향성을 가지고 있으면 산술에서 소거 하는 것을 허용한다. 즉, $a+(-a)+b \equiv b$이다. 더욱이, 만약 사이클 a를 변형시켜 사이클 b가 될 수 있다면 $a \equiv b$로 간주한다.

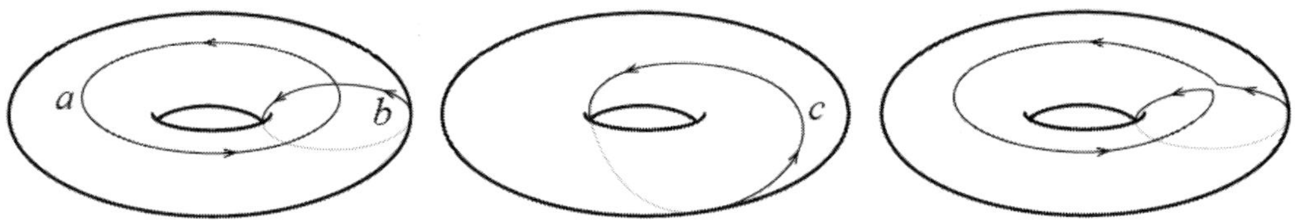

그림 23.2 사이클 c는 사이클 $a+b$로 변형될 수 있다.

이 더하기 연산이 어떻게 작동하는지 느낌을 얻기 위하여, 그림 23.2와 같은 토러스 위의 사이클 a, b, c를 생각하자. 보는 것과 같이 c를 변형시켜서 사이클 a 다음에 사이클 b를 따라가는 것과 일치하게 만들 수 있다. 따라서 c와 $a+b$는 같은 사이클, 즉 $c \equiv a+b$이다.

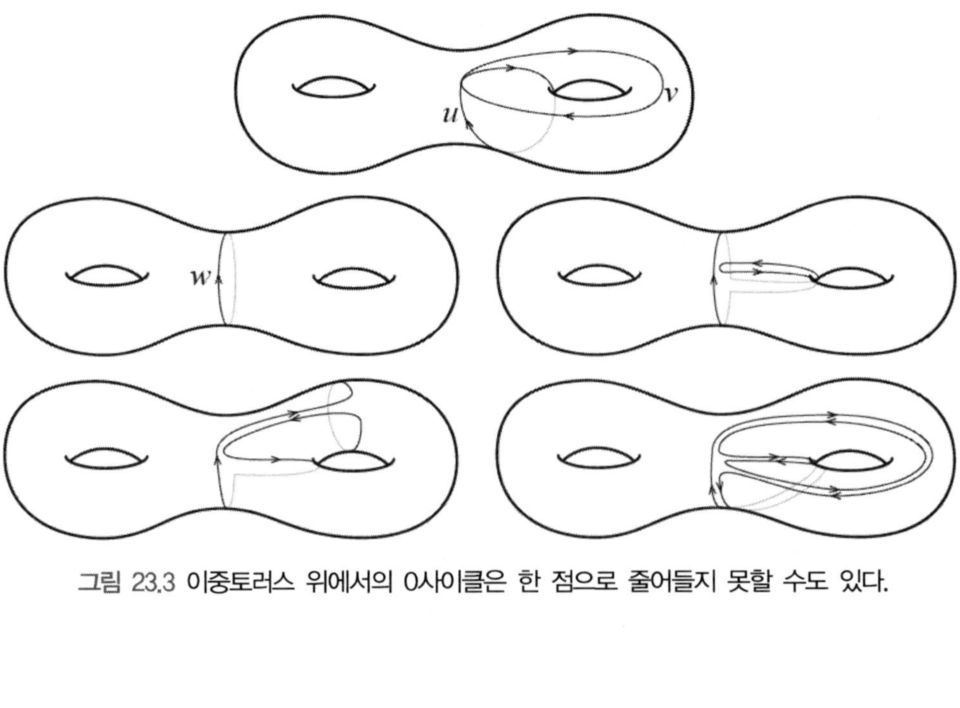

그림 23.3 이중토러스 위에서의 0사이클은 한 점으로 줄어들지 못할 수도 있다.

만약 이 연산이 진정으로 더하기와 같다면 반드시 0사이클이 있을 것이다. 0사이클은 어떻게 생겼을까? 가장 자명한 0사이클은 한 점으로 축소시킬 수 있는 고리로부터 만들어지는 사이클이다. 따라서 단순연결 곡면에서는 모든 사이클이 0이다. 이게 전부일까? 오직 위상적으로 자명한 루프만이 0사이클을 만들어 낼까? 그렇지 않다. 그림 23.3의 고리 w는 이중토러스의 허리에 감겨 있고, 한 점으로 축소될 수 없다. 그러나 이것을 변형하여 네 개의 사이클 u와 v, 그리고 $-u$와 $-v$를 차례대로 따라가는 사이클로 만들 수 있다. 따라서 $w \equiv u+v+(-u)+(-v) \equiv 0$이다.

그림 23.2에서 사이클 c는 두 사이클 a와 b의 합으로 표현될 수 있음을 보았다. 결론적으로 토러스상의 어떤 사이클도 a와 b의 합으로 표현할 수 있다. 다르게 표현하면, 토러스상의 어떤 사이클 d에 대해서도 $d \equiv ma+nd$가 되도록 하는 적당한 두 정수 m, n을 찾을 수 있다. 이런 관점에서 본질적으로 토러스는 두 개의 사이클 a와 b만 가지고 있다고 할 수 있고, 따라서 푸앵카레에 따르면 토러스의 1차원 베티수는 2이다. 이와 비슷하게 그림 23.3의 이중토러스는 u와 v는 본질적이고, 다른 쪽 핸들에 대해서도 비슷한 두 개의 본질적인 사이클을 더 찾을 수 있다. 따라서 이중토러스의 1차원 베티수는 4이다.

가향적 곡면에 대하여 그러한 고리의 개수는 첫 번째 베티수가 되지만, 비가향적 곡면에 대해서는 다소 이상한 일이 발생한다. 그 동안의 경험에 의하면 $a+a=0$가 성립하면 반드시 $a=0$이란 결론을 내려야 한다. 이것은 실수의 경우에서는 항상 성립한다. 그러나 사이클에 대해서는 $a \neq 0$이지만 $a+a \equiv 0$가 되는 경우가 있을 수 있다. 사실 이러한 결론이 굉장히 낯선 것만은 아니다. 많은 차들의 주행거리계는 99,999 마일까지만 표현하도록 되어 있다. 이 주행거리계에 따르면 $50{,}000+50{,}000=0$이다. 다른 예로 군용시간 방식으로 시계가 가는 것도 있다. 자정이 0:00시이고 정오는 12:00이다. 자정 직전의 시간은 23:59이다. 따라서 12:00에서 정확히 12시간이 지나면 0:00이 된다. 즉, $12+12=0$이다.

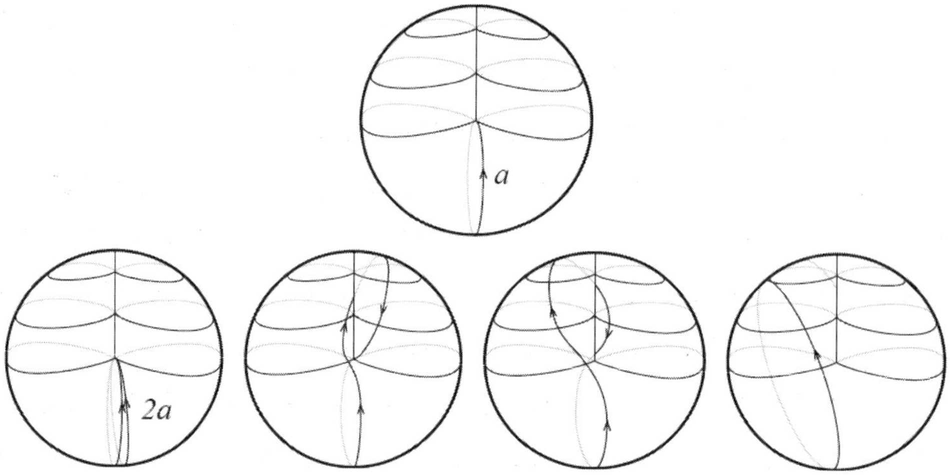

그림 23.4 사영평면에서는 $2a \equiv 0$이다.

이 낯설게 작용하는 산술의 상황을 보기위해 사영평면과 클라인 병으로 돌아가 보자. 그림 22.8에서 본 것과 같이 사영평면의 연결수는 1이다. 이 연결수를 만드는 절단선과 관계된 사이클을 a라고 표시하고, 이것의 방향을 그림 23.4와 같이 주자. 이제 $a+a$ (혹은 간단히 $2a$)는 a를 두 번 감는 사이클이다. 인상적이게도, 그림에서 볼 수 있다시피, 이 두 번 감긴 사이클은 위상적으로 자명하다. 즉 고리를 잘 조작하여 한 점으로 축소시킬 수 있다. 따라서 $2a \equiv 0$이다.

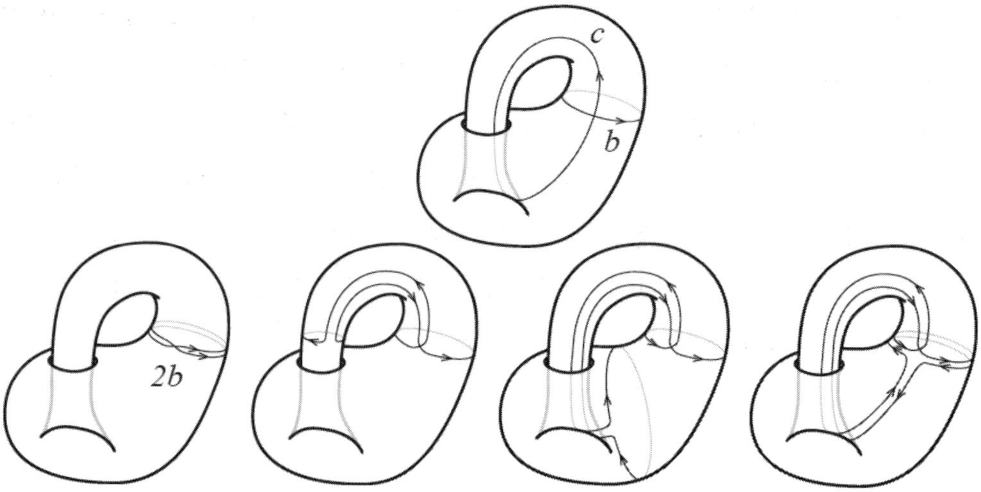

그림 23.5 클라인 병에서는 $2b \equiv b+c+(-b)+(-c) \equiv 0$이다.

이와 같은 일은 클라인 병에서도 발생하지만, 근본적 이유는 다소 다르다. 앞서 클라인 병의 연결수가 2라는 것을 확인한 바 있다. 그림 23.5와 같이 각 연결수를 만드는 절단선과 대응되는 방향을 가진 사이클을 b와 c라 하자. 그림에서 볼 수 있듯, 두 번 감긴 사이클 $2b$는 $b+c+(-b)+(-c)$와 동치이다. 다른 말로 하면 $2b$는 위상적으로 자명하진 않지만 $2b \equiv 0$이다.

그래서 우리는 본질적인 사이클들을 두 가지 종류로 나눌 수 있다. 한 종류는 위와 같은 현상을 가지는 것이고 다른 한 종류는 가지지 않는 것이다. 이런 현상을 가지지 않는 사이클의 개수는 계속 1차원 베티수라 부르도록 하자. 하지만 어떤 사이클 a가 어떤 정수 n에 대하여 $na \equiv 0$이 되면 (이때 n은 가능한 한 작은 양수로 잡아야 한다) 이 n을 곡면의 **토션계수**(torsion coefficient)라고 부르자. 따라서 사영평면의 경우는 1차원 베티수는 0이고 토션계수는 2이다. 클라인 병의 1차원 베티수는 1이고 토션계수는 2이다.

| 표 23.1 | 곡면들의 베티수와 토션계수

곡면 S	$\chi(S)$	b_0	b_1	b_2	토션 계수(1차원)
구면	2	1	0	1	없음
토러스	0	1	2	1	없음
이중토러스	−2	1	4	1	없음
g−구멍 토러스	$2-2g$	1	$2g$	1	없음
클라인병	0	1	1	0	2
사영평면	1	1	0	0	2
c개의 크로스캡을 가진 구면	$1-c$	1	$c-1$	0	2

비슷한 방법으로 푸앵카레는 고차원 베티수와 토션계수를 정의하였다. 고차원의 경우에는 고리를 사이클로 생각하는 것이 아니라 특정한 고차원의 다양체를 사용하여야 한다. 푸앵카레는 베티수와 토션계수 모두 다양체 대한 위상적불변량이라는 것을 증명하였다. 표 23.1은 닫힌곡면들에 대한 베티수와 토션계수를 계산한 결과를 보여준다. 볼 수 있다. i번째 베티수는 b_i로 표기하였다.[11)]

11) 푸앵카레는 리만의 표기를 따르기 위해 i번째 베티수를 우리가 이 책에서 소개한 베티수보다 1 큰 수로 정의하였다. 하지만 간결성을 위해 이 책에서는 현대적인 정의를 사용하도록 한다.

푸앵카레는 Analysis Situs에서 리만과 베티의 아이디어를 차용하였다. 하지만 엄격함에 대한 요청에 응답하기 위하여 이후의 논문에서는 방향을 다소 바꾸었다. 이것이 푸앵카레가 다면체의 n차원 일반화인 단체복합체를 연구하기 시작한 계기이다. 이 문맥에서는 호몰로지의 사이클은 다면체 위의 꼭짓점, 변, 면 등의 조각으로부터 만들어진다. 예를 들어, 1차원 사이클은 다양체의 임의의 고리가 아니라, 다면체에서 고리를 이루는 일련의 변들의 모임이어야 한다.

실제로 계산하는 단계에서는, 단체복합체가 푸앵카레의 첫 번째 모델에 비해서 훨씬 다루기가 쉽다. 푸앵카레는 이 복합체를 **근접행렬, 결합행렬**(Incidence matrix)로 표현하였다. 내인접행렬은 각 단체의 이웃의 개수를 나타내는 정사각행렬이다. 이 행렬을 사용하여 오직 기계적인 방법만으로 베티수와 토션계수를 계산할 수 있다.

이러한 다면체의 고차원 일반화인 단체복합체와 함께, 오일러지표가 고차원 다양체로 확장이 될 수 있는지 여부를 묻는 것은 자연스러운 일이다. 푸앵카레 이전에 코시와 스취라프리가 시도했던 것처럼, 푸앵카레도 오일러지표를 k-단체 개수의 교대합을 계산하는 방법으로 일반화 하였다. 다른 말로, 다양체 M이 a_k개의 k차원 단체를 가지는 단체복합체로 표현이 된다면 오일러 지표는 다음과 같이 정의할 수 있다.

$$\chi(M) = a_0 - a_1 + a_2 - \cdots \pm a_n$$

이 오일러지표(혹은 오일러특성수)의 n차원 공간으로의 일반화는 M의 **오일러-푸앵카레 특성수**(Euler-Poincaré characteristic)로 불린다.

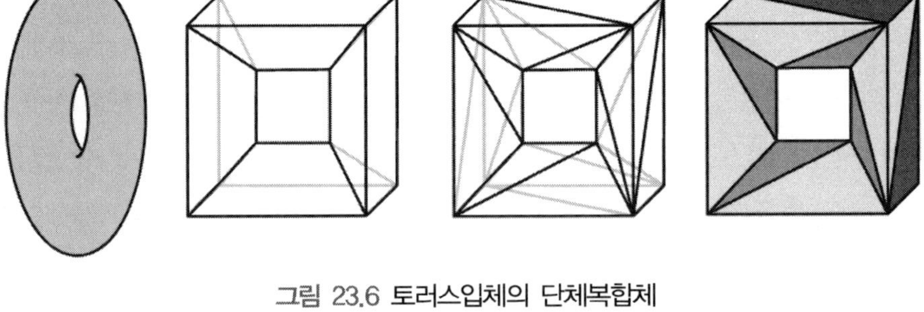

그림 23.6 토러스입체의 단체복합체

예를 들어 토러스입체는 경계가 있는 3차원 다양체이다(경계는 2-다양체인 토러스이다.). 그림 23.6에서 토러스입체를 분할하여 단체복합체를 만드는 과정을 볼 수 있다. 이 단체복합체는 12개의 꼭짓점(0-단체), 36개의 변(1-단체), 36개의 면(2-단체), 그리고 12개의 삼각피라미드(3-단체)를 가지고 있다. 따라서 $a_0 = 12$, $a_1 = 36$, $a_2 = 36$, $a_3 = 12$이므로 오일러-푸앵카레 특성수는 χ(토러스입체)$= 12 - 36 + 36 - 12 = 0$이다.

오일러지표가 곡면의 위상적불변량인것과 같이, 오일러-푸앵카레 특성수도 n-다양체의 불변량이다. 이것을 증명하기 위하여 푸앵카레는 훨씬 재미있는 것을 보였다. 푸앵카레는 다양체 M의 k번째 베티수를 b_k라고 한다면

$$\chi(M) = b_0 - b_1 + b_2 - \cdots \pm b_n$$

가 된다는 것을 증명하였다. 즉, 오일러-푸앵카레 특성수를 계산하기 위해서는 토션계수는 날려버리고 그저 베티수의 교대합만 계산하면 된다! 표 23.1에서 실제로 이 계산의 결과가 각 곡면의 베티수와 일치한다는 것을 볼 수 있다. 각각의 b_k가 위상적불변량이므로 이것의 교대합도 위상적불변량이다. 따라서 오일러-푸앵카레 특성수도 위상적불변량임을 알 수 있다.

| 표 23.2 | **베티수의 대칭성**

다양체	베티수 $b_0, b_1, b_2, \cdots, b_n$
S^1	1,1
S^2	1,0,1
S^n	1,0, ⋯ , 1
토러스	1,2,1
이중토러스	1,4,1
g-구멍토러스	1, $2g$, 1

1895년 푸앵카레는 베티수 사이에 아름다운 대칭 관계가 있다는 것을 발견하였다. 표 23.2에 몇몇 주요 다양체에 대한 베티수의 수열이 주어져 있다. 푸앵카레는 베티수를 서로 대칭적으로 같은 값을 가지는 것끼리 짝을 지을 수 있다는 것을 알아차렸다. 즉, $b_0 = b_n$, $b_1 = b_{n-1}$, ... 이다. 이 정리는 유명한 푸앵카레 쌍대성정리이다.

푸앵카레 쌍대성정리(Poincaré Duality Theorem)

수열 $b_0, b_1, \cdots, b_n$이 어떤 닫혀있는 가향적인 n-다양체의 베티수라면 모든 i에 대하여 $b_i = b_{n-i}$가 성립한다.

우리는 6장에서 케플러의 플라톤입체의 쌍에 대해 논의하면서 쌍대성이란 용어를 만난 적이 있다. 두 경우에서의 "쌍대성"의 사용은 우연이 아니다. 케플러의 관찰은 푸앵카레 쌍대성의 또 다른 모습이다. 푸앵카레의 쌍대성은 다양체의 베티수를 계산할 때 i차원의 단체와 $(n-i)$차원의 단체의 역할을 자유롭게 바꿀 수 있다고 얘기해 준다. 플라톤입체의 쌍대성역시 이런 행위를 설명하고 있다. 가령, 정이십면체는 구면을 꼭짓점, 변, 면으로 분할한다. 만일 케플러의 쌍대성 개념을 사용한다면, 정이십면체의 모든 꼭짓점은 면이 되고, 모든 면은 꼭짓점이 되어야 하므로, 구면의 또 다른 분할인 정십이면체가 된다.

Analysis Situs에서 푸앵카레는 "이 정리가 어디에도 적힌 적이 없을 것이라고 믿습니다. 하지만 이 정리는 많은 사람들이 알고 있었고 심지어 응용도 되어 오고 있었을 것입니다."라고 썼다. 누가 이 정리를 알고 있었는지, 누가 이 관계를 어떻게 사용해 왔는지 알 순 없지만, 푸앵카레는 이 정리를 홀수 차원을 가지는 가향적인 닫힌 다양체의 오일러-푸앵카레 특성수가 항상 0이 된다는 놀라운 사실을 증명하기 위해 주로 사용하였다!

그림 23.7 3-토러스와 비가향적 3-다양체

3-토러스는 그림 23.7의 왼쪽 정육면체의 마주보는 면을 붙여서 만드는 3-다양체로 생각할 수 있다. 이것의 베티수는 $b_0 = 1$, $b_1 = 3$, $b_2 = 3$, $b_3 = 1$이다(이 책에서는 따

로 증명을 하지는 않겠다.). 따라서 오일러-푸앵카레 특성수는

$$\chi(3-\text{토러스})=1-3+3-1=0$$

이다.

일반적으로, M이 홀수 차원의 닫혀 있는 가향적 n-다양체라 가정하자. 푸앵카레 쌍대성과 오일러-푸앵카레 특성수를 계산하기 위한 교대합은 서로 같은 베티수를 서로 다른 부호로 짝지을 수 있게 해준다. 따라서 서로 소거되어서 0이 되어야 한다.

$$\begin{aligned}\chi(M)&=b_0-b_1+b_2-\cdots-b_{n-2}+b_{n-1}-b_n\\&=(b_0-b_n)-(b_1-b_{n-1})+\cdots\pm(b_{\frac{n-1}{2}}-b_{\frac{n+1}{2}})\\&=0-0+0-\cdots\pm0\\&=0\end{aligned}$$

결과적으로 홀수 차원인 비가향적 닫힌 다양체에 대해서도 오일러-푸앵카레 특성수는 0이 된다. 이것의 자세한 확인은 생략하지만, 이것에 대한 예를 볼 수는 있다. 그림 23.7의 오른쪽 정육면체의 마주보는 면을 서로 붙여서 3-다양체를 만들면, 이 다양체는 비가향적이다. 이 다양체의 베티수는 $b_0=1,\ b_1=2,\ b_2=1,\ b_3=0$이다(이 다양체는 1차원과 2차원에서 토션계수도 함께 가진다.). 이 다양체에 대해서는 푸앵카레 쌍대성이 성립하지 않는다는 것을 볼 수 있지만, 여전히 오일러-푸앵카레 특성수는 0임을 확인할 수 있다.

$$\chi(M)=1-2+1-0=0$$

한편, 경계를 가진 홀수차원 다양체의 오일러-푸앵카레 특성수는 0이 될 필요가 없다는 것을 지적할 필요가 있다. 가령 n-차원 구체 B^n의 오일러-푸앵카레 특성수는 모든 n에 대해서 항상 1이다.

20세기 초반 처음 30년 동안은 위상수학은 직관적인 논리로 만들어진 분야를 엄격한 증명을 기초로 하는 분야로 옮겨가는 시기였다. 그것은 위상수학자들이 푸앵카레의 눈부신 연구에 포함되어 있던 논리적 틈새, 비약, 보증되지 않는 가정, 그리고 오류를 제거하는 시간이었다.

가령, 다음 푸앵카레에 의해 제시된 다음 두 가정을 생각해보자. 먼저 그는 모든 다양체들은 단체복합체로 표현할 수 있다고 주장하였다. 즉, 더욱 간결하게 표현하면 모

든 다양체들이 삼각화가 가능하다고 믿었다. 두 번째로 그는 Hauptvermutung이 임의의 다양체에 대해 성립한다고 가정하였다(Hauptvermutung는 다양체의 두 분할이 주어져 있으면 양쪽에 적절히 단체를 추가하여 두 분할이 조합적으로 같아질 수 있게 정제할 수 있다는 뜻임을 상기하자.). 결론적으로 이 두 정리는 모두다 일반적인 다양체에 대해서는 성립하지 않는다. 그럼에도 불구하고 이후의 수학자들은 푸앵카레의 결론이 여전히 성립한다는 것을 증명하였다.

그림 23.8 에미 뇌터

푸앵카레의 아이디어의 중대한 발전은 독일 수학자 에미 뇌터(Emmy Noether, 1882~1935)에 의해 이루어진다. 수학자의 딸인 뇌터는 그녀가 받았던 수많은 편견을 이겨낸 것은 주목할 만하다. 그녀는 압도적으로 남자들이 득세하던 분야에 속해있던 여자였다. 1904년 에를랑겐 대학교(University of Erlangen)는 여자의 입학을 허락했지만 오직 수업을 청강 하는 것만이 허락되었다. 그녀는 1907년 박사과정을 마쳤다. 1915년 그녀의 명성이 최고 수준의 연구를 하던 수학자들에게 조금씩 퍼져나가던 무렵 클라인과 다비트 힐베르트(David Hilbert, 1862~1943)은 그녀를 정식 교수로 채용하기 위해 괴팅겐 대학으로 데려왔다. 하지만 1919년까지 그녀는 정식으로 채용되지 못했다. 그동안 그녀의 강의는 힐베르트의 이름으로 개설되었고, 뇌터는 조교로 등록되어 있을 뿐이었다. 나치가 세력을 얻었을 때 많은 독일인들의 생활이 바뀌게 된다. 1933년, 유대인이었던 뇌터 역시 괴팅겐을 떠나 미국의 브린 모어 대학(Bryn Mawr College)으로 옮겨야만 했다. 뇌터는 2년 뒤에 세상을 떠났다.

뇌터는 추상대수학 분야에서 선구적인 연구로 잘 알려져 있다. 대체로 말하면, 추상대수학은 더하기, 곱하기(혹은 빼기, 나누기)와 같은 한 개 혹은 여러 이항연산을 가진 집합에 관해 공부하는 분야이다.

1920년 중반까지 호몰로지는 베티수와 토션계수의 용어로 설명되고 있었다. 대수학자인 뇌터는 호몰로지에 훨씬 더 많은 중대한 구조가 포함되어 있다는 것을 알아차렸다. 그녀는 호몰로지의 핵심 특징은 사이클을 더하고 빼는 능력이라고 식별하였다. 이 산술에 주목하여, 뇌터는 호몰로지가 **군**(group)이라 불리는 특별한 대수적 실재가 된다는 것을 알아차렸다. 오늘날 **호몰로지군**(homology group) 혹은 **베티군**(Betti group)으로 불리는 대상이다. 이러한 관점은 호몰로지를 바라보는 올바른 방법이었다. 파벨 알렉산드로프(Pavel Aleksandrov)는 그의 자서전에서 "나는 브라우어르의 집에서 먹었던 뇌터와의 저녁을 기억합니다. 그녀는 복합체의 베티군의 정의를 설명했죠. 이것은 위상수학의 전부를 빠르고 그리고 완전히 바꾸게 되었습니다."라고 썼다.

갑자기 위상수학자들은 다양체를 이해하는 아주 새로운 도구키트를 가지게 되었다. 모든 군론에서 생겨난 기술과 정리는 위상수학자들의 뜻대로 되었다. 강력한 정리들이 새로운 바퀴를 발명하지 않더라도 증명될 수 있었다. 베티수와 토션계수는 당연한 방법으로 기계적으로 얻어지는 부산물이 되었다. 또한 오일러-푸앵카레 특성수의 불변성도 더욱 간단하게 증명되었다. 알렉산드로프는 뇌터를 위한 추모연설문에서 다음과 같이 썼다.

> 오늘날에는 군이론을 통하지 않고서는 조합위상수학을 구축할 수 없을 것입니다. 따라서 에미뇌터가 조합위상수학에 대한 아이디어를 처음으로 가졌던 사람이라고 하는 것은 매우 적절한 표현입니다. 동시에 그녀는, 그녀가 만든 베티군의 개념을 체계적으로 사용하여 오일러-푸앵카레 공식의 증명을 굉장히 쉽고 투명하게 만들 수 있는 것을 알고 있었습니다.

다시 한 번 수학의 여러 분야를 병합함으로써 얻어지는 결과가 얼마나 강력한지를 볼 수 있다. 데카르트는 기하학을 이해하기 위해 해석학을 사용했다. 리만과 푸앵카레는 해석학을 이용하기 위하여 위상수학을 사용하였다. 가우스와 보네는 기하학을 이해하기 위해서 위상수학을 사용하였다. 이제 위상수학자들은 위상수학을 이해하기 위하여 대수학을 자유롭게 쓴다. 이런 상호작용은 형용할 수 없을 정도로 효과적이다.

위상수학에 대수학을 결합한 것은 매우 중대한 사건이다. 사실상 이 책에서 논의했던 모든 위상수학은 오늘날 **대수위상수학**(algebraic topology)으로 불린다. 푸앵카레의 연구 이후 수십년동안 대수위상수학은 호몰로지군을 넘어 많은 다른 대수적 구조를 포함하게 되었다. 오늘날 위상수학자들은 대부분 대수위상수학자들이다.

백만 달러 문제

올바르게 바라본 수학은 진실 뿐 아니라 궁극의 아름다움을 함께 가지고 있습니다. 수학에서의 아름답지만 꾸미지 않은 이성은, 흡사 위대한 조각상처럼 약한 자연의 일부를 함께 드러내거나 화려한 색칠이나 음악을 입히지 않고도 웅대한 순수함과 단호한 완벽성을 보여줍니다.

– 베르트랑 러셀(Bertrand Russell), "수학의 연구(The Study of Mathematics)"

20세기에 위상수학은 대수학과 해석학과 어깨를 나란히 하는 수학의 기둥 중 하나가 되었다. 스스로 위상수학자라고 생각하지 않은 수학자들도 매일 위상을 사용하고 있다. 이것은 불가피한 일이다. 오늘날 대부분의 수학과의 대학원 학생들은 1학년 때 일년짜리 위상수학 강의를 수강해야만 한다.

어떤 학문의 중요성을 측정하는 좋은 방법 중 하나는 이 분야에서의 업적이 얼마나 많은 상을 받았는지를 살펴보는 것이다. 참고로 수학에서는 노벨상(Nobel Prize)이 없는 대신 노벨상 정도의 권위가 있는 필즈메달(Fields Medal)이 있다. 필즈메달은 1936년 이래로 (제2차 세계대전 때를 제외하고) 매 4년마다 한 번씩 수여 되어 있다. 필즈메달은 수학 분야에서 걸출한 업적을 이루어낸 40살 이하의 수학자들에게 수여되는데, 각 시상식에서는 최대 네 명까지 메달을 수여 받을 수 있다. 역대 수상자 48명 중에서 $\frac{1}{3}$에 해당하는 수학자들의 연구는 위상수학분야에 포함되고, 위상수학과 연관된 분야까지 확대하면 그 수는 더 많아진다.

특히 하나의 특별한 위상 문제 하나가 3개의 필즈메달을 만들어 냈다. 이것은 20세기에 가장 유명한 미해결 문제 중 하나였다. 여전히 중요하고, 매우 어렵고, 이 문제를 처음 푸는 사람에게 100만 달러의 상금이 걸려 있었다. 이 고통스러운 문제의 이름은 **푸앵카레 가설**(Poincaré conjecture)이다.

곡면에 대한 분류정리는 수학 전체에서 가장 우아한 정리중 하나이다. 이 정리는 모든 곡면이 이것의 가향성과, 오일러지표, 그리고 경계의 개수로 유일하게 결정된다는 것이다. 분명하게도, 모든 차원의 다양체에 대해서도 비슷한 정리가 성립한다면 매우 좋을 것이다. 하지만 이것은 터무니없는 요구이다. 예를 들어 모든 홀수차원의 닫힌 다양체의 오일러-푸앵카레 특성수는 항상 0이기 때문에 (23장 참조) 이 지표는 다양체를 분류하기에 충분하지 않다.

푸앵카레는 고차원 다양체를 분류하고자 하였으나, 3차원 다양체의 분류조차 하지 못하였다. 푸앵카레 가설은 이 분류 과정의 첫걸음에 불과하였다.

가장 간단한 닫힌 n-다양체는 n-구 S^n이다. 푸앵카레는 어떤 주어진 n-다양체가 S^n과 위상동형이 되는지 여부를 확인할 수 있는 간단한 방법을 찾고자 했다. 1900년에 푸앵카레는 그러한 방법을 찾았다고 생각했다. 그는 모든 n-다양체가 S^n과 같은 호몰로지를 가지면 반드시 S^n과 위상동형이 된다는 것을 증명했다. S^n의 호몰로지는 특별하게도 간단하다. 이것의 베티수는 0차원과 n차원에서만 1이고 나머지 모든 차원에서는 0이다. 또한 어떠한 토션계수를 가지지 않는다.

4년이 지난 뒤, 푸앵카레는 그의 증명에 결함이 있다는 것을 알아차렸다. 단순히 그의 증명에서 오류를 찾았을 뿐 아니라 그의 주장에 배치되는 굉장히 인상적인 반례를 함께 찾았다. 푸앵카레는 S^3와 같은 호몰로지를 가지지만 S^3와 위상동형은 아닌 병리적인 3-다양체를 구축하였다. 이 다양체는 속이 꽉찬 정십이면체의 서로 마주보는 면을 각각 36°씩 시계방향으로 돌려서 붙이는 방법으로 만들어 진다.

이 푸앵카레의 정십이면체공간(Poincaré's dodecahedral space)의 흥미롭고 놀라운 사실은 이것의 첫 번째 베티수가 0일지라도 단순연결이 아니라는 점이다. 즉, 모든 고리가 호몰로지에서는 0이 되지만, 한 점으로 축소될 수 없는 다양체 상의 고리가 존재한다. 그림 23.3에서 이중토러스에서 자명하지 않지만 호몰로지에서 0이 되는 고리의 예를 보았다. 하지만 정십이면체공간은 한 점으로 축소될 수 없는 모든 고리가 호몰로지에서는 0이 된다.

이 이례적인 예로부터 푸앵카레는 호몰로지가 S^3뿐 아니라 모든 S^n $(n \geq 3)$을 특징 짓는데 충분하지 않다는 것을 알아차렸다. 그래서 푸앵카레는 일반적인 n-차원에 대해서는 버려두고 3-다양체에 집중하기로 했다. 그는 3-다양체의 모든 고리가 위상적으로 자명하다면 그 다양체는 반드시 S^3가 될 것이라 생각했다. 이것은 오늘날 유명한 푸앵카레 가설이다.

푸앵카레 가설(The Poincaré Conjecture)

모든 단순연결 닫힌 3-다양체는 3차원 구 S^3와 위상동형이다.

사실 푸앵카레의 논문에서는 이 명제가 가설 형태로 소개된 것이 아니라, 이 명제가 참일지 물어보는 질문형식으로 쓰여 있다. 푸앵카레는 어느 방향으로 나아가야 할지에 대한 그의 의견을 적지 않았다. 이 가설의 증명으로 모든 3-다양체를 분류하는 것은 불가능하지만 그 중요성은 변함이 없다.

많은 사람들에게 푸앵카레 가설은 도전의 대상이 되었다. 이것은 4색정리, 페르마의 마지막 정리, 리만 가설과 함께 신화적인 지위를 도달한 최종 문제 일람(short-list)에 이름을 올렸다. 다른 문제들과 마찬가지로, 푸앵카레 가설역시 이 문제에 매달려 있는 사람들을 잠식시켰다. 헤아릴 수 없는 많은 젊은 수학자들이 이 문제의 추적에 빠져들었다. 한 저널리스트는 "수학자들은 푸앵카레 가설을 마치 흰고래에 대한 아합의 설명처럼 묘사합니다."라고 썼다. 1904년 이래 수많은 수학자들이 증명을 찾았다고 주장해 왔다. 최근까지 모든 증명에는 결함이 있었고, 가끔은 100페이지가 넘는 깊은 수학의 중간에 눈치 채기 어려운 미묘한 결함이 숨어있기도 했다.

결론적으로 이 가설은 일반적인 n-차원으로 일반화 되었다. 모든 n차원 구와 충분히 가까운 n-다양체는 반드시 S^n과 위상동형이어야 한다. 그러나 이 일반화는 허무맹랑해 보일 수 있다. 만약 우리가 $n=3$일 때 이 문제를 풀지 못한다면 $n=100$일 때는 어떻게 풀 수 있단 말인가? 우리가 175파운드 짜리 벤치프레스를 하지 못하는데 무엇이 500피트짜리 역기를 들 수 있게 만들어 준단 말인가? 하지만 충격적이게도 이 가설은 더 큰 n에 대한 경우가 더 쉽게 해결되었다! 의외로 저차원 위상이 고차원 위상보다 더 어려운 경우는 꽤 흔한 일이다. 간략히 말해서 활동할 수 있는 더 많은 차원을 가진다는 의미는 대상을 충돌 없이 더 많이 움직일 수 있는 자유를 주는 것이기 때문이다.

캘리포니아 버클리 대학교(University of California, Berkeley)의 열정적인 젊은 위상수학자 스티븐 스메일(Stephen Smale, 1930~)은 일반화된 푸앵카레 가설의 첫 번째 증명을 제시하였다. 1960년에 $n \geq 5$인 경우에 대해서 어떤 중요한 다양체 모임에서는 이 가설이 성립한다는 것을 증명하였다. 이 모임의 다양체는 미분 가능한 다양체로 불린다.

스메일은 수학외에도 다방면으로 관심이 많은 사람이었다. 그는 베트남 전쟁의 비평가이자 격렬한 언변 운동가였다. 모스크바를 방문하는 동안의 미국 외교정책에 대한 비판을 포함한 그의 항의 시위로 인해 미국 하원의 활동위원회로부터 소환장을 받기도 하였다. 그러던 중 스메일은 국립과학재단으로 지원을 받아 브라질에서 6개월간의 연수를 받던 중에 고차원 푸앵카레 정리 증명의 실마리를 찾았다. 어떤 과학자는 존슨(Johnson) 대통령에게 "이 유쾌한 영혼의 수학자를 보니, 진지하게 제안하고 싶습니다. 일반 납세자들은 모두 리우데자네이루 해변가에서 이루어진 수학적 업적이 국가의 지원으로 이루어졌다는 사실을 알아야 합니다."라고 편지를 썼다.

"저의 가장 잘 알려진 연구는 리우데자네이루의 해변가에서 완성되었습니다." 이 자극적인 문장은 가장 유명한 스메일의 어록이다. 그가 브라질에 머무는 동안 고차원 푸앵카레 가설을 증명했을 뿐 아니라 카오스 동역학계(chaotic dynaical systems)를 다루는 도구인 스메일 말발굽(Smale horseshoe)를 발견하기도 하였다.

2년이 채 지나지 않아 스메일의 $n \geq 5$에 대한 결과는 미분가능성에 대한 가정을 하지 않는 다양체에 대해서도 성립한다는 것이 알려졌다. 따라서 남아 있는 다른 차원에 대해서도 곧 증명이 될 것이라 예상되었지만 의외로 진도는 쉽게 나가지지 않았다. 1982년에 이르러서야 $n = 4$인 경우가 캘리포니아 샌디에이고 대학교(University of California, San Diego)의 30살의 젊은 수학자 마이클 프리드먼(Michael Freedman)에 의해 증명되었다. 그리고 진도는 다시 한 번 멈추었다. 3차원의 경우는 다른 차원 보다 더욱 어려웠다. 결국 가장 처음 가설의 차원이었던 3차원만 뚫리지 않은 채 남아 있었다. 이에 대한 더 많은 증명들이 나타나고 사라졌지만, 결론적으론 실패였고 이 문제는 해결할 수 없을 것처럼 보였다.

1998년 스메일은 수학에서 가장 중요한 18개의 미해결 문제의 목록을 출판하였다(다비트 힐베르트도 한 세기 전에 같은 일을 하였었다.). 고전적인 푸앵카레 가설도 이 리스트에 포함되어 있었다. 같은 해 클래이 수학연구소 (Clay Mathematics Institute)는 그들이 보기에 가장 어려워 보이는 일곱 개의 미해결 수학 문제에 백만 달러의 상금을 걸었다. 푸앵카레 가설은 이 엘리트 목록에도 포함되었다. 수학자가 상을 받기 위해서는 반드시 그 정리의 증명을 제시해야 한다. 그리고 이렇게 제시한 증명은 출판된 이후 2년 동안 수학계의 혹독한 검증을 받아야 하고, 그 결과 반드시 살아남아야만 한다.

1982년 빌 서스턴(William Thurston)은 3-다양체가 가질 수 있는 모든 기하를 완전히 구별하는 계획을 발표하였다. 서스턴은 모든 3-다양체는 여덟 개의 기하 구조 중 하나를 반드시 가지는 영역의 조합으로 만들어져야 한다는 것을 이론화 하였다. 이것은 서스턴의 기하화가설(Thurston's geometrization conjecture)이란 이름으로 유명해졌다. 이 8개의 조각은 3-다양체의 기하와 위상을 이해할 수 있게 만들어 준다. 특별히 이 기하화가설이 참이라면 모든 단순연결 닫힌 3-다양체는 3차원 구라는 것 역시 참이다. 즉, 푸앵카레 가설이 풀리는 것이다.

같은 해 코넬 대학교(Cornell University)의 수학자였던 리차드 해밀턴(Richard Hamilton)은 서스턴의 기하화가설을 증명할 수 있게 해주는 프로그램을 시작하였다. 해밀턴은 임의의 3-다양체를 가지고 와서 이것을 풍선을 부풀리는 것과 같은 방법으로 연속적으로 변화시켜 서스턴 모델에 정확히 딱 맞는 모양으로 만드는 방법을 소개하였다. 많은 전문가들은 해밀턴의 방법이 반드시 작용할 수 있을 거라 기대했다. 하지만 해밀턴이나 다른 수학자들은, 이 과정에서 생기는 특이점, 즉 다양체의 좋은 성질을 잃어버리는 부분을 제거하는 등 특이점을 적절히 다루는 방법을 제시하지 못한채 오히려 더 상황을 악화시켜 궁지에 몰렸다.

2002년 전혀 기대치 않게, 상트페테르부르크(St. Petersburg)에 있는 스테크로프 연구소(Steklov Institute)의 러시아 수학자 그리고리 "그리샤" 페렐만(Grigori "Grisha" Perelman)이 인터넷에 올린 세 편의 짧지만 매우 조밀한 논문 중 첫 번째 논문이 수학 사회를 깜짝 놀라게 한다. 이 세 논문은 전부 다 해서 68페이지 밖에 되지 않는다. 이 논문은 20년 전 해밀턴의 연구 문제를 해결했다고 주장하였다. 페렐만은 어떤 특수한 형태의 특이점은 반드시 생기지 않고, 그리고 다른 형태의 특이점들은 모두 적절한 방법으로 제거

될 수 있다는 것을 보였다. 이것과 함께, 기하 가설도 풀리고, 동시에 고전적인 푸앵카레 가설도 증명이 되었다.

수학 계에서는 이전에도 이런 주장을 하던 이들이 많았고, 또한 이 논문은 그 내용이 너무 짧았다는 점에서 다소 회의적이었지만, 신중하게 낙관적으로 상황을 보았다. 페렐만은 평판이 좋은 수학자였고, 그는 해밀턴의 존경받는 프로그램을 잘 수행하기 때문이다.

페렐만의 증명은 많은 것을 말하지 않고 남겨두었다. 심지어 기하학과 위상수학의 일류의 전문가들도 증명의 적법성을 평가하는데 어려움을 겪었다. 독립적으로 3개의 수학자로 구성된 연구팀이 그의 증명에서 빠진 부분을 채워가며 따라가고 있었다. 각 팀의 분석은 평균적으로 모두 300페이지가 넘었다. 그들은 어떠한 중대한 오류도 발견하지 못했다.

2006년이 끝날 무렵, 드디어 페렐만의 증명이 옳다는 것을 일반적으로 믿게 되었다. 사이언스(Science) 저널은 페렐만의 증명을 "올해의 혁신"으로 이름 붙였다. 페렐만 이전의 스메일과 프리드먼처럼, 40살의 페렐만도 푸앵카레 가설의 그의 기여로 인해 필즈메달 수상자가 되는 기회를 얻었다(사실, 서스턴도 푸앵카레 가설의 마지막 증명을 간접적으로 이끈 그의 연구로 필즈메달을 받았다.). 백만 달러 상도 수여될 준비를 시작하였다(어떤 이는 페렐만과 해밀톤이 공동으로 이 상을 수여할지 궁금해 하였다.).

푸앵카레 가설이 증명된 것은 10년 전의 페르마 마지막 정리와 같이, 광대한 수학의 정점 중 하나가 정복된 것이다. 깃발은 꽂혀졌다. 어떤 이는 이 성취가 해당 수학 영역의 종말을 의미한다고 이야기하기도 하였다. 하지만 이 경우는 그렇지 않았다. 정상에서 있는 수학자들은 예전에는 보지 못했던 놀라울 만큼 아름다운 경치의 또 다른 정점을 바라본다. 이 정점은 정복되기를 기다리고 있다. 페르마의 마지막 정리와 같이, 이 결과 자체는 이것을 증명하기 위한 노력 속에서 탄생된 수학의 거대한 몸집보다 중요하지 않다.

위대한 수학자는 더욱 위대한 수학자를 낳는다. 오일러의 쾨니히스베르크 다리 문제의 풀이와 다면체 공식의 증명은 수많은 아름다운 수학의 영역을 탐험하는 여행을 떠나게 했고, 위상수학의 탄생을 이끌었다. 푸앵카레 가설은 이 즐거운 여행의 하나의 중간지점이었다. 위상수학은 계속 살아 있을 것이고 활력이 넘치는 연구 영역이다.

이 멋진 이야기와 별개로 페렐만 증명이 그의 인생에 끼친 영향에 대한 다소 유별나고 불행한 후기로 이 이야기를 마치려 한다. 시작은 좋았다. 2003년 4월, 그는 강연 투어를 떠났다. 그의 강연에는 앤드류 와일즈(Andrew Wiles), 존 포브스 내쉬(John Forbes Nash Jr., 헐리우드 전기영화 뷰티풀 마인드의 주인공), 존 콘웨이 등 여러 유명한 수학자들이 참석하였다. 하지만 그가 러시아로 돌아왔을 때, 수학 사회의 격렬한 검증과 그의 결과에서 자신의 지분을 주장하고자 하는 다른 수학자들의 자세가 그에게 상처를 주기 시작했다.

항상 외톨이였던 페렐만은 더욱 은둔하게 되었다. 페렐만은 그의 연구 그 자체에 대해서 이야기 하고 싶어했지 그것의 검증 과정의 일부로 남는 것을 원하지 않았다. 결론적으로 그의 수학계에 대한 각성은 그를 극한으로 몰아붙였고, 결국 페렐만은 모든 연락에 대한 응답을 하지 않은 채로 수학과 관계된 모든 것을 버림으로써 학문적 위치를 완전히 떠나게 되었다. 그는 필즈메달을 받는 것을 거부하였다. 이 전례가 없는 움직임은 과학계 전체를 충격에 빠뜨렸다.

2006년 여름이 끝날 무렵, 페렐만은 실직하였고, 상트페테르부르크에 있는 조그마한 아파트에 그녀의 어머니의 빈약한 연금으로 살고 있었다. 그가 클레이 수학연구소의 상금을 받을 것인지를 물어보자, 그는 "저는 상을 제안 받기 전까지 그 상을 받을지 여부를 결정하지 않겠습니다."라고 대답했다.

굉장히 충격적인 사실은, 페렐만은 필즈메달과 함께 상금까지도 거부했다는 것이다. 그에게는 문제를 풀었다는 그 사실이 최후의 보상이었던 것이다. "만약 증명이 옳다면 다른 보수는 필요하지 않다."고 페렐만이 말한 것처럼, 명예나 돈은 중요하지 않았다. 모든 연구자들은 페렐만의 연구에 대한 순수한 사랑과 이 획기적인 발견에 대한 뿌리 깊은 만족감을 이해한다.

당연하게도, 페렐만의 수학에 대한 순수한 사랑은 피타고라스, 케플러, 오일러, 리만, 가우스, 푸앵카레, 혹은 다른 수학자들이 완벽한 정리와 완벽한 증명을 추가하기 위해 헤아릴 수 없는 시간을 쓰게 만드는 것과 같은 것이다. 우리는 이 푸앵카레를 풀었을 순간의 페렐만의 의기양양함을 오직 상상만 할 수 있을 것이다. 또한 오일러가 $V-E+F=2$라는 것을 발견했을 때의 오일러의 즐거움도 함께 상상할 수 있다.

푸앵카레의 글은 감동적으로 다가온다. “과학자들은 단지 유용하다는 이유로 자연을 공부하지 않습니다. 과학자들은 그 안에서 빛날 수 있기 때문에 자연을 연구 합니다. 그가 빛나는 이유는 자연이 아름답기 때문입니다. 자연이 아름답지 않다면, 그것을 알 가치도 없을 것입니다. 자연이 알 가치도 없다면, 삶을 살아갈 가치도 없을 것입니다.”

Notes

머리말

1. Schechter (1998), 155쪽에서 인용

들어가는 말

1. Machamer (1998)에서 인용
2. Juškevič and Winter (1965), 333.

Chapter 01

레온하르트 오일러와 그의 친구인 세 황제

1. Dunham (1999), xiii.
2. Youschkevitch (1971)에서 인용
3. Riasanovsky (1993), 285.
4. Vucinich (1963), 69.
5. Condorcet (1786)에서 인용
6. Eves (1969b), 48쪽에서 인용
7. Boyer and Merzbach (1991), 440쪽에서 인용
8. Cajori (1927)에서 인용
9. Calinger (1996)에서 인용
10. Cajori (1927)에서 인용
11. Riasanovsky (1993), 248.
12. Alexander (1989), 173쪽에서 인용
13. Weil (1984)
14. Hartley (2003)
15. Hardy (1992), 70.
16. Vucinich (1963), 146-47.
17. Condorcet (1786)
18. Wells (1990)

Chapter 02

다면체란 무엇일까?

1. Hemingway (1932), 122.
2. Francese and Richeson (2007)
3. Poincaré (1913), 434.

Chapter 03

다섯 개의 완벽한 입체

1. McEwan (1997), 20.
2. Plato (1972), 244.
3. Waterhouse (1972)
4. Ibid.

Chapter 04

피타고라스학파의 사상과 플라톤의 원자론

1. Simmons (1992), 20.
2. Burkert (1972), 109.
3. van der Waerden (1954), 94쪽에서 인용
4. Euclid (1926) vol. 3, 438에서 인용
5. van der Waerden (1954), 165쪽에서 인용
6. Taylor (1929), 5.
7. Boyer and Merzbach (1991), 84.
8. Allan (1975)
9. Plato (2000), 46.

Chapter 05

유클리드와 원론

1. Russell (1967), 37-38.
2. Bulmer-Thomas (1976)에서 인용
3. Ibid.
4. van der Waerden (1954), 173.
5. Euler (1862)
6. Cauchy (1813a)
7. Connelly (1977)
8. Bulmer-Thomas (1967), 195쪽에서 인용

Chapter 06

케플러의 다면체 우주

1. Simmons (1992), 69.
2. Koestler (1963), 262.
3. Ibid, 252.
4. Kepler (1596), English translation in Kepler (1981)
5. Kepler (1596), Gingerich (1973)에서 인용
6. Kepler (1981), 107.
7. Martens (2000), 146쪽에서 인용
8. Kepler (1938), English translation in Kepler (1997)
9. Emmer (1993)에서 인용

Chapter 07

오일러의 보석

1. Bell (1987), 16.
2. Juškevič and Winter (1965), 333.
3. Euler (1758b)
4. Legendre (1794)
5. Juškevič and Winter (1965), 333.
6. Ibid., 334.
7. Euler (1758b)
8. Ibid.
9. Euler (1758a), English translation in Euler (1758c)
10. Legendre (1794)
11. Euler (1758a), English translation in Euler (1758c)
12. Lebesgue (1924)
13. Francese and Richeson (2007); Samelson (1996)

Chapter 08

플라톤 입체, 골프공, 풀러렌, 그리고 지오데식 돔

1. Bell (1945), 211.
2. Poincaré (1913), 44.

Chapter 09

앞서간 데카르트

1. Descartes (1965), 259.
2. Bell (1937), 35쪽에서 인용
3. Descartes (1965)
4. Kuhn (1970), 54.
5. Federico (1982), 76쪽에서 인용
6. Lebesgue (1924)
7. Kuhn (1970), 55.

Chapter 10

제대로 해낸 르장드르

1. Albers (1994)
2. Lohne (1972)
3. Itard (1972)에서 인용
4. Girard (1629)
5. Itard (1972)에서 인용
6. Poinsot (1810)
7. Poinsot (1810)

Chapter 11

쾨니히스베르크 산책

1. Thoreau (1894), 419.
2. Sachs, Stiebitz, and Wilson (1988)에서 인용
3. Ibid.
4. Hopkins and Wilson (2004)에서 인용
5. Euler (1736), English translation in Biggs, Lloyd, and Wilson (1986), 3–8.
6. Ball (1892)
7. Hierholzer (1873)
8. Barabási (2002), 12.
9. Listing (1847)
10. Terquem (1849)

Chapter 12

코시의 평평한 다양체

1. Abel (1881), 259.
2. Freudenthal (1971)
3. Ibid.
4. Simmons (1992), 186.
5. Cauchy (1813a)
6. Lhuilier (1813)
7. Ibid.
8. Hadamard (1907)
9. Listing (1861–62); Jordan (1866b)

Chapter 13

평면그래프, 기하판, 브뤼셀 새싹 게임

1. Hankel (1884)
2. Hardy (1992), 94.
3. Pick (1899)
4. DeTemple (1989)
5. Gardner (1975a), 8.
6. Applegate, Jacobson, and Sleator (1991)

Chapter 14

알록달록한 세상입니다

1. Twain (1894), 42–43.
2. May (1965)
3. Graves (1889), 423.
4. Ibid.
5. Cayley (1878)
6. Quoted in Dudley (1992)
7. Gardner (1975b); Gardner (1988)
8. Baltzer (1885), quoted in Coxeter (1959)
9. Ibid.
10. Kempe (1879)
11. Wilson (2002), 119에서 인용
12. Gardner (1995)

13. Appel and Haken (1977); Appel, Haken, and Koch (1977)
14. Hales (2005)

Chapter 15

새로운 문제, 새로운 증명

1. Federico (1982), 71쪽에서 인용
2. Sommerville (1958), 143-44.
3. de Jonquières (1890)
4. Speziali (1973)
5. Pont (1974), 24.
6. Lhuilier (1813)
7. Hessel (1832)
8. Poinsot (1810)
9. Cauchy (1813a)
10. Lhuilier (1813)
11. Steiner (1826)
12. von Staudt (1847), 18-23.
13. Hoppe (1879)

Chapter 16

고무판, 속이 빈 도넛, 그리고 정신 나간 병

1. Listing (1847)
2. Tait (1883)
3. Lefschetz (1970)
4. Maurer (1983)의 인터뷰
5. Klein (1882/83)
6. Brahana (1921)
7. Clarke (2000)
8. Gardner (1990)
9. Gardner (1956)
10. Listing (1861-62)
11. Möbius (1865)
12. IAbbott (2005)의 머리말, xxix쪽.
13. Klein (1882)

Chapter 17

서로 같을까? 아니면 서로 다를까?

1. Poincaré (1895)
2. Möbius (1863)
3. Radó (1925)
4. Papakyriakopoulos (1943)
5. Freudenthal (1975)에서 인용
6. Riemann (1851); Riemann (1857)
7. Möbius (1863)
8. Jordan (1866a)
9. Dyck (1888)
10. Dehn and Heegaard (1907)
11. Francis and Weeks (1999)
12. Ibid.

Chapter 18

매듭 문제

1. Shakespeare (2002), 82.
2. Vandermonde (1771)
3. Gauss (1877)
4. Listing (1847)
5. Seifert (1934)
6. 수열번호 A002864, Sloane (2007)
7. Crowell (1959).

8. 수열번호 A002863, Sloane (2007)
9. Kauffman (1987b); Murasugi (1987); Thistlethwaite (1987)

Chapter 19

코코넛의 털을 빗질하기

1. Frost (2002), 308.
2. Brouwer (1912)
3. Dieudonné (1975)에서 인용
4. Dieudonné (1975)
5. Poincaré (1881)
6. Poincaré (1885)
7. Brouwer (1912)
8. Beno Eckmann, Frei and Stammbach (1999)에서 인용
9. Hopf (1925); Hopf (1926a); Hopf (1926b)
10. Morse (1929)
11. Thurston (1997)
12. Brouwer (1909)
13. Brouwer (1912)

Chapter 20

위상이 기하를 조종할 때

1. Shakespeare (1992), 36.
2. Pólya (1954), 57-58.
3. Hopf (1935)
4. Quoted in Federico (1982), 43.
5. Euler (1758b); Euler (1758a)

Chapter 21

굽은 곡면의 위상

1. Bell (1937), 254
2. Euler (1760)
3. See Hayes (2006) for a discussion of this story.
4. Simmons (1992), 177쪽에서 인용
5. Gauss (1828); English translation and commentary in Dombrowski (1979)
6. Bonnet (1848)
7. Blaschke (1921)
8. Dyck (1888)

Chapter 22

n차원으로의 탐험

1. Scholz (1999)
2. Brouwer (1911)
3. Cauchy (1813a)
4. Schläfli (1901)
5. Breitenberger (1999)
6. Listing (1847), Listing (1861-62)
7. Tait (1884)
8. Riemann (1851)

Chapter 23

헨리 푸앵카레와 위상의 지배

1. Hardy (1992), 85.
2. Quoted in Dieudonné (1975)
3. Poincaré (1895)
4. Poincaré (1899); Poincaré (1900);

Poincaré (1902a); Poincaré (1902b); Poincaré (1904)

5. Dieudonné (1989), 17.
6. Heinrich Tietze (1880-1964), James (2001)에서 인용
7. Poincaré (1895)
8. Poincaré (1895), quoted in Sarkaria (1999).
9. Quoted in James (1999)
10. Ibid.

에필로그: 백만 달러 문제

1. Russell (1957)
2. Poincaré (1900)
3. Poincaré (1904)
4. Ibid.
5. Taubes (1987)
6. Smale (1961)
7. Smale (1990)
8. Ibid.
9. Stallings (1962); Stallings (1960); Zeeman (1961); Zeeman (1962)
10. Freedman (1982)
11. Smale (1998)
12. Thurston (1982)
13. Hamilton (1982)
14. Perelman (2002); Perelman (2003b); Perelman (2003a)
15. Cao and Zhu (2006a); Cao and Zhu (2006b); Kleiner and Lott (2006); Morgan and Tian (2006)
16. Mackenzie (2006)
17. Nasar and Gruber (2006)에서 더 자세한 것을 볼 수 있다.
18. Nasar and Gruber (2006)
19. Nasar and Gruber (2006)에서 인용
20. Poincaré (1913), 366.

참고문헌

REFERENCE

Abbott, E. A. (2005). *Flatland: A romance of many dimensions*. Princeton, NJ: Princeton University Press. With an introduction by Thomas Banchoff.

Abel, N. H. (1881). *Oeuvres completes de Niels Henrik Abel*, vol. 2. Christiania, Norway: Imprimerie De Grondahl & Son.

Adams, C. C. (1994). *The knot book: An elementary introduction to the mathematical theory of knots*. New York:W. H. Freeman.

Aigner, M., and G. M. Ziegler (2001). *Proofs from The Book* (2nd ed.). Including illustrations by Karl H. Hofmann. Berlin: Springer-Verlag.

Albers, D. J. (1994). Freeman Dyson: Mathematician, physicist, and writer. *The College Mathematics Journal* 25(1), January, 2-21.

Alexander, J. T. (1989). *Catherine the Great: Life and legend*. New York: Oxford University Press.

Allan, D. J. (1975). Plato. In C. C. Gillispie (ed.), *Dictionary of scientific biography*. Vol. 11, 22-31. New York: Charles Scribner's Sons.

Andrews, P. (1988). The classification of surfaces. *Amer.Math. Monthly* 95(9), 861-67.

Appel, K., and W. Haken (1977). Every planar map is four colorable. I. Discharging. *Illinois J. Math.* 21(3), 429-90.

Appel, K., W. Haken, and J. Koch (1977). Every planar map is four colorable. II. Reducibility. *Illinois J. Math.* 21(3), 491-567.

Applegate, D., G. Jacobson, and D. Sleator (1991). *Computer analysis of sprouts*. Technical Report CMU-CS-91-144, Carnegie Mellon University.

Asimov, I. (1965). *A short history of chemistry: An introduction to the ideas and concepts of chemistry*. Science Study Series. Garden City, NY: Anchor Books, Doubleday.

Ball, W. W. R. (1892). *Mathematical recreations and problems of past and present times*. London: MacMillan.

Baltzer, R. (1885). Eine Erinnerung an Möbius und seinen Freund Weiske. *Ber. Verh. K. Sächs. Ges.Wiss. Leipzig* 37, 1-6.

Barabási, A.-L. (2002). *Linked: How everything is connected to everything else and what it means*. Cambridge, MA: Perseus.

Barnette, D. (1983). *Map coloring, polyhedra, and the four-color problem*. Washington DC: Mathematical Association of America.

Barr, S. (1964). *Experiments in topology*. New York: Dover.

Baxter, M. (1990). Unfair games. *Ureka: The Journal of the Archimedeans* 50, 60-68.

Becker, J. C., and D. H. Gottlieb (1999). A history of duality in algebraic topology. In I. M. James (ed.), *History of topology*, 725-45. Amsterdam: North-Holland.

Bell, E. T. (1937). *Men of Mathematics*. New York: Simon and Schuster.

_________. (1945). *The development of mathematics*. New York: McGraw-Hill.

_________. (1987). *Mathematics: Queen and servant of science*. MAA Spectrum series. Washington DC: Mathematical Association of America.

Biggs, N. (1993). The development of topology. In J. Fauvel, R. Flood, and R. Wilson (eds.), *Möbius and his band: Mathematics and astronomy in nineteenth-century Germany*, 105-19. New York: The Clarendon Press, Oxford University Press.

Biggs, N. L., E. K. Lloyd, and R. J. Wilson (1986). *Graph theory* 1736-1936. Oxford: Clarendon Press.

Blaschke, W. (1921). *Vorlesungen über Differentialgeometrie*. Berlin-Heidelberg: Springer-Verlag.

Bonnet, O. (1848). Mémoire sur la théorie générale des surfaces. *J. Éc. Polytech.* 19, 1-146.

Boyer, C. B. (1951). The foremost textbook of modern times. *Amer.Math. Monthly* 58, April, 223-26.

Boyer, C. B., and U. Merzbach (1991). *A history of mathematics* (2nd ed.). New York: John Wiley & Sons.

Boyle, R. (1937). *The sceptical chymist, with an introduction by M. M. Pattison Muir*. Everyman's Library. London: J. M. Dent and Sons.

Bradley, R., and E. Sandifer (eds.) (2007). *Leonhard Euler: Life, work and legacy*. Vol. 5 of *Studies in the history and philosophy of mathematics*. Amsterdam: Elsevier.

Brahana, H. R. (1921). Systems of circuits on two-dimensional manifolds. *Ann. of Math.* (2) 23(2), 144-68.

Breitenberger, E. (1999). Johann Benedict Listing. In I. M. James (ed.), *History of topology*, 909-24. Amsterdam: North-Holland.

Brewster, D. (1833). The life of Euler. In *Letters of Euler on different subjects in natural philosophy addressed to a German princess*, 15-28. New York: J. and J. Harper.

Brisson, L., and F. W. Meyerstein (1995). *Inventing the universe: Plato's "Timaeus," the big bang, and the problem of scientific knowledge*. Albany, NY: State University of New York Press.

Brouwer, L. E. J. (1909). On continuous one-to-one transformations of surfaces to themselves. *Proc. Kon. Nederl. Akad. Wetensch. Ser. A* 11, 788-98.

__________(1911). Beweis der Invarianz der Dimensionzahl. *Mathematische Annalen* 69, 169-75.

__________(1912). Über Abbildung von Mannigfaltigkeiten. *Mathematische Annalen* 71(1), 97-115.

Bulmer-Thomas, I. (1967). *Selections illustrating the history of Greek mathematics with an English translation by Ivor Thomas*, Vol. 2 of *Loeb Classical Library*. Cambridge, MA: Harvard University Press.

__________(1971). Euclid. In C. C. Gillispie (ed.), *Dictionary of scientific biography*. Vol. 4, 414-37. New York: Charles Scribner's Sons.

__________(1976). Theaetetus. In C. C. Gillispie (ed.), *Dictionary of scientific biography*. Vol. 13, 301-7. New York: Charles Scribner's Sons.

Burau, W. (1976). Staudt, Karl Georg Christian von. In C. C. Gillispie (ed.), *Dictionary of scientific biography*. Vol. 8, 4-6. New York: Charles Scribner's Sons.

Burckhardt, J. J. (1983). Leonhard Euler, 1707-1783. *Math. Mag.* 56(5), 262-73.

Burde, G., and H. Zieschang (1999). Development of the concept of a complex. In *History of topology*, 103-10. Amsterdam: North-Holland.

Burke, J. G. (1972). Hessel, Johann Friedrich Christian. In C. C. Gillispie (ed.), *Dictionary of scientific biography*. Vol. 6, 358-59. New York: Charles Scribner's Sons.

Burkert, W. (1972). *Lore and science in ancient Pythagoreanism*. Cambridge, MA: Harvard University Press.

Cajori, F. (1927). Frederick the Great on mathematics and mathematicians. *Amer.Math. Monthly* 34, 122-30.

Calinger, R. (1968). Frederick the Great and the Berlin Academy of Sciences (1740-1766). *Annals of Science* 24(3), 239-49.

__________ (1996). Leonhard Euler: The first St. Petersburg years (1727-1741). *Historia*

Math. 23(2), 121-66.

Cao, H.-D., and X.-P. Zhu (2006a). A complete proof of the Poincaré and geometrization conjectures—application of the Hamilton-Perelman theory of the Ricci flow. *Asian Journal of Mathematics* 10(2), June, 165-492.

____________________ (2006b). Erratum to "A complete proof of the Poincaré and geometrization conjectures—application of the Hamilton-Perelman theory of the Ricci flow." *Asian Journal of Mathematics* 10(4), December, 663-64.

Carruccio, E. (1970). Betti, Enrico. In C. C. Gillispie (ed.), *Dictionary of scientific biography*. Vol. 2, 104-6. New York: Charles Scribner's Sons.

Casselman, B. (2004). *Mathematical illustrations: A manual of geometry and Post-Script*. New York: Cambridge University Press.

Cauchy, A. L. (1813a). Recherches sur les polyèdres. *Journal de l'École Polytechnique* 9, 68-86.

__________. (1813b). Sur les polygones et les polyèdres. *Journal de l'École Polytechnique* 9, 87-98.

Cayley, A. (1861). On partitions of a close. *The London, Edinburgh, and Dublin Philosophical Magazine and Journal of Science, 4th Series* 21, 424-28.

________. (1873). On Listing's theorem. *Messenger of Mathematics II*, 81-89.

________. (1878). On the coloring of maps. *Proceedings of the London Mathematical Society IX*, 14.

Chambers, M., R. Grew, D. Herlihy, T. Rabb, and I. Woloch (1987). *The Western experience, Vol. 2: The early modern period* (4th ed.). New York: Alfred A. Knopf.

Clarke, A. C. (2000). The wall of darkness. In *The Collected Stories of Arthur C. Clarke*, 104-18. New York: Tom Doherty Associates.

Collingwood, S. D. (1898). *The life and letters of Lewis Caroll (Rev. C. L. Dodgson)*. London: T. Fisher Unwin.

Condorcet, M. J. (1786). Eulogy to Mr. Euler (translated by John S. D. Glaus, Euler Society, 2005). In *History of the Royal Academy of Sciences 1783*, 37-68. Paris: Imprimerie Royale.

Connelly, R. (1977). A counterexample to the rigidity conjecture for polyhedra. *Inst. Hautes Études Sci. Publ. Math.* 47, 333-38.

Conway, J., P. Doyle, J. Gilman, and B. Thurston (1994). Geometry and the imagination.

http://www.geom.uiuc.edu/docs/education/institute91.

Coolidge, J. L. (1963). *A history of geometrical methods*. New York: Dover.

Copper, M. (1993). Graph theory and the game of sprouts. *Amer. Math. Monthly* 100(5), 478-82.

Coxeter, H. S. M. (1959). The four-color map problem, 1840-1890. *Mathematics Teacher* 52, 283-89.

______________. (1988). Regular and semiregular polyhedra. In M. Senechal and G. Fleck (eds.), *Shaping space: A polyhedral approach*, proceedings of 1984 conference held in Northampton, MA, 67-79. Boston, Design Science Collection, Birkhäuser Boston.

Crombie A. C., (1971). Descartes, Réne du Perron. In Charles C. Gillispie (ed.), *Dictionary of scientific biography*, vol. 4, 51-55. New York: Charles Scribner's Sons.

Cromwell, P. R. (1995). Kepler's work on polyhedra. *Math. Intelligencer* 17(3), 23-33.

______________. (1997). *Polyhedra*. Cambridge: Cambridge University Press.

Crowe, M. J. (1974). Möbius, August Ferdinand. In C. C. Gillispie (ed.), *Dictionary of scientific biography*. Vol. 9, 429-31. New York: Charles Scribner's Sons.

Crowell, R. (1959). Genus of alternating link types. *Ann. of Math.* (2) 69, 258-75.

D'Alarcao, H., and T. E. Moore (1976-77). Euler's formula and a game of Conway's. *Journal of Recreational Mathematics* 9(4), 149-251.

de Jonquières, E. (1890). Note sur un point fondamental de la théorie des polyèdres. *Comptes Rendus des Séances de l'Académie des Sciences* 110, 110-15.

Dehn, M., and P. Heegaard (1907). Analysis situs. In *Enzyklopädie Mathematische Wissenschaft*. Vol. 3, 153-220. Leipzig: Teubner.

Descartes, R. (1965). *Discourse on method, Optics, geometry, and meteorology*. Translated with an introduction by Paul J. Olscamp. Indianapolis: Bobbs-Merrill.

DeTemple, D. (1989). Pick's theorem: A retrospective. *Mathematics Notes From Washington State University* 32(3 and 4), November, 1-4.

DeTemple, D., and J. M. Robertson (1974). The equivalence of Euler's and Pick's theorems. *Math. Teacher* 67(3), 222-26.

Dieudonné, J. (1975). Poincaré, Henri Jules. In C. C. Gillispie (ed.), *Dictionary of scientific biography*. Vol. 11, 51-61. New York: Charles Scribner's Sons.

____________. (1989). *A history of algebraic and differential topology: 1900-1960*. Boston: Birkhäuser Boston.

Dombrowski, P. (1979). *150 years after Gauss' "Disquisitiones generales circa superficies curvas."* With the original text of Gauss. Vol. 62 of *Astérisque*. Paris: Société Mathé matique de France.

Doyle, P. H., and D. A. Moran (1968). A short proof that compact 2-manifolds can be triangulated. *Invent. Math.* 5, 160-62.

Dudley, U. (1992). *Mathematical cranks*. MAA Spectrum series. Washington DC: Mathematical Association of America.

Dunham, W. (1990). *Journey through genius: The great theorems of mathematics*. New York: John Wiley & Sons.

___________. (1999). *Euler: The master of us all*. Vol. 22 of *The Dolciani Mathematical Expositions*.Washington DC: Mathematical Association of America.

___________. (ed.) (2007). *The genius of Euler: Reflections on his life and work*. MAA Spectrum series.Washington DC: Mathematical Association of America.

Dyck, W. (1888). Beiträge zur analysis situs. *Math. Ann. XXXII*, 457-512.

Emmer, M. (1993). Art and mathematics: The Platonic solids. In M. Emmer (ed.), *The visual mind*, Leonardo Book Ser., 215-20. Cambridge, MA: MIT Press.

Epple, M. (1999). Geometric aspects in the development of knot theory. In *History of topology*, 301-57. Amsterdam: North-Holland.

Euclid (1926). *The thirteen books of Euclid's Elements translated from the text of Heiberg. Vol. I: Introduction and Books I, II. Vol. II: Books III-IX. Vol. III: Books X-XIII and Appendix*. Translated with introduction and commentary by Thomas L. Heath, 2nd ed. Cambridge: Cambridge University Press.

Euler, L. (1736). Solutio problematis ad geometriam situs pertinentis. *Commentarii Academiae Scientiarum Imperialis Petropolitanae* 8, 128-40. Reprinted in *Opera Omnia* series 1, vol. 7, 1-10.

_______. (1758a). Demonstratio nonnullarum insignium proprietatum quibus solida hedris planis inclusa sunt praedita. *Novi Commentarii Academiae Scientiarum Petropolitanae* 4, 94-108. Reprinted in *Opera Omnia* series 1, vol. 26, 94-108.

_______. (1758b). Elementa doctrinae solidorum. *Novi Commentarii Academiae Scientiarum Petropolitanae* 4, 72-93. Reprinted in *Opera Omnia* series 1, vol. 26, 71-93.

_______. (1758c). Proof of some notable properties with which solids enclosed by plane faces are endowed. Translated by Chris Francese and David Richeson.

http://www.eulerarchive.org.

_______. (1760). Recherches sur la courbure des surfaces. *Mém. Acad. Sci. Berlin* 16, 119-43.

_______. (1862). Continuatio fragmentorum ex adversariis mathematicis depromptorum. In P. H. Fuss and N. Fuss (eds.), *Opera postuma mathematica et physica*, Vol. 1, 487-518. St. Petersburg: St. Petersburg Academy of Sciences.

_______. (1911-). *Opera Omnia*. Basel: Birkhäuser.

Euler Archive, http://www.eulerarchive.org. Created by D. Klyve and L. Stemkoski.

Eves, H. (1990). *An introduction to the history of mathematics*. 6th ed. Pacific Grove, CA: Brooks/Cole.

_______. (1969a). *In mathematical circles, quadrants I and II*. Boston: Prindle, Weber & Schmidt.

_______. (1969b). *In mathematical circles, quadrants III and IV*. Boston: Prindle, Weber & Schmidt.

Federico, P. J. (1982). *Descartes on polyhedra: A study of the De Solidorum Elementis*. Vol. 4 of *Sources in the history of mathematics and physical sciences*. New York: Springer-Verlag.

Field, J. V. (1979). Kepler's star polyhedra. *Vistas Astronom.* 23(2), 109-41.

_________. (1988). *Kepler's geometrical cosmology*. Chicago: University of Chicago Press.

Francese, C., and D. Richeson (2007). The flaw in Euler's proof of his polyhedral formula. *Amer. Math. Monthly* 114, April, 286-96.

Francis, G. K. (1987). *A topological picturebook*. New York: Springer-Verlag.

Francis, G. K., and J. R. Weeks (1999). Conway's ZIP proof. *Amer. Math. Monthly* 106(5), 393-99.

Fréchet, M., and K. Fan (1967). *Initiation to combinatorial topology*. Translated from the French, with some notes, by H. W. Eves. Boston: Prindle, Weber & Schmidt.

Freedman, M. H. (1982). The topology of four-dimensional manifolds. *J. Differential Geom.* 17(3), 357-453.

Frei, G. and U. Stammbach (1999). Heinz Hopf. In I. M. James (ed.), *History of topology*, 991-1008. Amsterdam: North-Holland.

Freudenthal, H. (1971). Cauchy, Augustin-Lous. In C. C. Gillispie (ed.), *Dictionary of scientific biography*. Vol. 3, 131-48. New York: Charles Scribner's Sons.

______________. (1972). Hopf, Heinz. In C. C. Gillispie (ed.), *Dictionary of scientific biography*. Vol. 6, 496-97. New York: Charles Scribner's Sons.

______________. (1975). Riemann, Georg Friedrich Bernhard. In C. C. Gillispie (ed.), *Dictionary of scientific biography*. Vol. 11, 447-56. New York: Charles Scribner's Sons.

Fritsch, R. and G. Fritsch (1998). *The four-color theorem: History, topological foundations, and idea of proof.* Translated from the 1994 German original by Julie Peschke. New York: Springer-Verlag.

Frost, R. (2002). *The poetry of Robert Frost: The collected poems*. New York: Henry Holt.

Funkenbusch, W. W. (1974). Classroom notes: From Euler's formula to Pick's formula using an edge theorem. *Amer. Math. Monthly* 81(6), 647-48.

Gardner, M. (1956). The Afghan bands. In *Mathematics, Magic and Mystery*, 70-73. New York: Dover.

___________. (1975a). *Mathematical Carnival*. New York: Knopf.

___________. (1975b). Mathematical games: Six sensational discoveries that somehow or another have escaped public attention. *Scientific American* 232, April, 127-31.

___________. (1988). Six sensational discoveries. In *Time Travel and Other Mathematical Bewilderments*, 125-38. New York: W. H. Freeman.

___________. (1990).Möbius bands. In *Mathematical Magic Show*, 123-36. Washington DC: Mathematical Association of America.

___________. (1995). The four-color map theorem. In *New Mathematical Diversions*, 113-23. Washington DC: Mathematical Association of America.

___________. (2005). *Martin Gardner's mathematical games: The entire collection of his Scientific American columns*. MAA Spectrum series (on CD). Mathematical Association of America.

Gaskell, R. W., M. S. Klamkin, and P. Watson (1976). Triangulations and Pick's theorem. *Math. Mag.* 49(1), 35-37.

Gaukroger, S. (1995). *Descartes: An intellectual biography.* Oxford: Clarendon Press.

Gauss, C. F. (1828). *Disquisitiones generales circa superficies curvas*. Göttingen: Dieterich.

___________. (1877). Zur mathematischen theorie der electrodynamischen wirkungen. In *Werke*, vol. 5. Königlichen Gesellschaft der Wissenchaften zu Göttingen.

Gillispie, C. C. (ed.) (1970-1990). *Dictionary of Scientific Biography*, Volumes 1-16. New York: Charles Scribner's Sons.

Gingerich, O. (1973). Kepler, Johannes. In C. C. Gillispie (ed.), *Dictionary of scientific biography*. Vol. 7, 289-312. New York: Charles Scribner's Sons.

Girard, A. (1629). *Invention nouvelle en algèbre*. Amsterdam: Guillaume Jansson Blaeuw.

Gluck, H. (1975). Almost all simply connected closed surfaces are rigid. In *Geometric topology (Proc. Conf., Park City, Utah, 1974)*, 225-39. Lecture Notes in Math., Vol. 438. Berlin: Springer.

Gorman, P. (1979). *Pythagoras: A life*. London: Routledge & Kegan Paul.

Gottlieb, D. H. (1996). All the way with Gauss-Bonnet and the sociology of mathematics. *Amer. Math. Monthly* 103(6), 457-69.

Graham, L. R. (1993). *Science in Russia and the Soviet Union: A short history*. Cambridge: Cambridge University Press.

Graves, R. P. (1889). *Life of Sir William Rowan Hamilton*, vol. 3. Dublin: Hodges, Figgis, & Co.

Grünbaum, B. (2003). *Convex polytopes* (2nd ed.). Vol. 221 of *Graduate texts in mathematics*. Prepared and with a preface by Volker Kaibel, Victor Klee, and Günter M. Ziegler. New York: Springer-Verlag.

Grünbaum, B., and G. C. Shephard (1993). Pick's theorem. *Amer. Math. Monthly* 100(2), 150-61.

Guillemin, V., and A. Pollack (1974). *Differential topology*. Englewood Cliffs, NJ: Prentice-Hall.

Guthrie, W. (1962). *A history of Greek philosophy: The earlier presocratics and the Pythagoreans*, vol. 1. Cambridge: Cambridge University Press.

Hadamard, J. (1907). Erreurs de mathematicians. *L'intermédiaire des mathématiciens* 14, 31.

Hales, T. C. (2005). A proof of the Kepler conjecture. *Ann. of Math.* (2) 162(3), 1065-185.

Hamilton, R. S. (1982). Three-manifolds with positive Ricci curvature. *J. Differential Geom.* 17(2), 255-306.

Hankel, H. (1884). *Die Entwicklung der Mathematik in den letzten Jahrhunderten*. Tübingen: Verlag und Druck von Franz.

Harcave, S. (1964). *Russia: A history* (5th ed.). Philadelphia: J. B. Lippincott.

Hardy, G. H. (1992). *A mathematician's apology*. Cambridge: Cambridge University Press.

Hartley, J. M. (2003). Governing the city: St. Petersburg and Catherine II's reforms. In A. Cross (ed.), *St. Petersburg: 1703-1825*, 99-118. London: Palgrave Macmillan.

Hatcher, A. (2002). *Algebraic topology*. Cambridge: Cambridge University Press.

Hayes, B. (2006). Gauss's day of reckoning: A famous story about the boy wonder of mathematics has taken on a life of its own. *American Scientist* 94(3), 200-5.

Heath, T. (1981). *A history of Greek mathematics: From Aristarchus to Diophantus*, vol. II. Corrected reprint of the 1921 original. New York: Dover.

Hemingway, E. (1960). *Death in the afternoon*. New York: Charles Scribner & Sons.

Hessel, J. F. (1832). Nachtrag zu dem Eulerschen Lehrsatz von Polyëdern. *Journal für die Reine und Angewandte mathematik* 8, 13-20.

Hierholzer, C. (1873). Über die m¨ glichkeit, einen linienzug ohne wiederholung und ohne unterbrechnung zu umfahren. *Mathematische Annalen* 6, 30-32.

Hilbert, D., and S. Cohn-Vossen (1952). *Geometry and the imagination*. Translated by P. Neményi. New York: Chelsea Publishing Company.

Hollingdale, S. (1989). *Makers of mathematics*. London: Penguin Books, a Pelican Book.

Hopf, H. (1925). Über die curvatura integra geschlossener Hyperflächen. *Math. Ann.* 95, 340-67.

________. (1926a). Abbildungsklassen *n*-dimensionaler Mannigfaltigkeiten. *Math. Ann.* 96, 209-24.

________. (1926b). Vectorfelder in *n*-dimensionalen Mannigfaltigkeiten. *Math. Ann.* 96, 225-49.

________. (1935). Über die Drehung der Tangenten und Sehnen ebener Kurven. *Comp. Math.* 2, 50-62.

Hopkins, B., and R. Wilson (2004). The truth about Königsburg. *Col. Math. J.* 35(3), May, 198-207.

Hoppe, R. (1879). Ergänzung des eulerschen satzes von den polyedern. *Archiv der Mathematik und Physik* 63, 100-103.

Itard, J. (1972). Girard, Albert. In C. C. Gillispie (ed.), *Dictionary of scientific biography*. Vol. 5, 408-10. New York: Charles Scribner's Sons.

______. (1973). Legendre, Adrien-Marie. In C. C. Gillispie (ed.), *Dictionary of scientific biography*. Vol. 8, 135-43. New York: Charles Scribner's Sons.

Jackson, A. (2006). Conjectures no more? Consensus forming on the proof of the Poincaré and geometrization conjectures. *Notices Amer. Math. Soc.* 53(8), 897-901.

James, I. M. (1999). From combinatorial topology to algebraic topology. In *History of top-*

ology, 561-73. Amsterdam: North-Holland.

__________. (2001). Combinatorial topology versus point-set topology. In *Handbook of the history of general topology,* Vol. 3 of *History of Topology Series*, 809-34. Dordrecht: Kluwer Acad. Publ.

Jones, P. S. (1994). Irrationals or incommensurables I: Their discovery and a "logical scandal." In F. J. Swetz (ed.), *From five fingers to infinity: A journey through the history of mathematics*, 172-75. Chicago: Open Court.

Jordan, C. (1866a). Des contours tracés sur les surfaces. *J. Math. Pures Appl.* (2) 11, 110-30. See also *Oeuvres*, vol. 4, 91-112, Paris: Gauthier-Villars et cie, 1964.

_________. (1866b). Recherches sur les polyèdres. *Comptes rendus des Séances de l'Académie des Sciences* 62, 1339-41.

Juškevič, A. P., and E. Winter (1965). *Leonhard Euler und Christian Goldbach: Briefwechsel 1729-1764*. Berlin: Akademie-Verlag.

Katz, V. J. (1993). *A history of mathematics: An introduction*. New York: Harper Collins College Publishers.

Kauffman, L. H. (1987a). *On knots*, vol. 115 of *Annals of mathematics studies*. Princeton, NJ: Princeton University Press.

______________. (1987b). State models and the Jones polynomial. *Topology* 26(3), 395-407.

Kempe, A. B. (1879). On the geographical problem of four colors. *American Journal of Mathematics II*, 193-204.

Kepler, J. (1596). *Mysterium cosmographicum*. Tübingen.

________. (1938). Harmonice mundi. In M. Caspar (ed.), *Johannes Kepler gesammelte werke*, vol. 6. Munich: Beck.

________. (1981). *Mysterium cosmographicum: The secret of the universe*. Translation by A. M. Duncan, introduction and commentary by E. J. Aiton, with a preface by I. Bernard Cohen. New York: Abaris Books.

________. (1997). *The harmony of the world*, vol. 209 of *Memoirs of the American Philosophical Society*. Translated from the Latin and with an introduction and notes by E. J. Aiton, A. M. Duncan, and J. V. Field, with a preface by Duncan and Field. Philadelphia: American Philosophical Society.

Klein, F. (1882). *Über Riemanns Theorie der algebraischen Functionen und ihrer Integrale*. Leipzig: B. G. Teubner.

_______. (1882/83). Neue Beiträge zur Riemannschen Funktionentheorie. *Math. Ann.* 21, 141-218.

Kleiner, B., and J. Lott (2006). Notes on Perelman' papers. www.math.lsa.umich. edu/~lott/ricciflow/perelman.html.

Kline, M. (1972). *Mathematical thought from ancient to modern times*. New York: Oxford University Press.

Knobloch, E. (1998). Mathematics at the Prussian Academy of Sciences 1700-1810. In H. G. W. Begehr, H. Koch, J. Kramer, N. Schnappacher, and E.-J. Thiele (eds.), *Mathematics in Berlin*, 1-8. Berlin: Birkhäuser.

Koestler, A. (1963). *The sleepwalkers: A history of man's changing vision of the universe.* New York: The Universal Library.

Kuhn, T. S. (1970). *The structure of scientific revolutions* (2nd ed.). Chicago: University of Chicago Press.

Lakatos, I. (1976). *Proofs and refutations: The logic of mathematical discovery*. Cambridge: Cambridge University Press.

Lebesgue, H. (1924). Remarques sur les deux premières démonstrations du théoréme d'Euler relatif aux polyèdres. *Bulletin de la Société Mathématique de France* 52, 315-36.

Lefschetz, S. (1970). The early development of algebraic topology. *Bol. Soc. Brasil. Mat.* 1(1), 1-48.

Legendre, A. M. (1794). *Éléments de géométrie*. Paris: Firmin Didot.

Lhuilier, S. (1811). Démonstration immédéate d'un théorème fondamental d'Euler sur les polyèdres. *Mémoires de l'Académie Impériale des Sciences de Saint-Pétersbourg* 4, 271-301.

_________. (1813).Mémoire sur la polyédrométrie. *Annales deMathématiques* 3, 169-89.

Listing, J. B. (1847). Vorstudien zur topologie. *Göttinger studien (Abtheilung 1)* 1, 811-75.

_________. (1861-62). Der Census räumlicher Complexe oder Verallgemeinerung des Euler'-schen Satzes von den Polyedern. *Abhandlungen der königlichen Gesellschaft der Wissenschaften zu Göttingen* 10, 97-182.

Liu, A. C. F. (1979). Lattice points and Pick's theorem. *Math. Mag.* 52(4), 232-35.

Livingston, C. (1993). *Knot theory*, vol. 24 of *Carus Mathematical Monographs*. Washington DC: Mathematical Association of America.

Lobastova, N., and M. Hirst (2006). World's top maths genius jobless and living with mother. *Daily Telegraph*. August 20.

Lohne, J. A. (1972). Harriot, Thomas. In C. C. Gillispie (ed.), *Dictionary of scientific biography*. Vol. 6, 124-29. New York: Charles Scribner's Sons.

__________. (1979). Essays on Thomas Harriot. I. Billiard balls and laws of collision; II. Ballistic parabolas; III. A survey of Harriot's scientific writings. *Arch. Hist. Exact Sci.* 20(3-4), 189-312.

Machamer, P. (1998). Galileo's machines, his mathematics, and his experiments. In P. Machamer (ed.), *The Cambridge Companion to Galileo*, Cambridge Companions to Philosophy, 53-79. New York: Cambridge University Press.

Mackenzie, D. (2006). Breakthrough of the year: The Poincaré conjecture—proved. *Science* 314(5807), December 22, 1848-49.

MacTutor History of Mathemateics Archive, http://www-groups.dcs.st-and.ac.uk/~history. Created by J. J. O'onnor and E. F. Robertson.

Malkevitch, J. (1984). The first proof of Euler' formula. *Mitt. Math. Sem. Giessen* 165, 77-82.

__________. (1988). Milestones in the history of polyhedra. In M. Senechal and G. Fleck (eds.), *Shaping space: A polyhedral approach*, proceedings of 1984 conference held in Northampton,MA, 80-92. Boston: Design Science Collection, Birkhäuser Boston.

Martens, R. (2000). *Kepler' philosophy and the new astronomy*. Princeton, NJ: Princeton University Press.

Maurer, S. B. (1983). An interview with Albert W. Tucker. *Two-Year College Mathematics Journal* 14(3), 210-24.

May, K. O. (1965). The origin of the four-color conjecture. *Isis* 56(3), 346-48.

McClellan III, J. E. (1985). *Science reorganized: Scientific societies in the eighteenth century*. New York: A Columbia University Press.

McEwan, I. (1997). *Enduring love*. New York: Anchor Books.

__________. (1963). *Morse theory*. Based on lecture notes by M. Spivak and R. Wells. *Annals of Mathematics Studies*, no. 51. Princeton, NJ: Princeton University Press.

__________. (2003). Towards the Poincaré conjecture and the classification of 3-manifolds. *Notices Amer. Math. Soc.* 50(10), 1226-33.

Möbius, A. F. (1863). Theorie der elementaren Verwandschaften. *Abhandlungen Sächsische Gesellschaft der Wissenschaften* 15, 18-57. Also in *Gesammelte Werke*, vol. 2, Leipzig,

1886, 433-71.

___________. (1865). Ueber die Bestimmung des Inhaltes eines Polyëders. *Abhandlungen Sächsische Gesellschaft der Wissenschaften* 17, 31-68. *Gesammelte Werke*, vol. 2, Leipzig, 1886, 473-512.

Morgan, J. W., and G. Tian (2006). Ricci flow and the Poincaré conjecture. http://arXiv:org/abs/math.DG/0607607.

Morse, M. (1929). Singular points of vector fields under general boundary conditions. *Amer. J. Math.* 41, 165-78.

Murasugi, K. (1958). On the genus of the alternating knot. I, II. *J. Math. Soc. Japan* 10, 94-105, 235-48.

___________. (1987). Jones polynomials and classical conjectures in knot theory. *Topology* 26(2), 187-94.

Nasar, S., and D. Gruber (2006). Manifold destiny: A legendary problem and the battle over who solved it. *The New Yorker*, August 28, 44-57.

Nash, C. (1999). Topology and physics—a historical essay. In I. M. James (ed.), *History of topology*, 359-415. Amsterdam: North-Holland.

Papakyriakopoulos, C. (1943). A new proof for the invariance of the homology groups of a complex. *Bull. Soc. Math. Grèce* 22, 1-154.

Perelman, G. (2002). The entropy formula for the Ricci flow and its geometric applications. http://arxiv.org/abs/math.DG/0211159.

___________. (2003a). Finite extinction time for the solutions to the Ricci flow on certain three-manifolds. http://arxiv.org/abs/math.DG/0307245.

___________. (2003b). Ricci flow with surgery on three-manifolds. http://arxiv.org/abs/math.DG/0303109.

Peterson, I. (2003). Recycling topology. *Science News Online* 163(17), April 26.

Pick, G. (1899). Geometrisches zur zahlenlehre. *Sitzungber. Lotos, Naturwissen Zeitschrift, Prague* 19, 311-19.

Plato (1921). *Theaetetus. Sophist.* With an English translation by H. N. Fowler. New York: G. P. Putnam's Sons.

____ (1972). *Philebus and Epinomis.* Translation and introduction by A. E. Taylor. London: Dawsons of Pall Mall.

____ (2000). *Timaeus*. Translated with an introduction by Donald J. Zeyl. Indianapolis:

Hacket Publishing.

Poincaré, H. (1881). Mémoire sur les courbes définiés par une équation differentielle. *J. de Math.* 7, 375-422.

__________. (1885). Sur les courbes défines par les équations differentielles. *Journal de mathématiques* 1(4), 167-244.

__________. (1895). Analysis situs. *J. Ec. Polytech ser. 2* 1, 1-123.

__________. (1899). Complément à l'analysis situs. *Rend. Circ. Math. D. Palermo* 13, 285-343.

__________. (1900). Second complément à l'analysis situs. *Proc. Lond. Math. Soc.* 32, 277-308.

__________. (1902a). Sur certaines surfaces algèbriques; troisième complément à l'analysis situs. *Bull. Soc. Math. France* 30, 49-70.

__________. (1902b). Sur les cycles algèbriques; quatrième complément à l'analysis situs. *J. de Math.* 8, 169-214.

__________. (1904). Cinquième complément à l'analysis situs. *Rend. Circ. Math. D. Palermo* 18, 45-110.

__________. (1913). *The foundations of science: Science and hypothesis, the value of science, science and method*. Science and Education. New York: The Science Press.

Poinsot, L. (1810). Mémoire sur les polygones et les polyèdres. *Journal de l'école polyté chnique* 4, 16-48.

Pólya, G. (1954). *Induction and analogy in mathematics*. Vol. 1 of *Mathematics and plausible reasoning*. Princeton, NJ: Princeton University Press.

Pont, J.-C. (1974). *La topologie algèbrique des origines à Poincaré*. Paris: Presses Universitaires de France.

Przytycki, J. (1992). A history of knot theory from Vandermonde to Jones. *Aportaciones Matemáticas Comunicaciones* 11, 173-85.

Radó, T. (1925). Über den begriff von Riemannsche fläche. *Acta Univ. Szeged* 2, 101-20.

Ranicki, A. A., A. J. Casson, D. P. Sullivan, M. A. Armstrong, C. P. Rourke, and G. E. Cooke (1996). *The Hauptvermutung book*, volume 1 of *K-Monographs in Mathematics*. A collection of papers of the topology of manifolds. Dordrecht: Kluwer Academic Publishers.

Read, J. (1966). *Prelude to chemistry: An outline of alchemy, its literature and relationships.*

Cambridge, MA: The M.I.T. Press.

Riasanovsky, N. V. (1993). *A History of Russia* (5th ed.). New York: Oxford University Press.

Richeson, D. (2007). The polyhedral formula. In R. Bradley and E. Sandifer (eds.), *Leonhard Euler: Life, work and legacy*. Vol. 5 of *Studies in the history and philosophy of mathematics*, 421-39. Amsterdam: Elsevier.

Riemann, G. F. B. (1851). *Grundlagen für eine allgemeine Theorie der Functionen einer verä nderlichen complexen Grösse*. PhD thesis, Göttingen.

________________. (1857). Theorie der Abel'schen Functionen. *Journal für Mathematik* 54, 101-55. Also in *Gesammelte Mathematische Werke und Wissenschaftlicher Nachlass*, Berlin: Springer, 1990, 88-142.

Russell, B. (1957). The study of mathematics. In *Mysticism and Logic*, 55-69. Garden City, NY: Doubleday.

_________. (1967). *The autobiography of Bertrand Russell*, vol. 1. Boston: Little, Brown.

Sachs, H., M. Stiebitz, and R. J. Wilson (1988). An historical note: Euler's Königsberg letters. *Journal of Graph Theory* 12(1), 133-39.

Salzberg, H. W. (1991). *From caveman to chemist: Circumstances and achievements*. Washington DC: American Chemical Society.

Samelson, H. (1995). Descartes and differential geometry. In *Geometry, topology, & physics*, Conf. Proc. Lecture Notes in Geometry and Topology, IV, 323-28. Cambridge, MA: Internat. Press.

___________. (1996). In defense of Euler. *Enseign. Math.* (2) 42(3-4), 377-82.

Sandifer, E. (2004). How Euler did it: *V*, *E* and *F* , parts 1 and 2. Mathematical Association of America Online. http://www.maa.org/news/howeulerdidit.html.

Sarkaria, K. S. (1999). The topological work of Henri Poincaré. In *History of topology*, 123-67. Amsterdam: North-Holland.

Schechter, B. (1998). *My brain is open: The mathematical journeys of Paul Erdos*. New York: Touchstone.

Schläfli, L. (1901). Theorie der vielfachen Kontinuität. *Denkschr. Schweiz. naturf. Ges.* 38, 1-237.

Scholz, E. (1999). The concept of manifold, 1850-1950. In I. M. James (ed.), *History of topology*, 25-64. Amsterdam: North-Holland.

Seifert, H. (1934). Über das Geschlecht von Knotten. *Math. Ann.* 110, 571-92.

Seifert, H., and W. Threlfall (1980). *Seifert and Threlfall: A textbook of topology*, vol. 89 of *Pure and Applied Mathematics*. Translated from the German edition of 1934 by Michael A. Goldman, with a preface by Joan S. Birman.With "Topology of 3-dimensional fibered spaces" by Seifert, translated from the German by Wolfgang Heil. New York: Academic Press. Harcourt Brace Jovanovich Publishers.

Senechal, M. (1988). A visit to the polyhedron kingdom. In M. Senechal and G. Fleck (eds.), *Shaping space: A polyhedral approach*, proceedings of 1984 conference held in Northampton, MA, 3-43. Boston, Design Science Collection, Birkhäuser Boston.

Shakespeare, W. (1992). *Hamlet*. New York: Dover.

______________. (2002). *Twelfth night*.Woodbury, CT: Barron's Educational Series.

Simmons, G. F. (1992). *Calculus gems: Brief lives and memorable mathematics*. With portraits by Maceo Mitchell. New York: McGraw-Hill.

Simpson, J., and E. Weiner (eds.) (1989). *Oxford English Dictionary* (2nd ed.). Oxford: Clarendon Press.

Sloane, N. J. A. (2007). The online encyclopedia of integer sequences. http://www.research.att.com/~njas/sequences.

Smale, S. (1961). Generalized Poincaré' conjecture in dimensions greater than four. *Ann. of Math.* (2) 74, 391-406.

________. (1990). The story of the higher dimensional Poincaré conjecture (what really actually happened on the beaches of Rio). *Math. Intelligencer* 12(2), 44-51.

________. (1998). Mathematical problems for the next century. *Math. Intelligencer* 20(2), 7-15.

Sommerville, D. M. Y. (1958). *An introduction to the geometry of n dimensions*. New York: Dover.

Speziali, P. (1973). L'uillier, Simon-Antoine-Jean. In C. C. Gillispie (ed.), *Dictionary of scientific biography*. Vol. 8, 305-7. New York: Charles Scribner' Sons.

Stallings, J. (1960). Polyhedral homotopy-spheres. *Bull. Amer. Math. Soc.* 66, 485-88.

_________. (1962). The piecewise-linear structure of Euclidean space. *Proc. Cambridge Philos. Soc.* 58, 481-88.

Steiner, J. (1826). Leichter Beweis eines stereometrischen Satzes von Euler. *Journal für die reine und angewandte Mathematik* 1, 364-67.

Steinitz, E. (1922). Polyeder und raumeinteilungen. InW. F. Meyer and H. Mohrmann (eds.), *Encyclopädie der mathematischen Wissenschaften*. Vol. 3 (Geometrie), 1-139. Leipzig: Teubner.

Stillwell, J. (2002). *Mathematics and its history* (2nd ed.). Undergraduate Texts in Mathematics. New York: Springer-Verlag.

Struik, D. J. (1972). Gergonne, Joseph Diaz. In C. C. Gillispie (ed.), *Dictionary of scientific biography*. Vol. 5, 367-69. New York: Charles Scribner's Sons.

Tait, P. G. (1883). Johann Benedict Listing. *Nature* 28, February 1, 316. Also in *Scientific Papers of Peter Guthrie Tate*, vol. 2, Cambridge: Cambridge University Press, 81-84.

________. (1884). Listing's *Topologie*. Introductory address to the Edinburgh Mathematical Society, November 9, 1883. *Philosophical Magazine* 17(5), January, 30-46.

Taubes, G. (1987).What happens when hubris meets nemesis. *Discover* 8, July, 66-77.

Taylor, A. E. (1929). *Plato: The man and his work*. New York: The Dial Press.

__________. (1962). *A commentary on Plato's Timaeus*. London: Oxford University Press.

Terquem, O. (1849). Sur les polygones et les polyèdres étoilés, polygones funiculaires. *Nouv. Ann. Math.* 8, 68-74.

Terrall, M. (1990). The culture of science in Frederick the Great's Berlin. *Hist. Sci.* 28, 333-64.

Thistlethwaite, M. B. (1987). A spanning tree expansion of the Jones polynomial. *Topology* 26(3), 297-309.

Thomassen, C. (1992). The Jordan-Schönflies theorem and the classification of surfaces. *Amer. Math. Monthly* 99(2), 116-30.

Thoreau, H. D. (1894). In F. B. Sanborn (ed.), *Familiar Letters of Henry David Thoreau*. Boston: Houghton, Mifflin and Co.

Thurston, W. P. (1982). Three-dimensional manifolds, Kleinian groups and hyperbolic geometry. *Bull. Amer. Math. Soc. (N.S.)* 6(3), 357-81.

____________. (1997). *Three-dimensional geometry and topology*, vol. 1. Princeton, NJ: Princeton Univ. Press.

Tucker, A. W., and F. Nebeker (1990). Lefschetz, Solomon. In C. C. Gillispie (ed.), *Dictionary of scientific biography*. vol. 18, 534-39. New York: Charles Scribner's Sons.

Turnbull, H. W. (1961). *The great mathematicians*. New York: New York University Press.

Twain, M. (1894). *Tom Sawyer abroad*. New York: Jenkins & Mccowan.